U0901472

中国科学院科学出版基金资助出版

“十二五”国家重点图书出版规划项目

现代声学科学与技术丛书

主动声呐检测信息原理

下册：主动声呐信道特性和系统优化原理

朱 埜 著

科 学 出 版 社

北 京

内 容 简 介

本书根据近 50 年来国内外关于主动声呐的检测理论和技术，从信息和通信观点上，全面、系统地讨论主动声呐检测的信息原理和方法，并着重讨论声呐波形、信道、接收机以及它们之间的适配问题. 全书共分十一章，分上下两册，上册讨论声呐波形时变信号和信道以及声呐匹配滤波器的基本知识，下册具体讨论主动声呐信道(包括水下声传输、目标散射和海洋混响)的基本信道特征以及声呐信号、信道和接收机三者最佳适配的基本原理。

本书内容全面，观点新颖，适合从事水声物理和水声工程设计等研究人员阅读,也可供大专院校有关专业的教师和研究生参考。此外，对从事雷达、通信，以及诸如医疗超声、海洋开发和地质勘探等领域的研究设计人员也有一定的参考价值。

图书在版编目(CIP)数据

主动声呐检测信息原理. 下册，主动声呐信道特性和系统优化原理/朱埜著. —北京：科学出版社，2014.12

(现代声学科学与技术丛书)

“十二五”国家重点图书出版规划项目

ISBN 978-7-03-042572-0

I. ①主… II. ①朱… III. ①主动声呐-研究 IV. ①U666.72

中国版本图书馆 CIP 数据核字(2014) 第 273802 号

责任编辑：刘凤娟／责任校对：韩 杨
责任印制：吴兆东／封面设计：王 浩

科 学 出 版 社 出版
北京东黄城根北街 16 号
邮政编码：100717
http://www.sciencep.com

北京凌奇印刷有限责任公司 印刷

科学出版社发行 各地新华书店经销

*

2014 年 12 月第 一 版 开本：720×1000 1/16
2022 年 1 月第六次印刷 印张：21 3/4
字数：412 000

定价：118.00 元

(如有印装质量问题，我社负责调换)

作 者 简 介

朱埜，中国科学院声学研究所研究员，1937年3月1日生于江苏省靖江县，1958年10月毕业于南京大学物理系。50多年来一直从事主动声呐设计与应用研究，先后参加或组织水声岸用综合设备、声线仪、脉冲压缩声呐、水声信号综合分析仪等设备的设计和研制，1971年开始主动声呐信号、声呐信道和匹配滤波检测方面的信号处理理论和实验研究，1984年后着重复杂声呐波形设计、近场水下目标声散射特性以及声呐接收机最佳适配等工作。

序

这是一本在国防领域水声学中, 关于主动声呐检测方面的专著。

50 年代, 从雷达中发展起来的匹配滤波检测理论和脉冲压缩技术, 由于时间压缩相关技术的出现, 在声呐的理论和实践中很快得到推广和应用。新技术的出现, 特别是微电子计算机和信号处理技术的发展, 又促使主动声呐检测进入信息科学技术的新时代。

虽然雷达检测理论已日趋完善, 其中很多原理和技术都可以移植到主动声呐中, 但是, 由于使用环境和载波的不同, 声呐同雷达的信息检测和处理, 在原理和技术上都存在着本质的差别。在主动声呐中, 获得目标信息的最佳检测效果, 不但与所采用的声呐波形和接收处理方法有关, 而且因声呐使用环境或信道的不同而有很大的差异。正如本书重点之一，第十章“最佳接收机”中所指出的, 这不仅要求从事声呐技术研究和设计乃至操作人员, 必须对声呐使用环境和所要检测的目标特性 (书中统称为声呐信道) 有基本的了解, 以便设计或选择与其相匹配的最佳声呐波形和接收机形式, 而且也要求从事为声呐服务的水声物理研究工作者, 不能只限于从能量关系上来研究水声现象。

近二十年来, 国内外水声和声呐研究设计人员就这些方面的问题, 开展了广泛的研究, 并取得了很大进展, 可以查考的相应文献或内部资料, 也有相当的数量, 但却十分零散。据我所知, 至今国内外还没有一本就这个问题进行系统讨论的专著。霍顿的《水声信号处理》, 只着重于检测理论和信号处理的基本原理阐述, 没有就声呐的全过程、特别是声呐信道问题作全面深入的讨论。乌立克的《水声工程原理》虽然讨论了声呐的全过程, 但也只是着重于以声呐方程为基础研究能量关系, 而有关声呐过程中的信息关系, 讨论是不多的, 当然, 这两本书有许多优点, 深受我国水声科学界的欢迎。

随着我国国防水声科学技术的发展, 以及海防的实践需要, 关于主动声呐检测理论和技术的问题, 已日见其重要, 本书就是受这种情势的促进而问世的。本书作者从事主动声呐的理论和实验研究已近三十年, 这本专著就是作者在自己长期研究成果的基础上, 根据二十多年来国内外关于主动声呐检测理论和技术的最新成就撰写而成。作者从信息论和通信理论观点出发, 全面地、系统地讨论了主动声呐全过程, 着重讨论了主动声呐三要素: 声呐波形、声呐信道和声呐接收机, 以及它们之间的互相匹配。就涉及的内容深度和广度而言, 迄今还未见国内外有关类似的专著。

本书观点明确, 取材丰富, 内容全面, 在编排上由浅入深, 既重视基本概念的阐述, 避免过多的数学推导, 又充分体现了国内外有关主动声呐检测的最新理论和技术, 同时也在一定程度上反映了我国主动声呐研究和发展的水平。本书不但适用于从事主动声呐研究、设计乃至操作使用人员阅读, 也适用于广大从事水声学科研究和有关大专院校教师和研究生参考；对从事海洋开发、地质勘探、雷达和通信领域的研究设计人员, 也有一定的参考价值。

本书主要从时域上讨论主动声呐检测的信息过程, 有关噪声中的检测、空间布阵原理、参量估计和信号处理以及水声学专题, 在已出版的《水声学》《水声信号被动检测与参数估计理论》和《声呐信号处理 —— 原理与设备》三本专著中已有系统深入的讨论。相信这四本专著的出版, 对我国水声事业的发展, 将起到很好的促进作用。

汪德昭

1990 年 5 月

前　言

20 世纪 60 年代初，中国科学院声学研究所在时任所长、学部委员汪德昭教授授意下，由侯自强同志倡导在新一代主动声呐设计中引入脉冲压缩技术，但随后经课题组多年海上实验发现，其效果远不是设计者所想象的那样，进一步理论和实验分析证明，声呐中引用脉冲压缩技术，要获得最佳检测效果, 必须全盘考虑声呐信号、声呐环境和声呐接收机三者之间的互相适配，也就是说, 必须根据给定的声呐环境和要求, 选择或自适应选择声呐波形和接收机，这也是作者在汪德昭院士鼓励和指导下, 撰写本书的宗旨。本书原版由汪院士作序, 并于 1990 年 10 月由海洋出版社出版，至今已二十多年了。

在过去的二十多年中，主动声呐一方面随着冷战的结束，面对的是由远海到近海的战略转移以及高速隐身潜艇目标的远程探测使命，另一方面也随着现代化高科技的发展，尤其是几乎无处不有的网络信息和信号处理技术的发展，声呐也开始由数字声呐时代进入智能网络声呐时代，在技术上广泛认定低频、宽带、大功率和长基阵新型声呐的必要性，以此为基础构成的多基地网络声呐系统研究也成为近代主动反潜声呐发展的主要方向。此外，随着信号处理对浅海声学和海洋工程的渗入，水声学三大分支即水声物理、水声工程和水声信号处理的不断融合，声呐工程学也成为一个跨行业的学科。

尽管如此，声呐信号、声呐信道和声呐接收机的相互适配仍然是主动声呐设计者和使用者所面临的关键问题，尤其对浅海环境。实际上，为了提高主动声呐检测和跟踪性能，对环境的监测和评估已经成为近代声呐设计必须考虑的前提。

本书新版除了对原版印刷或某些观念错误作必要修改、某些章节重新调整以及某些插图更新 (软件编绘) 外，还增加了几部分与主动声呐信息检测有关的新技术原理章节，其中包括：

(1) 声呐信号和目标回波高分辨时频特性分析和小波变换原理;

(2) 适用于宽带高分辨检测的浅海海底混响 K 分布特性；

(3) 新型复合声呐波形对混响中低速目标检测和跟踪的多普勒分辨性能；

(4) 浅海传输信道相干性和波导不变性；

(5) 基于物理模型的时空信号处理 —— 匹配场和时间反转镜的基本原理；

(6) 用于网路声呐的波形分集、MIMO 或多基地声呐系统的基本工作原理。

所增章节只是简单介绍，具体分析可见书后给出的对应参考文献。

由于本书涉及内容较多，因此新版分为两册出版，上册讨论声呐波形、时变信号和信道以及通用接收机的基础知识，下册具体讨论主动声呐信道 (即水声传输，目标散射和海洋混响) 的基本信息特征以及声呐信号、信道和接收机最佳适配的基本原理和方法。

这里要补充说明的是，原版在撰写过程中，除参阅大量公开文献外，初稿曾与作者所在课题组成员陈庚、徐俊华等共同讨论，很多资料取自课题组 (声学研究所原 708 或 208 组) 的研究成果报告，因此包含了课题发起人侯自强和团队所有成员 —— 单荣华、魏学环、孙增、刘莉蕾、李云言、宗杰琍、王质、周桂琴、周庆铭、陈培根、范树江、孙福安、宋文敏和李敏哲等同志对系统研制、海上实验和数据分析等方面的合作和奉献。同样，再版的一些内容亦多取自作者所在研究组的国家或国防研究基金报告，当然包含了研究组成员倪伯林、王荣庆、杨明亮、籍顺心、王磊、李坚、龚素英等在软件编制和实验分析等方面的辛勤工作。

要特别指出，声学研究所关定华 (已故)、侯朝焕、黄曾旸、向大威、高天赋等研究员对原版书出版的大力支持，声学研究所现任领导以及第 12 研究室主任孙长瑜研究员等对本书再版的热情鼓励和支持，作者在此深表谢意。

此外海军电子工程学院郑兆宁教授 (已故) 对原书稿的认真审阅，海洋出版社专著编辑部陈泽卿等同志对原著的认真编辑，中国科学院科学出版基金及其办公室卢秀娟女士和科学出版社刘凤娟编辑等对本书再版的热情支持和认真排校，在此一并感谢。

由于本书内容繁杂，观点难免不一，加之作者水平有限，疏漏与不妥之处，敬请批评指正。

作者仅以本书新版的成功出版作为对导师、我国水声界先驱汪德昭院士逝世 15 周年的纪念，同时也是对中国科学院声学研究所成立 50 周年的祝贺。

朱　埜

2014 年 3 月

目　　录

下册　主动声呐信道特性和系统优化原理

上册　主动声呐信号和系统分析基础

第七章　海洋中的声传输信道

从这一章开始, 我们将利用第六章的基本分析方法, 讨论主动声呐信道的三个主要部分: 声传输信道、目标散射信道和混响信道。这一章主要讨论海洋声传输信道, 目标散射和混响信道将在下两章讨论。

关于海洋中声波传输的基本理论和现象, 已有很多专著[3,16,115,225,261] 作了系统的讨论, 我们只对与主动声呐设计有关的一些海洋声传输的基本现象和物理过程作必要的介绍, 着重从信息或通信观念上讨论海洋声信道的基本特性。

7.1　声波传输的基本模型

众所周知, 所谓声波实质上就是介质中质点的机械扰动。由于扰动引起该质点邻近的介质密度和压力变化, 这种变化的压力就是声压。它反映了介质中该质点位置上声信息特征。

声波在海水中传播的研究内容主要是海洋介质中任一点声压时变的空间 (时空声场) 特性, 包括介质空间中由一个或几个声源所激励的声场时空特性。

7.1.1　主动声呐的波动方程

根据连续弹性介质力学理论, 对于无损非均匀介质, 有两种基本方法来研究声波的传输过程 [25], 一是经典的物理学方法, 这一方法认为介质随机非均匀性的主要表现是介质密度 $\rho(t,\boldsymbol{r})$ 随时间 t 和空间 $\boldsymbol{r}(x,y,z)$ 变化, 以致声传播群速 $c_i(t,\boldsymbol{r})=\sqrt{\varepsilon/\rho(t,\boldsymbol{r})}$ 的随机扰动 (ε 是介质弹性模量)。如图 7.1.1 所示，声场坐标空间内 $\boldsymbol{r}_0$ 附近一分布空间 $\boldsymbol{\Lambda}_u$ 的声源 $q_u(t,\boldsymbol{r})(\boldsymbol{r}\in\boldsymbol{\Lambda}_u)$ 所激励的声场 $p(t,\boldsymbol{r})$ 可通过波动方程 (朗之万方程)

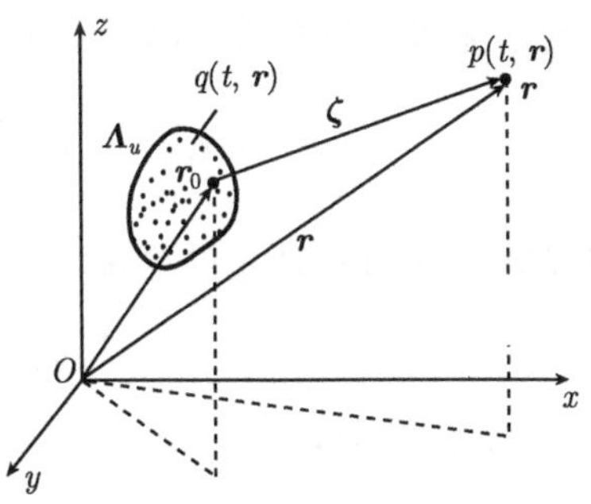

图 7.1.1　声场坐标空间几何

$$\Delta p(t,\boldsymbol{r})-\nabla\{\lg p(t,\boldsymbol{r})\}-\frac{1}{c^2(t,\boldsymbol{r})}\frac{\partial^2}{\partial t^2}p(t,\boldsymbol{r})=-4\pi q_u(t,\boldsymbol{r}) \tag{7.1.1}$$

在给定定解条件下的解来描述, 式中 $c_i(t,\boldsymbol{r})$ 是声速随机时空函数, 而

$$\nabla=\left(\frac{\partial}{\partial x},\frac{\partial}{\partial y},\frac{\partial}{\partial z}\right)$$

和

$$\Delta=\left(\frac{\partial^2}{\partial x^2}+\frac{\partial^2}{\partial y^2}+\frac{\partial^2}{\partial z^2}\right)$$

分别是哈密顿算子和拉普拉斯算子。

声场的物理模型法能给出由介质空间结构参量 ε 和 ρ 所决定的声传输过程的物理图像。但在声检测问题中, 人们主要关心的是声场的时空特征, 因此直接采用另一种模拟方法即唯象学方法, 该方法认为, 介质密度的相对时空变化很小 (故称小振幅方法), 以致可认为是均匀各向同性的, 因而只考虑平均声速或群速 $c(\boldsymbol{r})$ 的空间非均匀性, 波动方程 (7.1.1) 可表示为 [146]

$$\left[\Delta-\frac{1}{c^2(\boldsymbol{r})}\frac{\partial^2}{\partial t^2}\right]p(t,\boldsymbol{r})=-4\pi q_u(t,\boldsymbol{r}) \tag{7.1.2}$$

声场 $p(t,\boldsymbol{r})$ 可表示为式 (7.1.2) 在给定定解条件下的解。

对于简谐声源

$$q_u(t,\boldsymbol{r})=q(\boldsymbol{r})\exp(\mathrm{j}2\pi ft) \tag{7.1.3}$$

方程 (7.1.2) 表示为

$$[\Delta-4\pi^2k^2(\boldsymbol{r})]p(t,\boldsymbol{r})=-4\pi q(\boldsymbol{r}) \tag{7.1.4}$$

$k(\boldsymbol{r})=f/c(\boldsymbol{r})$, f 是声波频率

对于无限均匀介质 $c(\boldsymbol{r})=c$, 方程 (7.1.2) 的解为

$$p(t,\boldsymbol{r})=\int_{\Lambda_u}\frac{q_u(t-|\boldsymbol{r}-\boldsymbol{r}_0|/c,\boldsymbol{r}_0)}{|\boldsymbol{r}-\boldsymbol{r}_0|}\mathrm{d}\boldsymbol{r}_0 \tag{7.1.5}$$

若源是式 (5.10.12) 所示的窄带均匀触发时空可分离声源

$$q_u(t,\boldsymbol{r})=u(t)q(\boldsymbol{r}) \tag{7.1.6}$$

则式 (7.1.5) 可写成

$$\begin{aligned}p(t,\boldsymbol{r})&=\int_{\Lambda_u}\frac{q(\boldsymbol{r}_0)u(t-|\boldsymbol{r}-\boldsymbol{r}_0|/c)}{|\boldsymbol{r}-\boldsymbol{r}_0|}\mathrm{d}\boldsymbol{r}_0\\&=\int U(f)\mathrm{e}^{\mathrm{j}2\pi ft}\int_{\Lambda_u}q(\boldsymbol{r}_0)g(\boldsymbol{r}\,|\boldsymbol{r}_0)\mathrm{d}\boldsymbol{r}_0\mathrm{d}f\end{aligned} \tag{7.1.7}$$

式中

$$g(\boldsymbol{r}\,|\boldsymbol{r}_0)=g(|\boldsymbol{r}-\boldsymbol{r}_0|)=\frac{1}{|\boldsymbol{r}-\boldsymbol{r}_0|}\mathrm{e}^{-\mathrm{j}2\pi k|\boldsymbol{r}-\boldsymbol{r}_0|} \tag{7.1.8}$$

是点源 $q_u(t,\boldsymbol{r})=\delta(\boldsymbol{r}-\boldsymbol{r}_0)$ 的波动方程

$$(\Delta+4\pi^2k^2)p(\boldsymbol{r})=-4\pi\delta(\boldsymbol{r}-\boldsymbol{r}_0) \tag{7.1.9}$$

在无损自由空间的解, $k=f/c$。因此式 (7.1.8) 称为自由空间的格林 (Green) 函数。

由于声场是矢量场, 常用介质空间的粒子振动速度势 $\varPhi$ 代替声场参量 $p=(1/\rho)\partial\varPhi/\partial t$, 它是标量场, 小振幅情况下, 波动方程仍可保持与式 (7.1.2) 相同的形式

$$\left(\Delta-\frac{1}{c^2(\boldsymbol{r})}\frac{\partial^2}{\partial t^2}\right)\varPhi(t,\boldsymbol{r})=-4\pi q'(t,\boldsymbol{r}) \tag{7.1.10}$$

7.1.2 求解波动方程的几种近似模型

一般 $c(t,\boldsymbol{r})$ 是随机时变空变的 (空间非均匀介质), 方程 (7.1.2) 一般不可能有解, 即使是均匀介质, 方程 (7.1.10) 的求解也相当复杂甚至是不可能的, 只在某些特定条件下才有解, 但也往往是高级超越函数的形式, 不能给出十分直观的物理图像。因此, 对于实际海洋声传输通道, 往往按其物理和几何特征分成几种特殊类型来讨论, 以求得方程的近似解。例如, 对于简谐点源 $q'(t,\boldsymbol{r})=\delta(\boldsymbol{r}-\boldsymbol{r}_0)$ 的波动方程 (7.1.10) 的求解理论模型有以下四种 [117]。

(1) 适用于高频的射线模型。波动方程 (7.1.10) 对简谐源的近似解可表示为

$$\varPhi(x,y,z)=A_{\varPhi}(x,y,z)\mathrm{e}^{\mathrm{j}\varTheta_{\varPhi}(x,y,z)} \tag{7.1.11}$$

要求是在一个波长空间范围内声源速度势 $\varPhi(x,y,z)$ 的幅度 $A_{\varPhi}(x,y,z)$ 近似为常数, 这时相应的波动方程可简化为声波波阵面 (即相位函数 $\varTheta_{\varPhi}(x,y,z)=$ 常数的波前曲面) $W(x,y,z)$ 所满足的程函 (Eikonal) 方程

$$\nabla W(x,y,z)=c_0^2/c^2(x,y,z) \tag{7.1.12}$$

其中, c_0 是平均声速常数, 式 (7.1.12) 是射线声学的基础, 所获得的波阵面解 $W(x,y,z)$ 的法线方向即波阵面上任一点的垂直方向就是声场中声传递轨迹 (声线) 的走向。对于声速分布为 $c(\boldsymbol{r})=c(z)$ 的水平分层介质, 任意两点间的声线轨迹可以根据折射定律即斯涅耳 (Snell) 定律

$$\frac{\cos\theta_{\mathrm{s}}(z)}{c(z)}=\text{常数} \tag{7.1.13}$$

用几何方法绘制。式中, $\theta_{\mathrm{s}}(z)$ 是与深度 z 有关的声线走向垂直俯仰角 (即与水平面的夹角或称掠射角)。虽然声线本身没有考虑传输中声能的损失, 但由这种理论绘制的声线图的声线密度可以反映声能流的大小, 实际上声线的走向也就是声能流的流向。

声线图可以给声场以直观、形象的理解, 但射线理论是几何声学的近似理论, 若声线在一个波长内发生弯曲或者声强发生变化, 这种方法不能给出可信赖的声场图像, 因此只适用高频声传输情况。

(2) 适用于水平分层的快速点源声场程序法。其条件是环境与距离无关, 即在对称柱坐标 $\boldsymbol{r}(\boldsymbol{r},z)(\boldsymbol{r}=|\boldsymbol{r}|$ 表示为柱坐标下场的距离, z 是垂直坐标) 下, 则是属于 $c(\boldsymbol{r})=c(z)$ 或 $k(\boldsymbol{r})=k(z)$ 的平坦海底环境。这时声场可分解为无限个水平传输的波叠加

$$p(\boldsymbol{r},z)=\frac{1}{\sqrt{r}}\int\sqrt{k_r}u(z,k_r)\mathrm{e}^{\mathrm{j}2\pi k_r r}\mathrm{d}k_r \tag{7.1.14}$$

$u(z,k_r)$ 是给定定解条件下点源方程

$$\frac{\mathrm{d}^2u(z,\eta)}{\mathrm{d}z^2}+4\pi^2\{k^2(z)-\eta^2\}u(z,\eta)=-4\pi\delta(z-z_0) \tag{7.1.15}$$

的解 [119], 可以由已知 $k^2(z)$ 和分层介质的边界条件, 用数值计算解求方程 (7.1.15) 获得 $u(z,k_r)$, 实际上它就是介质分层空间的格林函数。由于式 (7.1.14) 是一种傅里叶变换关系, 因此可用 FFT 技术最终确定 $p(r,z)$, 这就是所谓快速声场程序 (fast field program, FFP) 法。尽管这种距离无关的分层介质波动方程的数值计算解是精确解, 但计算仿真结果和实际声场测量结果还是有较大差异。

(3) 分层介质中点源声场的简正波模型。和上面一样也与距离无关 $c(\boldsymbol{r})=c(z)$, 直接可用分离变量法 $p(\boldsymbol{r},z)=\Gamma(r)\Phi(z)$, 最终获得点源波动方程的简正波解。在给定定解条件 (如水面有 $\Phi(0)=0$, 声速连续通过海底界面等条件) 下, 其解是一系列简正波 $u_n(z)$ 之和, 即

$$p(r,z)=\sum_{n=1}^{N}\frac{A_n(r)}{\sqrt{k_n r}}u_n(z) \tag{7.1.16}$$

式中, $A_n(r)$ 是第 n 号简正波 $u_n(z)$ 的振幅; k_n 是 $u_n(z)$ 的空间频率。k_n 和 $u_n(z)$ 分别是波动方程

$$\frac{\mathrm{d}^2u_n}{\mathrm{d}z^2}+4\pi^2[k^2(z)-k_n^2]u_n=0 \tag{7.1.17}$$

的本征值和本征解, 因此各号简正波 $u_n(z)$ 是正交的。对于距离不变的介质空间, 有

$$A_n(r)=\sqrt{\frac{2}{\pi}}\mathrm{e}^{-\mathrm{j}\pi/4}u_n(z_0)\mathrm{e}^{\mathrm{j}2\pi k_n r} \tag{7.1.18}$$

其中, z_0 是点源所在深度。参与求和的有效简正波数 N 近似为海深对声波半波长之比值 $N=2H/\lambda=2cH/f$。当 N 很大 (大于 100), 模型将接近于射线模型 (高频或深海环境)。如果模数太少, 也可以直接用 FFP 的快速数值计算方法。实际上, 在某些条件下, 声场简正波模型和射线模型本身就存在互为傅里叶变换的关系 [117]。

当波动方程是由声波激发时, k_n 是呈现与声波频率有关的复数, 而简正波是以一对平面波形式出现的, 一个向上波动, 一个向下波动, 它们在向水平方向扩展时形成驻波, 因此浅海声场在深度上出现特殊的强度变化, 这一点在后面 7.9 节中还要讨论。

波动方程的简正波解法, 对于浅海声场分析是一个十分重要的手段, 特别是在考虑海底参数影响时, 能较完整地给出由海洋固有振动方式决定的声传播特性, 但这种模型也只适合环境与距离无关的分层介质的远场空间, 忽略了各号简正波的互相作用和模型的连续谱结构。

(4) 慢变非均匀水平环境的抛物线方程近似法 (P-E 法), 声速剖面是 $c(r,z)$, 而

$$k(r,z) = k_0 \frac{c_0}{c(r,z)} \tag{7.1.19}$$

c_0 和 k_0 分别是 $c(r,z)$ 和 $k(r,z)$ 作为参考的平均值, 波动方程可表示为

$$\left(\Delta + 4\pi^2 k_0^2 \frac{c_0^2}{c^2(r,z)}\right) p(\boldsymbol{r}) = -4\pi\delta(\boldsymbol{r} - \boldsymbol{r}_0) \tag{7.1.20}$$

波动方程的解可近似表示为

$$p(\boldsymbol{r}, z) = S(r)F(r,z) \tag{7.1.21}$$

的形式。式中, S 是距离 r 的快变函数, F 是距离的慢变函数, 即 $\partial F^2/\partial r^2 \ll \partial F/\partial r$, (这也意味着要求在一个波长内声速变化很小), 它是某一平均传播方程

$$4\mathrm{j}\pi k_0 \frac{\partial F}{\partial r} + \frac{\partial^2 F}{\partial z^2} + 4\pi^2 k_0^2 \left\{\frac{c_0^2}{c^2(r,z)} - 1\right\} F = 0 \tag{7.1.22}$$

的解。但这个方程只适合用计算机数值求解 [228], P-E 法是近 30 年来分析水平非均匀介质中的声传播的主要工具, 但只适用于垂直开角较小 ($< 20°$) 的远场传播特性分析。和射线法与简正波法不同的是, 考虑了声波的衍射及各号简正波的耦合效应。

无论哪种方法都是有条件的近似方法, 实际情况要根据具体海洋声速分布和介质非均匀性的几何条件来选择最合适的近似方法。表 7.1.1 给出了四种近似方法对介质条件的适应性 [120], 其中影线表示数值计算结果和实际数量结果能很好符合, 无影空白区说明模型受到限制, 因此, 使用时应谨慎, 特别是 “半影半白” 的情况更应慎之。

由于声场观察都是通过换能器或水听器将其声信息转换成电信号形式, 因而在以后的讨论和分析中直接用信号场代替声场, 即声压直接用电信号表示。

表 7.1.1　求解波动方程的四种近似方法对介质条件的适应性

条件	海深	浅海				深海			
	频率	低(<500Hz)		高(>500Hz)		低		高	
	水平均匀性	均匀	不匀	均匀	不匀	均匀	不匀	均匀	不匀
近似法	射线方法			////	////	////	////	////	////
	简正波法	////		////		////		////	
	FFP 法	////		////		////		////	
	P-E 法	////	////			////	////	////	////

7.2　声传播的波导效应

我们知道, 理想的传输信道是无损均匀介质构成的无限空间, 声信息在传播过程中不产生任何畸变, 但实际海水介质空间都是有损的非均匀介质空间, 除了一般吸收和扩散外, 声传播主要物理效应是: ① 波导效应, ② 多途效应, ③ 起伏效应。这一节先讨论波导效应, 多途效应和起伏效应在后两节讨论。

声传播的吸收和声能扩散效应, 是声传播中能量损失的两个主要原因。吸收表现为海水介质吸收和界面介质 (如海底) 的吸收。前者实际上是由于介质粒子的相对运动所产生的黏滞摩擦和化学离子的弛豫效应的结果, 即介质吸收损失, 它与声波频率有着密切的关系, 如图 1.5.1(b) 所示。对于窄带声信号, 介质的吸收损失仅引起声信号的幅度或能量的衰减; 但对于宽带信号, 吸收的频率关系可使信号波形产生畸变 (色散效应)。界面吸收损失与界面介质、声波入射方向和频率也都有关。

声传播的扩展损失, 对于无限均匀介质空间是球面扩展损失, 但对于非均匀有限空间, 是非球面扩展损失, 损失大小与介质中声速分布和界面条件有关。传播扩展损失通常可以通过射线理论单位波阵面 (波前曲面) 上的声线数目 (或称声线密度) 的变化来形象描述。如图 7.2.1 所示, 四种典型扩展的声线图 (相应于四种不同的声速梯度 —— 图左折线), 由于声速分布不同, 给定波束角度内的声线可能密度为零, 也可能在某些区域内形成强亮区 (声线密度最大), 如图 7.2.1(d) 中的密集区。后一种情况常使能量沿着管状或层状空间传播, 这种效应称为传播的波导效应。

由于折射和界面反射, 海洋声传输信道大都或多或少地呈现波导效应。

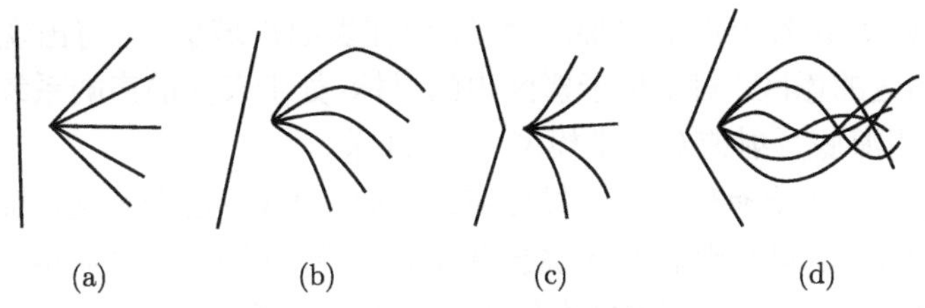

图 7.2.1 四种典型扩展的声线图

主要影响声速分布的是温度, 实际海洋温度都可假定是水平分层均匀的分布形式, 一般是 “三层” 结构。例如, 近海面层由于和大气接触并不断地进行热交换 (阳光照耀和风浪搅拌), 形成表面等温层或混合层, 深水处是稳定的均匀冷水等温层。在这两层之间, 温度由热变冷而形成主跃层。表面混合层和主跃层有着明显的季节性和地区性。例如, 浅海冬季可以不存在跃层, 高纬度地区冬季混合层可深达数百米, 而夏季几乎不存在混合层。

深海的三层温度结构形成声速的三层剖面分布 (图 7.2.2(a)), 从而形成声波在海洋中传播的波导效应。典型的声速剖面和声线图, 如图 7.2.2(b) 所示。对于近海面声源, 声波传播有三种不同的模型, 即表面声道模型、海底反射模型和会聚带模型 (分别如图 7.2.2(b) 中声线类型 a、b 和 c)。对于深水声源有两种不同的模型, 即声发 (sofar) 声道和折射–海面反射–折射 (RSR) 模型 (图 7.2.2(b) 中 d、e)。

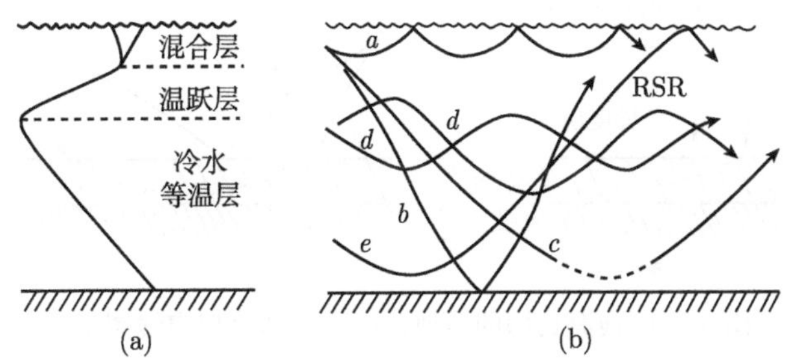

图 7.2.2 深海典型的声速剖面 (a) 和典型声线图 (b)

表面声道模型是表面负梯度声速剖面形成的。声道内声线是向上折射和海面反射的重复形式。每经一次海面反射, 都有一些能量损失, 其损失大小与海面不平整性有关。完全平整的海面对声波而言只是一个 “-1” 的压力释放面, 因此反射是无损镜面反射, 而不平整性通常可以通过瑞利参数

$$R_\varepsilon = 4\pi k\sigma_\xi \sin\theta \tag{7.2.1}$$

来确定 (见第 7.4 节)。式中, $k = f/c = 1/\lambda$(λ 是波长); σ_ξ 是海面不平整性的均方根高度; θ 是声波掠射角 —— 射线对平均海面的夹角。当 $R_\varepsilon \ll 1$, 或 $\sigma_\xi \ll \lambda/\sin\theta$ 时, 可以忽略海面不平整性及其造成的反射损失。这种情况下, 声波在表面声道内

可以传播很远, 并在整个声道内形成声场; 但在表面声道层下, 将出现稍远距离以外声能不能到达的影区。对于位于影区内的目标, 处于表面的声呐系统是很难检测到的, 必须利用海底反射或会聚带模型 (见 7.3 节)。

海底反射模型需要有较强的负梯度声速剖面, 声线经过表面混合层向下弯曲经海底弹跳返回介质。虽然海底的弹跳会有较大的能量损失 (与底质结构有关), 但只要有足够的能量, 一次弹跳程也能在较远距离形成声场。

会聚带模型由于声线向上向下折射, 不经海底弹跳, 因此可在更远的距离 (深海条件下约 30~35km) 周期性地形成强 "亮" 区 (会聚区)。

应该指出, 声呐使用海底反射模型和会聚带模型需较大的下倾波束方向角 —— 俯仰角 θ。

最有利的是深水源声发声道模型, 声能可以在一个与界面无接触的 "管道" 内接近无扩展损失地传输, 因此有时能传递远达数千公里的路程。深水源 RSP 模型由于存在一条可靠途径——不受海底和表面层的影响, 对检测浅水源所达不到的影区范围内的目标是有利的。

对于浅海情况, 由于受海底影响, 传播模型较为复杂, 通常深部冷水层不十分明显, 波道效应主要表现为海底海面间的多次反射和折射形式, 其能量损失决定于声速剖面分布和海底底质声学性质, 典型的声速剖面如图 7.2.3 所示。

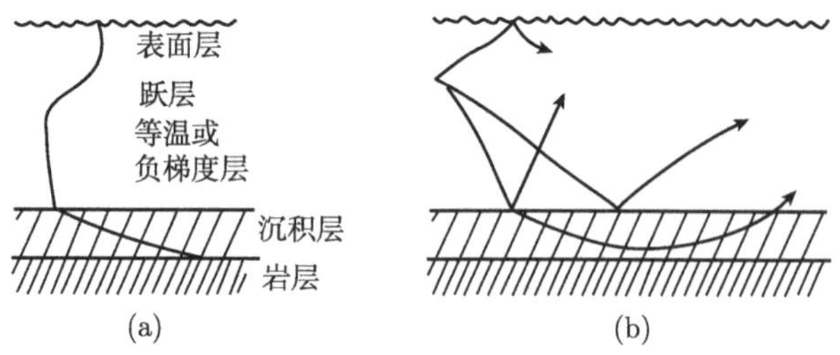

图 7.2.3　浅海典型的声速剖面 (a) 和典型声线图 (b)

海水介质的声速剖面可以是等温层或微弱正梯度 (如冬季) 和表面混合层加负跃层或负梯度 (夏季)。对于海底底质的影响, 由于底质可以是稀泥、沙砾或岩石 (一般都覆盖一层沉积物), 海底对声波反射不像海面那样可模拟成 "−1" 的压力释放面, 存在部分透入海底的声波, 或以横波形式沿着海底界面再返回海水, 或者由于底层介质声速随深度增加而迅速增加, 形成底层内的声波向上折射, 并在较远距离内返回海水介质, 因此声传播仍能保持波导效应。经海底反射的能量和透入海底的能量与频率有关, 对于很低的地震频率, 声波的海底反射能力极差而透射能力较强, 可以穿透较深的海床; 而对于高频, 海底有较大的反射能力, 但透射能力很差, 这是浅海海底可使远距离传播的低频成分加强的原因。

当海底吸收较强时, 到达海底的声波将不再返回介质, 声传播呈现反波导模型,幸而大多数声呐传输信道多少都存在波导效应, 只是由于信道中复杂的多途和起伏等环境, 在波导一定的空间范围内出现影区和或不确定性。

上面所讨论的波导效应是以声线理论为基础的, 正如第 7.1 节指出的, 由于浅海声速分层厚度和海深都较小, 射线理论不能准确地给出远场声场特性, 也不能正确描述海底的影响, 特别是对于低频声波情况, 较有效的理论模型是基于简正波理论的匹克利斯波导模型等 [16,115]。关于浅海低频波导特性, 在第 7.9 节中还要讨论。

7.3 声传播的多途效应

和无线电信道一样, 由于介质空间的非均匀性, 传输信道必然存在多径现象, 也就是说在一定波束宽度内发出的声波可沿几种不同的途径到达介质中的另一点, 且声在不同的路径中的传播由于路径长度的差异, 到达该点的声波能量和时间也都不一样。正如在 6.7 节中指出的, 信道的这种多途效应必然引起信号的 (频域) 衰落, 从而引起传递声波的信息模糊, 使一个声源被误认为多个声源或变成一片 "云"。这一节, 我们就海洋中常见的分层介质典型多途现象作简单的几何和物理上的说明。

7.3.1 深海近表面声源–接收器情况

图 7.3.1 说明深海近表面声源–接收器的多途类型及其与声源–接收器间的位置关系。

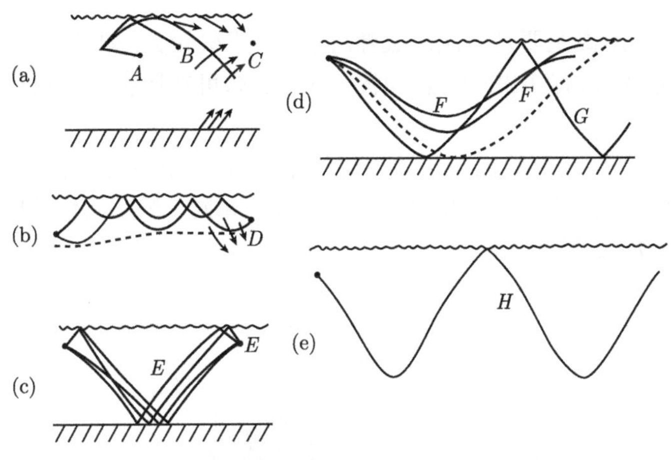

图 7.3.1 深海近表面声源–接收器的多途类型

很近距离是以直达程 A 和海面反射程 B 为主 (图 7.3.1(a)), 直达程 A 近似为球面扩展的稳定声程, 但反射程 B 则可能是由于海面不平整而引起的散射多途, 当距离远到和收发两点平均深度接近相同时, 平整海面 (镜面) 反射途径和直达途径将使声波以接近相同的时间和能量传送到接收点 B, 从而引起声波的干涉, 在声场图像上呈现干涉条纹, 即所谓 “洛埃镜效应”。

在海面附近声速形成负梯度剖面结构时 (图 7.3.1(a)), 由于声线向下弯曲, 以致在稍远的距离上形成影区。影区内任何点的声能只能来自海面、海底和介质本身的散射途径 (如图中 C)。影区内声场通常不能用射线理论来解释, 它是声波衍射过程形成的声场。

在表面声道正梯度情况下 (图 7.3.1(b)), 声波通过多径向上折射再由海面反射到接收点 D, 但当接收点在表面混合层 (图中虚线为界) 以下的影区时, 也只有海面高频散射声能和接近低频截止频率的越过分层界面的低频衍射声能。

除非很强的表面声道, 对近表面接收器还存在着海底弹跳多途 E 的主要途径 (图 7.3.1(c)), 声弹跳能量 (不计吸收) 可以在平整海底小掠射角弹跳的 0dB 到粗糙海底中等掠射角弹跳的 20dB(或更大) 之间, 因此近程大掠射角和远程小掠射角的多次弹跳的能量较大。一般情况下, 对无指向性的接收和发射系统, 有 4 条能量接近相同的途径到达同一接收点 E。

较海底弹跳途径小的发射开角, 将在更远的距离上形成会聚带 (图 (d))。这时, 声波不经过海底弹跳, 而是直接通过海水折射返回海面 (F), 向上和向下发射波束各形成上行和下行两路半会聚区, 并在近表面处互相靠近而使其能量在 3~5 海里的延伸范围内增加了 10~15dB; 在会聚区以外, 只有一个强传输程, 或采用多元布阵接收才能获得较大的增益。较深的折射程 (图中虚线) 可达到远于会聚带的距离, 其最大距离决定于海水深度。

对于更远的距离主要是多次海底弹跳程 G, 损失较大, 如果是很深的海域, 声线到不了海底, 而只有 RSR 程 (H)(图 (e)), 那么可在比会聚带更远的表面产生声场。

由此可见, 不同距离的近表面源和接收器的情况, 其多途结构是不同的, 沿不同类型的途径到达接收点的时间和能量损失也不相同。远距离传播能量损失与距离的关系如图 7.3.2 所示。

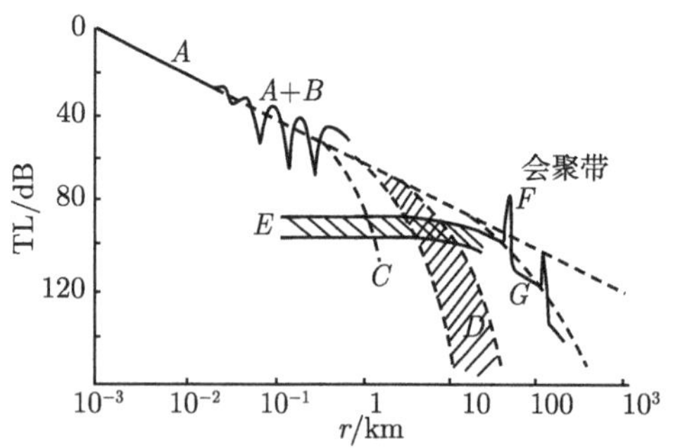

图 7.3.2　远距离传播时间和能量损失与距离的关系

7.3.2 深海深水源–接收器情况

当源与接收器均置于海洋深水位置时, 由于深海声发声道效应, 将周期地出现会聚区、焦散区和影区。位于声道轴上下不同的四种深度的典型深海声线图如图 7.3.3 所示, 其中图 (b) 在声道轴深度附近。

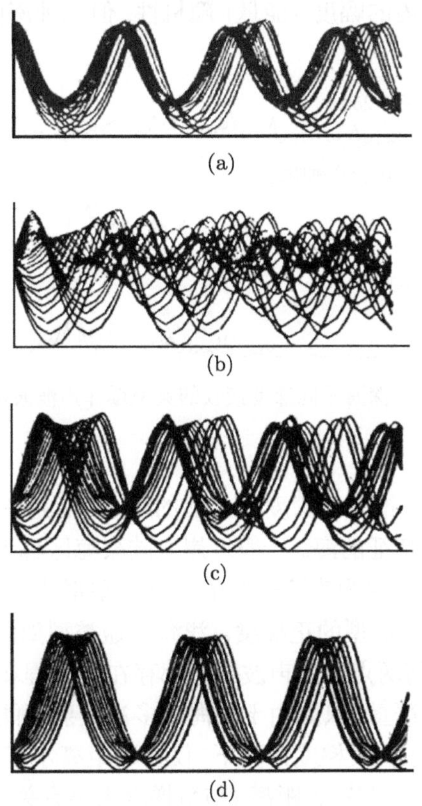

图 7.3.3 声道轴上下不同的四种深度的典型深海声线图

由图可见, 随着声源深度增加, 位于海面附近的两个半会聚区逐渐分离 (内半会聚区向近处移动, 外半会聚区向远处移动), 会聚区深度也随之增加。在实际海洋条件下, 半会聚区的宽度为 2~5n mile(1n mile=1.852km), 会聚增益为 5~10dB, 在以约 30n mile 为周期的距离上重复出现。

不同深度的声源形成的会聚区、焦散区和影区 (也存在部分声波衍射和海底反射的弱多途) 范围与强度也不相同。位于声道轴以上的声源影区随深度增加而减小 (图 (a)→(b)); 在声轴上的声源影区范围最小, 并在较宽的声道内构成较均匀的声场 (图 (b)); 轴下声源随着深度增加影区也增大, 会聚区逐渐变深 (图 (b)→ 图 (d))。

除在会聚区有较强的会聚增益以外, 其他区域的声线途径分布也不均匀, 到达同一位置的各声程由于途中声速和强度衰减的差异, 使传输波形严重衰落。如图 7.3.4 所示, 三种不同深度上接收的爆炸声波的波形典型地显示了这种差异性[122]。由图可知, 处于声轴深度的源和接收器 (图 (b)), 沿声轴方向传播的途径能量损失小, 到达时间最长, 因此形成波形的最后峰起。在偏离轴的深度 (图 (a) 和图 (c)), 其波形却显示在整个延伸时间内的幅度 (能量) 随机性, 但三种深度的波形延伸时间是接近相同的。

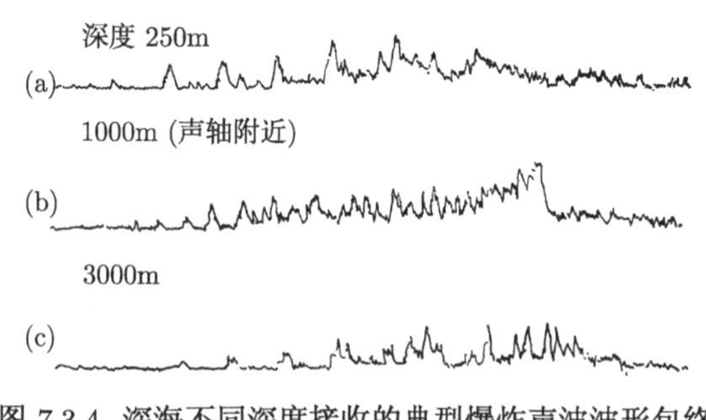

图 7.3.4　深海不同深度接收的典型爆炸声波波形包络

7.3.3　浅海多途

这里所谓浅海, 不是指海水深度意义上的浅海, 而是指声学意义上的浅海, 即以海底有声反射作用为特征的海。一般近岸大陆架海区称近海。

浅海传播效应主要表现为声速剖面的三种典型形式：等温层、负跃层和负梯度。少数情况出现表面声道型的正梯度。浅海多途类型如图 7.3.5 所示。图 (a) 是均匀声速剖面情况, 任何两点间的声波传输都存在直达程和海面海底反射程, 因此在近距离多途现象较为严重, 只是由于经海底多次反射程能量损失较大, 在远距离主要是直达程。在图 (b) 的负梯度情况下, 仅在近距离才有较强的直达程或折射程 (很近距离有海面反射程), 在较远距离 (与负梯度大小有关) 是影区, 只有海底反射能量和部分海面散射或水中衍射声能; 在图 (c) 负跃层情况下, 声强与发射和接收深度的相对值有关。源和接收器分处于跃层的一侧时, 有较强的折射程或反射程; 但当源和接收器分置于跃层两侧时, 能接收到的声能只是透过跃层的衍射或透射的声能。透射声能大都经过海底或海面反射到达接收点, 因此距离较近。

以图 7.3.5(a) 的理想浅海多途为例, 图 7.3.6 是点源声脉冲发射时远离源 1000m 左右距离上所接收到的脉冲多途图例, 其中 1 是直达程, 2 是一次海面反射程, 3 是一次海底反射程, 4 和 5 分别是先海面后海底和先海底后海面的反射程, 程差与源和接收器深度以及相隔距离有关 (图例是近表面发射和近海底接收), 可以注意到, 海面的反射没有能量损失, 而海底反射因为海底介质吸收而使反射能量损失。还应指出, 当有部分声波能量透入海底时, 如图 7.2.3 所示, 海底内部的途径也会形成多途, 且透入海底的声波可能沿几条途径, 如沿海底表面的表面波途径、沉积层中折射反射途径和海底晶态结构反射途径等, 它们可以较海水中声速为大的速度在远处折回海水而到达接收点。

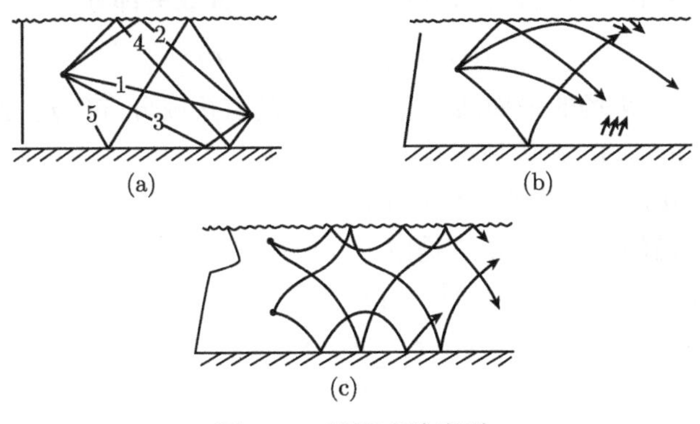

图 7.3.5 浅海多途类型

(a) 等温层型; (b) 负梯度型; (c) 负跃层型

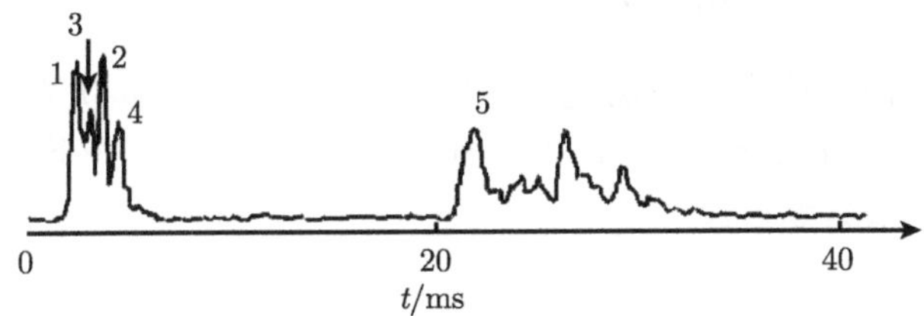

图 7.3.6 图 7.3.5(a) 的脉冲多途时间关系的实例图

以上分析均只限于水平均匀的分层介质, 实际上, 由于非均匀水团作用, 折射现象可以出现在水平方向, 这就是水平折射多途。对大幅度起伏不平的海底山峦, 也会形成水平多途, 而且不受距离限制, 因此有时多途延伸也可达几十毫秒甚至数百毫秒量级。如果是杂乱无章的峰谷礁石, 周期反射形成的多途一般当成混响处理。

低频情况下, 上面用射线理论解释的多途效应便会偏离实际情况, 低频多途效应用简正波理论可给以说明。在某种意义上, 低频多途意味着存在不同模态的简正波。

7.4 声传播的起伏效应

前面讨论的声传输的波导效应和多途效应都是基于介质是水平均匀的分层结构; 实际上介质不但不均匀, 而且是随机时变的, 因此声场也是随机时变空变的, 声信号在传输过程中也将是随机起伏的。这一节就引起声波在海洋中传输起伏的主要物理因素作一般说明, 详细讨论可参考文献 [20,[118],[123],[124]。在后面, 我们还将对这类起伏非均匀信道的特性作进一步讨论。

7.4.1　起伏声场的传统描述法

传统的声场起伏描述方法是将声场 (声压场) 分成两部分

$$p(t,\boldsymbol{r})=\overline{p}(t,\boldsymbol{r})+\widetilde{p}(t,\boldsymbol{r}) \tag{7.4.1}$$

$\overline{p}(t,\boldsymbol{r})=\langle p(t,\boldsymbol{r})\rangle$ 是声场的平均部分, 也是声场的有规成分; $\widetilde{p}(t,\boldsymbol{r})$ 是声场的纯随机部分, 且有 $\langle\widetilde{p}(t,\boldsymbol{r})\rangle=0$, 起伏是指其随机部分。

我们讨论声场起伏是指给定信道上的声压的起伏, 实际上, 声场随 $\boldsymbol{r}$ 的随机变化也可理解为声场的空间起伏, 这是由于介质空间的随机非均匀性产生的。

描述声场起伏的物理量是起伏的标准方差

$$\sigma_p^2(t,\boldsymbol{r})=\frac{\langle|p(t,\boldsymbol{r})-\overline{p}(t,\boldsymbol{r})|^2\rangle}{\langle|p(t,\boldsymbol{r})|^2\rangle}=\frac{\langle|\widetilde{p}(t,\boldsymbol{r})|^2\rangle}{\langle|p(t,\boldsymbol{r})|^2\rangle} \tag{7.4.2}$$

$\sigma_p(t,\boldsymbol{r})$ 就是起伏率。描述声场起伏时间变化特性的声场归一化自相关函数是

$$\widehat{R}_p(\tau,\boldsymbol{r})=\frac{\langle p(t,\boldsymbol{r})p^*(t+\tau,\boldsymbol{r})\rangle}{\langle|p(t,\boldsymbol{r})|^2\rangle} \tag{7.4.3}$$

$\langle\cdot\rangle$ 是系综平均, 由于假定了声场起伏是广义平稳的, 因此起伏率与时间无关, 而 $\widehat{R}_p(\tau,\boldsymbol{r})$ 只是时间差的函数, 并且可以用时间平均来代替系综平均。

将 $p(t,\boldsymbol{r})$ 表示为复指数形式

$$p(t,\boldsymbol{r})=A_p(t,\boldsymbol{r})\exp[\mathrm{j}\theta_p(t,\boldsymbol{r})] \tag{7.4.4}$$

而起伏率可以用声场的振幅起伏率 σ_A 和相位起伏率 σ_θ 来表示。声场的起伏快慢用起伏相关时间 τ_p 描述, 其定义是

$$\tau_p(\boldsymbol{r})=\int_0^\infty\widehat{R}_p(\tau,\boldsymbol{r})\mathrm{d}\tau \tag{7.4.5}$$

或者为方便起见, 直接取 $\widehat{R}_p(\tau,\boldsymbol{r})$ 主峰最大值下降至一半时的 τ 值。

对于一般非平稳的起伏, 用如式 (5.3.46) 的定义, 取声场结构函数[123]

$$D_p(t_2-t_1,;\boldsymbol{r})=\langle|p(t_2,\boldsymbol{r})-p(t_1,\boldsymbol{r})|^2\rangle \tag{7.4.6}$$

来描述声场的起伏。平稳或准平稳起伏声场的结构函数是

$$D_p(\tau;\boldsymbol{r})=2R_p(0,\boldsymbol{r})[1-\widehat{R}_p(\tau,\boldsymbol{r})] \tag{7.4.7}$$

$\tau\to\infty$ 时可表示为

$$D_p(\boldsymbol{r})=2R_p(0,\boldsymbol{r})$$

对于空间非均匀性或空间起伏声场的描述, 同样可以引入其空间起伏尺寸 (非均匀性相关尺寸) 和空间起伏结构函数 $D_p(t;\boldsymbol{r}_2,\boldsymbol{r}_1)$。

实际测量均通过水声信号形式 $v(t,\boldsymbol{r})$ 来表示声压时空场 $p(t,\boldsymbol{r})$。

下面就引起声场起伏的几个主要物理因素作扼要的介绍.

7.4.2 海面波浪的影响

绝对平整的海面可作为传输介质空间的无损镜面 (相干) 反射界面, 但是实际上海洋表面由于和大气接触, 受温度与气流的影响, 经常呈现波浪、涌或涟漪之类的不平整性, 这种不平整性表面使声波在海面上的镜反射分量中引进随机反射或漫反射成分, 从而引起海水介质中声场的随机起伏。

海面不平整性可用海面质点偏离平均水面的垂直位移 $\xi(x,y,t)$ 来表示。$\xi(x,y,t)$ 被称为随机波浪场, 一般可假定 $\xi(x,y,t)$ 是均匀的平稳随机时空场, 绝大部分实际波浪质点位移 ξ 的分布符合高斯分布形式

$$W_\xi(\xi)=(\sqrt{2\pi}\sigma_\xi)^{-1}\exp\{-\xi^2/(2\sigma_\xi^2)\} \tag{7.4.8}$$

$\sigma_\xi=\sqrt{\langle\xi^2\rangle}$ 是均方根波高, 其大小与引起海面不平整的动力 (如风级) 有关, 一般为厘米到米量级。

由式 (7.2.1) 所引入的瑞利参数 $R_\varepsilon = 4\pi k\sigma_\xi\sin\theta$ 也可用来表示海面反射声场的起伏统计特性。正如文献 [3] 指出的, 对式 (7.4.8) 所描述的波浪场, 海面散射场的平均相干成分的反射系数是 $\exp(-R_\varepsilon^2)$, 非相干成分对相干成分的强度比是 $\exp((-R_\varepsilon^2)-1)$。

瑞利参数 R_ε 在物理上可理解为由于不平海面所引起的声波散射相对于平均水面的镜向反射波的附加均方根相移。因此, 其大小也反映了不同入射波频率和掠射角下海面的相对不平整性。当 $R_\varepsilon \ll 1$ 时, 可近似认为海面是镜像反射面。

当 $R_\varepsilon < 1$ 时, 海面反射信号的振幅分布通常是赖斯分布, 振幅起伏率和相位起伏率都接近于 $R_\varepsilon/\sqrt{2}$; 当 $\varepsilon > 1$ 时, 振幅分布接近于瑞利分布, 起伏率接近于最大饱和值 0.52—— 实际测量结果在 0.3~0.5。由于起伏与掠射角有关, 因此随着距离增大, 海面反射的振幅起伏率减小。实验结果如图 7.4.1(a) 所示[122]。

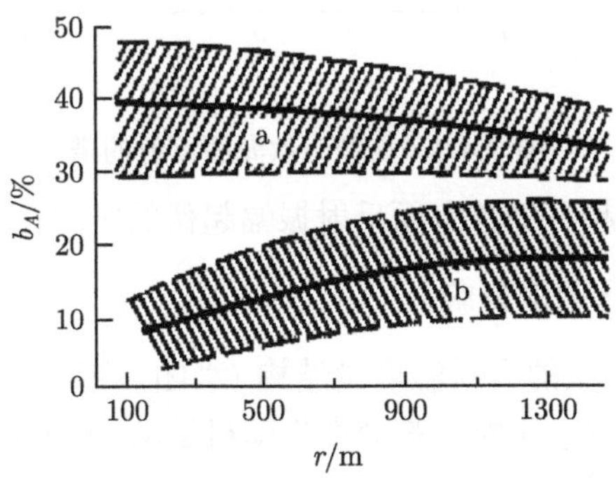

图 7.4.1 R_ε >1 海面 (a) 和海水水团 (b) 散射振幅起伏范围的实验结果

海面反射信号的起伏时间特性与激起海面不平的物理特性的时变因素有关。如

图 7.4.2(a) 所示, 浅海定点海面反射信号的振幅相关函数 (图中点画线) 在 $R_\varepsilon<1$(图中 $R_\varepsilon\approx0.37$) 时, 和海面波浪相关函数 (实线) 相似, 都呈现同样的波浪周期衰减形式, 但对 $R_\varepsilon>1$(虚线, $R_\varepsilon=2.2$), 起伏相关半径减小。

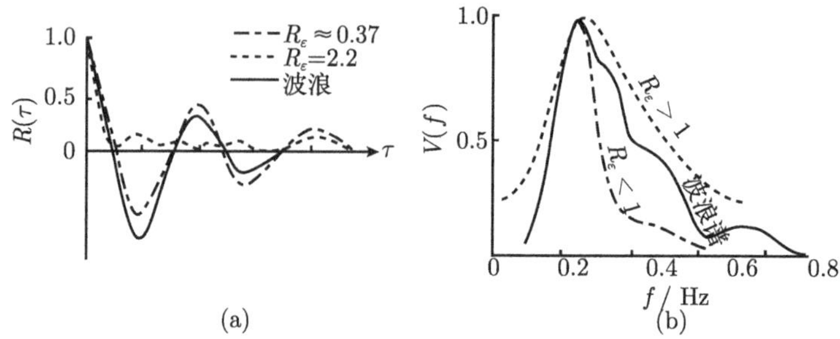

图 7.4.2　海面反射起伏相关函数 (a) 和谱与波浪特性的关系 (b)

测量海面反射信号的起伏谱也能说明起伏与 R_ε 的关系。图 7.4.2(b) 为 $R_\varepsilon<1$ 和 $R_\varepsilon>1$ 时起伏谱与波浪谱的比较图。$R_\varepsilon<1$ 时起伏谱较波浪谱为窄, 随着 R_ε 增大, 谱逐渐增宽以致当 $R_\varepsilon>1$ 时大于波浪谱; 但无论 $R_\varepsilon>1$ 还是 $R_\varepsilon<1$, 起伏谱最大位置和波浪谱相同[121]。

典型一次海面反射的谱, 如图 7.4.3 所示, 两个边峰表示波浪所产生的对称频移[125]。

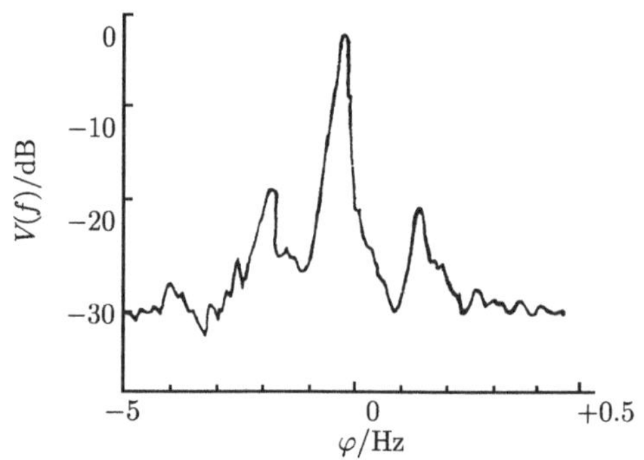

图 7.4.3　典型一次海面反射的谱

实验指出, 风速引起不平整海面反射振幅起伏的时间在秒量级。

7.4.3　湍流和非均匀水团的影响

湍流和热交换所产生的介质温度微结构 (水团) 在某些自然现象 (如气压、涌浪、潮汐以及地球自转等) 影响下都会产生随机运动, 从而使声波传输信号产生起伏。物理上这种起伏是这些温度微结构 (水团) 对应声速或折射指数 $c(\boldsymbol{r})/\bar{c}$($\bar{c}$ 为平均声速) 的随机变化引起的, 因此起伏大小也与水团的折射指数时空统计特性有关。

记折射指数起伏率和其相关函数分别为

$$\mu(t,\boldsymbol{r})=[c-\overline{c}]/\overline{c} \tag{7.4.9}$$

和

$$R_\mu(\Delta t,\Delta\boldsymbol{r})=\langle\mu(t,\boldsymbol{r})\mu(t+\Delta t,\boldsymbol{r}+\Delta\boldsymbol{r})\rangle \tag{7.4.10}$$

那么, 水团沿传递方向 $x=r$ 的相关尺寸定义为

$$a_\mu(\Delta t)=\int_0^\infty R_\mu(\Delta t,\Delta\boldsymbol{r})\mathrm{d}(\Delta x)\bigg/\langle\mu^2(\Delta t,0)\rangle,\qquad \Delta y=\Delta z=0 \tag{7.4.11}$$

对各向同性水团, 空间相关函数一般可表示为

$$\widehat{R}_\mu(\Delta x)=\frac{R_\mu(\Delta x)}{\langle\mu^2(x)\rangle}=\exp\left\{-\left(\frac{\Delta x}{a_\mu}\right)^m\right\},\qquad m=1\text{或}2 \tag{7.4.12}$$

因此, a_μ 也称水团外尺度, 其大小与水团激发机制有关, 并随深度的增加而增加。

水团另一个特征尺度是水团的内尺度 a_0, 它是水团中温度非均匀性的最小尺度。图 7.4.4(a) 形象地给出了海水湍流水团尺寸及对声波的聚焦效应。理论和实验分析指出, 湍流介质所引起的声传播起伏特性在距离上可分为如图 7.4.4(b) 所示的三段。

(1) 聚焦区: $\sqrt{\lambda r}\ll a_\mu$, $\sqrt{\lambda r}$ 是声波的第一菲涅耳区半径 (λ 是平均波长), 其振幅起伏率 $\sigma_A\sim r^{3/2}$, 在这段距离内声场可用射线理论解释, 声传播过程的随机性表现为由于水团的声聚焦和散射所产生的声线走向的随机偏移。

(2) 散射区: $\sqrt{\lambda r}\gg a_\mu$, $\sigma_A\sim\sqrt{\lambda}$, 这段距离的声场可解释为由许多随机非相关散射元的散射合成的散射场, 并在 $r>[1/(\langle\mu^2\rangle k^2a_0)]$ 时振幅起伏达到饱和值 (0.52)*。

(3) 过渡区: 即图中距离 r_0 附近的渡区域, $a_0\leqslant\sqrt{\lambda r}\leqslant a_\mu$, $\sigma_A\sim r^{11/12}$。

当然, 以上的分区范围 r_0 与频率有关, 频率越低, 聚焦区越近。但总的来看, 和海面反射起伏相反, 非均匀介质所引起的起伏是距离的递增函数。实验起伏范围如图 7.4.1(b) 所示。

由介质非均匀性所引起的声信号起伏与声途径有关。例如, 沿深海声道轴上下两行程传输的情况, 上行程由于接近水面, 受海面影响大, 因此起伏也较大 (较快), 而下行程起伏较小。

对一般近海面, 水团尺寸在米量级, 而深海内部可达百米量级[120]。

---

* 引入参数 $\varPhi=\left\langle\left|2\pi k_0\int_s\mu(s)\mathrm{d}s\right|^2\right\rangle$ 和 $\varLambda=\int_s[R_F(s)/a_\mu]^2\mathrm{d}s/r$ (分别称声场强度参数和声衍射参数[123]), 积分是沿声线的积分 (s 是声线轨迹), $R_F(s)$ 是沿声线 s 的菲涅耳带尺寸, 对于几何声学, $\varPhi^2$ 就是相位起伏方差 [见式 (7.6.16)]。远程条件下, 近似有 $\varPhi^2\approx4\pi k_0^2\alpha_\mu\langle\mu^2\rangle,\varLambda\approx r/(12k_0\alpha_\mu^2),\varPhi^2\geqslant1$ 的区域就是饱和区。

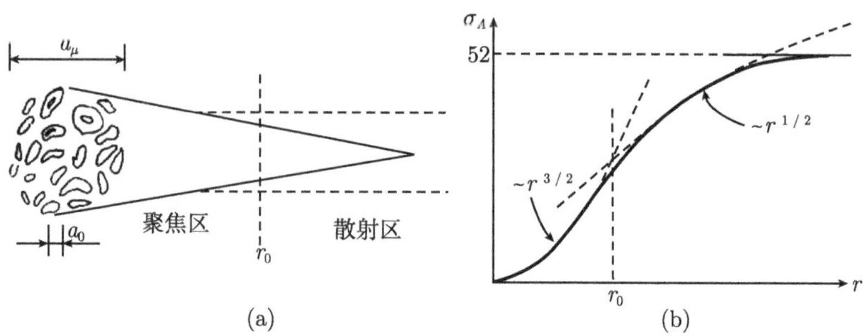

图 7.4.4　湍流水团的聚焦效应 (a) 及其所引起的传播起伏率随距离变化的关系 (b)

7.4.4　内波的影响

海洋内波是海洋介质中非均匀水层在重力作用下的随机波动, 因此是一种重力波或惯性重力波。最大振幅发生在海面以下, 内波主要反映为水平非均匀薄层的上下起伏。例如, 夏季浅海跃层在深度上的变化, 这种变化的周期与风浪、潮汐和季节流的作用及海面上的气压变化有关; 在深海表现在地球运动和季节流引起的声道结构的变化。内波对声场起伏起主要作用的频率局限于地球运动的惯性频率和薄层运动频率之间。

地球自转引起的地球运动惯性频率是

$$f = 2\omega \sin\phi$$

其中, ω 为地转角速率, ϕ 为地理纬度。而薄层运动主要是水下最小温度非均匀水团的垂直位移, 如果记水团垂直位移量为 ζ, 则薄层的波动 (即内波) 可以表示为 $\zeta(t,z)$, 它满足波动方程

$$\frac{\partial^2\zeta(t,z)}{\partial t^2} + f_N^2(z)\zeta(t,z) = 0 \tag{7.4.13}$$

式中, f_N 就是薄层自由振动频率, 也称瓦依沙拉 (Väisälä) 频率, 它与介质密度 ρ 和重力加速度 g 有关。

$$f_N^2(z) = -g\left(\frac{1}{\rho}\frac{\mathrm{d}\rho}{\mathrm{d}z} + \frac{g}{c^2}\right) \approx -\frac{g}{\rho}\frac{\mathrm{d}\rho}{\mathrm{d}z} \tag{7.4.14}$$

海洋内波波高范围是数米到数十米, 水平波长 (空间相关尺寸) 为 100m~10km, 波速不超过 1m/s。内波的起伏时间由浅海的数分钟到深海的几十小时不等 [116]。这些特性与海深有关, 浅海内波幅度比深海小而速度比深海大, 当然也与季节有关。

文献 [126] 指出, 根据折射指数起伏率 μ 与内波的关系

$$\mu = -\frac{f_N}{g}\varepsilon\zeta \tag{7.4.15}$$

(ε 是常数) 可以计算声场的起伏。而内波引起的声信号起伏时间特性也和内波特性接近相同。内波引起的声信号起伏功率谱对深海研究得比较成熟, 图 7.4.5(a) 是典型深海内波所引起的声振幅起伏功率谱。但对浅海, 引起内波的因素复杂, 变化也大。一般小幅度内波仍然可认为是线性的周期波，例如夏季中国北海条件一次测得内波引起的声振幅起伏功率谱如图 7.4.5(b) 所示[127]，振幅起伏可达 20dB 以上，但到冬季仅仅几个 dB，而且与深海内波比较，内波引起的声起伏浅海比深海要慢得多。但浅海内波有时由于海底地形的作用也会形成对声波起伏传递影响较大的非线性内波波包或称孤立子内波[263,264]。

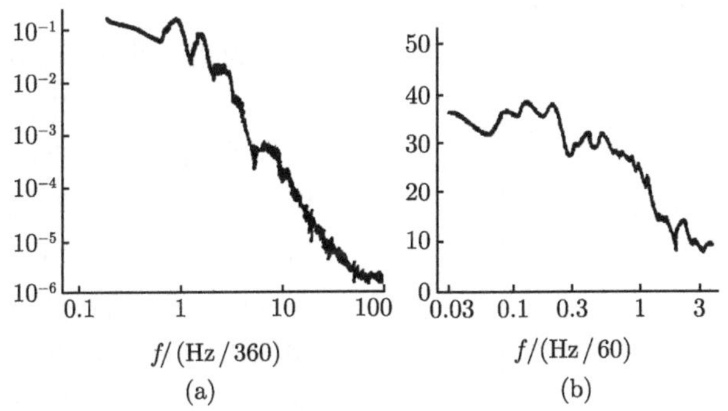

图 7.4.5 内波引起的声振幅起伏功率谱 (例)

(a) 深海; (b) 夏季浅海

一般情况下, 对于单途传输过程, 内波的影响主要是相位起伏, 但对于远场条件, 可能存在独立多途叠加效应, 声场起伏也能反映到振幅上。

7.4.5 其他因素的影响

除了海面非均匀介质水团和内波会引起声场起伏外, 源和接收器的随机运动 —— 声呐载体摇晃和颠簸等也会产生声场的起伏, 近距离单途径起伏主要影响相位起伏 (频移或延迟), 远场多途情况垂直方向的颠簸对起伏影响较大[129]。

近海表面层气泡、深海浮游生物散射层也是影响声传播起伏的因素。它们可理解为杂乱散射体的前向散射构成的混响场, 与海况和季节有较强的依赖关系。

阳光日照周期也使海水混合层和跃层结构以日为周期发生变化 (如 “午后效应”)。

不同因素产生的声信号起伏的时空尺度是不一样的, 通常可分为三种尺度[116]。如季节流、潮汐等引起的起伏 (天文、地质因素) 是大时空尺度起伏, 这种起伏时间尺寸比 “日” 为大, 对于声呐来讲, 可以不考虑; 一些由于气象和机械激励引起的非均匀起伏 (旋涡、海面风浪等), 一般是小时空尺度起伏, 通常可考虑为随机过程; 海洋内波等引起的起伏是中尺度起伏, 对大部分现行声呐系统的工作影响不大, 但近代声呐向大基阵、长信号发展, 这种中尺度起伏因素也应给以足够的重视。

7.5　声信道的线性源–场关系

在 1.6 节我们已经将声呐过程看成是图 1.6.1 所示的信息 x 到 y 的参数变换过程, 若用电信号表示, 则图 1.6.1 是从 $u(t)$ 到 $v(t)$ 的转换过程, 而用声信号表示, 则是源场 $q_u(t,\boldsymbol{r})$ 到声场 $p(t,\boldsymbol{r})$ 的时空变换过程, 正如 7.1 节所指出的小振幅声波传播过程, 两者都可以看成是线性系统变换过程, 均可用线性积分算子形式 (6.1.8) $\boldsymbol{L}\{\cdot\}$ 或微分算子形式 (6.1.9)$\boldsymbol{L}^{-1}\{\cdot\}$ 表示。

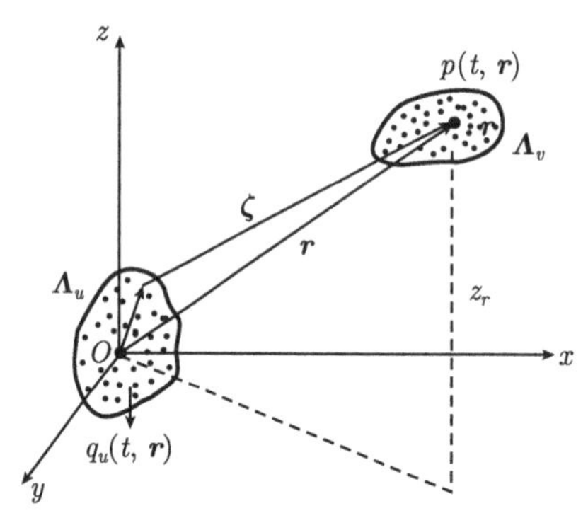

图 7.5.1　源–场变换空间的几何图

为进一步分析源和场的线性变换关系, 将图 7.1.1 中的换能器阵 (基阵限制空间)$\boldsymbol{\Lambda}_u$ 中心作为坐标原点, 如图 7.5.1 所示, 时空源 $q_u(t,\boldsymbol{r})$ 是由一时空声呐信号 $u(t,\boldsymbol{r})$ 分布激发换能器阵 $q(\boldsymbol{r})$ 产生的时空声源。源在介质空间内任一点 $\boldsymbol{r}$ 附近形成的声压场是 $p(t,\boldsymbol{r})$, 并用声呐接收阵元 (分布在空间 $\boldsymbol{\Lambda}_v$ 内的水听器) 将声场信号转换成水声时空信号 $v(t,\boldsymbol{r})$。

7.5.1　源及其系统函数

假定换能器基阵的电声转换过程是一个线性时空转换过程，因此基阵也是线性时空系统，其时空响应函数 (基阵权函数) 是 $a_u(t,\boldsymbol{r})(\boldsymbol{r}\in\boldsymbol{\Lambda}_u)$, 电信号 $u(t,\boldsymbol{r})$ 输入时，输出就是时空分布的声源函数

$$q_u(t,\boldsymbol{r})=\int a_u(\tau,\boldsymbol{r})u(t-\tau,\boldsymbol{r})\mathrm{d}\tau \tag{7.5.1}$$

当 $u(t,\boldsymbol{r})=\delta(t)$ 时, $q_u(t,\boldsymbol{r})=a_u(t,\boldsymbol{r})$, 因此 $a_u(t,\boldsymbol{r})$ 也称系统的时空响应函数。有的文献称基阵权函数 $a_u(t,\boldsymbol{r})$ 为基阵束控函数 [122], 而称基阵的空间分布频率响应

$$A_u(f,\boldsymbol{r})=\int a_u(t,\boldsymbol{r})\mathrm{e}^{-\mathrm{j}2\pi ft}\mathrm{d}t \tag{7.5.2}$$

为基阵的孔径函数。若 $u(t,\boldsymbol{r})$ 的空间分布谱是

$$U(f,\boldsymbol{r})=\int u(t,\boldsymbol{r})\mathrm{e}^{-\mathrm{j}2\pi ft}\mathrm{d}t \tag{7.5.3}$$

则源函数 $q_u(t,\boldsymbol{r})$ 的空间分布谱为

$$Q_u(f,\boldsymbol{r})=A_u(f,\boldsymbol{r})U(f,\boldsymbol{r}) \tag{7.5.4}$$

因此源函数还可表示为

$$q_u(t,\boldsymbol{r}) = \int Q_u(f,\boldsymbol{r})\mathrm{e}^{\mathrm{j}2\pi ft}\mathrm{d}f \tag{7.5.5}$$

引入基阵的频率–波矢量谱 (即角谱)

$$\mathcal{A}_u(f,\boldsymbol{k}) = \int_{\Lambda_u} A_u(f,\boldsymbol{r})\mathrm{e}^{\mathrm{j}2\pi k\boldsymbol{r}}\mathrm{d}\boldsymbol{r} \tag{7.5.6}$$

和触发信号 $u(t,\boldsymbol{r})$ 的频率–波矢量谱

$$\mathcal{U}(f,\boldsymbol{k}) = \int_{\Lambda_u} U(f,\boldsymbol{r})\mathrm{e}^{\mathrm{j}2\pi k\boldsymbol{r}}\mathrm{d}\boldsymbol{r} \tag{7.5.7}$$

则源 $q_u(t,\boldsymbol{r})$ 的频率 – 波矢量谱为

$$\begin{aligned}\mathcal{Q}_u(f,\boldsymbol{k}) &= \iint_{\Lambda_u} q_u(t,\boldsymbol{r})\mathrm{e}^{\mathrm{j}2\pi(\boldsymbol{kr}-ft)}\mathrm{d}t\mathrm{d}\boldsymbol{r}\\ &= \mathcal{A}_u(f,\boldsymbol{k})\underset{k}{\otimes}\mathcal{U}(f,\boldsymbol{k})\end{aligned} \tag{7.5.8}$$

它是基阵和触发信号两者的频率–波矢量谱的乘积。

由于波矢量 $\boldsymbol{k} = f\boldsymbol{n}/c$, $\boldsymbol{n}$ 是其单位方向矢量, 其方向角是 $\alpha(\phi,\theta)$。因此, 窄带情况下式 (7.5.8) 可表示为隐含源的指向性能的角谱

$$d_q(f,\boldsymbol{\alpha}) = \mathcal{Q}_u(f,f\boldsymbol{\alpha}/c) \tag{7.5.9}$$

由此可见, 源的指向性是由分布触发信号 $u(t,\boldsymbol{r})$ 和基阵的分布响应函数 $a_u(t,\boldsymbol{r})$ (或孔径函数 $A_u(f,\boldsymbol{r})$) 两者决定的。例如, 对均匀触发基阵情况下, $u(t,\boldsymbol{r}) = u(t)$, 源信号是式 (5.10.12) 的时空分离形式

$$q_u(t,\boldsymbol{r}) = u(t)q_u(\boldsymbol{r})$$

代入式 (7.5.8), 源的角谱 (7.5.9) 可写成

$$d_q(f,\boldsymbol{\alpha}) = U(f)d_u(f,\boldsymbol{\alpha}) = U(f\,|\boldsymbol{\alpha}) \tag{7.5.10}$$

$d_u(f,\boldsymbol{\alpha})$ 是基阵的角谱或称基阵的固有的指向性函数 (见式 (5.10.4))

$$d_u(f,\boldsymbol{\alpha}) = Q_u(f\boldsymbol{\alpha}/c) = \int_{\boldsymbol{\Lambda}_u} q(\boldsymbol{r})\mathrm{e}^{\mathrm{j}2\pi f\boldsymbol{\alpha r}/c}\mathrm{d}\boldsymbol{r}$$

实际上, 式 (7.5.10) 已经指出, 窄带时空源信号 $q_u(t,\boldsymbol{r})$ 可看成是位于坐标原点的指向性点源信号

$$q_u(t,\boldsymbol{r}) = \int d_q(f,\boldsymbol{\alpha}_r)\mathrm{e}^{\mathrm{j}2\pi ft}\mathrm{d}f = u(t\,|\boldsymbol{\alpha}_r) \tag{7.5.11}$$

如果基阵是具有轴或平面对称分布的无指向性换能器阵, 则阵指向性也是对称的, 并往往在对称轴或平面方向上获得最大的源场响应。

为了改变不动基阵的固有指向性的最大响应方向 (波束方向), 可通过非均匀分布的触发信号 $u(t,\boldsymbol{r})$ 来实现. 最常见的分布触发信号是

$$u(t,\boldsymbol{r})=u(t-\tau_u(\boldsymbol{r})) \tag{7.5.12}$$

其频率–波矢量谱是

$$\mathcal{U}(f,\boldsymbol{k})=U(f)\int_{\boldsymbol{\Lambda}_u}\mathrm{e}^{\mathrm{j}2\pi[\boldsymbol{kr}-f\tau_u(r)]}\mathrm{d}\boldsymbol{r}$$

对于给定中心频率为 f_0 的窄带信号, 如果选择

$$\tau_u(\boldsymbol{r})=k_u\boldsymbol{r}/f_0 \tag{7.5.13}$$

则有

$$\mathcal{U}(f,\boldsymbol{k})=U(f)\delta(\boldsymbol{k}-\boldsymbol{k}_u)$$

代入式 (7.5.8) 有

$$\mathcal{Q}_u(f,\boldsymbol{k})=U(f)\mathcal{A}_u(f,\boldsymbol{k}-\boldsymbol{k}_u) \tag{7.5.14}$$

式 (7.5.14) 表明, 选择设置触发延迟分布, 可以使阵指向改变方向。为使 $\boldsymbol{r}$ 方向获得最大的声场响应, 选择 $\boldsymbol{k}_u=\boldsymbol{k}_r$。

改变触发信号延迟分布和对基阵束控函数空间相位加权效果是一样的, 实际上窄带情况下可以直接将

$$g_u(t,\boldsymbol{r})=a_u(t,\boldsymbol{r})\mathrm{e}^{\mathrm{j}2\pi f\tau_u(\boldsymbol{r})},\quad \boldsymbol{r}\in\boldsymbol{\Lambda}_u \tag{7.5.15}$$

看成是基阵的束控函数。

工程上, 对于窄带信号, 常用相移分布控制代替延迟分布控制来实现式 (7.5.14), 因此这种方法控制波束方向的基阵就是通常所说的窄带相控阵。

7.5.2　源场关系

将波动方程 (7.1.2) 表示为线性源场关系的微分算子形式

$$\boldsymbol{L}^{-1}\{p(t,\boldsymbol{r})\}=q_u(t,\boldsymbol{r}) \tag{7.5.16}$$

式中

$$\boldsymbol{L}^{-1}=\frac{1}{4\pi}\left\{\frac{1}{c^2(\boldsymbol{r})}\frac{\partial^2}{\partial t^2}-\Delta\right\} \tag{7.5.17}$$

对于无损 (不考虑介质的吸收) 均匀介质的自由空间, 根据式 (7.1.5), 声源 $q_u(t,\boldsymbol{r})$ 在 $\boldsymbol{r}$ 处产生的场 (照明场)$p(t,\boldsymbol{r})$ 是式 (7.1.5)

$$p(t,\boldsymbol{r})=\int_{\Lambda_u}\frac{q_u(t-|\boldsymbol{r}-\boldsymbol{r}_0|/c,\boldsymbol{r}_0)}{|\boldsymbol{r}-\boldsymbol{r}_0|}\mathrm{d}\boldsymbol{r}_0 \tag{7.5.18}$$

将式 (5.5.5) 代入式 (7.5.18) 并写成分布谱形式

$$P(f,\boldsymbol{r})=\int_{\Lambda_u}Q_u(f,\boldsymbol{r}_0)g(\boldsymbol{r}\,|\boldsymbol{r}_0)\mathrm{d}\boldsymbol{r}_0 \tag{7.5.19}$$

式中, $Q_u(f,\boldsymbol{r})$ 是源的空间分布谱式 (7.5.4), 而 $g(\boldsymbol{r}|\boldsymbol{r}_0)$ 就是自由空间的格林函数式 (7.1.7)

$$g(\boldsymbol{r}\,|\boldsymbol{r}_0)=\frac{\exp(-\mathrm{j}2\pi f|\boldsymbol{r}-\boldsymbol{r}_0|/c)}{|\boldsymbol{r}-\boldsymbol{r}_0|} \tag{7.5.20}$$

为了获得远场声场表示, 将 $|\boldsymbol{r}-\boldsymbol{r}_0|$ 写成

$$|\boldsymbol{r}-\boldsymbol{r}_0|=\sqrt{|\boldsymbol{r}|^2-2\boldsymbol{r}\cdot\boldsymbol{r}_0+|\boldsymbol{r}_0|^2}=|\boldsymbol{r}|\sqrt{1-2\boldsymbol{n}_{\boldsymbol{r}}\boldsymbol{r}_0/|\boldsymbol{r}|+(|\boldsymbol{r}_0|/|\boldsymbol{r}|)^2}$$

式中, $\boldsymbol{n}_{\boldsymbol{r}}=\boldsymbol{r}/|\boldsymbol{r}|$ 是 $\boldsymbol{r}$ 的单位方向矢量。利用 $x<1$ 时 $\sqrt{1-x}$ 展开的一级近似 ($\sqrt{1-x}\approx 1-x/2$) 关系, 取

$$|\boldsymbol{r}-\boldsymbol{r}_0|\approx|\boldsymbol{r}|\left[1-\frac{\boldsymbol{n}_{\boldsymbol{r}}\boldsymbol{r}_0}{|\boldsymbol{r}|}+\frac{|\boldsymbol{r}_0|^2}{2\,|\boldsymbol{r}|^2}\right] \tag{7.5.21}$$

代入式 (7.5.18), 可得

$$g(\boldsymbol{r}\,|\boldsymbol{r}_0)\approx\frac{\mathrm{e}^{-\mathrm{j}2\pi f\tau_r}}{|\boldsymbol{r}-\boldsymbol{r}_0|}\mathrm{e}^{\mathrm{j}2\pi\frac{f}{c}\left(\boldsymbol{n}_r\boldsymbol{r}_0-|\boldsymbol{r}_0|^2/2|\boldsymbol{r}|\right)} \tag{7.5.22}$$

这里 $\tau_r=|\boldsymbol{r}|/c$ 是声波传递时间 (延迟)。由于源点 $\boldsymbol{r}_0\in\boldsymbol{\Lambda}_u$, 因此如果距离满足

$$\lambda|\boldsymbol{r}|>[\boldsymbol{\Lambda}_u]^2 \tag{7.5.23}$$

的远场条件 ($[\boldsymbol{\Lambda}_u]$ 是源基阵空间最大线度, λ 是声波波长), 即在大于这个范围的距离变化所引起式 (7.5.22) 中的平面波相位项变化可以忽略, 至少可略去相位项中的平方项, 而且式中幅度分式的分母可用 $|\boldsymbol{r}|$ 代替, 即式 (7.5.22) 可写成

$$g(r\,|\boldsymbol{r}_0)\approx\frac{1}{|\boldsymbol{r}|}\mathrm{e}^{-\mathrm{j}2\pi(f\tau_{\boldsymbol{r}}-k_{\boldsymbol{r}}\boldsymbol{r}_0)} \tag{7.5.24}$$

这就是格林函数的远场 —— 夫琅禾费 (Fraunhofer) 近似形式。而相应的式 (7.5.20) 称为格林函数的近场 —— 菲涅耳 (Fresnel) 近似形式, $[\boldsymbol{\Lambda}_u]^2/(4\lambda)$ 称为菲涅耳距离。

式 (7.5.24) 还指出, 远场自由空间的声场 $p(t,\boldsymbol{r})$ 是源 $q_u(t,\boldsymbol{r})$ 沿着 $\boldsymbol{r}$ 方向的柱面衰减的平面波场。

对均匀分布的 $u(t)$ 触发, 可将式 (7.5.24) 代入式 (7.1.7), 有

$$p(t,\boldsymbol{r})=\frac{1}{|\boldsymbol{r}|}\int U(f)\mathrm{e}^{\mathrm{j}2\pi f(t-\tau_r)}\int_{\boldsymbol{\Lambda}_u}q_u(\boldsymbol{r}_0)\mathrm{e}^{\mathrm{j}2\pi f\boldsymbol{n}_r\boldsymbol{r}_0/c}\mathrm{d}\boldsymbol{r}_0\mathrm{d}f \tag{7.5.25}$$

根据式 (5.10.2) 和式 (5.10.3), 再利用式 (7.5.10), 得到上式的分布谱的形式

$$P(f,\boldsymbol{r})=\frac{1}{|\boldsymbol{r}|}d_u(f,\boldsymbol{\alpha}_r)U(f)\mathrm{e}^{-\mathrm{j}2\pi f\tau_{\boldsymbol{r}}} \tag{7.5.26}$$

距离引起的作用仅是一柱面衰减 $1/|\boldsymbol{r}|$ 因子和一延迟 $\tau_r=|\boldsymbol{r}|/c$。窄带条件下, 远场就可以认为是式 (7.5.11) 给出的指向性点源声场信号

$$u(t\,|\boldsymbol{\alpha})=\int d_u(f,\boldsymbol{\alpha})U(f)\mathrm{e}^{-\mathrm{j}2\pi ft}\mathrm{d}f \tag{7.5.27}$$

的声场

$$p(t,\boldsymbol{r})=\frac{1}{|\boldsymbol{r}|}u(t-\tau_{\boldsymbol{r}}\,|\boldsymbol{\alpha}_{\boldsymbol{r}}) \tag{7.5.28}$$

一般远场情况下, 将式 (7.5.24) 代入式 (7.5.19), 并利用式 (7.5.10) 有

$$P(f,\boldsymbol{r})=\frac{1}{|\boldsymbol{r}|}d_q(f,\boldsymbol{\alpha}_r)\mathrm{e}^{-\mathrm{j}2\pi f\tau_{\boldsymbol{r}}} \tag{7.5.29}$$

声场也和式 (7.5.28) 一样, 但

$$u(t\,|\boldsymbol{\alpha})=\int d_q(f,\boldsymbol{\alpha})\mathrm{e}^{-\mathrm{j}2\pi f\boldsymbol{t}}\mathrm{d}f \tag{7.5.30}$$

对于布设在空间 $\boldsymbol{\Lambda}_v$ 内的接收阵 (图 7.5.1), 也和源阵一样, 由其权函数或称接收阵束控函数 $a_v(t,\boldsymbol{r})(\boldsymbol{r}\in\boldsymbol{\Lambda}_v)$、孔径函数 $A_v(f,\boldsymbol{r})$ 以及可决定接收指向性基阵的频率–波矢量谱 $\mathcal{A}_v(f,\boldsymbol{k})$ 来描述, 而且远场同样有其指向性函数 $d_v(f,\boldsymbol{\alpha})$。这些有关接收阵的系统函数也都可以通过类似式 (7.5.2)~ 式 (7.5.8) 等关系式互相转换。

位于接收阵空间内 $\boldsymbol{r}$ 处阵元接收到的时空信号是

$$v_v(t,\boldsymbol{r})=\int a_v(\tau,\boldsymbol{r})p(t-\tau,\boldsymbol{r})\mathrm{d}\tau \tag{7.5.31}$$

其频率–波矢量谱是

$$\mathcal{V}_v(f,\boldsymbol{k})=\mathcal{A}_v(f,\boldsymbol{k})\underset{\boldsymbol{k}}{\otimes}\mathcal{P}(f,\boldsymbol{k}) \tag{7.5.32}$$

显然, 接收阵输出 $v_r(t)$ 与基阵指向性及基阵所在空间的声场指向性有关。为接收基阵指向对准声场最大方向, 技术上往往和式 (7.5.15) 对发射阵相控一样, 将接收阵的束控信号进行相位补偿

$$g_v(t,\boldsymbol{r})=a_v(t,\boldsymbol{r})\mathrm{e}^{\mathrm{j}2\pi f_0\tau_v(\boldsymbol{r})},\quad \boldsymbol{r}\in\boldsymbol{\Lambda}_R \tag{7.5.33}$$

并选择

$$\tau_v(\boldsymbol{r}) = \boldsymbol{k}_v \boldsymbol{r}/f \tag{7.5.34}$$

使基阵输出的频率–波矢量谱变成

$$\mathcal{V}_v(f,\boldsymbol{k}) = \mathcal{A}_v(f,\boldsymbol{k}-\boldsymbol{k}_v) \underset{k}{\otimes} \mathcal{P}(f,\boldsymbol{k}) \tag{7.5.35}$$

这里, $\boldsymbol{k}_v = \boldsymbol{n}_v f/c$, 若 $\boldsymbol{\alpha}_v$ 表示接收基阵波束指向矢量 $\boldsymbol{n}_v$ 的方向, 改变 $\boldsymbol{k}_v$ 即 $\boldsymbol{\alpha}_v$, 使 $\boldsymbol{k}_v = \boldsymbol{k}_r$, 接收阵指向输出 $d_v(f,\boldsymbol{\alpha}_v)$ 可得直指声场最大方向, 而 $\boldsymbol{\alpha}_v$ 的改变或者用机械旋转法或者用电子波束扫描方法实现。

7.5.3 水下声信号传输过程的系统函数

在前面的讨论中, 假定传输通道为无损均匀介质空间通道, 实际上介质传输空间是复杂的。在工程应用中, 习惯将声场空间用系统函数来描述, 即将声传输空间看成时空通道。

将传输信道源场线性变换关系表示为线性时空积分算子形式 (见 6.11 节)

$$p(t,\boldsymbol{r}) = \boldsymbol{L}\{q_u(t,\boldsymbol{r})\} \tag{7.5.36}$$

而

$$\boldsymbol{L}\{\cdot\} = \iint_{\boldsymbol{\Lambda}_u} h_M(t-\tau,t;\boldsymbol{r}-\boldsymbol{\zeta},\boldsymbol{r})\{\cdot\}\mathrm{d}\tau\mathrm{d}\boldsymbol{\zeta} \tag{7.5.37}$$

或直接将式 (7.5.36) 表示为

$$p(t,\boldsymbol{r}) = \iint_{\boldsymbol{\Lambda}_u} h_M(t-\tau,t;\boldsymbol{r}-\boldsymbol{\zeta},\boldsymbol{r})q_u(\tau,\boldsymbol{\zeta})\mathrm{d}\tau\mathrm{d}\boldsymbol{\zeta} \tag{7.5.38}$$

式中, $h_M(\tau,t;\boldsymbol{\zeta},\boldsymbol{r})$ 是传输信道时空的响应函数 (见式 (6.11.2)), 即在空间位置 $\boldsymbol{r}$ 附近 t 时刻由 τ 秒前 $\boldsymbol{r}_0 = \boldsymbol{r}-\boldsymbol{\zeta}$ 处的冲击脉冲所产生的输出回应。

只要确定了 $h_M(\tau,t;\boldsymbol{\zeta},\boldsymbol{r})$, 对传输通道的分析可以直接应用 6.11 节关于时空通道的分析方法, 可以根据式 (6.11.3)~ 式 (6.11.8) 引入传输过程或信道的时空扩展函数 $S_M(\tau,\varphi;\boldsymbol{\zeta},\boldsymbol{K})$、时空传递函数 $H_M(f,t;\boldsymbol{k},\boldsymbol{r})$, 以及时空双频函数 $B_M(f,\varphi;\boldsymbol{k},\boldsymbol{K})$ 等。还可以类似式 (6.2.16), 用源的频率–波矢量谱和时空双频函数的多维卷积来表示声场的频率波矢量谱

$$\mathcal{P}(f,\boldsymbol{k}) = \iint \mathcal{Q}_u(\varphi,\boldsymbol{K})B_M(\varphi,f-\varphi;\boldsymbol{K},\boldsymbol{k}-\boldsymbol{K})\mathrm{d}\varphi\mathrm{d}\boldsymbol{K} \tag{7.5.39}$$

海洋声传输信道响应函数或传递函数虽然原则上也满足和式 (7.1.2) 类似的波动方程, 并通过波动方程直接求解获得, 但由于海洋声传输信道随机时变空变的复

杂性, 也可以通过表 7.1.1 列出的四种近似方法对简谐点源声场的特殊情况简化求解 [122]。

对最简单的是无损均匀介质的自由空间时不变信道, 远场点源情况近似有

$$h_M(\tau,t;\boldsymbol{\zeta},\boldsymbol{r})=h_M(\tau,\boldsymbol{\zeta})=(1/|\boldsymbol{\zeta}|)\delta(\tau-|\boldsymbol{\zeta}|/c) \tag{7.5.40}$$

对于位于原点的 (指向性) 点源, $\boldsymbol{r}_0=0$, 则可直接用 $h_M(\tau,t,\boldsymbol{r})$ 来代替 $h_M(\tau,t;\boldsymbol{\zeta},\boldsymbol{r})$。

考虑从信号 $u(t)$ 开始触发中心在 $\boldsymbol{r}_0=0$ 的发射基阵产生声信号, 经介质空间到中心在 $\boldsymbol{r}$ 处的接收基阵, 再转换为输出电信号 $v(t)$ 的整个过程, 一般也可以认为是线性转换过程, 并记为

$$v(t)=\int h(\tau,t)u(t-\tau)\mathrm{d}\tau \tag{7.5.41}$$

式中, $h(\tau,t)$ 是从声呐触发电信号 $u(t)$ 到接收电信号 $v(t)$ 的整个过程的响应函数, 根据式 (7.5.31)、式 (7.5.38) 和式 (7.5.1), 阵输出电信号 $v(t)$ 可以写成

$$\begin{aligned}v(t)=&\int_{\boldsymbol{\Lambda}_u}\int_{\boldsymbol{\Lambda}_v}\iiint a_v(t-\tau,\boldsymbol{r})a_u(\tau'-\tau'',\boldsymbol{\zeta})\\&\cdot h_M(\tau-\tau',\tau;\boldsymbol{r}-\boldsymbol{\zeta},\boldsymbol{r})u(\tau'')\mathrm{d}\tau'\mathrm{d}\tau''\mathrm{d}\tau\mathrm{d}\boldsymbol{\zeta}\mathrm{d}\boldsymbol{r}\end{aligned} \tag{7.5.42}$$

比较式 (7.5.41) 和式 (7.5.42) 可得

$$\begin{aligned}h(\tau,t)=&\int_{\boldsymbol{\Lambda}_u}\int_{\boldsymbol{\Lambda}_v}\iint a_v(t-\tau'',\boldsymbol{r})a_u(\tau'-\tau,\boldsymbol{\zeta})\\&\cdot h_M(\tau''-\tau',\tau'';\boldsymbol{r}-\boldsymbol{\zeta},\boldsymbol{r})\mathrm{d}\tau'\mathrm{d}\tau''\mathrm{d}\boldsymbol{\zeta}\mathrm{d}\boldsymbol{r}\end{aligned} \tag{7.5.43}$$

式 (7.5.43) 指出, 整个电信号的发射接收过程除包括介质传输通道中的传输过程外, 还包括发射基阵束控及接收基阵波束形成在内的全部电声信号转换过程。这也表示, 基阵和介质传输通道是一个不可分割的复合信道。

对于窄带发射系统和相位补偿接收系统, 则式 (7.5.43) 中的 a_u 和 a_v 可分别用束控函数式 (7.5.15) 的 g_u 和式 (7.5.33) 的 g_v 代替。

但实际上, 远场窄带条件下, 两个阵都可看成是等效有指向性的点阵。因此, 在讨论传输信道时, 常假定发射信号的时空形式是 $u(t|\boldsymbol{\alpha}_v)$(位于 $\boldsymbol{r}_0$ 的指向性发射), 接收基阵信号是指向性为 $v(t|\boldsymbol{\alpha}_v)$(位于 $\boldsymbol{r}$ 的指向性接收) 的水听器的接收信号。

根据前面的讨论, 可以将全部过程的系统函数关系用图 7.5.2 表示, 第三行复频率–波矢量谱关系是根据式 (7.5.8), 式 (7.5.32) 和式 (7.5.39) 来的, 最下面一行是远场可用指向性转换过程的情况。实际上, 我们讨论的是声传输过程, 因此对双基地声呐过程也完全适合。如果图中间的传输通道是一般的声呐信道, 包括目标散射、混响等通道, 这个变换过程也是整个主动声呐过程。

	声呐信号		发射阵		声源		传输信道		声压场		接收阵		水声信号
时空分布	$u(t,\boldsymbol{r})$	$\underset{t}{\otimes}$	$a_u(\tau,\boldsymbol{r})$	=	$q_u(t,\boldsymbol{r})$	$\underset{tr}{\otimes}$	$h_M(\tau,t;\boldsymbol{\zeta},\boldsymbol{r})$	=	$p(t,\boldsymbol{r})$	$\underset{t}{\otimes}$	$a_v(\tau,\boldsymbol{r})$	=	$v(t,\boldsymbol{r})$
FT $\downarrow^{t}_{f}$													
时空分布谱	$U(f,\boldsymbol{r})$	$\times$	$A_u(f,\boldsymbol{r})$	=	$Q_u(f,\boldsymbol{r})$	$\times$	$H_M(f,t;\boldsymbol{\kappa},\boldsymbol{r})$	=	$P(f,\boldsymbol{r})$	$\times$	$A_v(f,\boldsymbol{r})$	=	$V(f,\boldsymbol{r})$
FT $\uparrow^{\boldsymbol{r}}_{\boldsymbol{k}}$													
复频率波矢量谱	$\mathcal{U}(f,\boldsymbol{k})$	$\underset{k}{\otimes}$	$\mathcal{A}_u(f,\boldsymbol{k})$	=	$\mathcal{Q}_u(f,\boldsymbol{k})$	$\underset{fk}{\otimes}$	$B_M(f,\varphi;\boldsymbol{\kappa},\boldsymbol{K})$	=	$\mathcal{P}_u(f,\boldsymbol{k})$	$\underset{k}{\otimes}$	$\mathcal{A}_v(f,\boldsymbol{k})$	=	$\mathcal{V}(f,\boldsymbol{k})$
$\downarrow^{\boldsymbol{k}}_{\boldsymbol{\alpha}}$													
远场指向性	$U(f\|\boldsymbol{\alpha})$	$\times$	$d_u(f,\boldsymbol{\alpha})$	=	$d_q(f,\boldsymbol{\alpha})$	$\underset{\alpha}{\otimes}$	$d_M(f,t;\boldsymbol{\alpha})$	=	$d_p(f,\boldsymbol{\alpha})$	$\underset{\alpha}{\otimes}$	$d_v(f,\boldsymbol{\alpha})$	=	$V(f\|\boldsymbol{\alpha})$

图 7.5.2 声信道源–场过程的系统函数转换关系图

7.6 声信道的随机散射模型

7.5 节已经通过源场关系引入了作为线性信道的声传输过程的系统函数，这一节具体根据海洋声传输信道的几何和物理图像讨论传输信道的系统函数形式及随机散射滤波器模型。

7.6.1 海洋声传输过程的散射滤波器模型

根据海洋中声传输的特点，一个无指向性声源在海水介质中任一点形成的声场可以用图 7.6.1 所示的复合散射滤波器模型来描述。其基本组成是海面散射滤波器、海底散射滤波器和海水介质的体积散射滤波器 (滤波特性均包括吸收的频率关系)。海面和海底散射一般都同时存在体积散射 (滤波器串接)，故常由三种滤波器同时形成一点的声场 (如 RBS 程 —— 海面海底反射程构成的声场)；但不同类型的散射滤波器有不同的特性，在模型分析中一般应分别加以讨论。

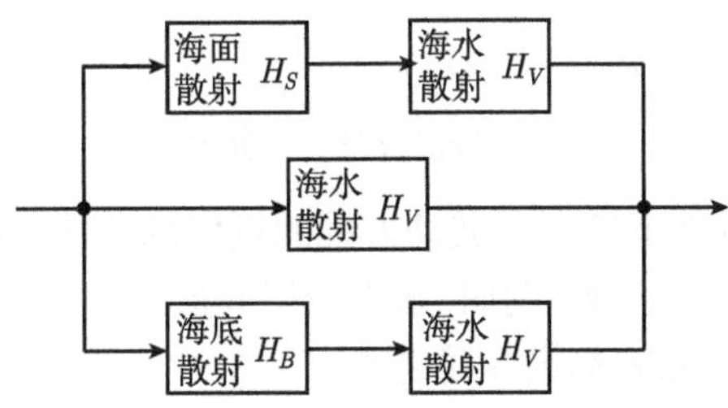

图 7.6.1 传输信道的散射滤波器模型

无论何种散射滤波器类型，都可考虑为随机时变空变散射滤波器模型，其传递函数一般可分为相干 (有规平均) 成分和非相干 (纯随机) 成分两部分之和，即

$$H(f,t,\boldsymbol{r}) = \overline{H}(f,t,\boldsymbol{r}) + \widetilde{H}(f,t,\boldsymbol{r}) \tag{7.6.1}$$

并可引入相干因子 [见式 (6.4.10)]

$$\gamma(f,t,\boldsymbol{r})=\frac{\langle|H|\rangle^2}{\langle|H|^2\rangle}=\frac{|\overline{H}|^2}{|\overline{H}|^2+\langle|\widetilde{H}|^2\rangle} \tag{7.6.2}$$

实际传输信道都有一个大尺度非均匀慢变成分和一个小尺度随机扰动成分, 这两种成分往往不能分割, 因此传递函数可表示为

$$H(f,t,\boldsymbol{r})=H_D(f,t,\boldsymbol{r})H_R(f,t,\boldsymbol{r}) \tag{7.6.3}$$

H_D 是有规确定性时空函数, H_R 是随机时空函数[132], 且满足

$$\left.\begin{aligned}&|H_D|^2=\langle|H|^2\rangle\\&\langle|H_R|^2\rangle=1\end{aligned}\right\} \tag{7.6.4}$$

这意味着 $H(f,t,\boldsymbol{r})$ 可以用 H_D 来 "归一" 处理, 因此往往不考虑 H_D 部分, 而有

$$\gamma(f,t,\boldsymbol{r})=\langle H_R\rangle^2$$

7.6.2 海洋声信道的传递函数

作为声传输信道, 远场小振幅信号条件的传递函数 $H(f,t,\boldsymbol{r})$, 也满足式 (7.1.2) 或式 (7.5.16) 的波动方程

$$\Delta H(f,t,\boldsymbol{r})-\frac{1}{c^2(t,\boldsymbol{r})}\frac{\partial^2}{\partial t^2}H(f,t,\boldsymbol{r})=-4\pi\exp[\mathrm{j}2\pi(f_0t-\boldsymbol{k}_0\boldsymbol{r})] \tag{7.6.5}$$

假定 $H(f,t,\boldsymbol{r})=H(f,\boldsymbol{r})\mathrm{e}^{\mathrm{j}2\pi ft}$, 对于稳定时不变信道, 则可以证明 $H(f,\boldsymbol{r})$ 满足亥姆霍兹波动方程

$$\Delta H(f,\boldsymbol{r})+4\pi^2\boldsymbol{k}_0^2n^2(\boldsymbol{r})H(f,\boldsymbol{r})=0 \tag{7.6.6}$$

其中

$$\begin{aligned}&\boldsymbol{k}_0=f/c(\boldsymbol{r}_0)\\&n(\boldsymbol{r})=c(\boldsymbol{r}_0)/c(\boldsymbol{r})\quad(\text{折射率})\end{aligned} \tag{7.6.7}$$

相对于不同介质条件下的四种波动方程的近似求解法 (见第 7.1 节), 都可用来确定对应传输信道的传递函数。例如, 水平分层介质条件下, 由于 $c(\boldsymbol{r})=c(z)$, 对应于式 (7.6.6) 的解也是一系列简谐振荡之和。

考虑射线形式的单途传输程时空传递函数。从点 $\boldsymbol{r}_0$ 到点 $\boldsymbol{r}_1$ 沿路径 $\boldsymbol{s}$ 的声传输过程, 其响应函数为 $h(\tau,t,\boldsymbol{r}_0,\boldsymbol{r}_1)$, 传递函数为 $H(f,t,\boldsymbol{r}_0,\boldsymbol{r}_1)$, 通常取点 $\boldsymbol{r}_0$ 为坐标原点, 故记 $H_L(f,t,\boldsymbol{r})$ 为其等效低通时空传递函数, 形式为

$$\begin{aligned}H_L(f,t,\boldsymbol{r})&=H(f+f_0,t+t_0,0,\boldsymbol{r})\\&=A_H(f,t,\boldsymbol{r})\exp[+\mathrm{j}2\pi f\tau(t,\boldsymbol{r})]\end{aligned} \tag{7.6.8}$$

$\tau(t,\boldsymbol{r})$ 是声从原点沿 $\boldsymbol{s}$ 到 $\boldsymbol{r}$ 的行程时间, 一般形式是取路径积分

$$\tau(t,\boldsymbol{r})=\int_{\boldsymbol{s}}\frac{\mathrm{d}\boldsymbol{s}}{c_s(t,\boldsymbol{r})} \tag{7.6.9}$$

$c_s(t,\boldsymbol{r})$ 是在声线 $\boldsymbol{s}$ 上各点的声速分布, 积分路径沿 $\boldsymbol{s}$ 从 0 到 $\boldsymbol{r}$。

实际上, 式 (7.6.8) 中 $A_H(f,t,\boldsymbol{r})$(振幅调制函数) 一般是有规衰减部分, 我们主要关心的是相位调制部分, $\theta_H=2\pi f\tau(t,\boldsymbol{r})$, 而 τ 作为时间和空间的函数, 显然与声径 $\boldsymbol{s}$ 的走向 (方向)、长度以及因介质随机性产生的起伏有关, 一般情况下可表示为

$$\tau(t,\boldsymbol{r})=\overline{\tau}(t,\boldsymbol{r})+\widetilde{\tau}(t,\boldsymbol{r}) \tag{7.6.10}$$

其一级近似形式为

$$\tau(t,\boldsymbol{r})=\tau(\boldsymbol{r})-\beta(\boldsymbol{r})t \tag{7.6.11}$$

且

$$\tau(\boldsymbol{r})=\overline{\tau}(\boldsymbol{r})+\widetilde{\tau}(\boldsymbol{r})$$

$$\beta(\boldsymbol{r})=\overline{\beta}(\boldsymbol{r})+\widetilde{\beta}(\boldsymbol{r})$$

$\tau(\boldsymbol{r})$ 表示与路径对应的声传输时间延迟, 而 $\beta(\boldsymbol{r})$ 表示由于声径长度变化所引起的多普勒系数, 且窄带条件下可记为 $\varphi(\boldsymbol{r})=-\beta(\boldsymbol{r})f_0$。

利用上述关系, 式 (7.6.8) 可表示为

$$H_L(f,t,\boldsymbol{r})=A_H(f,t,\boldsymbol{r})\exp\{\mathrm{j}2\pi[f\tau(\boldsymbol{r})+\varphi(\boldsymbol{r})t]\} \tag{7.6.12}$$

7.6.3 信道的随机成分的影响

信道传输的随机性主要是由于介质中声速分布的随机性或界面随机不平整反射所产生的。对于非均匀介质, 可记为

$$c(\boldsymbol{r})=\overline{c}(\boldsymbol{r})[1+\mu(\boldsymbol{r})] \tag{7.6.13}$$

$\mu(\boldsymbol{r})$ 是折射指数的相对起伏量 ($\langle\mu(\boldsymbol{r})\rangle=0$)

$$\mu(\boldsymbol{r})=[c(\boldsymbol{r})-\overline{c}(\boldsymbol{r})]/\overline{c}(\boldsymbol{r})=\widetilde{c}(\boldsymbol{r})/\overline{c}(\boldsymbol{r}) \tag{7.6.14}$$

$\overline{c}(\boldsymbol{r})$ 和 $\widetilde{c}(\boldsymbol{r})$ 分别是 $c(\boldsymbol{r})$ 的平均部分和起伏随机部分, 而式 (7.6.7) 中折射指数可表示为

$$n(\boldsymbol{r})=\overline{n}(\boldsymbol{r})+\widetilde{n}(\boldsymbol{r})\approx\overline{n}(\boldsymbol{r})[1-\mu(\boldsymbol{r})] \tag{7.6.15}$$

式中

$$\left.\begin{aligned}&\overline{n}(\boldsymbol{r})=c_0/\overline{c}(\boldsymbol{r}),\quad c_0=c(\boldsymbol{r}_0)\\&\widetilde{n}(\boldsymbol{r})=\mu(\boldsymbol{r})\overline{n}(\boldsymbol{r})\end{aligned}\right\} \tag{7.6.16}$$

对于水平分层随机非均匀介质, $c(\boldsymbol{r}) = c(z)$ 是随机函数, 可用 W.K.B 法近似求解波动方程 (7.6.5) 获得 $H(f,\boldsymbol{r})$。一般情况下, 可用 PE 近似法解波动方程 (7.6.5) 获得 $H(f,z)$。分析指出[131], 介质随机非均匀性主要是影响传输过程的传递函数

$$H(f,\boldsymbol{r}) = A_H(f,\boldsymbol{r})\exp[\mathrm{j}\theta_H(f,\boldsymbol{r})] \tag{7.6.17}$$

的相位部分 $\theta_H(f,\boldsymbol{r})$, 即在相位谱的有规平均成分 $\theta_D(f,\boldsymbol{r})$ 上增加一次随机角调制项 $\theta_R(f,\boldsymbol{r})$, 且 $\theta_R(f,\boldsymbol{r})$ 决定于 $\widetilde{n}(\boldsymbol{r})$ 在路径上的连续积分。如果设传输方向是 x 轴向, 则起伏相位项为

$$\theta_R(f,y,z) = -2\pi k\int_0^x \widetilde{n}(x,y,z)\mathrm{d}x \tag{7.6.18}$$

对于随机不平整海面散射滤波器, 文献 [133] 也指出, 当 $R_\varepsilon < 1$ 时, 传递函数也有类似的形式

$$H(f,\boldsymbol{r}) = \frac{1}{R_0}\exp\left[\mathrm{j}2\pi\frac{f}{c}(R_0 - \Delta R_0)\right] \tag{7.6.19}$$

式中

$$\Delta R_0 = 2\xi(R_\mathrm{s},t_\mathrm{s})\cos\theta_\mathrm{s} \tag{7.6.20}$$

这里, R_0 是镜向反射路径长度; 角标“s”标志所对应的量是相对于海面稳相反射点的量 (距离 R_s, 时间 t_s 和掠射角 θ_s)。式 (7.6.18) 也指出, 海面不平整性 $\xi(r,t)$ 的影响也只是在传递函数相位谱 (角谱) 上加一个随机调制。

上述关于声传输单途信道的线性系统描述法, 显然只是一种最简单的近似, 严格地说, 沿路径传输时间往往是信号时间 T 的很多倍, 如果在路径不同段有不同的散射特性, 那么, 整个信道也必须考虑为所有这些不同散射特性段对应的一系列串接随机散射滤波器, 或者直接将信道考虑为广义信道模型[130]。

7.7　声信道的衰落和模糊

在第六章中已经指出, 由于信道的时间扩展, 传输波形会产生频率选择性衰落; 同样, 由于信道的频率扩展, 波形产生时间选择性衰落, 而这种衰落都将引起波形信息的模糊, 从而产生信息传输速率的降低。水声传输信道由于存在多途和起伏效应, 两种衰落都存在, 这就限制了水声通信或声呐检测性能的提高。

正如在第六章中指出的, 信道的衰落和模糊对传输信息的影响主要决定于所采用的波形时间宽度 T 和带宽 B。

为此, 这一节将传输信道考虑为随机散射滤波器模型, 并讨论传输信道的衰落和模糊效应, 对信道按时间带宽关系进行分类。

7.7.1 两类衰落和模糊

相对于信号时间 T 和带宽 B, 我们引入传输信道短时限带的局部传递函数

$$H_0(f,t)=\mathrm{rect}\left(\frac{t-t_0}{T}\right)\mathrm{rect}\left(\frac{f-f_0}{B}\right)H(f,t) \tag{7.7.1}$$

将信道衰落效应与传输波形的 T 和 B 联系起来。而信道的模糊效应直接反映为信道的扩展而产生的波形信息的模糊 (分辨性能恶化), 因此用信道局部扩展函数

$$S_0(\tau,\varphi)=\int_{-T/2}^{T/2}\int_{-B/2}^{B/2}H(f+f_0,t+t_0)\exp[\mathrm{j}2\pi f(\tau-\tau_0)-(\varphi-\varphi_0)t]\mathrm{d}f\mathrm{d}t \tag{7.7.2}$$

表示。对于局部 WSSUS 信道, 其局部相干时间和带宽分别是 L_{t_0} 和 W_{f_0}, 相应的扩展时间和带宽分别是 $L_0=1/W_{f_0}$ 和 $W_0=1/L_{t_0}$。

在 6.5 节中曾指出, 信道衰落快慢决定于其相干时间 L_τ 及带宽 W_f 相对于波形时间宽度 T 及带宽 B 的大小。快衰落 ($L_{t_0}<T$ 或 $W_{f_0}<B$) 对应的模糊是扩散模糊, 慢衰落 ($L_{t_0}>T$ 或 $W_{f_0}>B$) 对应的是漂移模糊。以单频长脉冲在起伏 (即时间维衰落) 信道中的漂移和扩展模糊为例, 对于慢起伏信道 (时间平坦选择性衰落信道), $W_0T<1$, 信号谱产生随机漂移, 其频率分辨性能不变, 故为漂移模糊; 而对于快起伏信道, $W_0T>1$, 信号频谱将被扩展, 频率分辨性能变差, 故为扩散模糊。一般情况下两类模糊都存在。实际上, 如果 T 足够大, 漂移模糊也可能变成扩散模糊, 因此这种分类也是相对的。此外, 无论哪类模糊, 信道所引起的模糊范围 (指扩展大小和漂移范围) 是相同的。

区别两类模糊可以用所谓信道的三点统计函数[124]

$$\begin{aligned}R_{S_0}^2(\Delta\tau,\Delta\varphi)&=\iint|S_0(\tau,\varphi)|^2|S_0(\tau+\Delta\tau,\varphi+\Delta\varphi)|^2\mathrm{d}\tau\mathrm{d}\varphi\\&=\iint\overline{|R_{H_0}(\Delta f,\Delta t)|}^2\mathrm{e}^{-\mathrm{j}2\pi(\Delta f\Delta\tau-\Delta\varphi\Delta t)}\mathrm{d}\Delta f\mathrm{d}\Delta t\end{aligned} \tag{7.7.3}$$

是否具有 $\delta(\Delta\tau)$ 或 $\delta(\Delta\varphi)$ 的形式来决定 (式中 $\overline{R_{H_0}(\Delta f,\Delta t)}$ 是 $H_0(f,t)$ 的时频平均相关函数), 如果 $R_{S_0}^2(\Delta\tau,\Delta\varphi)$ 具有 $\delta(\Delta\tau)$ 或 $\delta(\Delta\varphi)$ 形式, 则称信道为慢衰落信道, 所引起的模糊是漂移模糊; 否则, 是快衰落信道和扩散模糊。所谓慢衰落就是 6.6 节中所说的平坦选择性衰落。

7.7.2 信道的分类

根据上述的两类衰落和模糊效应, 将式 (7.7.1) 用在 6.9.3 节中描述的网格表示法表示, 写信道等效低通传递函数为

$$H_0(f,t)=\sum_m\sum_n S_{mn}\exp\left\{\mathrm{j}2\pi\left[f\left(\tau_0+\frac{m}{B}\right)-\left(\varphi_0+\frac{n}{T}\right)t\right]\right\} \tag{7.7.4}$$

式中

$$S_{mn}=\frac{1}{TB}\int_{-T/2}^{T/2}\int_{-B/2}^{B/2}H(f-f_0,t-t_0)\exp\left\{-\mathrm{j}2\pi\left(\frac{m}{B}f-\frac{n}{T}t\right)\right\}\mathrm{d}f\mathrm{d}t \tag{7.7.5}$$

τ_0 和 φ_0 是平均延迟和频移, m 和 n 的项数分别是 $M=W_0T+1$ 和 $N=BL_0+1$。

相应的局部响应函数和扩展函数分别是

$$h_0(\tau,t)=\sum_m\sum_n S_{mn}\delta\left(\tau-\tau_0-\frac{m}{B}\right)\exp\left[-\mathrm{j}2\pi\left(\varphi_0-\frac{n}{T}\right)t\right] \tag{7.7.6}$$

和

$$S_0(\tau,\varphi)=\sum_m\sum_n S_{mn}\delta\left(\tau-\tau_0-\frac{m}{B}\right)\delta\left(\varphi-\varphi_0-\frac{n}{T}\right) \tag{7.7.7}$$

按 6.7 节的信道分类法, 水声传输信道可分为以下几类。

(1) 理想信道: $L_0=0, W_0=0$。

$$\left.\begin{aligned}&H_0(f,t)=S_0\mathrm{e}^{\mathrm{j}2\pi(f\tau_0-\varphi_0t)}\\&h_0(\tau,t)=S_0\delta(\tau-\tau_0)\mathrm{e}^{-\mathrm{j}2\pi\varphi_0t}\\&S_0(\tau,\varphi)=S_0\delta(\tau-\tau_0)\delta(\varphi-\varphi_0)\\&v(t)=S_0u_0(t-\tau_0)\mathrm{e}^{-\mathrm{j}2\pi\varphi_0t}\\&V_0(f)=S_0U_0(f-\varphi_0)\mathrm{e}^{\mathrm{j}2\pi f\tau_0}\end{aligned}\right\} \tag{7.7.8}$$

这里, $u_0(t)$ 是中心频率为 f_0 带带为 B, 宽度为 T 的信道输入信号; S_0 是与传输损失有关的复常数, 但它与 f_0 有关; τ_0 是传输行程时间, 是与 f_0、t_0 无关的固定延迟量。在实际海洋传输信道中, 只有极近距离的直达程和海面镜向反射程才近似被认为是理想的非衰落信道。

(2) 随机慢起伏弱时扩信道: $L_0B<1, W_0T<1$。

$$\left.\begin{aligned}&H_0(f,t)=S\mathrm{e}^{\mathrm{j}2\pi(f\tau_0-\varphi_0t)}\\&h_0(\tau,t)=S\delta(\tau-\tau_0)\mathrm{e}^{-\mathrm{j}2\pi\varphi_0t}\\&S_0(\tau,\varphi)=S\delta(\tau-\tau_0)\delta(\varphi-\varphi_0)\\&v_0(t)=S_0u_0(t-\tau_0)\mathrm{e}^{-\mathrm{j}2\pi\varphi_0t}\\&V_0(f)=S_0U_0(f-\varphi_0)\mathrm{e}^{\mathrm{j}2\pi f\tau_0}\end{aligned}\right\} \tag{7.7.9}$$

形式上和理想信道式 (7.7.8) 一样, 但这里 S、τ_0 和 φ_0 都是与 t_0、f_0 有关的随机量, 因此属于时频两维平坦选择性衰落信道, 引起的模糊是时频两维漂移模糊。

海洋中大部分慢起伏大尺寸非均匀性介质的传输信道 (如海流和内波等引起的起伏单途传输信道), 对于大多数的窄带小时间 ($T\ll 1\mathrm{s}$) 信号, 即是两维平坦选择性衰落信道。

(3) 随机快起伏弱时扩信道: $L_0B<1$, $W_0T>1(N\approx 1, M\gg 1)$。

$$\left.\begin{aligned}&H_0(f,t)=H_{0t}(t)\mathrm{e}^{\mathrm{j}2\pi f\tau_0}\\&h_0(\tau,t)=H_{0t}(t)\delta(\tau-\tau_0)\\&S_0(\tau,\varphi)=S_{0\varphi}(\varphi)\delta(\tau-\tau_0)\\&v_0(t)=H_{0t}(t)u_0(t-\tau_0)\\&V_0(f)=\sum_n S_nU_0\left(f-\varphi_0-\frac{n}{T}\right)\mathrm{e}^{\mathrm{j}2\pi f\tau_0}\end{aligned}\right\}\tag{7.7.10}$$

式中

$$H_{0t}(t)=\sum_{n=-N/2}^{N/2}S_n\exp\left[-\mathrm{j}2\pi\left(\varphi_0+\frac{n}{T}\right)t\right]\tag{7.7.11}$$

$$S_{0\varphi}(\varphi)=\sum_{n=-N/2}^{N/2}\delta\left(\varphi-\varphi_0-\frac{n}{T}\right)\tag{7.7.12}$$

其中, S_n、τ_0、φ_0 均是随机量 (与 f_0 和 t_0 有关)。这种信道可看成是由具有同一行程时间的 M 个慢起伏非时扩信道的并联信道, 并使波形产生一个乘性干扰调制, 因而频谱被扩展, 故是频率维扩散模糊和时间维漂移模糊信道。例如, 近场不平整海面反射途径 ($R_\varepsilon\gg 1$) 以及湍流等快起伏机制引起的远场散射途径 ($\sqrt{\lambda r}\gg 1$) 都可认为是这一类信道。

顺便指出, 当 $M=W_0T>6$ 时, $H_{0t}(t)$ 可认为是高斯型乘性噪声, 信道呈现瑞利或赖斯 (时间) 选择性衰落特性[106]。

(4) 慢起伏时扩信道:$L_0>1/B$, $W_0<1/T$ 或 $N\gg 1$, $M\approx 1$。

$$\left.\begin{aligned}&H_0(f,t)=H_{0f}(f)\mathrm{e}^{-\mathrm{j}2\pi\varphi_0t}\\&h_0(\tau,t)=h_{0f}(\tau)\mathrm{e}^{-\mathrm{j}2\pi\varphi_0t}\\&S_0(\tau,\varphi)=h_{0f}(\tau)\delta(\varphi-\varphi_0)\\&v_0(t)=\sum_m S_mu_0\left(t-\tau_0-\frac{m}{B}\right)\mathrm{e}^{-\mathrm{j}2\pi\varphi_0t}\\&V_0(f)=H_{0f}(f)U_0(f-\varphi_0)\end{aligned}\right\}\tag{7.7.13}$$

式中

$$H_{0f}(f)=\sum_{m=-M/2}^{M/2}S_m\exp\left[\mathrm{j}2\pi f(\frac{m}{B})\right]\tag{7.7.14}$$

$$h_{0f}(\tau)=\sum_{m=-M/2}^{M/2}S_m\delta\left(\tau-\tau_0-\frac{m}{B}\right)\tag{7.7.15}$$

τ_0 和 φ_0 仍然是与 f_0 和 t_0 有关的随机量, 这类信道实际上可理解为介质和界面的整体慢速随机起伏的多途散射。它在时域上呈平坦选择性衰落特性, 而在频域上呈一般选择性衰落特性。

海洋微结构多途衰落或折射多途衰落经常呈现瑞利或赖斯频率选择性衰落特性。

(5) 快起伏时扩信道: $BL_0 > 1, WT_0 > 1, M > 1, N > 1$, 其传递函数是

$$H_{0i}(f,t) = \sum_{m=-\frac{M_i}{2}}^{M_i/2} \sum_{n=-\frac{N_i}{2}}^{N_i/2} S_{mn}\exp\left\{-\mathrm{j}2\pi\left[f\left(\tau_{0i}-\frac{m}{B}\right)-\left(\varphi_{0i}-\frac{n}{T}\right)t\right]\right\} \tag{7.7.16}$$

显然, 这是一种最不利信息传递的信道, 它等效于 $M \times N$ 个独立的随机慢起伏单途信道的合成信道, 输出波形类似于将在第九章中讨论的混响波形。幸而, 在水声信道特别是声呐信道中, 大部分情况都是小时间窄带情况。因此, 这类快起伏时扩信道模型 ($D \gg 1$ 的愈扩展信道, 见 6.7.5 节) 并不常见。

上述几种类型的信道网格图像分别如图 7.7.1(a)~(e) 所示。

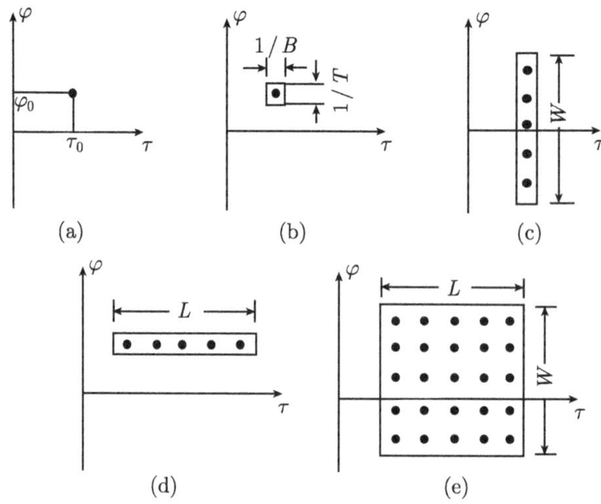

图 7.7.1　五种类型的信道网格示意图像

(a) 理想信道; (b) 弱时扩慢起伏; (c) 弱时扩快起伏; (d) 时扩慢起伏; (e) 时扩快起伏

常见的多途径传输信道是以上几种类型的复合信道, 但一般情况下, 被复合的几种传输类型都有自己的 τ_0、φ_0 和 $\boldsymbol{k}_0$, 复合传递函数是

$$H_0(f,t) = \sum_{i=1}^{p} H_{0i}(f,t) \tag{7.7.17}$$

p 类途径 $(i=1,2,\cdots,p)$ 各自有独立途径数, 若各类途径无论在距离 (或 τ_0) 上还是在速度 (或 φ_0) 上, 都不产生波形的重叠, 则称这几类途径是可分离途径, 否则称不可分离途径。

7.7.3 传输信道的空间衰落和模糊效应

根据式 (7.6.8) 的窄带时空信道的等效低通传递函数形式, 可引入信道的时变频率角谱

$$\mathcal{H}_L(f,t,\boldsymbol{k})=\int H_L(f,t,\boldsymbol{r})\mathrm{e}^{\mathrm{j}2\pi\boldsymbol{kr}}\mathrm{d}\boldsymbol{r} \tag{7.7.18}$$

空间的衰落效应反映为 $H_L(f,t,\boldsymbol{r})$ 由于 $\boldsymbol{r}$ 的变化而产生的空间解相关性, 其模糊效应反映为单色平面波波矢量方向的扩散和漂移, 如图 7.7.2 所示。在 $\boldsymbol{r}$ 观察位于 O 处的点源, 由于声线弯曲或起伏, 波观察到的点源 O' 方位可能会产生随机偏移 (图 (a)), 或随机扩散 (图 (b))。前者仍可认为是点源, 但所在方向不定 (称角漂移模糊); 后者已不再被观察为一个点源, 而是在某一方向上的模糊 "云团"(类似散光, 故称扩散模糊)。这种角度模糊的分类也取决于源 (阵) 的孔径大小和信道的空间非均匀性, 并与距离有关。角漂移模糊主要是由于大尺度空间非均匀性引起 (单途声线弯曲漂移); 扩散模糊主要是小尺度空间非均匀性引起 (微多途扩散 —— 可分辨方向的多途一般不属此类)。因此, 在设计接收布阵时, 不必盲目追求过高的指向性。如果信道角度模糊范围是 $\boldsymbol{\Omega}_0$, 那么接收机能最小分辨的角度范围也是 $\boldsymbol{\Omega}_0$, 小于 $\boldsymbol{\Omega}_0$ 的接收指向性, 除非为了分析信道空间信息特征, 否则都是不必要的。

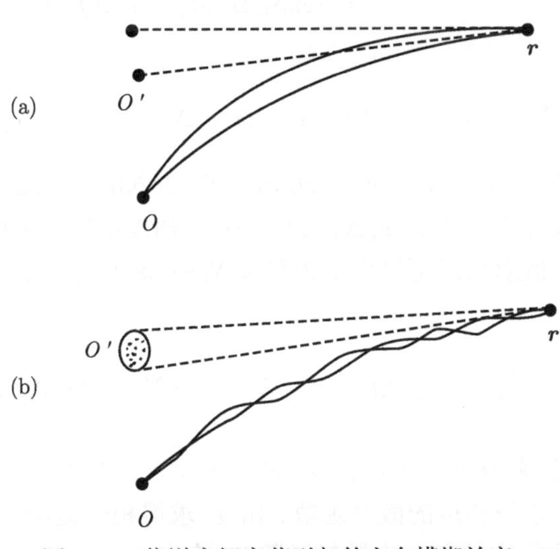

图 7.7.2 信道空间衰落引起的方向模糊效应

(a) 漂移模糊; (b) 扩散模糊

此外, 信道空间模糊还反映为距离上的模糊. 这种模糊往往和方向模糊同时存在, 但距离上的模糊一般都归属于信道的时域和频域模糊中。例如, 多途引起的距离延伸, 就属于时域扩散模糊; 距离率变化引起的模糊属于信道频域模糊—多普勒扩散模糊。

7.8　声信道的时空相干函数和散射函数

在声呐设计中, 了解传输信道的二阶统计特性是很重要的, 它给出信道对信息传递的影响。这一节主要讨论信道时空相干性和模糊性或介质 (或边界面) 起伏非均匀性对信息传递的影响。

根据式 (7.6.3) 知, 一般海洋传输信道传递函数可表示为 $H=H_DH_R=H_D(\overline{H}_R+\widetilde{H}_R)$ 的形式, 有规乘积项包括传输衰减和界面吸收等因素, 一般在处理中可不考虑 (用增益控制法作归一处理)。此外, 着重讨论信道随机成分对信息传递的影响。

假定信道是窄带远场信道, 其传递函数近似为归一形式

$$H(f,t,\boldsymbol{r})=\exp[\mathrm{j}\theta_R(f,t,\boldsymbol{r})] \tag{7.8.1}$$

就三种传输过程进行讨论, 即起伏单途、小起伏多径和快起伏多途传输过程。

根据式 (6.11.12) 和式 (7.8.1), 信道时空相干函数为

$$\begin{aligned}\Gamma(f,t,\boldsymbol{r};\Delta f,\Delta t,\Delta\boldsymbol{r})&=\rho_H(f,t,\boldsymbol{r};\Delta f,\Delta t,\Delta\boldsymbol{r})\\&=\langle\exp\{\mathrm{j}\Delta\theta_R(f,t,\boldsymbol{r};\Delta f,\Delta t,\Delta\boldsymbol{r})\}\rangle\end{aligned} \tag{7.8.2}$$

式中

$$\Delta\theta_R=\theta_R(f+\Delta f,t+\Delta t,\boldsymbol{r}+\Delta\boldsymbol{r})-\theta_R(f,t,\boldsymbol{r}) \tag{7.8.3}$$

式 (7.8.2) 中 $\rho_H(f,t,\boldsymbol{r},\Delta f,\Delta t,\Delta\boldsymbol{r})$ 是式 (6.6.16) 引入的相干度。

在 WSSUS 条件下, $\Gamma(f,t,\boldsymbol{r};\Delta f,\Delta t,\Delta\boldsymbol{r})=\Gamma(\Delta f,\Delta t,\Delta\boldsymbol{r})$(然而, 只有部分体积散射信道和表面散射信道可以近似为局部 WSSUS 信道), 并可引入其时空散射函数

$$P_S(\tau,\varphi,\boldsymbol{K})=\iiint\Gamma(\Delta f,\Delta t,\Delta\boldsymbol{r})\mathrm{e}^{-\mathrm{j}2\pi(\Delta f\tau-\varphi\Delta t-K\Delta\boldsymbol{r})}\mathrm{d}\Delta f\mathrm{d}\Delta t\mathrm{d}\Delta\boldsymbol{r} \tag{7.8.4}$$

它表示了信道延迟、频移和角模糊特性 ($\boldsymbol{K}=K\boldsymbol{\alpha}$)。如果知道 $\Gamma(\Delta f,\Delta t,\Delta\boldsymbol{r})$, 则可以通过傅里叶变换求得相应的散射函数。由 Γ 求得相干范围: L_t、W_f 和 a_m(a_m 表示空间非均匀性的外尺度); 由散射函数 P_S 确定 $W=1/L_t, L=1/W_f$ 和相干束宽 Ω。

7.8.1 起伏单途信道相干函数

根据式 (7.8.2), 起伏单途径传输信道相干函数决定于谱相位差值 $\Delta\theta$。

引入随机相位函数 $\theta_R(f,t,\boldsymbol{r})$ 的结构函数 (见式 (5.3.46)) $D_\theta=\langle(\Delta\theta_R)^2\rangle$, 则对于局部 WSSUS 的高斯相位增量过程, 有

$$\varGamma(\Delta f,\Delta t,\Delta\boldsymbol{r})=\exp\{D_\theta(\Delta f,\Delta t,\Delta\boldsymbol{r})/2\} \tag{7.8.5}$$

而局部 WSSUS 的情况, $\varGamma$、D_θ 均与 f_0、t_0 和 $\boldsymbol{r}_0$ 有关。

据式 (7.4.6) 给出的关系, 也有

$$D_\theta=2\langle\theta_R^2\rangle(1-\widehat{R}_\theta) \tag{7.8.6}$$

式中, $\langle\theta_R^2\rangle=\langle\widehat{\theta}_R^2(f_0,t_0,\boldsymbol{r}_0)\rangle$, 而

$$\widehat{R}_\theta(\Delta f,\Delta t,\Delta\boldsymbol{r})=\frac{\langle\theta_R(f_0,t_0,r_0)\theta_R(f_0+\Delta f,t_0+\Delta t,\boldsymbol{r}_0+\Delta\boldsymbol{r})\rangle}{\langle\theta_R^2\rangle} \tag{7.8.7}$$

将式 (7.8.6) 代入式 (7.8.5), 可得

$$\varGamma=\exp[-\langle\theta_R^2\rangle(1-\widehat{R}_\theta)] \tag{7.8.8}$$

若 $\langle\theta_R^2\rangle\gg1$, 式 (7.8.8) 可近似为

$$\varGamma\approx1-\langle\theta_R^2\rangle(1-R_\theta) \tag{7.8.9}$$

若 $\Delta f,\Delta t$和$\Delta\boldsymbol{r}$均 趋于 ∞, $\widehat{R}_\theta\to0$, 有

$$\varGamma=\gamma\approx\exp\{-\langle\theta_R^2\rangle\} \tag{7.8.10}$$

因此有相干因子

$$\gamma=1-\langle\theta_R^2\rangle \tag{7.8.11}$$

两个主要例子如下:

(1)对于近场小起伏非均匀性水团介质 ($\sqrt{\lambda r}\ll a_\mu$) 的散射信道, 根据式 (7.6.14)~式 (7.6.17) 可以确定给定水平纵向间隔为 Δx 的传输过程间的相干函数

$$\varGamma_H(f_0,\Delta t,\Delta x,\Delta y,\Delta z)=\exp\{-8\pi^2k_0^2a_{\mu x}\langle\mu^2\rangle\Delta\widehat{x}[1-R_{\mu x}(\Delta t,\Delta y,\Delta z)]\} \tag{7.8.12}$$

式中

$$a_{\mu x}=\frac{1}{\langle\mu^2\rangle}\int_0^\infty R_{\mu x}(0,\Delta x,0,0)\mathrm{d}(\Delta x) \tag{7.8.13}$$

$$\widehat{R}_{\mu x}=\frac{1}{a_{\mu x}}\int_0^\infty R_\mu(\Delta t,\Delta x,\Delta y,\Delta z)\mathrm{d}\Delta x$$

R_μ 是折射指数起伏量 $\mu(f,t,x)$ 的相关函数 (假定局部空间平稳), 因此 $a_{\mu x}$ 就是水团在 x 向的外尺寸 [见式 (7.4.11)]。

比较式 (7.8.13) 和式 (7.8.8) 可知, 小时空起伏单途信道相干因子 $\gamma=1-\langle\theta_R^2\rangle$ 是

$$\gamma=1-8\pi^2k_0^2a_{\mu x}\langle\mu^2\rangle\Delta x \tag{7.8.14}$$

(2) 远场小起伏波动海面反射信道。基于式 (7.6.20) 可以得出[133] 表面起伏反射途径的相干函数 (注意, 取 $H(f,t,\boldsymbol{r})=\exp[-\mathrm{j}4\pi k\xi(R_\mathrm{s},t_\mathrm{s})\cos\theta_\mathrm{s}]$)

$$\Gamma_H(f_0,\Delta t,\Delta x,\Delta y)=\exp\{-R_\xi^2[1-\widehat{R}_\xi(\Delta x,\Delta y,\Delta t)]\} \tag{7.8.15}$$

式中, R_ξ 是瑞利参数; $\widehat{R}_\xi(\Delta x,\Delta y,\Delta t)$ 是波浪场 $\xi(t,x,y)$ 的归一化自相关函数 (也假定是空间平稳的); 这里

$$\Delta x=\frac{z_0x_2}{z_0-z_2}-\frac{z_0x_1}{z_0+z_1}$$

和

$$\Delta y=\frac{z_0y_2}{z_0+z_2}-\frac{z_0y_1}{z_0+z_1}$$

分别是海面镜向反射点的水平纵向和横向的位置差 (图 7.8.1)。同样, 相干因子是

$$\gamma=\exp(-R_\xi^2)\approx1-R_\xi^2 \tag{7.8.16}$$

式中, R_ξ 是瑞利参数 (这里 $R_\xi<1$)。

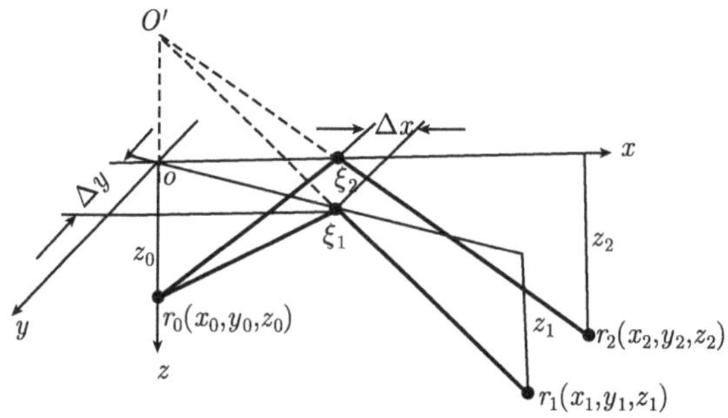

图 7.8.1　两海面镜反射点的水平纵向和横向位置几何

7.8.2　时空小起伏多途信道相干函数

对于同一类型的小时空起伏多途信道, 假定各途径统计独立, 根据射线理论, 信道的时空传递函数是

$$H(f,t,\boldsymbol{r})=\sum_{i=1}^{N}H_i(f,t,\boldsymbol{r}) \tag{7.8.17}$$

N 是发射波束空间传递到 $\boldsymbol{r}$ 处的声线数目, 它也和 $H_i(f,t,\boldsymbol{r})$ 一样是随机量。

进一步假定:

(1) 各独立途径是具有相同的复等效低通传递函数形式, 即

$$H_i(f,t,\boldsymbol{r}) = H_0(f,t,\boldsymbol{r}|\boldsymbol{\alpha}_i) \tag{7.8.18}$$

$\boldsymbol{\alpha}_i$ 是指第 i 个途径的声线起始方向角 ($\boldsymbol{\alpha}_i \in \boldsymbol{\Omega}_u$)。

(2) 在发射基阵波束开角 $\boldsymbol{\Omega}_u$ 内到达 $\boldsymbol{r}$ 的声线数目 N 符合泊松分布 (见 9.3 节), 即在该空间角内正好有 N 条声线的概率是

$$P(N,t|\boldsymbol{\Omega}_u) = \frac{\left[\int_{\Lambda_u} \rho(\boldsymbol{\alpha}_s,t)\mathrm{d}\boldsymbol{\alpha}_s\right]^N}{N!} \exp\left[-\int_{\boldsymbol{\Lambda}_u} \rho(\boldsymbol{\alpha}_s,t)\mathrm{d}\boldsymbol{\alpha}_s\right] \tag{7.8.19}$$

这里, $\rho(\boldsymbol{\alpha}_s,t)$ 是 t 时刻 $\boldsymbol{\alpha}_s$ 方向微小角度内到达点 $\boldsymbol{r}$ 的声线密度。

根据上述假设, 这种多途信道类似在第九章要讨论的混响信道, 并形成如式 (5.1.3) 所示的规范模型的随机信号形式。

为确定相干函数, 首先确定 $H_0(f_1,t_1,\boldsymbol{r}_1|\boldsymbol{\alpha}_s) = H_{01}$ 和 $H_0^*(f_2,t_2,\boldsymbol{r}_2|\boldsymbol{\alpha}_s) = H_{02}$ 的二维概率分布 $W_s(H_{01},H_{02})$, 以获得对应的二维特性函数

$$\Theta_{s2}(\eta_1,\eta_2|\boldsymbol{\alpha}_s) = \langle \mathrm{e}^{\mathrm{j}2\pi(\eta_1 H_{01}+\eta_2 H_{02})}\rangle \tag{7.8.20}$$

η_1、η_2 和 H_{01}、H_{02} 一样, 也是复函数形式, $\langle\cdot\rangle$ 表示给定 $\boldsymbol{\alpha}_s$ 的所有可能 H_{01} 和 H_{02} 取值平均。

根据数理统计方法, 由假设条件和式 (7.8.19) 等可求得信道传递函数的二维特性函数 (见第 9.4 节)

$$\Theta_2(\eta_1,\eta_2) = \exp\left\{\int_{\boldsymbol{\Lambda}_u} \rho(\boldsymbol{\alpha}_s,t)[\Theta_{s2}(\eta_1,\eta_2|\boldsymbol{\alpha}_s)]\mathrm{d}\boldsymbol{\alpha}_s\right\} \tag{7.8.21}$$

由此, 可求出 $H(f,t,\boldsymbol{r})$ 的各阶统计量, 如

$$\left.\begin{aligned}\langle H_0\rangle &= \frac{1}{\mathrm{j}2\pi}\left.\frac{\partial\Theta_2(\eta_1,0)}{\partial\eta_1}\right|_{\eta_1=0}\\ \langle |H_0|^2\rangle &= \frac{1}{4\pi}\left.\frac{\partial^2\Theta_2(\eta_1,\eta_2)}{\partial\eta_1\partial\eta_2}\right|_{\substack{\eta_1=\eta_2=0\\ H_{01}=H_{02}}}\end{aligned}\right\} \tag{7.8.22}$$

和相关函数

$$R_H = \langle H_{01},H_{02}\rangle = \frac{1}{4\pi}\left.\frac{\partial^2\theta_2(\eta_1,\eta_2)}{\partial\eta_1,\partial\eta_2}\right|_{\eta_1=\eta_2=0} \tag{7.8.23}$$

因此, 只要知道 $\boldsymbol{\Omega}_u$ 内 $\boldsymbol{\alpha}$ 的途径分布密度 $\rho_s(\boldsymbol{\alpha}_s,t)$ 和各途径的二维分布函数 W_{s2} (H_{01},H_{02}), 即可由式 (7.8.21) 和式 (7.8.23) 确定信道的相干函数。例如, 对 $\boldsymbol{\Omega}_u$ 内分布密度为 $\rho_s = N_0/\boldsymbol{\Omega}_u$ 的均匀声线分布情况

$$\Theta_2(\eta_1,\eta_2)=\exp[N_0(\Theta_{s2}-1)] \tag{7.8.24}$$

再据式 (7.8.23), 相干函数

$$\Gamma=R_H=\Gamma_0 \tag{7.8.25}$$

和单个途径的相干函数相同。

若各途径互相独立, 且具有式 (7.6.12) 的传递函数形式

$$H_i(f,t,\boldsymbol{r})=A_i\exp\{\mathrm{j}2\pi[f\tau_i(\boldsymbol{r})+\varphi_i(\boldsymbol{r})t]\} \tag{7.8.26}$$

这里已假定振幅因子 $A_i(f,t,\boldsymbol{r})$ 是慢变的, 且被距离补偿而取复随机量 $A_i(\langle A_i\rangle=A_0)$, 平均延迟 $\overline{\tau_0}(\boldsymbol{r})$ 和平均频移 $\overline{\varphi}_0(\boldsymbol{r})$ 也假定被补偿而取为 0。随机部分 $\widetilde{\tau}(\boldsymbol{r})$ 和 $\widetilde{\varphi}(\boldsymbol{r})$ 的统计分布假定与 $\boldsymbol{r}$ 无关而记为 $W_\tau(r)$ 和 $W_\varphi(\varphi)$。根据式 (7.8.26), 信道的时间和频率相干函数分别是

$$\left.\begin{aligned}\Gamma_t(\Delta t)&=\langle\exp(\mathrm{j}2\pi\varphi\Delta t)\rangle=\Theta_\varphi(\Delta t)\\ \Gamma_f(\Delta f)&=\langle\exp(\mathrm{j}2\pi\Delta f\tau)\rangle=\Theta_\tau(\Delta f)\end{aligned}\right\} \tag{7.8.27}$$

Θ_φ 和 Θ_τ 分别是 $W_\tau(\varphi)$ 和 $W_\tau(\tau)$ 的特性函数。

考虑到空间上的角度因素, 将式 (7.6.11) 写成另一种近似形式

$$\tau(t,\boldsymbol{r})=\tau+\beta t+\boldsymbol{n}\cdot\boldsymbol{r}/c \tag{7.8.28}$$

$\boldsymbol{n}$表示声线方向矢量, 式 (7.8.26) 相应为

$$H_i(f,t,\boldsymbol{r})=A_i\exp\{\mathrm{j}2\pi[f\widetilde{\tau}-\widetilde{\varphi}t-\widetilde{\boldsymbol{k}}\boldsymbol{r}]\} \tag{7.8.29}$$

$\widetilde{\boldsymbol{k}}=f\boldsymbol{n}/c$(取平均方向为 x 轴) 是随机取向的角频率。式 (7.8.29) 与式 (7.8.26) 之差别就在于式 (7.8.29) 中引入了由于声线方向的变化所引起的相位变化, 因此 $\boldsymbol{r}$ 的变化将产生信道的空间解相关性。例如, 沿着水平纵向方向的相干函数可表示为

$$\Gamma_x(\Delta x)=\langle\exp(\mathrm{j}2\pi k_x\Delta x)\rangle_{k_x} \tag{7.8.30}$$

一般地说, 信道的时间相干性与声线占有空间角度和源及介质本身的运动有关, 频率相干性与声线行程时间扩展有关, 而空间相干性与接收点所观察到的声线角度及接收阵指向性有关[144]。此外, 折射途径和海面反射途径所引起的相干性也不相同, 后者相干性要比前者差; 而途径类型与声源指向性有关, 如垂直方向角 (掠射角)$\theta_{\mathrm{s}}>20°$ 时, 海面反射途径起主要作用。

7.8.3　时空快起伏传输信道相干函数

这是指小尺度非均匀介质 (湍流等) 的快起伏信道, 理论和实验均指出, 信道相干函数形式上一般都和引起非均匀或起伏的激励因素的时空相干函数相同。海面

波浪产生的快起伏多途信道相干函数与海面波浪高度 $\xi(t,x,y)$[式 (7.4.8)] 具有同样的高斯分布形式[135]

$$\varGamma = \exp\left\{-\left(\frac{\Delta t}{\varSigma_t}\right)^2 - \left(\frac{\Delta x}{\varSigma_x}\right)^2 - \left(\frac{\Delta z}{\sigma_\xi}\right)^2\right\}\cos(q\Delta x - p\Delta t) \tag{7.8.31}$$

或

$$\varGamma \approx \exp[-(\Delta x - c\Delta t)^2/\varSigma_x - (\Delta z/\sigma_\xi)^2]\cos(q\Delta x - p\Delta t) \tag{7.8.32}$$

式中, $\varSigma_t$ 和 $\varSigma_x$ 分别是波浪高度 ξ 的时间和水平相关范围; σ_ξ 是均方根波高; p、q 是常数; 余弦项表明波浪是沿 x 方向的行波。式 (7.8.30) 也表明了海面散射的水平空间相干性与时间相干性存在着某种关系。理论上, 海面反射多途的时间相干度和空间相干度的关系可用[135,136]

$$\rho_x(\Delta x) = \rho_t(\Delta t) + [1 - \rho_t(\Delta t)]\exp\left(-\frac{\Delta x}{2\varSigma_x^2}\right) \tag{7.8.33}$$

来表示。当 $\Delta x = \infty$ 时, $\rho_t(\Delta t) = \rho_x(\Delta x)$, 即空间相函数和时间相干函数相同。

对于远距离水平非均匀水团散射信道, 当 $\sqrt{\lambda r} \gg a_\mu$ 时, 信道水平相干度和式 (7.4.12) 相同

$$\rho_x(\Delta x) = \exp\left[-\left(\frac{\Delta x}{a_{\mu x}}\right)^m\right], \quad m = 1 \text{ 或 } 2 \tag{7.8.34}$$

一般 $m = 2, a_{\mu x}$ 是水团水平相关尺度。

7.8.4 传输信道的散射函数有效性

散射函数只能在 WSSUS 信道中才有定义, 根据定义表示为

$$P_S(\tau,\varphi,\boldsymbol{K}) = \langle|S(\tau,\varphi,\boldsymbol{K})|^2\rangle \tag{7.8.35}$$

并可由信道相干函数 $\varGamma(\Delta f, \Delta t, \Delta \boldsymbol{r})$ 经多维傅里叶变换获得。

同样, 对于不同的信道类型 (不同声线几何和起伏非均匀统计特性), 信道散射函数也不同, 所产生的模糊也不同。

常见的传输信道散射函数也有对应于相干函数式 (6.7.10) 和式 (6.7.11) 的两种类型: 一阶勃脱沃兹型 (对应于指数型相干函数)

$$P_S(\tau,\varphi) = \sigma^2(\tau)/\pi[W^2(\tau) + \varphi^2] \tag{7.8.36}$$

和高斯型 (对应于高斯型相干函数)

$$P_S(\tau,\varphi) = \frac{\sigma^2}{\pi WL}\exp\left[-\frac{\tau^2}{2L^2} - \frac{\varphi^2}{2W^2}\right] \tag{7.8.37}$$

这里, σ^2 是散射截面; W 是频率扩展宽度 [在式 (7.8.34) 中它们是 τ 的函数]; L 是时间扩展宽度。当然, 这只能是一个简单模型。实际上, 海洋传输信道散射函数都较复杂 (多峰混合型)。

然而, 实际的海洋传输信道都不是 WSSUS 的信道, 这并不只是由于信道作为线性变换过程的近似本身, 而主要是在于: ①除存在强烈的频率吸收关系外, 表面和海底散射信道也存在很强的频率选择性; ②界面或散射体的运动所产生的频率扩展与频率成正比; ③引起信道起伏的自然因素也往往不是 WSS 的; ④传输过程很强地依赖于源和接收器所在空间位置。因此, 对海洋传输信道采用 WSSUS 概念或使用散射函数概念要十分谨慎。事实上, 正如在 7.6 节中指出的, 引入频移 φ 的概念本身也只限于窄带条件, 而且只考虑了声径变化的一级效应, 在宽带和快起伏的信道条件下, 频移变量必须用多普勒压缩参量表示。因此, 实际信道只能在窄带、远场和小尺寸基阵条件下才有可能认为是 WSSUS 的 (称局部 WSSUS 信道)。此外, 在长距离传输信道中, 也往往将信道在时空尺寸内分段处理以避免对信道的过高要求, 对每一段都引入其相应的局部 WSSUS 假设, 并用散射函数 $P_{Si}(\tau,\varphi)$ 来描述其特性。整个信道散射函数是这些分段散射函数的卷积。当然, 如果各段信道都属于同一类型和相同参数, 那么任一段的散射函数就可代替整个信道的散射函数.

对于有规时变空变的信道, 一般也不能用散射函数定义, 但若信道是快变的, 可类似随机信道引入散射函数, 而对慢变的可分离多途相干信道, 也可引入信道散射函数的概念[112], 并记为

$$P_S(\tau,\varphi) = |\overline{S}_0(\tau,\varphi)|^2 + \langle|\widetilde{S}_0(\tau,\varphi)|^2\rangle$$

式中

$$\overline{S}_0(\tau,\varphi) = \sum S_i\delta(\tau-\tau_i)\delta(\varphi-\varphi_i)$$

$\widetilde{S}_0(\tau,\varphi)$ 是满足 WSSUS 的纯随机信道部分。一般有规成分对波形产生的模糊是确定性模糊, 并与时间和频率有关, 而确定性模糊往往可以采取信道匹配的方法给于消除 (见第十章)。

7.9　浅海波导的相干性

前面几节的分析中已经指出, 大多数水下声信号都是在波导中传输的, 也大都存在多途和起伏现象, 但同时也指出, 在波导中传输的声信号都存在一定的相干性, 或者说传输信道都存在反映信道固有特性的确定性分量, 并左右着声呐检测的性能。这一节我们从波动物理观点上讨论波导相干性问题。

7.9.1 浅海波导特性

讨论类似图 7.3.5(a) 的浅海水平均匀的理想多途波导情况。如图 7.9.1(a) 所示，假定海深 200m，发射源 S 和接收水听器水平距离为 r，深度分别是 z_0 和 z(图中取 $r=1000\text{m}$, $z=z_0=100\text{m}$)，[225] 在柱面坐标空间内，取 $\boldsymbol{r}(r,z_0,z)$，传输响应函数可表示为

$$h(\tau,\boldsymbol{r})=h(\tau,r,z_0,z)=\sum b_n\delta(\tau-\tau_n(r,z_0,z)) \tag{7.9.1}$$

b_n 是由途经界面的反射和传输过程中包括反射损失和吸收衰减等决定的复常数；τ_n 是由第 n 个途径总长度决定的延迟量，它们也当然与源及接收点深度 (z_0,z)、距离 r 和海深 H 有关，并可直接用几何方法决定。如果源场是 $p_u(t)$，接收点 R 的声压是

$$p(\tau,\boldsymbol{r},z_0,z)=\sum b_np_u(t-\tau_n)\approx h(\tau,\boldsymbol{r})$$

对于脉冲点源，接收到的是和图 3.7.6 类似的多途脉冲，近似为传输信道的多途响应。而对于频率为 f 的连续平面波点源，则

$$p(t,r,z_0,z)=\mathrm{e}^{\mathrm{j}2\pi ft}\sum b_n\mathrm{e}^{-\mathrm{j}2\pi f\tau_n}\approx H(f,\boldsymbol{r}) \tag{7.9.2}$$

近似为该多途信道的时空传递函数 $H(f,\boldsymbol{r})$ 或称传输信道的空间分布谱，式 (7.9.2) 中的求和项就是多途相干项。由于一般声场是指声场强度的空间分布，即表示为

$$I(t,\boldsymbol{r})=I(r,z_0,z)=\sum_n|b_n|^2+\sum_{m\neq n}b_mb_n^*\mathrm{e}^{-\mathrm{j}2\pi f\{\tau_m-\tau_n\}} \tag{7.9.3}$$

可以根据式 (7.9.3) 计算不同频率传输损失 $TL=10\lg(I_r/I_s)$ 随距离的变化关系，图 7.9.1(b) 就是对图 7.9.1(a) 波导在 $f=500\text{Hz}$ 和 50Hz 两种频率下的计算结果，

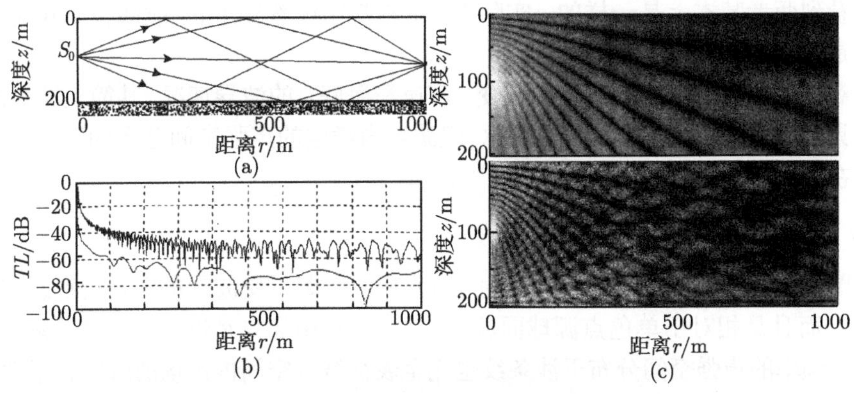

图 7.9.1 浅海射线型多途相干特性

(a) 多途几何；(b) 传输损失；(c) 强度的空间分布干涉条纹

可明显看到多途相干对信号强度的影响：频率愈高 (上曲线)，干涉愈明显，而且损失也愈大。图 7.9.1(c) 给出了频率为 100Hz 的整个波导内声场的仿真干涉图像，上图是只计算直达和海面反射两个途径的干涉条纹分布图 (海面镜反射干涉图像，亦叫洛埃镜现象)，因此干涉条纹图像是单向的。如果考虑包括海底反射在内的全部多途干涉，则相干图像如图 7.9.1(c) 下图，出现的是上下双向交叉条纹图像，而其中向下的干涉条纹和上图一样的，随着频率的增加，干涉条纹的密度也增加。

用简正波理论更能说明低频波导内的多途干涉现象。根据式 (7.1.14) 和式 (7.1.15)，波导内的声场可表示为一系列简正波之和

$$p(r,z_0,z)=\sqrt{\frac{2}{\pi r}}\mathrm{e}^{-\mathrm{j}\frac{\pi}{4}}\sum_{n=1}^{N}\frac{u_n(z_0)u_n(z)}{\sqrt{k_n}}\mathrm{e}^{-\mathrm{j}2\pi k_n r} \tag{7.9.4}$$

各号简正波参数 k_n 和模式 $u_n(z)(n=1,2,\cdots)$ 是波动方程 (7.1.15) 在和图 7.9.1(a) 的同一理想 (浅海匀速) 波导条件下的本征值和本征解，k_n 就是第 n 号简正波 $u_n(z)$ 的水平波数。所有 $2H/\lambda\approx 24$ 号简正波模态如图 7.9.2(a) 所示，从式 (7.9.4) 可得简正波模构成的波导声强空间分布

$$\begin{aligned}I(r,z_0,z)&=p(r,z_0,z)p^*(r,z_0,z)\\&=\sum_n|B_n|^2+\sum_{m\neq n}B_mB_n^*\exp\{\Delta k_{mn}\boldsymbol{r}\}\end{aligned} \tag{7.9.5}$$

式中

$$B_n=\sqrt{\frac{2}{\pi k_n r}}u_n(z_0)u_n(z) \tag{7.9.6}$$

$$\Delta k_{mn}=k_m-k_n \tag{7.9.7}$$

其干涉条纹图如图 7.9.2.(b) 所示，与射线模型的条纹图 (即 7.9.1(c) 下图) 比较可明显看到两者基本上是一样的。实际上，在该波导频率条件下，射线模型和简正波模型是互相通融的。

对于稳定的距离不变而深度慢变 (声速和海底) 的波导情况，其简正波模态可能不具有和图 7.9.2(a) 那样均匀对称，但波导内稳定的声强空间分布的干涉条纹还是存在的，说明该理想信道是完全相干信道。

7.9.2　波导不变性

图 7.9.2 所示的干涉条纹是相对于 (水平) 距离不变波导的距离–深度空间的 $I(r,z)$，而且是相对于单色点源球面波频率的，干涉图像只是近距离比较清晰，但这种单一频率的声强空间分布干涉条纹也完全表征波导空间内声场的时空相干性。根据式 (7.9.3) 中声强对频率 f 或式 (7.9.4) 中声场 k_n 对频率的关系，也同样可以得出不同频率的波导声场干涉条纹结构的差异，其干涉条纹密度随着声源频率增加而

增加, 这种差异也应反映波导多途空间的频率相干性。要进一步了解波导这种固有频率相干特征, 必须在距离–频率分布的三维空间上观察波导声强分布 $I(r,f)$ 的干涉条纹。例如, 用沿着声传输方向的水平分布阵元接收来自远距离的宽带声源信号, 可以根据接收到的不同频率声信号强度构成声强的距离–频率三维分布, 并在较远距离的很大范围内, 均将看到明显的简正波干涉条纹。

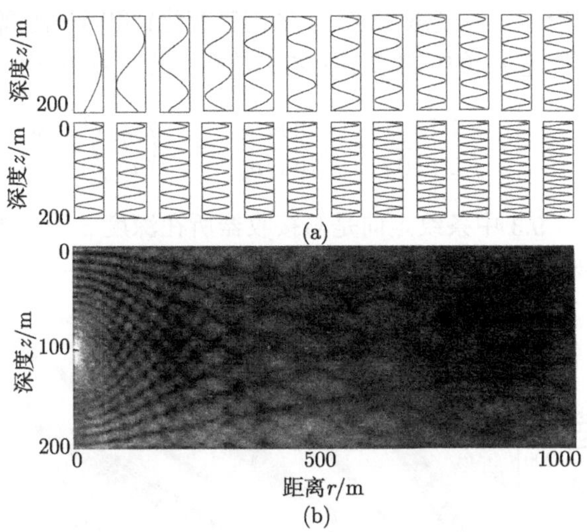

图 7.9.2 同图 7.9.1 结构的简正波型波导

(a) 模态函数 $u_n(z)$; (b) 简正波干涉条纹

实际上, 简正波模型式的声强表达式 (7.9.5) 也已经暗示着干涉图像与频率的关系, 但在近距离声强与频率的差异并不明显, 而在 $k_n r \gg 1$ 的远距离条件下, 可将式 (7.9.5) 可表示为

$$I(f,r,z)=\sum_{m,n}B_m B_n^*\cos(2\pi\Delta k_{mn}(f)r) \tag{7.9.8}$$

这就给出距离–频率空间上的干涉条纹结构, 并指出主要决定简正波的波数差 (在局部频率范围内, B_n 的频率关系可以不计)。图 7.9.3 就是对图 3.7.1(a) 的理想距离无关波导的声强频率–距离分布三维图, 其接收深度 $z=100\text{m}$, 频率范围是 100~300Hz, 距离 2~20km。由式 (7.9.7) 或图 7.9.3 可看到, 在距离轴同一频率方向 (横向) 上, 相邻干涉条纹 (声强峰值) 是以 $1/\Delta k(f)$ 为周期出现的, 而在频率轴同一距离方向 (纵向) 上出现条纹峰值虽然没有周期性, 但其规律也是由 $\Delta k(f)$ 决定的。

理论上已经证明, 在距离不变的波导环境中, 条纹之间总存在一个反映波导固有不变的特征量 [3], 这个特征量被命名为 “波导不变量”, 用 β 表示。其定义为波导

内声强的距离–频率分布上的简正波干涉条纹斜率

$$\frac{\mathrm{d}f}{\mathrm{d}r}=\beta\frac{f}{r} \tag{7.9.9}$$

所满足的系数, 它意味着在声强距离–频率分布图的任一点 (r,f) 干涉条纹的走向 (斜率)$\mathrm{d}f/\mathrm{d}r$ 是与该点的 f/r 成正比的, 同时也意味着在同一频率相邻两条条纹距离间隔 (反映为相应简正波模态相速 V_θ 的倒数变化) 和同一距离相邻两条条纹的频率间隔 (反映为群速 ν_g 的倒数变化) 之比是不变的常数 β, 而且有

$$\beta=-\frac{r}{f}\frac{\partial I/\partial r}{\partial I/\partial f}=-\frac{\mathrm{d}(1/\nu_\theta)}{\mathrm{d}(1/\nu_g)}=-\left(\frac{\nu_\theta}{\nu_g}\right)^2\frac{\mathrm{d}\nu_\theta}{\mathrm{d}\nu_g} \tag{7.9.10}$$

应该指出, 图 7.9.3 中条纹走向是与接收器所在深度 z 有关的, 而波导不变量 β 的分析反映了波导干涉条纹结构特性和波导固有的频率相干特征。

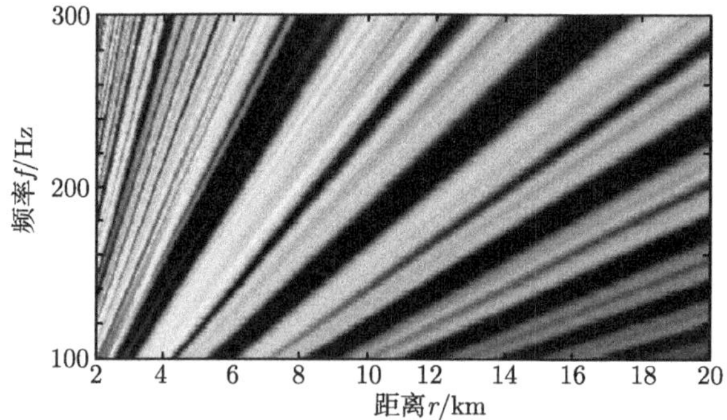

图 7.9.3　同图 7.9.1 波导结构的声强简正波干涉条纹分布

如果波导深度和距离缓慢随机变化 (如声速随机分布或随机不平整界面反射), 干涉条纹结构也将有变化或随机模糊, 这也表明 β 并非完全不变, 一般是距离的分布函数, 并可取局部平均值。图 7.9.4 是海底深度从 400~2000m 变化的均匀声速分布的波导的声能距离–频率分布的干涉条纹图例, 可以看到远距离条纹的斜率随着距离有明显的改变。

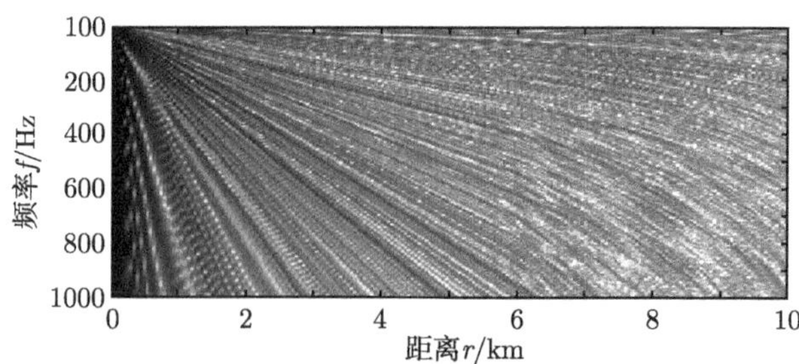

图 7.9.4　斜坡海底波导的简正波干涉条纹分布

正如前面几节分析指出的那样, 波导中声场也总是存在确定性成分, 远距离简正波干涉条纹图像的固有特征就是这种确定性成分的必然反映。而在距离–频率空间的干涉条纹结构本身反映的是波导的相干特性, 因此条纹清晰度越高反映波导相干性越强。

如果式 (7.9.8) 所示 $I(f,r)$ 反映的是波导的相干特性, 那么在所限定的频率和距离范围内对 $I(f,r)$ 的傅里叶积分

$$I'(\tau,\boldsymbol{k})=\int_{r_{\min}}^{r_{\max}}\int_{f_{\min}}^{f_{\max}}I(f,r)\mathrm{e}^{\mathrm{j}2\pi f\tau-\Delta k_{mn}(f)r}\mathrm{d}f\mathrm{d}r \tag{7.9.11}$$

也将反映声强在平面上波导的延迟–波数空间的干涉条纹, 但该条纹结构反映的是波导的模糊特性, 即在波导的傅里叶空间内延迟 τ 和角频率 k 的模糊范围。通过对延迟–波数空间分布图像的变换, 还能获得波导不变量的分布结构。

通过波导不变性原理可以确定波导的时频相干特征 [266]。

7.10 声信道的二阶统计特性测量

这一节, 我们给出几个随机海洋传输信道相干特性和扩展特性的测量实例, 主要是通过浅海一定距离接收信号的测量分析确定信道相干函数和散射函数的例子。

7.10.1 相干函数和散射函数的测量实例

关于海洋传输信道相干性的测量通常有两种方法, 一种是直接测量单频传输信号的振幅和相位起伏相关性的常规方法 [137], 另一种是测量相干函数的方法。这里给出用脉间相关法测量时间相干性的例子 [110], 以说明浅海信道相干函数的特点。

实验布设如图 7.10.1 所示, 发射换能器和水听器布于海底；基本测量分析设备是专用声呐信号综合分析仪 [109], 采用信号是 T=640ms,B=100Hz 的 CMP 信号 (63×10)；发射周期为 2.5s。图 7.10.2 是实际测量的波形和测量的平均脉间相干函数, 其中第 1 个信号 (传输波形) 作为参考信号, 和以后的各信号进行互相关, 可

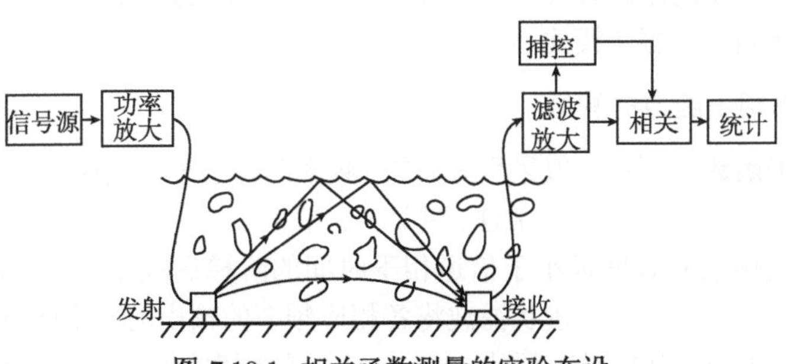

图 7.10.1 相关函数测量的实验布设

以从下方的相关输出看出其峰值随时间减小的变化 (第 3 个以后的信号是压缩显示的)。实验将信道看成是 WSSUS 的, 因此测量结果是 20 次重复的统计平均。图 7.10.2(b) 是分别在 7.4km 和 43.5km 两个距离上，连续 2h 测得的时间平均相干函数曲线。

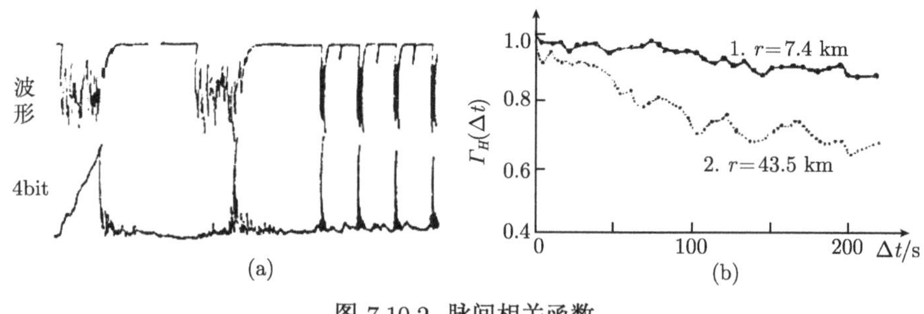

图 7.10.2 脉间相关函数

(a) 测量波形; (b) 平均相干函数

实验指出, 浅海传输信道的时间相干函数一般可表示为

$$\Gamma_t(\Delta t) = a + b\mathrm{e}^{-a\alpha\Delta t} + c\mathrm{e}^{-\beta\Delta t^2} \tag{7.10.1}$$

这里, $a+b+c=1, \Gamma_t(\Delta t)$ 实际上就是 $\rho_t(\Delta t)$, a、b、c 和 α、$\beta(\beta<\alpha)$ 都是常数。式 (7.10.1) 表明传输信道时间相干函数由三部分组成, 即稳定相干 (完全相干) 的常数部分、慢变相干的指数部分 (相应于勃脱沃兹型散射函数) 和快变相干的高斯部分 (对应于高斯型散射函数)。显然, 相干因子 $\gamma=a$。一般对于浅海信道, 快变和慢变相干时间分别是数秒和数十分钟左右。

一般海洋声传输信道相干性都有这三部分。完全相干部分包括由那些相对稳定 (起伏周期大于数小时的) 的慢变物理因素 (潮汐、季节温度) 变化引起的信道时变成分; 慢变相干部分主要是由于介质中非均匀性湍流和浅海内波等因素引起, 其周期在 “分” 到 “时” 量级; 快变随机部分主要是海面引起, 近距离较明显, 起伏周期在 “秒” 量级。参数 a、b 和 c 以及 α 和 β 的大小与使用海域、气象条件以及换能器所在深度和相隔距离有关。在存在两个以上少数多途传输时, 还会由于干涉而引起相干曲线的衰减振荡模式。

7.10.2 频率相干函数的测量

频率相干函数的测量一般采用等间隔 (频率间隔小于信道相干带宽的) 多频脉冲 (Comb 信号) 的频间包络相关法 (见第 6.9 节)[3]。

这里我们用信号长度远小于信道相干时间的阶梯调频 (STF) 的频间相关法, “阶” 频间隔为 $F_r < W_f$, 用梳状滤波将各相应频率的输出的包络解析互相关运算, 同样进行统计平均以获得对应频差 $\Delta f = nF_r$ 时的频率相关值 $\Gamma(nF_r)$, 图 7.10.3(b)

是使用与图 7.10.1 同样结构的系统在中国南海近海获得的频率相干曲线 [109], 实验用 8 阶 STF 信号: $T = 8\times40\text{ms}$, $F_r = 50\text{Hz}$, 三种频率分别是 1.5kHz、3kHz 和 6kHz。图 (a) 是其中 3kHz 的信号连续发射的 15 个接收波形, 可以看到每次波形的频间起伏较大, 在图 (b) 中的频间相关数据也相当离散, 但经过重复测量统计平均, 还是可以看到相干带宽随频率增加而减少的结果。更多实验证明, 相干带宽与频率接近成反比关系, 声呐频率 (在 5kHz 下) 的相干带宽一般不大于 200Hz, 并与环境和距离有关。

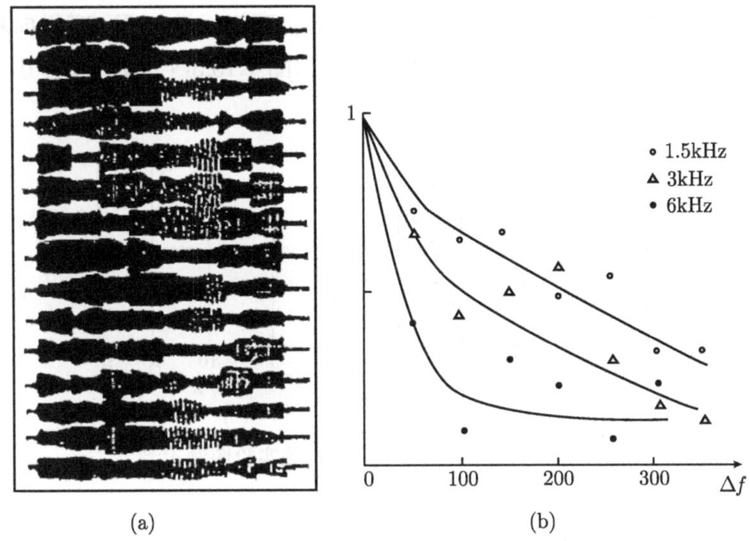

图 7.10.3 频率相干函数的 SPM 频间相关

(a) 重复接收的波形; (b) 平均相关函数测量结果

引起频率相干性降低的主要原因是不可分辨的多途叠加。当存在少量强相干途径时, 相干曲线也会呈现振荡形式。

7.10.3 空间相干函数测量

空间相干函数包括水平横向、水平纵向和垂直的三个轴向分量的空间相关, 特别是水平横向和垂直相关, 它们直接与信道的水平和垂直的角模糊范围有关, 并是近代声呐基阵设计的主要依据; 而水平纵向相干更多地反映为信道的时间和频率 (分别对应于距离及其变化率) 的相干性。

在实际空间相干测量中, 一般采用时间平均来代替系综平均 [134]

$$\Gamma(\Delta r, r) = \frac{1}{N}\sum_{n=1}^{N}\hat{R}_{vn}(\Delta, r)$$

$$\hat{R}_{vn}(\Delta r, r) = \frac{\displaystyle\int v_n(t,r)v_n(t,r+\Delta r)\mathrm{d}t}{\left[\displaystyle\int |v_n(t,r)|^2\mathrm{d}t \int |v_n(t,r+\Delta r)|^2\mathrm{d}t\right]^{1/2}}$$

脚标 n 表示第 n 次测量, 因此 $\varGamma$ 实际上和测量时间相干函数一样是对 $\widehat{R}_n$ 的多次测量平均。

文献 [136] 对浅海信道的水平相关作了较详细的实验分析, 典型结果如图 7.10.4 所示。图中 (a) 是水平横向相关 $\varGamma(\Delta y, x)$, (b) 是源在 x 方向的水平纵向相关 $\varGamma(\Delta x, x)$。由图可见, 两者都随距离 $\boldsymbol{r} = x$ 增加而相干性加强, 而纵向相关性一般比横向相干性稍差。垂直相干性的实际测量如图 7.10.5[3] 所指出的, 由于多途存在, 垂直相干距离远比水平相干距离小。

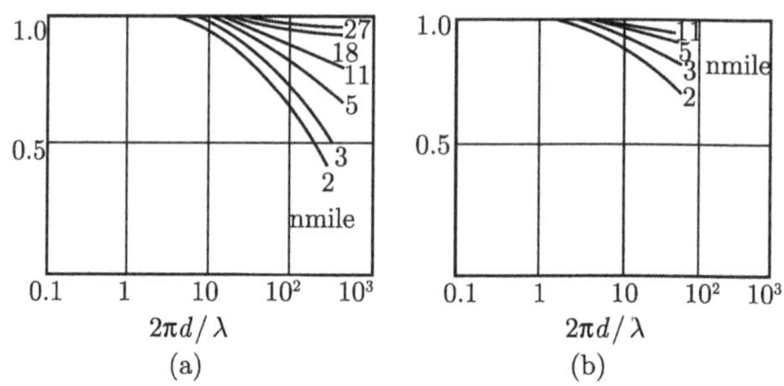

图 7.10.4　浅海信道水平空间相关实验图例 [136]

(a) 横向; (b) 纵向

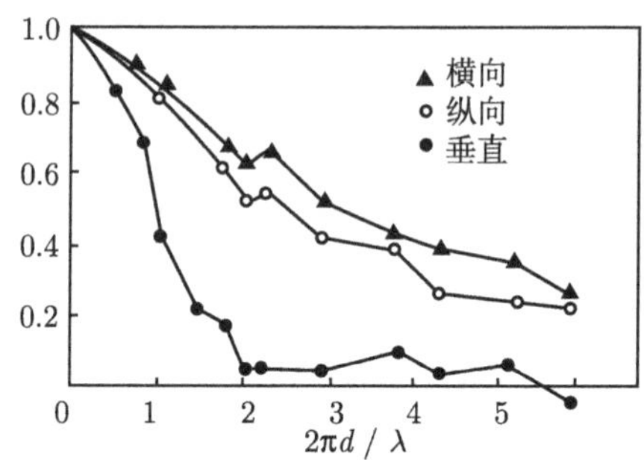

图 7.10.5　浅海信道垂直空间相关实际测量图例

实验还指出, 空间相干距离随着频率的升高或带宽的增大而减小, 特别在存在海面散射多途情况下更显著。用宽带爆炸声作源信号, 甚至不存在稳定的空间相干成分, 但当用单频信号时, 一般都可测得稳定的空间相干成分 [136]。

浅海空间相干的这些特性与海况 —— 表面波浪、声速梯度以及海深、换能器置放深度有关。如果所处环境产生的传输途径数目较少, 空间相干曲线也会出现振荡形式 [18]。

对于深海信道, 需要大尺寸布设水听器进行长距离观测 [137,138]。实验指出, 位于会聚区的声场垂直空间相干性远比非会聚区 (如两个会聚区的中间区域) 要强得多 [113]。

另外, 空间相干性是用时间积分来换算的, 如果平均时间长些, 空间相干性还可能会降低。

7.10.4 散射函数测量图例

WSSUS(或局部 WSSUS) 信道条件下, 可用 6.10 节所讨论的方法测量信道的散射函数。例如, 用很窄的脉冲串 (间隔为 T_p) 测得响应函数串 $h(\tau, nT_p)$, 对 τ 适当抽样获得 $h(kT_r, nT_p)(k \in K, n \in N)$ 并构成阵组 h_{kn}, 对 n 求 DFT 运算, 获得扩展矩阵元 S_{kl}, S_{kl}^2 就是散射矩阵元.

典型的可分辨多途信道的散射函数, 表明了远程深海信道扩展的特点: 距离上每个途径都是非扩展的, 频域上的扩展也很小 (近于高斯或勃脱沃兹型)[142~144]。

浅海情况较复杂。除了多途外, 还有明显的海面散射引起的频率扩展, 该扩展与频率有关。文献 [143] 给出了四种频率在同一海况下的散射函数, 如图 7.10.6 所示。3kHz 的主要途径只有一个, 外加两个海面波浪引起的对称频移; 但 6kHz 的情况就复杂了, 频率扩展十分明显, 这是由于随着频率增加, 海面波浪引起的多普勒也增加的缘故, 但由图可见四种频率在时间上是扩展相同的。文献 [142] 给出 15kHz 多途 (主要是三途) 散射函数的剖面 (等高图) 曲线, 也可看出三类不同途径的频率扩展性和相干性。近距离途径频率扩展大, 远距离 (第三途) 在时间上拖长, 但频率扩展稍小 (有两个对称边峰)。

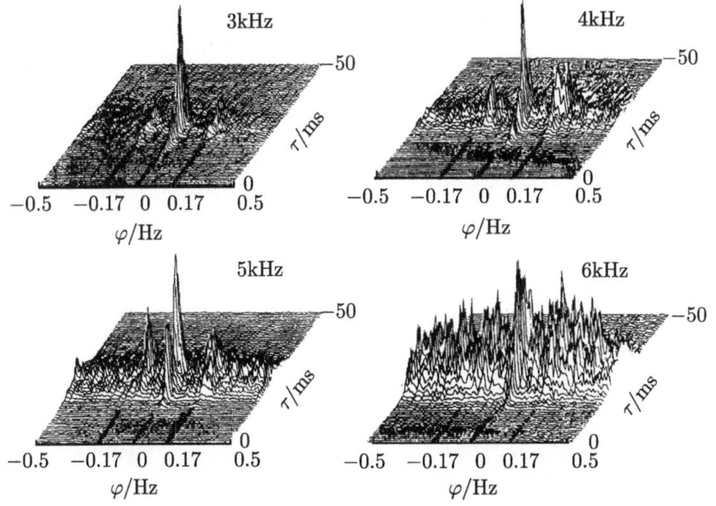

图 7.10.6 浅海信道四种频率在同一海况下的散射函数图例 [143]

远距离测量可用高时间分辨信号的脉冲压缩技术, 以提高测量抗干扰能力。但应该指出, 海洋声传输信道的相干范围和散射函数的测量, 对最佳通信编码和最佳波形设计将提供必需的依据。

第八章　声呐目标散射特性

主动声呐的主要目的是通过在水中发射声信号 (声呐信号), 并对所接收到的水下声信号 (水声信号) 进行处理和分析, 以最终检测或识别水下目标。为达到目的, 声呐设计者和操作者都必须对所要检测与识别的目标声散射特性有先验的了解。因此, 自有声呐以来, 声呐目标散射的理论和实验研究从未间断过。很多专著 [1,114,145,146] 都对此作了较充分的讨论, 随着信息化声呐和智能鱼雷的发展, 近来关于水下目标特征研究尤为重视。但由于实际声呐目标（尤其是隐身目标）自身及其所处环境的复杂性, 很难建立一个理想而又实用的全方位数学或实验模型，实际上也没有必要, 一般研究多数是在计算数字混合仿真或实物模拟上。

声呐目标一般有两类, 一是有形形体目标 (如舰船和大型生物体), 二是随机散射群体目标 (如鱼群和岩礁)。我们主要关心前一种目标, 后一种一般作为一种特殊的混响处理。这一章我们不讨论目标散射的机理, 只通过目标某些几何与物理特征将声呐目标回波过程看成是线性散射过程, 从信息论与通信观点上讨论目标回波的基本特性及其对声呐检测性能的影响。

8.1　目标线性散射原理

由于声呐目标形态繁多而外形和结构也十分复杂, 对目标的声散射特性作十分细微而认真的研究是不可能的而且也是不必要的。理论研究总是先对目标模型进行简化, 一般通过声衍射理论和波动方程的求解过程来进行。这一节由声呐信道的源场关系来讨论声呐有形形体目标的散射及其回波特性[47]。为此, 先作如下的基本假定:

(1) 声呐和目标所处介质空间是无损均匀介质空间。

(2) 目标是具有曲率半径大于声波波长的光滑表面。

(3) 忽略目标的二级散射效应。

(4) 声呐基阵是稳定不变的, 基阵结构不影响波形传输。

(5) 无其他非目标回波干扰。

(6) 远场目标。

8.1.1　照明场

声呐回波过程的几何关系如图 8.1.1(a) 所示, 这里取声呐基阵中心为原点 o

的坐标系统 $oxyz$, 发射时空波形 $u(t,\boldsymbol{r})$ 通过占有空间为 $\boldsymbol{\Lambda}_u$ 的基阵构成源函数 $q_u(t,\boldsymbol{r})$, 正如 7.5 节所指出的, 它在 $\boldsymbol{r}\in\boldsymbol{\Lambda}_u$ 整个自由空间内形成照明场 $p_u(t,\boldsymbol{r})$。对于中心位于 $\boldsymbol{r}_T$, 占有空间为 Λ_T 的目标, 在照明场作用下, 目标本身构成散射源, 并在 $\boldsymbol{r}\notin\boldsymbol{\Lambda}_u$ 和 $\boldsymbol{r}\notin\boldsymbol{\Lambda}_T$ 的整个空间也形成散射场 $p_T(t,\boldsymbol{r})$, 因此在整个空间的声场是

$$p(t,\boldsymbol{r})=p_u(t,\boldsymbol{r})+p_T(t,\boldsymbol{r}),\quad \boldsymbol{r}\notin\Lambda_T,\Lambda_u \tag{8.1.1}$$

一般情况下, 照明场和目标散射场是同时存在的, 但如果是脉冲源函数, 只要目标和源相距较 $\boldsymbol{\Lambda}_u$ 和 $\boldsymbol{\Lambda}_T$ 为大, 经常可用时间分离法直接通过测量 $p(t,\boldsymbol{r})$ 确定 $p_T(t,\boldsymbol{r})$, 即

$$p_T(t,\boldsymbol{r})=p(t,\boldsymbol{r}),\quad t\geqslant T/2,\quad \boldsymbol{r}\notin\boldsymbol{\Lambda}_T \tag{8.1.2}$$

例如, 对于收发合置的主动声呐系统, 盲区以外的目标在声呐源附近产生的散射场是可以和照明场分开的。

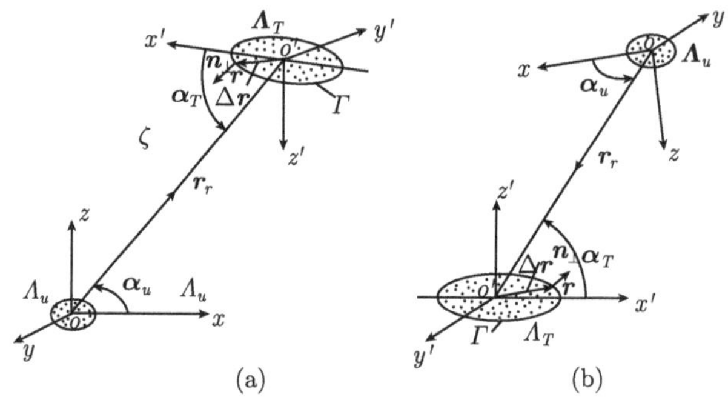

图 8.1.1　声呐回波过程的几何关系

(a) 声呐空间; (b) 目标空间

如果目标散射是线性散射过程, 那么根据线性源场关系, 物理上无论是无目标时的照明场还是目标散射场, 都应满足式 (7.1.2) 的波动方程, 即

$$\left[\Delta-\frac{1}{c^2(\boldsymbol{r})}\frac{\partial^2}{\partial t^2}\right]p(t,\boldsymbol{r})=-4\pi q(t,\boldsymbol{r}) \tag{8.1.3}$$

对于无损均匀介质的自由空间, 方程的解式 (7.1.5), 就是基阵 $\boldsymbol{\Lambda}_u$ 所形成的照明场

$$p_u(t,\boldsymbol{r})=\int_{\boldsymbol{\Lambda}_u}\frac{q_u(t-|\boldsymbol{r}-\boldsymbol{\zeta}|/c,\boldsymbol{\zeta})}{|\boldsymbol{r}-\boldsymbol{\zeta}|}\mathrm{d}\boldsymbol{\zeta}$$

窄带远场条件下, 根据 7.5 节所讨论的传输信道的关系 [式 (7.5.27)], 有

$$p_u(t,\boldsymbol{r})\approx\frac{1}{|\boldsymbol{r}|}u(t-\tau_r\,|\boldsymbol{\alpha}_r) \tag{8.1.4}$$

其中, $\tau_r = |\boldsymbol{r}|/c$, 而

$$u(t\,|\boldsymbol{\alpha}) = \int_{\boldsymbol{\Lambda}_u} q_u(t - \boldsymbol{\alpha\zeta}/c, \boldsymbol{\zeta})\,\mathrm{d}\boldsymbol{\zeta} \tag{8.1.5}$$

$\boldsymbol{\alpha}$ 是位置矢量 $\boldsymbol{r}$ 的方向角。

式 (8.1.4) 指出, 照明场 $p_u(t,\boldsymbol{r})$ 与 $\boldsymbol{r}$ 的关系反映在与其距离 $|\boldsymbol{r}|$ 的一球面扩展损失和一固定延迟关系上, 空变关系表现为与其照明场的指向性方位 $\boldsymbol{\alpha}$ 的关系上。而式 (8.1.5) 中的 $u(t|\boldsymbol{\alpha})$ 实际上是指照明在源 $\boldsymbol{\alpha}$ 方向的 (指向性) 信号 [式 (5.10.14)]。

对于中心位置在 $\boldsymbol{r}_T$ 的远场目标, 目标占有空间 $\boldsymbol{\Lambda}_T$ 内的点 $\boldsymbol{r} = \boldsymbol{r}_T + \Delta\boldsymbol{r}$ (图 8.1.1(a)), 照明场近似为

$$p_u(t, \boldsymbol{r}_T + \Delta\boldsymbol{r}_T) \approx \frac{1}{|\boldsymbol{r}_T|} u(t - \tau_T - \frac{\boldsymbol{\alpha}_T \Delta\boldsymbol{r}_T}{c}\,|\boldsymbol{\alpha}_u)\,, \quad \boldsymbol{r} + \Delta\boldsymbol{r} \in \boldsymbol{\Lambda}_T \tag{8.1.6}$$

式中, $\tau_T = |\boldsymbol{r}_T|/c$。或将上式表示为照明场信号的分布谱形式

$$P_u(f, \boldsymbol{r}_T + \Delta\boldsymbol{r}_T) = H_M(f, \boldsymbol{r}_T) U(f\,|\boldsymbol{\alpha}_u)\,\mathrm{e}^{-\mathrm{j}2\pi k \boldsymbol{r} \Delta\boldsymbol{r}_T} \tag{8.1.7}$$

式中, $H_M(f,\boldsymbol{r})$ 是在无损均匀介质传输信道声呐中心到目标中心的传递函数,

$$H_M(f, \boldsymbol{r}) = \frac{1}{|\boldsymbol{r}|}\mathrm{e}^{-\mathrm{j}2\pi f \tau} \tag{8.1.8}$$

它对目标而言是一个固定扩展损失 $1/|\boldsymbol{r}_T|$ 和一个固定延迟 $\boldsymbol{\tau}_T$。

8.1.2 目标散射场

完全描述目标散射特性, 应该与所处的介质无关, 因此在目标自身的空间坐标系 (目标空间) $o'x'y'z'$ 中来描述它, 如图 8.1.1(b) 所示, 这时以目标几何中心 $\boldsymbol{r}_T$ 为坐标原点即 o', 目标几何主轴向为 x' 轴向。略去式 (8.1.6) 或式 (8.1.7) 中的信道确定成分即式 (8.1.8), 并注意到声呐空间对准目标的方向 $\boldsymbol{\alpha}_u$ 就是目标空间的 $\boldsymbol{\alpha}_T$ (亦称声呐目标的姿态角 —— 相对于目标主轴的空间夹角), 而声呐空间的 $\Delta\boldsymbol{r} = \boldsymbol{r} - \boldsymbol{r}_T$ 就是目标空间的 $\boldsymbol{r}'$, 因此目标在自身空间的远场照明场的分布频率响应函数形式为

$$p_u(t, \boldsymbol{r}') = u\left(t - \frac{\boldsymbol{\alpha}_T \boldsymbol{r}'}{c}\,\middle|\,\boldsymbol{\alpha}_u\right), \quad \boldsymbol{r}' \in \boldsymbol{\Lambda}_T \tag{8.1.9}$$

或表示为目标空间分布谱

$$P_T(f, \boldsymbol{r}') = U(f\,|\boldsymbol{\alpha}_u)\,\mathrm{e}^{-\mathrm{j}2\pi k_T \boldsymbol{r}'}, \quad \boldsymbol{r}' \in \boldsymbol{\Lambda}_T$$

如果将图 8.1.1 中的目标散射空间 $\boldsymbol{\Lambda}_T$ 类比为发射阵空间, 而照明场 $p_u(t,\boldsymbol{r}')$ 看成是空间分布触发信号 $u_T(t,\boldsymbol{r}')(\boldsymbol{r}' \in \boldsymbol{\Lambda}_T)$, 那么目标散射源在相对于目标空间远

场 $\boldsymbol{r}'$ 处形成的散射场也同样可以类似于式 (8.1.4) 表示为

$$p_T(t,\boldsymbol{r}') == \frac{1}{|\boldsymbol{r}|}s(t-\tau_r\,|\boldsymbol{\alpha}_r) \tag{8.1.10}$$

和式 (8.1.5) 一样,

$$s(t\,|\boldsymbol{\alpha}) = \int_{\boldsymbol{\Lambda}_T} q_T(t-\boldsymbol{\alpha\zeta}/c,\boldsymbol{\zeta})\,\mathrm{d}\boldsymbol{\zeta} \tag{8.1.11}$$

表示具有相对于目标主轴的目标指向性散射信号。

考虑时不变目标, 其散射时空响应函数取 $h_T(\tau,\boldsymbol{r})(\boldsymbol{r}\in\boldsymbol{\Lambda}_T)$, 因此在照明场式 (8.1.9) 的激发下, 目标散射源函数是

$$q_T(t,\boldsymbol{r}) = \int h_T(\tau,\boldsymbol{r})p_u(t-\tau,\boldsymbol{r})\mathrm{d}\tau,\quad \boldsymbol{r}\in\boldsymbol{\Lambda}_T \tag{8.1.12}$$

将目标坐标系统的照明场式 (8.1.9) 代入式 (8.1.12), 有目标空间 (图 8.1.1(b)) 的目标自身散射源函数

$$q_T(t,\boldsymbol{r}') = \int h_T(\tau,\boldsymbol{r}')u\left(t-\tau-\frac{\boldsymbol{\alpha}_T\boldsymbol{r}'}{c}\,\middle|\,\boldsymbol{\alpha}_u\right)\mathrm{d}\tau,\quad r'\in\boldsymbol{\Lambda}_T \tag{8.1.13}$$

或

$$q_T(t,\boldsymbol{r}') = \int h_T\left(\tau-\frac{\boldsymbol{\alpha}_T\boldsymbol{r}'}{c},\boldsymbol{r}'\right)u(t-\tau\,|\boldsymbol{\alpha}_u)\mathrm{d}\tau,\quad \boldsymbol{r}'\in\boldsymbol{\Lambda}_T \tag{8.1.14}$$

式 (8.1.13) 也表示目标自身源函数与照明源的方向 $\boldsymbol{\alpha}_u$ 和目标姿态角 $\boldsymbol{\alpha}_T$ 有关, 如果引入目标自身的时空频率响应函数 (频率–波数谱)

$$\mathcal{A}_T(f,\boldsymbol{k}) = \iint_{\boldsymbol{\Lambda}_T} h_T(\tau,\boldsymbol{r})\mathrm{e}^{-2\pi(f\tau-\boldsymbol{kr})}\mathrm{d}\boldsymbol{r}\mathrm{d}\tau \tag{8.1.15}$$

则

$$\mathcal{A}_T(f,\boldsymbol{k}\,|\boldsymbol{\alpha}_T) = \iint_{\boldsymbol{\Lambda}_T} h_T\left(\tau-\frac{\boldsymbol{\alpha}_T\boldsymbol{r}}{c},\boldsymbol{r}\right)\mathrm{e}^{-2\pi(f\tau-\boldsymbol{kr})}\mathrm{d}\boldsymbol{r}\mathrm{d}\tau \tag{8.1.16}$$

就是目标空间内与声波入射方向 (姿态角) 有关的目标自身频率–波数谱。类似于式 (7.5.8), 目标源的频率–波数谱是

$$\begin{aligned}\mathcal{Q}_T(f,\boldsymbol{k}) &= \mathcal{A}_T(f,\boldsymbol{k})\bigotimes_{k}\mathcal{P}_u(f,\boldsymbol{k})\\ &= \mathcal{A}_T(f,\boldsymbol{k}|\boldsymbol{\alpha}_T)U(f\,|\boldsymbol{\alpha}_u)\end{aligned} \tag{8.1.17}$$

目标响应函数 $h_T(\tau,\boldsymbol{r})$ 或频率–波数谱 $\mathcal{A}_T(f,\boldsymbol{k})$ 都可用来描述目标散射特性。实际上, 当用单色平面波 $\mathcal{P}_u(f,\boldsymbol{k})=\delta(f-f_0)\delta(\boldsymbol{k}-\boldsymbol{k}_T)$ 来激励目标时, 根据式 (8.1.17), 目标散射源的频率–波数谱就是 $\mathcal{A}_T(f_0,\boldsymbol{k}_T)\exp(j2\pi f_0t)$, 可见 $\mathcal{A}_T(f,\boldsymbol{k})$ 是以振幅调制方式出现在目标回波中的。

在远场窄带条件下, 自然也可引入目标散射源的的指向性函数

$$d_T(f,\boldsymbol{\alpha}\,|\boldsymbol{\alpha}_T) = \mathcal{A}_T\left(f,\frac{f\boldsymbol{\alpha}}{c}\,|\boldsymbol{\alpha}_T\right) \tag{8.1.18}$$

但它只表示目标散射的方向性, 一般没有波束图的含义。目标散射的指向性显然和激励目标的入射声波方向 $\boldsymbol{\alpha}_T$(相对于目标的取向或称目标姿态角) 有关, 故在式 (8.1.18) 中 $\boldsymbol{\alpha}_T$ 是变量, 其意义是: 目标在被来自 $\boldsymbol{\alpha}_T$ 方向的单色平面声波激发后, 在 $\boldsymbol{\alpha}$ 方向所产生的散射频率响应。

类似式 (7.5.27), 可获得目标空间内目标点源指向性散射信号, 式 (8.1.10) 可以表示为

$$s(t\,|\boldsymbol{\alpha}) = \int d_T(f,\boldsymbol{\alpha}\,|\boldsymbol{\alpha}_T)U(f\,|\boldsymbol{\alpha}_u)\mathrm{e}^{\mathrm{j}2\pi ft}\mathrm{d}f \tag{8.1.19}$$

式 (8.1.19) 类似于式 (7.5.11) 中的 $u(t|\boldsymbol{\alpha})$, 表明目标回波主要决定于目标的频率 – 波数谱或目标指向性函数, 但和指向性声信号 $u(t|\boldsymbol{\alpha})$ 不一样, $s(t|\boldsymbol{\alpha})$ 不能看成是目标指向性回波, 不同方向的回波可能有完全不同的波形形式, 甚至不同 $\boldsymbol{\alpha}_T$ 也可能有完全不同的回波形式。

将式 (8.1.19) 代入式 (8.1.10), 获得目标空间远场 $\boldsymbol{r}'(|\boldsymbol{r}|,\boldsymbol{\alpha}_r)$ 处的散射场

$$p_T(t,\boldsymbol{r}') == \frac{1}{|\boldsymbol{r}'|}\int d_T(f,\boldsymbol{\alpha}_r\,|\boldsymbol{\alpha}_T)U(f\,|\boldsymbol{\alpha}_u)\mathrm{e}^{\mathrm{j}2\pi f\left(t-|r'|/c\right)}\mathrm{d}f \tag{8.1.20}$$

回到声呐空间来表示回波, 式中的照明信号 $U(f|\boldsymbol{\alpha}_u)$ 需用式 (8.1.8) 来恢复介质的传输影响, 对于收发合置声呐, 声呐接收阵也在声呐空间原点位置附近的空间 $\boldsymbol{\Lambda}_v$ 内, 目标在该空间内的点 $\boldsymbol{r}_0 \in \boldsymbol{\Lambda}_v$ 形成的是 $\boldsymbol{\alpha}_r = \boldsymbol{\alpha}_T$ 的反向散射场

$$p_T(t,\boldsymbol{r}_0) == \frac{1}{|\boldsymbol{r}_T|\,|\boldsymbol{r}_T-\boldsymbol{r}_0|}\int H_T(f,\boldsymbol{\alpha}_T)U(f\,|\boldsymbol{\alpha}_u)\mathrm{e}^{\mathrm{j}2\pi f(t-\tau_\zeta-\tau_T)}\mathrm{d}f, \quad \boldsymbol{r}_0 \in \boldsymbol{\Lambda}_v \tag{8.1.21}$$

式中, $\tau_\zeta = |\boldsymbol{r}_T-\boldsymbol{r}_0|/c$, 而

$$H_T(f,\boldsymbol{\alpha}_T) = d_T(f,\boldsymbol{\alpha}_T|\boldsymbol{\alpha}_T) \tag{8.1.22}$$

就是目标自身的反向频率响应函数。由于声呐空间的 $\boldsymbol{r}_0 \in \boldsymbol{\Lambda}_v$ 相当于目标空间的 $\boldsymbol{\zeta} = \boldsymbol{r}_0 - \boldsymbol{r}_T$, 可再利用远场近似公式 (7.5.21), 得到声呐空间接收点 $\boldsymbol{r}_0$ 的目标散射场。如果 $\boldsymbol{r}_0 = 0$, 即目标在声呐中心产生的散射响应是

$$p_T(t,0) = \frac{1}{|\boldsymbol{r}_T|^2}\int d_T(f,\boldsymbol{\alpha}_T)U(f\,|\boldsymbol{\alpha}_u)\mathrm{e}^{\mathrm{j}2\pi f(t-2\tau_T)}\mathrm{d}f \tag{8.1.23}$$

如果接收阵的时空响应函数是 $a_v(\tau,\boldsymbol{r})$, 孔径函数是 $\mathcal{A}_v(f,\boldsymbol{k})$, 类似式 (7.5.31) 和

式 (7.5.32) 声呐阵元输出

$$v_T(t,\boldsymbol{r}) = \int a_v(\tau,\boldsymbol{r})p_T(t-\tau,\boldsymbol{r})\mathrm{d}\tau, \quad \boldsymbol{r} \in \boldsymbol{\varLambda}_v \tag{8.1.24}$$

和

$$\mathcal{V}_T(f,\boldsymbol{k}) = \mathcal{A}_v(f,\boldsymbol{k}) \bigotimes_{\boldsymbol{k}} \mathcal{P}_T(f,\boldsymbol{k}) \tag{8.1.25}$$

收发同置声呐一般为 $\boldsymbol{\alpha}_u = \boldsymbol{\alpha}_v$, 则由式 (8.1.25) 可获得接收阵输出回波谱

$$V_T(f|\boldsymbol{\alpha}_v) = d_v(f,\boldsymbol{\alpha}) \otimes_a d_T(f,\boldsymbol{\alpha}_T)U(f) \tag{8.1.26}$$

输出回波是

$$v_T(t|\boldsymbol{\alpha}_v) = \frac{1}{|\boldsymbol{r}_T|^2}\int d_T(f,\boldsymbol{\alpha}_T)U(f|\boldsymbol{\alpha}_u)e^{\mathrm{j}2\pi f(t-2\tau_T)}\mathrm{d}f \tag{8.1.27}$$

这就是说, 收发同置远场目标回波, 其特性主要决定于声呐 (基阵) 指向性发射信号和目标本身的指向性散射特性。

由于 $\mathcal{A}_T(f,\boldsymbol{k})$ 或 $d_T(f,\boldsymbol{\alpha})$ 既能显示目标散射的频率响应, 又能显示其散射方向性, 常称其为目标形态函数, 特别对于弹性目标, 要讨论其散射特性就必须求解其形态函数。

对于有确定性外形的目标, 物理上一般将目标表面作为边界定解条件, 由源函数 $q_u(t,\boldsymbol{r})$ 通过波动方程 (7.1.2) 来确定目标散射场 $p_T(t,\boldsymbol{r})$。该边界条件决定于目标表面的声弹性程度 [146]:

$$\left.\begin{array}{ll}\text{对绝对硬的边界} & \left.\dfrac{\partial \varPhi}{\partial \boldsymbol{n}_\perp}\right|_{\boldsymbol{\varGamma}} = 0 \\ \text{对绝对软的边界} & \varPhi|_{\boldsymbol{\varGamma}} = 0 \\ \text{对混合边界} & \left.\dfrac{\partial \varPhi}{\partial \boldsymbol{n}_\perp}\right|_{\boldsymbol{\varGamma}} + K\varPhi|_{\boldsymbol{\varGamma}} = 0\end{array}\right\}$$

这里, 声压表示为速度势 $\varPhi$ 形式; K 是常数; $\boldsymbol{\varGamma}$ 是目标表面 (图 8.1.1); $\boldsymbol{n}_\perp$ 是其法线方向。当然, 直接求解是困难的, 虽然数学上已经提出很多近似解法, 如传输矩阵 (T 矩阵) 法、有限元法或边界元法等, 但也只对简单形体结构的目标可以获得有意义的解。

实际上, 从信息观点上讨论声呐目标检测问题, 不需要准确知道目标具体的散射特性或形态函数 $\mathcal{A}_T(f,\boldsymbol{k})$, 只要知道某些散射特征就可以了。例如, 我们后面讨论的目标亮点分布模型, 就经常能反映目标的信息特征。

8.1.3 高速运动目标散射特性

上面主要讨论了静止有形形体目标的一般散射原理, 在 2.9 节中曾讨论过运动点目标的回波情况。但这里为了弄清有形形体目标在运动状态下其散射特性的变化, 考虑最简单的相对于声呐中心做匀速直线运动的形体目标, 并将声呐时空系统和目标时空系统看成是相对论中两个惯性系统, 用相对论中的洛伦兹变换来讨论运动对目标回波的影响 [147]。但注意, 这里的惯性系统空间不要和上面的伽利略三维坐标空间相混淆。

设两个惯性时空系统即声呐系统和目标系统分别为 $\boldsymbol{S}$ 和 $\boldsymbol{S}'$, 它们相应的坐标轴 ($oxyz$ 和 $o'x'y'z'$) 彼此平行, $\boldsymbol{S}'$ 系相对于 $\boldsymbol{S}$ 系沿 x 方向运动, 速度为 $v=v_{\alpha}$, 且当 $t=t'=0$ 时, $\boldsymbol{S}'$ 系与 $\boldsymbol{S}$ 系的坐标原点重合, 则由于目标运动在这两个惯性系统时空坐标之间的洛伦兹变换为

$$x'=\frac{x-\nu t}{\sqrt{1-(\nu/c)^2}},\quad y'=y,\quad z'=z\quad ,t'=\frac{t-\left(\nu/c^2\right)x}{\sqrt{1-(\nu/c)^2}} \tag{8.1.28}$$

逆变换分别是

$$x=\frac{x'+\nu t'}{\sqrt{1-(\nu/c)^2}},\quad y=y',\quad z=z',\quad t=\frac{t'+\left(\nu/c^2\right)x'}{\sqrt{1-(\nu/c)^2}} \tag{8.1.29}$$

c 是水中声速, 远场条件下, 照明波是如式 (8.1.4) 所示的平面波 (不计扩展损失): $p(t,\boldsymbol{r})=u(t-|\boldsymbol{r}|/c|\boldsymbol{\alpha}_r)$。由于洛伦兹变换下不同惯性系中的物理定律形式不变, 因此变换后, 有

$$t'-\boldsymbol{r}'\boldsymbol{n}'/c=(t-\boldsymbol{rn}/c)\gamma_0 \tag{8.1.30}$$

其中

$$\gamma_0=\frac{1-\boldsymbol{\nu n}/c}{\sqrt{1-(\nu/c)^2}}=\frac{1-\nu\alpha_x/c}{\sqrt{1-(\nu/c)^2}} \tag{8.1.31}$$

$\boldsymbol{n}'$ 是目标空间的平面波入射方向矢量, 其方向 $\boldsymbol{\alpha}'$ 的三个余弦分量分别是

$$\alpha'_x=\frac{\alpha_x-\nu/c}{\gamma_0\sqrt{1-(\nu/c)^2}},\quad \alpha'_y=\alpha_y/\gamma_0,\quad \alpha'_z=\alpha_z/\gamma_0 \tag{8.1.32}$$

它们也满足 $\alpha'^2_x+\alpha'^2_y+\alpha'^2_z=1$, 故只有两个量是独立的, 和式 (5.10.2) 一样, 一般 $\boldsymbol{\alpha}$ 取垂直角 θ' 和水平角 ϕ' 两个分量。

根据式 (8.1.30), 远场平面波 $u(t-\boldsymbol{rn}/c)$ 在目标空间变成 $u'(t'-\boldsymbol{n}'\boldsymbol{r}'/c)$ 且有

$$u'(t)={\gamma_0}^{1/2}u(\gamma_0 t) \tag{8.1.33}$$

或

$$U'(f) = {\gamma_0}^{-1/2} U(f/\gamma_0)$$

目标空间的回波场也和式 (8.1.10) 相似

$$p'_T(t', \boldsymbol{r}') == \frac{1}{|\boldsymbol{r}_T|} s'_T\left(t' - \frac{|\boldsymbol{r}'|}{c}\middle|\boldsymbol{\alpha}'_T\right) \tag{8.1.34}$$

其中 [见式 (8.1.19)]

$$\begin{aligned} s'_T(t\,|\boldsymbol{\alpha}'_T) &= \int d_T(f, \boldsymbol{\alpha}'\,|\boldsymbol{\alpha}'_T) U'(f)\, \mathrm{e}^{\mathrm{j}2\pi f t} \mathrm{d}f \\ &= \frac{1}{\sqrt{\gamma_0}} \int d_T(f, \boldsymbol{\alpha}'\,|\boldsymbol{\alpha}'_T) U(f/\gamma_0)\, \mathrm{e}^{\mathrm{j}2\pi f t} \mathrm{d}f \end{aligned} \tag{8.1.35}$$

是回波形式。式 (8.1.35) 再经过一次洛伦兹变换 (逆), 就回到声呐空间后的回波形式 [147]}

$$\begin{aligned} s_T(t\,|\boldsymbol{\alpha}_T) &= \frac{1}{\sqrt{\gamma_1}} s'_T(t/\gamma_1\,|\boldsymbol{\alpha}'_T) \\ &= \sqrt{\gamma_1/\gamma_0} \int d_T(\gamma_1 f, \boldsymbol{\alpha}'\,|\boldsymbol{\alpha}'_T)\, U(\gamma_1 f/\gamma_0) \mathrm{e}^{\mathrm{j}2\pi f t} \mathrm{d}f \end{aligned} \tag{8.1.36}$$

其中

$$\gamma_1 = \frac{1 + \boldsymbol{\nu n}/c}{\sqrt{1 - (\nu/c)^2}} = \frac{1 + \nu\alpha_x/c}{\sqrt{1 - (\nu/c)^2}} \tag{8.1.37}$$

回波谱是

$$S_T(f\,|\boldsymbol{\alpha}_T\,) \;= \frac{1}{\sqrt{\kappa}} U\left(\frac{f}{\kappa}\right) d_T(\gamma_1 f, \boldsymbol{\alpha}'\,|\boldsymbol{\alpha}'_T) \tag{8.1.38}$$

而式中

$$\kappa = \frac{\gamma_0}{\gamma_1} = \frac{1 - \nu\alpha_x/c}{1 + \nu\alpha_x/c} \tag{8.1.39}$$

就是式 (2.10.2) 所示的多普勒压缩因子。

如果目标运动方向就是目标所在的距离方向, 即 $\alpha_x = 1$, 则有

$$\gamma_0 = \frac{1}{\gamma_1} = \sqrt{\kappa}$$

而式 (8.1.38) 可写成

$$S_T(f\,|\boldsymbol{\alpha}_T\,) \;= \frac{1}{\sqrt{\kappa}} U\left(\frac{f}{\kappa}\right) d_T\left(\frac{f}{\sqrt{\kappa}}, \boldsymbol{\alpha}'\middle|\boldsymbol{\alpha}'_T\right) \tag{8.1.40}$$

由此可见, 对于 $A_T(f, \boldsymbol{k}) =$ 常数的点目标, 式 (8.1.38) 就是式 (2.10.1)。若 $\nu = 0$, 则式 (8.1.38) 就是式 (8.1.19)。而式 (8.1.38) 指出, 目标运动对回波所产生的影响主要是:

(1) 声呐信号频率频移了 $\Delta f = (1 - \kappa) f$;

(2) 目标散射振幅调制频移了 $\varphi = (1 - \gamma_1) f$;

(3) 由于目标自身散射方向 $\boldsymbol{\alpha}'$ 和姿态角 $\boldsymbol{\alpha}'_T$ 的变换散射特征也会有所变化。

8.2 目标散射的物理特征

为了对声呐目标的信息特征及其与回波结构的关系有一个物理图像结构的了解, 这一节讨论目标散射过程的物理特性。

8.2.1 刚性小球声散射

完全光滑的刚性小球, 其散射特性 (反向) 与 $\boldsymbol{\alpha}_T$ 无关, 一般通过小球的功率响应 —— 散射截面

$$\sigma_T^2(f) = |H_T(f)|^2 \tag{8.2.1}$$

来描述其反向散射特性。

若小球直径为 a, 并以 $ka = fa/c$ 为参数, $\sigma_T^2(ka)$ 随 ka 的关系如图 8.2.1 所示。

整个曲线可分为三个区域, σ_T^2 随 f 呈 4 次方增强的瑞利散射区 ($ka < 0.5$), 由于刚球表面回波及其内部后壁透射回波等干涉所引起的梅氏谐振区 ($ka \approx 1$附近) 以及高频情况下的光学反射区 ($ka > 5$)。在光学反射区, $\sigma_T^2(f) \approx \pi a^2$, 强度与频率无关。

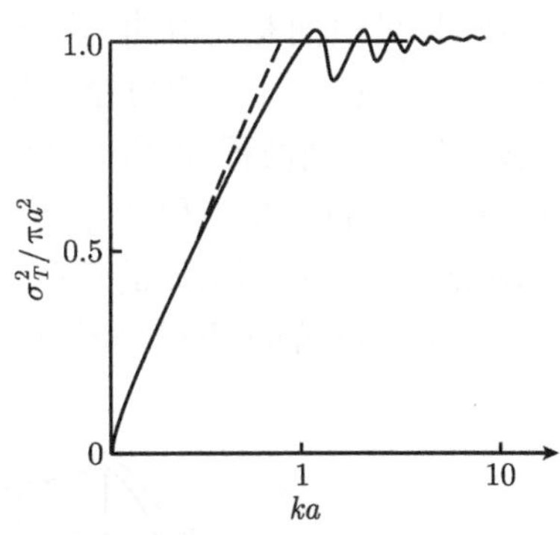

图 8.2.1 随机时频脉冲串

如果采用高斯包络的单频脉冲信号来激发小球, 可以获得如图 8.2.2(a) 所示的小球平滑时间响应 (平滑脉冲响应)。这里, 横坐标参数是用 $\tau = 2a/c$ 归一的时间坐标 t_τ。

由图 8.2.2(a) 可见, 回波除第一个镜向回波外, 在 $t_\tau = 2.6$ 附近出现一个脉冲, 这是蠕波 —— 环绕小球后半周表面回来的波 (图 8.2.3)。这一现象在电磁波小球反射时也存在 (图 8.2.2(b)), 但电磁小球蠕波成分比镜面反射波要弱很多, 而且, 如果小球不是光滑小球, 而是有突变表面情况, 沿球表面传输的蠕波就不复存在。

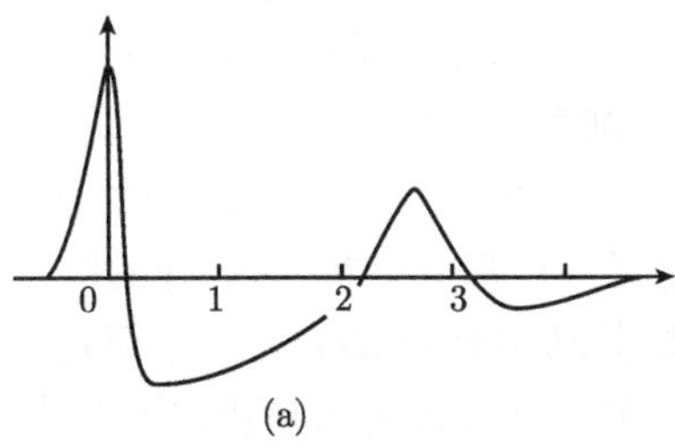

(a)

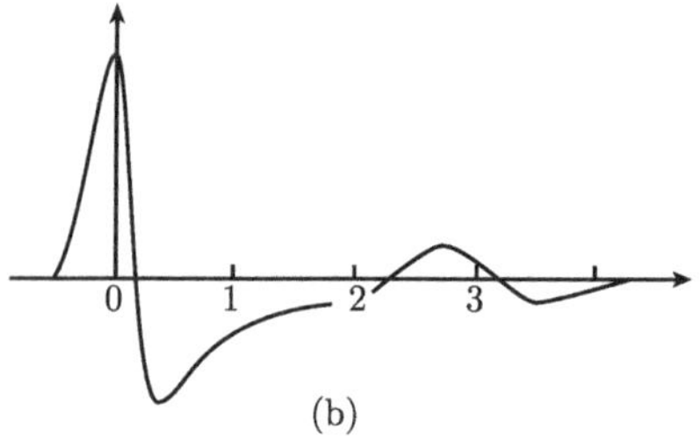

(b)

图 8.2.2 刚性小球散射的脉冲响应

(a) 声波; (b) 电磁波

8.2.2 弹性小球的散射

图 8.2.1 和图 8.2.2 所示的小球散射特性只对刚性小球适用。所谓刚性是指其材料的弹性声阻抗与介质 (海水) 声阻抗相比大得多, 一般金属在空气中可以认为是刚性的, 但在水中, 由于水的弹性阻抗比空气要大, 因此会呈现一定的弹性。对于弹性小球, 即使表面是光滑的, 由于声波透入小球, 在小球内部被激起诸如切变波和压缩波等声波形式, 并辐射至介质中。图 8.2.3 是小球散射声程示意图。图中 1 是镜反射程, 2 是蠕波程, 3 和 3′ 分别是切变波和压缩波程。程 1 和 2 的传输速度和介质中声速相同, 程 3 和 3′ 在小球内部波速通常均比介质中声速为大。由于弹性小球内部切变波和压缩波的存在, 小球散射的功率响应产生一系列共振峰, 其强度和共振峰频率间隔与小球材料有关。

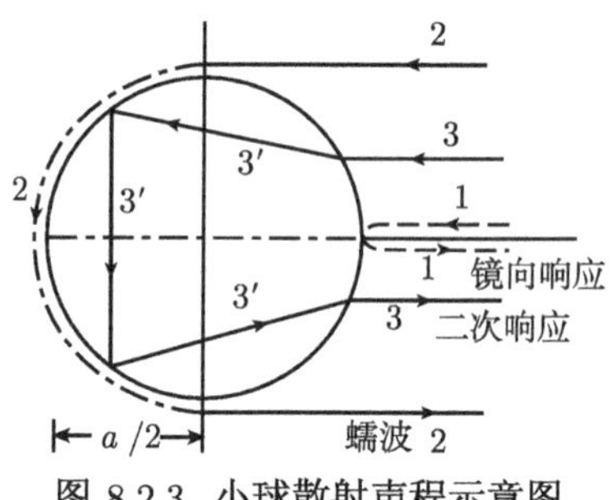

图 8.2.3 小球散射声程示意图

图 8.2.4(a) 中上、中和下分别是直径相同的钢球、铝球和铜球的功率响应曲线 [157]。图 8.2.4(b) 是三种小球对应的平滑脉冲响应。图中指出, 铜球比铝球的共振峰密度和强度均要大, 和刚性小球响应 (图中最上方和图 8.2.1、图 8.2.2 是相同的) 相反, 在镜反射波和蠕波脉冲之间出现二级散射 (切变波和压缩波) 的回波脉冲, 且二级散射回波比蠕波要强, 甚至可接近镜向回波。

对于弹性小球的散射, 其功率响应 $|H_T(f)|^2$ 不但是入射波波数的函数, 还是压缩波和切变波波数的函数, 其中切变波的影响要比压缩波 (纵波) 和蠕波影响还大。

上述情况多发生在小球直径比入射声波波长大的弹性小球散射过程中。如果小球不是硬球, 而是液球, 无论是蠕波还是其他二级散射也随之消失, 镜反射波甚至也很小。

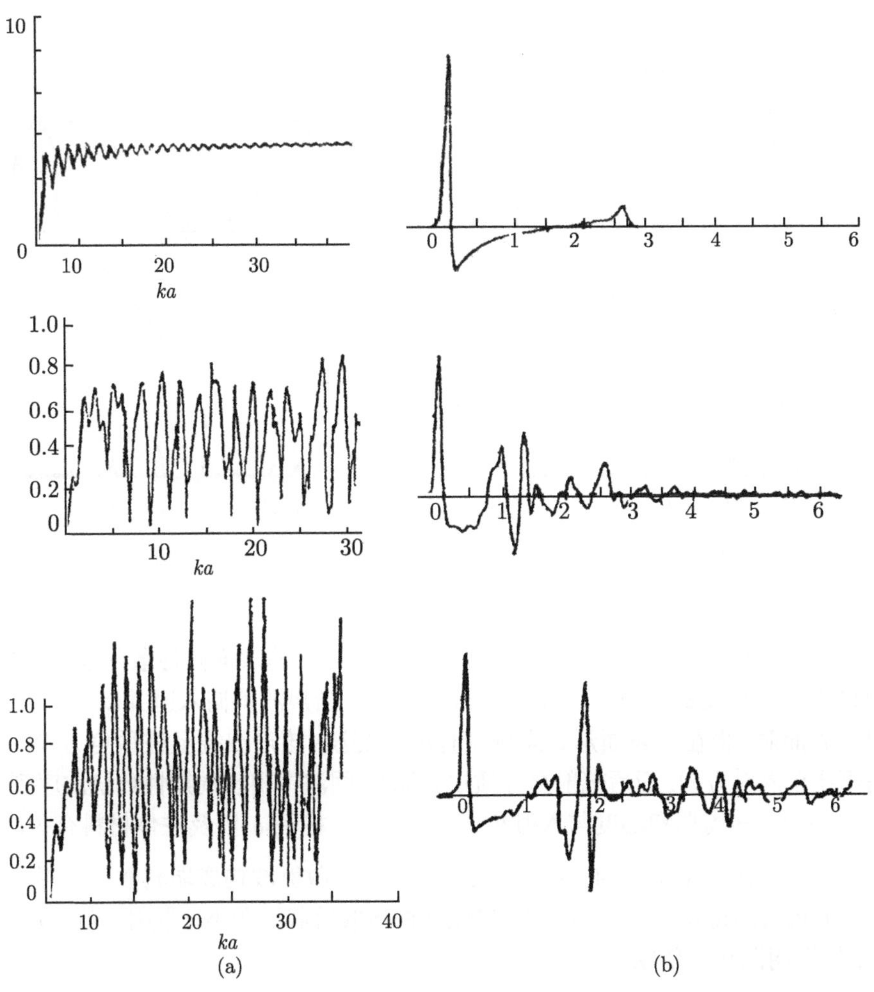

图 8.2.4 相同直径的钢球 (上), 铝球 (中) 和铜球 (下) 的声散射

(a) 功率响应; (b) 平滑脉冲响应

8.2.3 有限柱体散射

另一个简单几何形体 —— 圆柱体散射特性比较复杂, 特别是有限柱散射, 理论上还有待于进一步探讨, 这里只说明圆柱体散射的几个物理现象。

柱体散射具有更强的方向性。一个刚性柱体, 垂直于轴照射时, 反向散射波主要是柱体镜反射波和蠕波, 但当斜向照射时, 光滑表面的镜反射波迅速减弱, 回波主要成分是柱体顶角边缘的回波 (棱角波), 值得注意的是处于影区边缘的棱角也有回波存在, 如图 8.2.5(a) 中 B, C 所示。

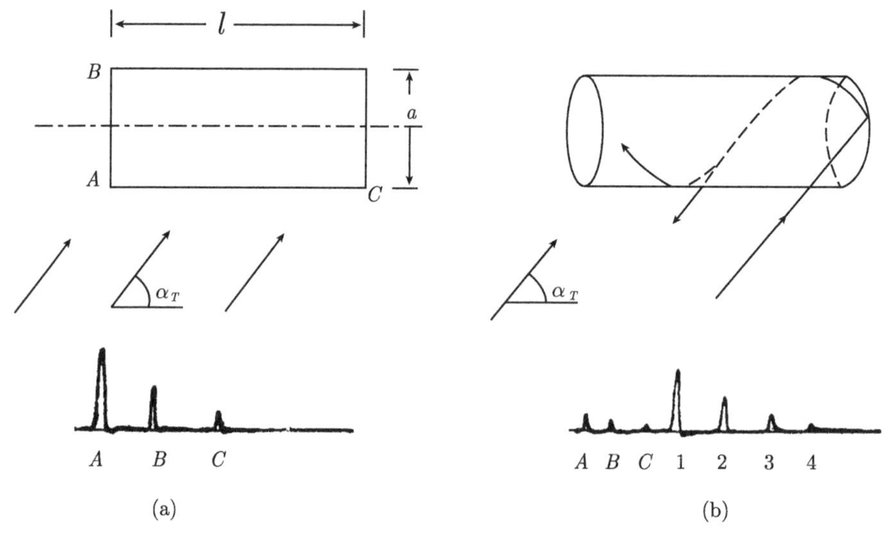

图 8.2.5　刚性 (a) 和弹性 (b) 柱体散射示意图

对于弹性柱体, 除镜反射波和棱角波外, 还存在某些表面弹性散射波和穿透波, 然而最主要的回波是环绕波, 如图 8.2.5(b) 所示。当声波斜向入射并以某一临界角入射至表面时, 将在柱表面形成螺旋绕行的环绕波, 该声波绕至柱顶角边缘, 反向反射再绕至入射方向, 而后辐射至介质中。因此, 回波中出现周期性环绕波序列 (图中回波 1~4), 其周期和幅度与入射角 α_T、柱长 l、柱径 a 以及柱体材料有关。

如果柱表面曲率不均匀, 则环绕波和其他弹性散射波构成瑞利散射波形式, 这些散射波也会同镜反射波互相干涉, 以致使柱体散射截面和小球散射一样呈频率选择性, 如周期性共振现象。

8.2.4　任意形状的目标散射

任意形状的目标都可分割成许多简单形体目标的复合体。刚性目标只要外形尺寸远大于波长, 其远场回波也是由许多镜反射波或棱角波等组成, 多数情况以镜反射波为主。棱角波只在无镜反射波存在时才起作用, 这里我们讨论刚性反射体的镜反射问题。

几何镜反射波可以由式 (8.1.17) 求得, 它实际上也是波动方程的一种基尔霍夫

近似解[146]。若远场照明源声压是 p_u, 则目标反射声压是

$$p_T = \frac{Kp_u}{|\boldsymbol{r}_T|^2}\exp(\mathrm{j}4\pi k|\boldsymbol{r}_T|)\sigma_s \tag{8.2.2}$$

其中

$$\sigma_s = -\mathrm{j}\int_{\boldsymbol{\Gamma}_s}\exp(\mathrm{j}4\pi k\Delta\boldsymbol{r}_T)\cos_{\theta_r}\mathrm{d}\boldsymbol{s} \tag{8.2.3}$$

$\boldsymbol{\Gamma}_s$ 是目标被照明的表面区, $\Delta\boldsymbol{r}_T$ 是该区上的点 $\boldsymbol{r}$ 和参考点 $\boldsymbol{r}_T$ 之间的声程差, $\theta_{\boldsymbol{r}}$ 是该点表面法线方向与入射声波方向的夹角。显然、$\cos\theta_r\mathrm{d}\boldsymbol{s}$ 是面元 $\mathrm{d}\boldsymbol{s}$ 的垂直投影面积 (垂直于声入射方向) 并记成 $\mathrm{d}A(|\boldsymbol{r}_T|)$, 则

$$\sigma_s = -j\int_{r_a}^{r_b}\exp[\mathrm{j}4\pi k\Delta\boldsymbol{r}_T]\frac{\mathrm{d}A(|\boldsymbol{r}|)}{\mathrm{d}|\boldsymbol{r}|}\mathrm{d}|\boldsymbol{r}| \tag{8.2.4}$$

r_a 和 r_b 是目标被照明的最近和最远距离。显然, 只要 $A(|\boldsymbol{r}|)$ 随距离发生不连续跳变, 则由式 (8.2.4) 可知, 目标对高频平面声波的反向散射波都可表示为一系列子波之和。例如, $A(|\boldsymbol{r}|)$ 在表面某些点 $\boldsymbol{r}_i(r_a \leqslant |\boldsymbol{r}_i| \leqslant r_b)(i=1,2,\cdots,N)$ 处存在 n 阶导数 $A^{(n)}(|\boldsymbol{r}|)$, 则回波形式为

$$p_T = \sum_{i=1}^{N}\frac{K_i}{|\boldsymbol{r}_i|^2}p_i \tag{8.2.5}$$

其中

$$p_i = \sum_{n=0}^{\infty}\exp\left[-\mathrm{j}4\pi k(|\boldsymbol{r}_i| - r_a)\right]\frac{A^{(n)}(|\boldsymbol{r}_i|)}{(4\pi\mathrm{j}k)^n} \tag{8.2.6}$$

就是在 $\boldsymbol{r}_i$ 处 $A(\boldsymbol{r})$ 产生不连续跳变面积所产生的子波, 其形状和入射波相同, 但幅度正比于跳变面积的 n 阶导数 (物理上称这些子波为“象脉冲”), 总回波 p_T 就是这些子波的权重和, 权取 $K_i/|\boldsymbol{r}_i|^2$(K_i 是与 $|\boldsymbol{r}_i|$ 有关的常数)。

镜反射回波可用几何光学上的 “菲涅耳带” 来解释。这些不连续光滑表面的反射波是那些法线方向和照射方向相同的表面径向距离为 1/4 波长的所有 “第一菲涅耳带”(亮区) 的反射和, 各亮点 (区) 强度决定于该 “带” 的面积 (或该点的表面曲率)。显然, 由于目标表面几何的非对称性, 回波显现很强的指向性, 这种指向性反映在不连续点的重新分布上, 包括同一不平整表面本身的指向性。在某些方向, 原来存在的亮点也会消失 (如未被照射到的影区表面)。

根据稳相法原理, 大尺寸 (大于波长) 的目标光滑面的镜反射还可写成

$$p_T = \frac{p_u}{2|\boldsymbol{r}|}\frac{\exp(\mathrm{j}4\pi k|\boldsymbol{r}|)}{\sqrt{\left(\dfrac{1}{|\boldsymbol{r}|}+\dfrac{1}{R_1}\right)\left(\dfrac{1}{|\boldsymbol{r}|}+\dfrac{1}{R_2}\right)}} \tag{8.2.7}$$

其中, $\boldsymbol{r}$ 是面对入射方向的目标表面最近点; R_1 和 R_2 分别是表面在该点的最大和最小曲率半径。

当 $|\boldsymbol{r}| \gg R_1$ 和 R_2 时, 近似有

$$p_T = \frac{p_u}{2|\boldsymbol{r}|^2}\sqrt{R_1R_2}\mathrm{e}^{\mathrm{j}4\pi k|\boldsymbol{r}|} \tag{8.2.8}$$

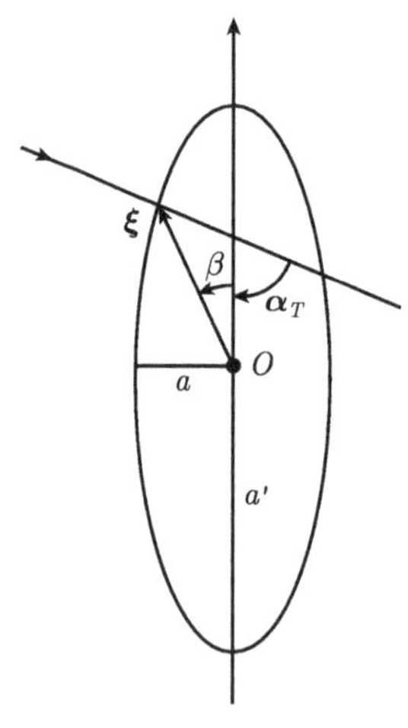

图 8.2.6　旋转椭球几何

$\sqrt{R_1R_2}$ 是 $\boldsymbol{r}$ 点处曲面的几何平均曲率 (亦称高斯曲率) 半径。当 $R_1 = R_2$ 时, 式 (8.2.8) 退化为球面反射波; 若 $R_1 = \infty, |\boldsymbol{r}| \ll R_2$, 则为无限圆柱面反射波, 垂直于轴入射时, 亮点是一条 "线"。若柱长为 l_T, 则 p_T 正比于 $l_T\sqrt{ka}$(a 为柱半径), 但若斜向入射, 镜反向反射 "线" 消失而以柱顶棱角反射为主。对于长短轴半径分别为 a' 和 a 的旋转椭球, 如图 8.2.6 所示, 以 $\boldsymbol{\alpha}_T$ 为入射角的声波, 亮点位置在 $\boldsymbol{\xi}$ (相对于目标坐标空间, 极角为 $\boldsymbol{\beta}$ 不等于 $\boldsymbol{\alpha}_T$)。回波声压是

$$\begin{aligned} p_T \approx & \frac{p_u}{2|\boldsymbol{r}_T|}\left[(a^2\cos^2\beta + a'^2\sin^2\beta)/a'\right] \\ & \cdot \exp\left\{\mathrm{j}4\pi k\left[|\boldsymbol{r}_T| - \cos(\beta-\alpha_T)\sqrt{a^2\sin^2\beta + a'^2\cos^2\beta}\right]\right\} \end{aligned} \tag{8.2.9}$$

且存在几何约束关系

$$\tan\beta = \frac{a}{a'}\tan\alpha_T$$

$|\boldsymbol{r}_T|$ 是源至椭球中心的距离。

距离上不连续的点或线构成目标表面的棱角散射, 回波不能用 "象脉冲" 理论解释, 包括曲率半径小于波长的反射点在内, 棱角或表面边缘回波与其说是反射, 不如说是散射, 其反向散射强度比镜向反射强度弱得多。一个表面十分粗糙 (曲率半径小于波长) 的目标, 可认为是由无数分布型小强度亮点组成的随机散射体, 其回波是漫射型。这种回波只能用统计方法描述, 其指向性比光滑目标要差。

8.2.5　潜艇目标的反射

潜艇目标本身具有复杂的外形和内部结构, 因此回波比较复杂。

20 世纪的常规潜艇或核潜艇, 其构造大都是双层的, 即耐压壳外还有一层用支撑肋条连接的非耐压壳, 壳体内部还装有各种箱柜和设备, 壳体外面装有指挥舱室外, 还有尾翼、舵、螺旋桨等。所有这些结构都会对回波作出贡献。

其回声机制有:

(1) 目标外形回波。其中包括艇体、舰桥、尾翼、舵, 以及装有声呐基阵的球鼻艏等, 都可产生较强的镜向回波。艇体可简单地看成是两端减缩的光滑柱体或椭球

体, 舰桥可看成是垂直柱形壳体, 这两者在任何情况下都会对回波作出贡献。其他突出部分作为镜反射体, 回波强度较小, 但在某些姿态角时, 也会起较大作用。

(2) 艇体结构中的角反射波。其中包括艇身隔板所产生的角反射器回波和棱角波。

(3) 壳体内部的反射波。壳体本身不是完全刚性的, 部分入射声波透入壳体, 在耐压壳或壳内设备产生回波。这类回波往往和壳体镜反射波由于相位差而互相干涉和减弱, 但这类回波较弱 (特别在高频时)。

(4) 沿壳体表面的绕波和弯曲波等。在某一投射角时, 由于水中声速小于壳板内弯曲声波速度, 往往能使壳体产生弯曲振动, 并在壳体不连续处向外辐射。这类回波是非镜向回波。

(5) 主壳体的共振辐射回波。声波频率较低时, 透入壳体的声波可能使耐压壳体共振, 共振回波与频率有关。

(6) 目标在水下航行时, 尾流或螺旋桨激起的气泡也可能是目标回波的主要成分, 甚至可以淹没艇体主要亮点的回波, 一般情况下, 由于艇体和尾流具有不同的多普勒频移, 长脉冲回波会产生 “拍频” 现象。此外, 螺旋桨叶片反射也会产生回波信号的复杂频移特性, 其表现为一个矩形单频的谱主峰能量的辛克形频域扩散, 时域波形增加一个频率调制。

关于潜艇目标的回波的信息特性 8.3 节还将进一步讨论。但总的来说, 潜艇目标可以看成是由许多随机散射体和少数几个强镜向反射体构成的复合散射体。在高频时, 它们均可看成是亮点结构 [267], 但这种亮点结构 (包括其位置和强度) 与目标的姿态角 $\boldsymbol{\alpha}_T$ 有关 (见 8.4 节)。

通过高频窄脉冲或宽带脉冲, 可以获得潜艇不同舷角 (姿态角) $\boldsymbol{\alpha}_T$ 时的亮点分布及其亮点强度。但当脉冲较宽时, 各亮点回波能互相重叠而产生干涉, 加上亮点回波本身的复杂指向性和强的频率依赖关系, 总回波强度与 $\boldsymbol{\alpha}_T$ 关系呈现复杂的无序的“刺猬”形干涉结构, 图 1.3.3 所示的“蝴蝶”形结构只是其平均效果。

20 世纪 80 年代后, 为有效降低潜艇目标强度, 艇体主要部位敷设厚度在 50 ~ 150mm 的良好吸声性能的材料 (涂料、蒙皮、瓦块等类型), 其散射特性会发生根本改变, 以致达到对高频声呐的隐身效果。

在低频时, 即使不加敷设层, 潜艇所有亮点均可能变成瑞利散射源而不是 “点” 散射源。目标亮点散射特性可能完全不存在!

8.3 目标回波的基本信息提取

主动声呐和雷达所关心的目标信息主要是三类: 目标存在、目标参数 (位置和速度) 和目标类型。这三类信息都要通过接收处理, 在背景 —— 混响和噪声干扰中提取。在近代声呐系统中, 三类信息的提取往往是不可分的, 对于检测只需要目标是否存在的信息, 其中包括目标的任何一个特征信息。至于后两种信息, 通常都要求接收端有足够的信号干扰比, 即只有确定了目标确实存在, 才能进一步从回波中提取目标参数或反映目标散射特征的信息 —— 目标参数估计和目标识别问题。

本书只讨论目标检测问题, 但知道目标的某些特征信息也有利于检测, 因此有必要就目标的几种直观的信息提取方法作简单介绍。

在 8.1 节中已经指出, 目标的时空传递函数 $H_T(f,t,\boldsymbol{\alpha}_T)$ 或 $H_T(f,\boldsymbol{\alpha}_T)$, 反映了目标的全部声信息特征, 如果将目标传递函数写成幅相形式

$$H_T(f,t,\boldsymbol{\alpha}_T)=A_H(f,t,\boldsymbol{\alpha}_T)\exp[\theta_H(f,t,\boldsymbol{\alpha}_T)] \tag{8.3.1}$$

式中, $A_H(f,t,\boldsymbol{\alpha}_T)$ 和 $\theta_H(f,t,\boldsymbol{\alpha}_T)$ 分别是目标散射的振幅谱和相位谱。一般情况下, 直接由相位谱可以确定目标的位置和运动参量 (距离、速度和方位), 而从振幅谱可以确定目标大致形状、大小和转向或自旋状态。$H_T(f,t,\boldsymbol{\alpha}_T)$ 的高阶导数可以确定目标的结构信息。但要从回波 $s_T(t)$ 提取目标的全部信息, 要求声呐的照明信号的信息带能够覆盖 $H_T(f,t,\boldsymbol{\alpha}_T)$ 的全部时空信息带, 但由于基阵和介质传输效应, 声呐信号只能是有限带宽, 多数情况下只能是窄带信号, 因此, 目标在回波中反映的信息也只能是目标有限频带或窄带信息。这就是说, 如果声呐基阵波束不对准目标或者在声呐信号谱 $U(f)$ 的带内频率目标没有任何响应, 那么, 即使没有干扰, 目标也不可能被检测, 更谈不上被识别。实际上, 声呐要获得目标的特征信息, 首先基阵 (波束) 方向要对准目标, 其次是针对所要求的目标信息要选择适当的声呐信号。

从回波中提取目标信息和识别目标的直观途径有如下几种。

(1) 回波的距离延伸信息。采用短脉冲, 可以从回波时间上的拖长来确定目标在声波方向的距离延伸 l_T 的大小。入射方向为 α_T 的柱体目标, 回波延伸或时间扩展量近似为

$$T_L=(2l_T\cos\alpha_T)/c \tag{8.3.2}$$

但对于潜艇目标, 艇体不是柱体而近似为图 8.3.1(a) 所示的旋转椭球体, 回波有遮蔽效应, 实测潜艇的平均延伸时间对入射角的关系如图 8.3.1(b) 中所示的曲线 b[140], 而不是图中由式 (8.3.1) 决定的虚线 a。

采用冲击尖脉冲或脉冲压缩技术, 常可获得目标在距离上的亮点分布信息 [267]。根据亮点位置和强度的空间分布, 可确定目标的某些外形特征。例如, 潜艇目标回波中常出现较强的艇体和舰桥回波分量, 其相对位置可以判定潜艇的航向。一般潜艇目标大约有 3~6 个主要亮点, 其相对位置与舷角有关。

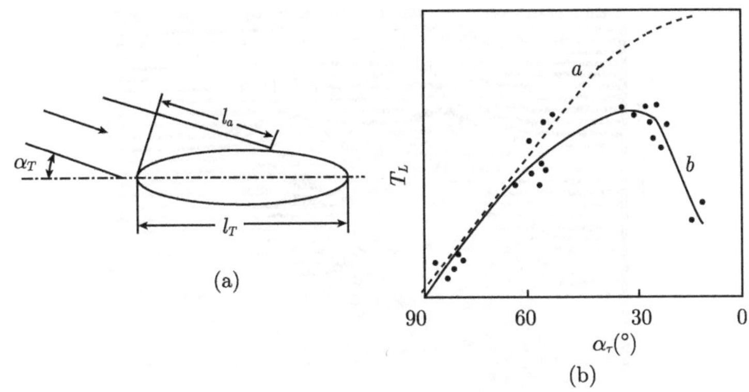

图 8.3.1 旋转椭球体 (a) 回波的遮蔽效应 (b)

(2) 回波边缘清晰度。采用矩形单频脉冲, 可以发现不同目标甚至同一目标不同姿态角回波前后沿清晰度不一样。例如, 具有大面积光滑表面的目标 (潜艇、鲸鱼之类), 回波前后沿较陡峭 (但运动潜艇由于尾流, 前沿可能模糊, 特别在基阵正对艇尾方向时), 而随机不平表面 (如礁石) 或随机分布目标 (鱼群等) 的回波前后沿并不清晰。回波边缘清晰度可通过连续几次回波前后沿重合程度来检验。此外, 这种回波前沿清晰的目标 (特别是刚性目标) 对脉冲压缩检测是有利的。

(3) 波形畸变和调制效应。声呐目标总有其自身不变的固有特性, 这种特性也反映为声呐回波波形畸变和调制效应的相对稳定性。畸变程度反映了目标的复杂性。最简单的目标为点目标, 回波几乎不畸变, 复杂的多亮点分布目标, 回波中可能会出现各亮点回波的稳定干涉图像, 亮点越多, 干涉图像越复杂。这种复杂程度可以通过波形或谱的相关性来检验。相邻回波波形或谱的相干性检验也是判别目标特征的一个途径。潜艇目标回波一般比鱼群或海底混响回波有较强的相干性, 这是脉间相关检测的基础。

(4) 频域上的共振峰。如果采用宽带信号, 并对目标回波进行谱分析, 可以发现某些目标的回波在某些频率上出现峰, 这是由于目标本身具有其固有共振频率的缘故。共振频率的值可反映目标的几何和物理的某些特性, 因此可用来识别目标。在声呐中, 远场情况只能采用窄带信号, 因此频域上的共振峰一般只能在近场用足够宽的声呐信号来检验。

(5) 多普勒频移信息。由于目标的定向运动, 特别是径向运动, 回波都会产生频谱的中心偏移多普勒频移。因此, 从海洋混响中提取运动目标信息可以通过长脉冲的回波谱分析法实现, 如图 8.3.2 所示的一次接收过程的回波和混响的谱时变图, 纵坐标是距离, 横坐标是频移 (表征运动径向速度)。由图可见, 运动目标回波由于频移而从混响中分离出来。图中近距离是海面混响, 频谱有扩展 (是由海面波浪随机性引起)。

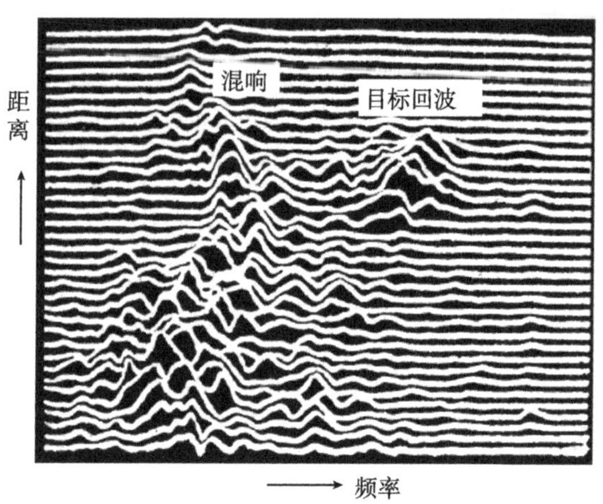

图 8.3.2 实际动目标单频回波的多普勒频移现象

(6) 拍频现象。运动着的水下目标 (如潜艇), 由于尾流 (包括气泡) 也形成回波, 其频移差不多为零, 因此, 对长脉冲回波艇体部分和尾流部分的互相干涉而出现拍频现象 (图 8.3.3), 其中也包括与固定散射体形成的混响拍频。拍频频率通常与目标运动径向速度有关 (几乎为目标径向多普勒频率), 这一现象也可用来识别回波所对应的目标类型和参数。

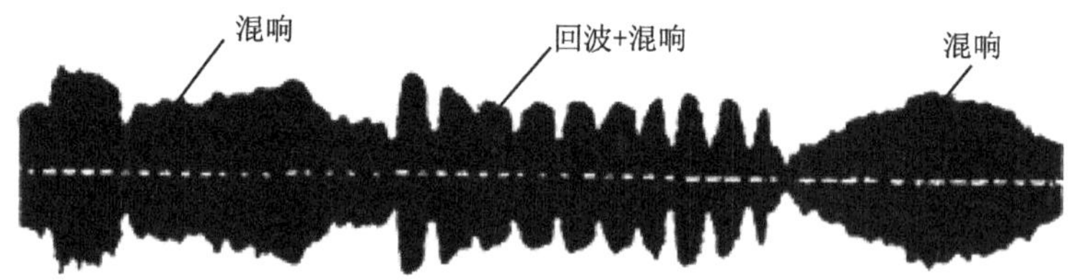

图 8.3.3 动目标单频回波的拍频现象

此外, 螺旋桨的旋转形成正反两多普勒频移也会使单频谱展宽 (螺旋桨多普勒扩展), 只是一般情况下, 螺旋桨回波较弱。

(7) 回波动态信息。在多次检测时, 存在径向运动的目标, 回波到达时间也在变化。采用动态距离显示来观察连续发射的动目标回波时, 可以看到这种目标位置的变化。图 8.3.4 是采用 LFM 脉冲压缩处理后的回波距离动态显示图 (横坐标是回波时间 (距离), 纵坐标是连续发射信号序数)。可以看到, 目标的多移动亮点结构及其在距离上的连续变化 (随着姿态角的变化而变化), 图中较强的海面回波和较弱的海底混响, 起伏较大且没有距离上变化。在声呐应用中可根据目标亮点回波移动的轨迹图像采用图像边缘跟踪法精确确定目标的运动信息 [149]。

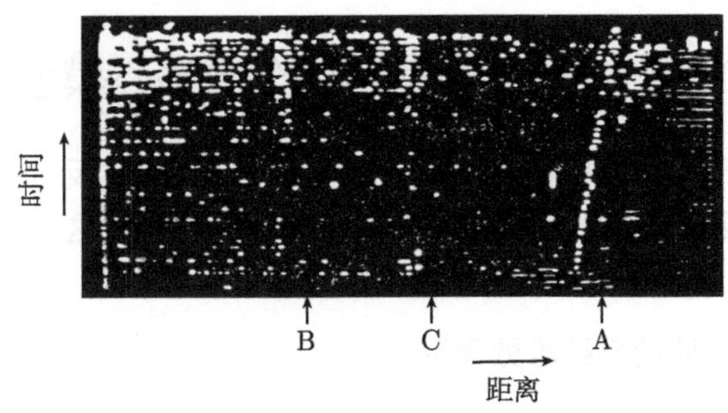

图 8.3.4 动目标回波动态显示

(8) 目标回波的指向性。如果目标姿态角 α_T 改变了, 那么目标回波波形和强度也会发生改变, 这种改变与目标类型有关。因此, 如果目标是运动的, 可以根据目标运动航向确定目标回波波形及其强度与舷角的关系并判定目标类型。如果目标是固定的近场目标, 则可以改变声呐位置从不同方向测量目标的回波来确定目标类型。

(9) 目标占有波束宽度。如果声呐基阵有足够高的指向性, 近场目标可以通过波束扫描确定目标横向占有的波束宽度, 而后根据目标距离来换算目标的横向尺寸。这一方法和近代医用超声剖面仪一样获得目标的外形信息。典型的高频大孔径或合成孔径技术可直接获取目标外形轮廓, 只是在水中, 获得超指向性的基阵, 技术上较为困难, 并受到空间尺寸和经费的限制。

(10) 回波起伏特性。由于目标构成的亮点几何分布的差异, 当目标姿态角起伏时, 回波也会有不同的起伏规律。这种起伏包括振幅、相位和强度的起伏, 也包括回波到达时间、延伸宽度、多普勒频移、方位等参量的起伏。通过对回波起伏的分析, 有可能分辨出所属目标的大致类别[151]。

从回波中提取目标信息的方法很多, 但对于检测, 并不需要知道目标的太多信息。如果从回波中获得一个确定是目标回波特征的信息, 一般可以判断该目标是否存在, 但有时由于单个信息是模糊的, 就需要多个信息进行联合判断。在识别问题中, 一般要求从回波中提取更多的信息, 且声呐系统也必须在时间、频率和空间都要有足够高的分辨性能。

尽管如此, 由于目标本身的复杂性以及声呐系统和介质条件的限制, 水下目标识别问题至今仍未完全解决, 但近代声呐已由数字声呐进入信息网络化 (包括卫星, 岸基, 舰船, 海洋监测网等联合) 的网络声呐时代, 可以通过对环境的实时分析, 对来自各种可能渠道的目标信息进行数据融合, 利用模式识别方法建立判决方程, 有可能实现目标的实时识别和分类。此外, 通过对动物声呐 (如蝙蝠和海豚声呐) 的不断认识和研究, 也必将促进声呐目标的识别的实际实现 [150~153]。关于动物声呐信号在第十一章还要讨论。

8.4　时变目标散射的分布亮点模型

在前两节关于实际声呐目标的回波特性的讨论中, 目标反射的亮点分布和时变特性是能够直接反映目标外形特征的两个主要方面, 因此, 这一节从目标回波过程的系统模型开始, 重点讨论目标的时变亮点模型。

8.4.1　时变目标回波的系统函数表示

在声呐基阵中心为原点的声呐空间中, 发射信号是指向性的, 其谱是 $U(f|\boldsymbol{\alpha}_u)$, 假定目标中心位于 $\boldsymbol{r}_T$, 指向性接收阵接收到的回波表示为 $v_T(t|\boldsymbol{\alpha}_v)$, 从发射到接收的回波全过程作为线性时空信道 (包括介质传输过程在内的回波信道), 其信道的时空传递函数是 $H_{MT}(f,t,\boldsymbol{r})$, 因此回波可表示为

$$v_T(t)=\int H_{MT}(f,t,\boldsymbol{r}_T)U(f\,|\boldsymbol{\alpha}_u)\mathrm{e}^{\mathrm{j}2\pi ft}\mathrm{d}f \tag{8.4.1}$$

整个回波过程是回波反向散射和双程传输过程的复合过程, 因此

$$H_{MT}(f,t,\boldsymbol{r}_T)=H_M^2(f,t,\boldsymbol{r}_T)H_T(f,t,\boldsymbol{r}_T) \tag{8.4.2}$$

其中, $H_T(f,t,\boldsymbol{r})$ 就是目标自身的时空传递函数; $H_M(f,t,\boldsymbol{r})$ 是介质传输信道的传递函数 [见式 (6.11.6)], 平方表示双程。

实际上, 式 (8.4.1) 就是无损均匀介质空间中的时不变目标回波表达式 (8.1.26) 的时变形式, 而目标自身散射信道的时变性主要反映为目标位置的移动和目标本身的旋转或摇晃, 因此式 (8.1.26) 中的 $|\boldsymbol{r}_T|$ 和 $\boldsymbol{\alpha}_T$ 可表示为时间的函数, 即

$$v_T(t)=\frac{1}{|\boldsymbol{r}_T(t)|^2}\int d_T(f,\boldsymbol{\alpha}_T(t))U(f\,|\boldsymbol{\alpha}_u)\mathrm{e}^{\mathrm{j}2\pi f[t-2|\boldsymbol{r}_T(t)|/c]}\mathrm{d}f \tag{8.4.3}$$

比较式 (8.4.3) 和式 (8.4.1), 目标自身传递函数表示为

$$H_T(f,t,\boldsymbol{r}_T)=d_T(f,\boldsymbol{\alpha}_T(t))=d_T(f,t|\boldsymbol{\alpha}_T) \tag{8.4.4}$$

这里假定在目标回波过程中姿态角是 $\boldsymbol{\alpha}_T$ 是慢变的, 因此表示为以姿态角 $\boldsymbol{\alpha}_T$ 为参量的时变函数。而一般将包括无限均匀介质中目标距离变化引起的传输损失在内的信道传递函数考虑为

$$H_M(f,t,\boldsymbol{r}_T)=H_M(f,\boldsymbol{r}_T(t))=F_0(f,|\boldsymbol{r}(t)|)\mathrm{e}^{\mathrm{j}2\pi f|\boldsymbol{r}_T(t)|/c} \tag{8.4.5}$$

式中

$$F_0(f,|\boldsymbol{r}|)=\frac{1}{|\boldsymbol{r}|}\mathrm{e}^{-\alpha(f)|\boldsymbol{r}|} \tag{8.4.6}$$

是声波在介质中传输的距离扩展和吸收衰减因子; $\alpha(f)$ 是与频率有关的介质的吸收系数 (见式 (1.3.4)), 窄带情况下 $\alpha(f)$ 可认为是常数 $\alpha(f_0)$, 有限长度声波远程传输距离扩展损失项 $1/|\boldsymbol{r}_T(t)| \approx 1/|\boldsymbol{r}_T|$, 但在式 (8.8.5) 中目标距离变化引起的延迟项必须保持时间函数的形式 $\tau_T = |\boldsymbol{r}_T(t)|/c$, 因为它包含了目标的动态信息参数。

研究远场目标特性, 不考虑介质因素的吸收和扩展损失 $F_0(f, \boldsymbol{r})$, 将式 (8.4.2) 直接表示为

$$H_{MT}(f, t, \boldsymbol{r}_T) = d_T(f, t\,|\boldsymbol{\alpha}_T)\mathrm{e}^{\mathrm{j}2\pi f\tau_T(t)} \tag{8.4.7}$$

式中, $\tau_T(t) = 2|\boldsymbol{r}_T(t)|/c$。对于窄带信号或低速目标, 距离的变化 $|\boldsymbol{r}_T(t)| = |\boldsymbol{r}| + \nu_T t(\nu_T$ 是目标径向速度), 因此 $\tau_T(t) = \tau_T + \beta_T t$, 而 $\tau_T = 2|\boldsymbol{r}|/c$ 是回波延迟, $\beta_T = 2\nu_T/c$ 是回波多普勒系数, 式 (8.4.7) 变为

$$H_{MT}(f, t, \boldsymbol{r}_T) = H_{MT}(f, t\,|\boldsymbol{\alpha}_T) = d_T(f, t\,|\boldsymbol{\alpha}_T)\mathrm{e}^{\mathrm{j}2\pi(f\tau_T - \varphi_T t)} \tag{8.4.8}$$

其中, $\varphi_T = -\beta_T f$, 对应的响应函数是

$$h_{MT}(\tau, t\,|\boldsymbol{\alpha}_T) = \int d_T(f, t\,|\boldsymbol{\alpha}_T)\mathrm{e}^{\mathrm{j}2\pi[f(\tau+\tau_T) - \varphi_T t]}\mathrm{d}f \tag{8.4.9}$$

将式 (8.4.8) 代入式 (8.4.1) 就可获得目标回波表达形式, 但注意到回波过程中的目标响应函数实际上是目标被激励时刻的响应, 这也意味着, 合置声呐在 t 时刻接收到的回波信号, 实际上是目标在 $t - \tau_T/2$ 时刻即姿态角为 $\boldsymbol{\alpha}_T(t - \tau_T/2)$ 时被激励的反向散射信号, 因此式 (8.4.10) 中的目标自身传递函数应是 $d_T(f, t - \tau_T/2|\boldsymbol{\alpha}_T)$ 的形式, 故目标回波式 (8.4.1) 可写成

$$v_T(t) = \frac{\mathrm{e}^{-\alpha(f)|\boldsymbol{r}_T|}}{|\boldsymbol{r}_T|^2}\int d_T(f, t - \tau_T/2\,|\boldsymbol{\alpha}_T)U(f\,|\boldsymbol{\alpha}_u)\mathrm{e}^{\mathrm{j}2\pi[f(t-\tau_T)+\varphi_T t]}\mathrm{d}f \tag{8.4.10}$$

8.4.2　目标分布亮点模型

目标是一个整体, 但更多的是作为分布体来考虑的, 目标散射信道作为一个随机时变信道, 就像 6.2.2 节中指出的那样, 可以看成是由许多分布在目标占有空间距离上的随机分布散射体的散射组成, 或看成是目标径向 ($\boldsymbol{\alpha}_T$) 距离上一系列散射体的组合, 而每个散射体都有自己的散射效应。如果记单个散射体的响应函数为 $h_{Tn}(\tau, t)$, 那么可以将目标自身的响应函数表示为分布散射体模型

$$h_T(\tau, t\,|\boldsymbol{\alpha}_T) = \sum_{n=1}^{N(\boldsymbol{\alpha}_T)} h_{T_n}\left(\tau, t - \frac{\tau_n}{2}\right) \tag{8.4.11}$$

$N(\boldsymbol{\alpha}_T)$ 是限制在目标空间 $\boldsymbol{\Lambda}_T$ 内与 $\boldsymbol{\alpha}_T$ 有关的独立散射体数 (图 8.4.1(a))。由于目标运动 (包括颠簸和摇晃)$\boldsymbol{\alpha}_T$ 也是随机起伏的, 因此目标空间中第 n 个散射体的响

应函数可写成幅度为 $b_n(t)$ 的时变点目标响应形式

$$h_{T_n}(\tau,t)=b_n(t)\delta(\tau-\tau_n(t)) \tag{8.4.12}$$

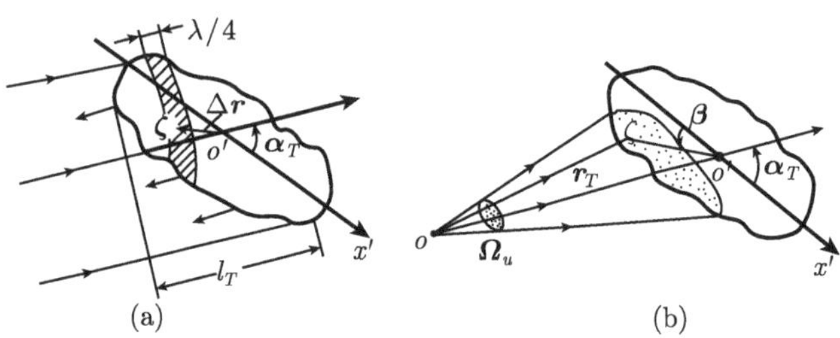

图 8.4.1　目标散射示意图

(a) 远场; (b) 近场

和物理上有限元法计算目标表面散射响应的方法类似, 目标亮点散射响应也是将目标表面分隔为一系列线径为一个波长的元, 但这里的点散射并不是目标表面上单个点元的散射, 而是目标径向距离上所有满足 $2|\boldsymbol{r}_n|/c=\tau_n$ 的表面面元 (如图 8.4.1(a) 的斜线影圈内所有散射元) 散射的总效应。因此, 这里的散射幅度 b_n 不反映是哪一个表面元起的作用, 即不具有可分辨性。但实际目标表面并不是每个面元都对回波起作用, 起主要作用的只有面元表面与径向距离方向 $\boldsymbol{\alpha}_T$ 垂直的表面面元, 它们形成如镜反射波和棱角波等的回波形式, 这些点被称为目标表面亮点, 而整个目标响应函数是需要对表面垂直距离方向的全部 N 个点元散射进行求和。如果是比较光滑的目标表面 (其曲率半径大于声波波长), 那么散射点数 N 不会很大, 正如在 8.1.3 节指出的, 它的散射实际上 (图 8.2.1) 可以认为是光学 (相干) 镜反射。若目标表面粗糙不平 (曲率半径小于波长), 则表面将形成无数个随机非均匀分布的散射亮点, 其散射一般呈瑞利型非相干的随机散射特性。它们的散射幅度决定于该亮点所在位置的目标几何和材料结构。随机非相干散射也包括目标表面一些突出棱角散射和一些弹性结构的散射。

因此对于一般目标, 可以将目标亮点分布模型式 (8.4.11) 写成由 N_0 个相干的镜反射亮点和 M_R 个非相干的随机散射亮点组成, 即

$$\begin{aligned}h_T(\tau,t)&=b_{T0}(\tau,t)+b_{TR}(\tau,t)\\&=\sum_{n=1}^{N_0(\mathrm{t})}b_{0n}(t)\delta(\tau-\tau_{0n}(t))+\sum_{m=1}^{M_R(t)}b_{Rm}(t)\delta(\tau-\tau_{Rm}(t))\end{aligned} \tag{8.4.13}$$

注意, 这里虽然略去了姿态角参量, 但实际式中所有 N、M、b 和 τ 等参量都与姿态角有关, 当然它们都是慢时变的。

对于光滑表面的镜反射亮点, 在 8.2 节的任意形状目标反射中已经作了物理上的分析, 指出越是平整 (曲率半径越大) 的表面, 亮点强度也越大。但对于径向相对运动的目标, 亮点位置将因目标姿态角的变化在目标光滑表面上移动, 而且受目标摇晃和颠簸的影响也越小。这类随姿态角变化而在目标表面上移动的亮点我们称为目标的"移动亮点"。如果目标速度较大或信号设计较长, 那么在信号时间 T 内回波幅度也会随时间有规律变化, 甚至会消失, 但一般信号 T 较小, 亮点幅度可认为是不变的常量。

至于非相干的随机分布亮点, 由于式 (8.4.4) 的时变量 M、b 和 τ 对姿态角变化特别敏感, 因此均可用随机量来代替时变量, 而且对它的分析只能用统计方法, 但一般也只是统计目标的径向延伸量, 以获得目标的横向尺度 (大小) 信息。

因此, 可以将式 (8.4.13) 写成

$$h_T(\tau,t)=\sum_{n=1}^{N_0}b_{0n}\delta(\tau-\tau_{0n}(t))+\sum_{m=1}^{M_R}b_{Rm}\delta(\tau-\tau_{Rm}) \tag{8.4.14}$$

其中, b_0 是参变量, b_R 和位置延迟 τ_R 都是随机量。将目标移动亮点的位置变化用其一级近似代替, 则 $\tau_n(t)=\tau_{0n}+\varphi_n t$, φ_n 一般很小, 但不同亮点可能有不同的多普勒频移, 决定于该亮点在目标表面上的移动速度和亮点所在方位。对应于式 (8.4.14) 的目标回波是

$$v_T(t)=\sum_{n=1}^{N_0}b_{0n}u(t-\tau_{0n})\mathrm{e}^{\mathrm{j}2\pi\varphi_{0n}t}+\sum_{m=1}^{M_R}b_{Rm}u(t-\tau_{Rm}) \tag{8.4.15}$$

图 8.4.2 是用短脉冲 CWS 直接测得的潜艇模型目标不同姿态角 (0~90°) 回波图 [270]。从图可以看到, 回波主要是两个强 (镜) 移动反射亮点 (指挥塔和艇体等的) 回波和较小的随机分布亮点回波, 同时还能看到目标的散射方向性。图 8.4.2 中是

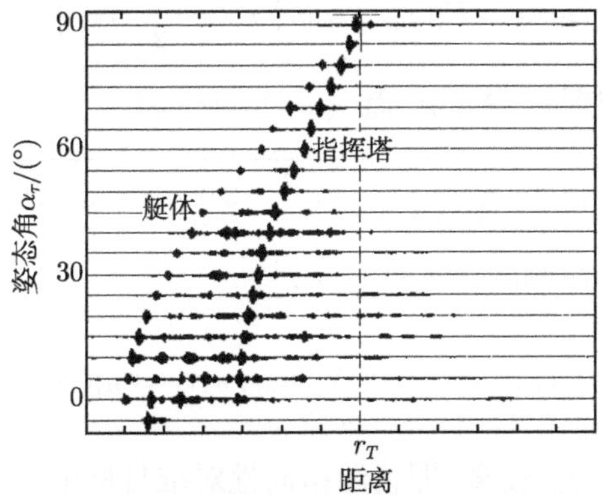

图 8.4.2 潜艇模型不同姿态角的脉冲回波

以目标中心位置为 $\boldsymbol{r}_T$, 但图中每幅回波图的幅度是以最大的亮点回波幅度归一的, 因此在近正横的大姿态角时不能图示出随机部分回波, 而小姿态角 ($< 45°$) 时由于主要亮点回波幅度比 90° 的要小 10~15dB, 差不多与随机部分相同, 因此可以看到随机分布的杂乱亮点回波。从随机亮点回波与姿态角有关的占有宽度可以反映目标的径向长度的变化。还可以看到, 随着目标方位接近正横 90°, 移动亮点逐步向近距离集中, 而亮点分布距离范围也逐步减到最小, 但当方位接近艏艉方向 (0° 附近) 时, 由于存在遮蔽效应, 被声呐发射声波照射到目标表面只有一部分, 因此有些亮点 (包括移动亮点) 会消失。这就意味着, 式 (8.4.14) 被求和的目标亮点位置 τ、数目 N 和强度 b_n 不但与距离 r 有关, 而且还与目标散射方位有关。

目标的亮点模型当然更适合于分布散射体目标, 如鱼群、礁石等不规则形体目标, 但对它们的处理主要是看成随机散射体的散射。虽然它们有群体参数 (如运动速度、占有宽度等), 但一般还是把它们作为混响处理。

弹性目标也可以是分布亮点模型, 在 8.6 节将指出它是一种广义亮点模型。

8.4.3　近场目标情况

若 $\boldsymbol{r}_T$ 与目标尺寸可比拟, 如图 8.4.1(b) 所示, 远场条件不能满足, 照明声波也不能认为是来自一个方向的平面波, 甚至基阵也不能被认为是等效点源阵, 目标亮点强度也不能不考虑距离上衰减的差异。由于基阵、传输介质空间和目标本身都存在耦合, 就很难将目标从复合信道中分离出来单独考虑, 因此对目标近场回波的分析必须回到声呐空间来描述。

图 8.4.1(b) 所考虑的是简单的有指向性点源阵近场刚性亮点分布目标的情况。源指向波束角 (立体) 是 $\boldsymbol{\Omega}_u$, 相对于目标中心为原点, 主轴为 x 轴的目标空间, 目标表面亮点位置是 $\boldsymbol{\zeta}_1(|\Delta\boldsymbol{r}|,\boldsymbol{\beta})$, $|\Delta\boldsymbol{r}|$ 是亮点 $\boldsymbol{\zeta}_i$ 离目标中心的距离, $\boldsymbol{\beta}$ 是其所在方向。由于是近场目标情况, 该亮点回波 (窄带) 过程的响应函数是

$$h_{MTi}(\tau,t,\boldsymbol{r}_i\,|\boldsymbol{\alpha}_{Ti}) = F_0(f_0,|\boldsymbol{r}_i|)b_i\left(\tau,t-\frac{\tau_i}{2}\middle|\boldsymbol{\alpha}_{Ti}\right)\mathrm{e}^{-\mathrm{j}2\pi f\tau_i} \tag{8.4.16}$$

$F_0(f_0,|\boldsymbol{r}|)$ 是距离衰减项式 (8.4.6), 而 $\tau_i = 2|\boldsymbol{r}_i|/c$ 和

$$|\boldsymbol{r}_i| = \sqrt{|\boldsymbol{r}_i|^2 + |\boldsymbol{r}_T|^2 + 2\,|\boldsymbol{r}_i|\,|\boldsymbol{r}_T|\cos\boldsymbol{\beta}}$$

因此, 亮点分布目标的总响应函数是

$$h_{MT}(\tau,t,\boldsymbol{r}_T) = \sum_{n=1}^{N_T} h_{MTn}(\tau,t,\boldsymbol{r}_n|\boldsymbol{\alpha}_{Tn}) \tag{8.4.17}$$

如果源波束宽度 $\boldsymbol{\Omega}_u$ 较窄, 即使源指向性对准目标中心, 那么, 被照射到的目标表面只是面对源的一部分 (如图 8.4.1(b) 中点影区), 可见目标对回波起作用的亮

点数 N 不但与 $\boldsymbol{\alpha}_T$ 有关, 也与 $\boldsymbol{r}_T$ 有关, 而且需要不断改变波束方向对目标进行扫描, 才能获得目标的其他亮点回波。

近场对应于式 (8.4.16) 的回波是

$$v(t)=\sum_{n=1}^{N_0}F_0^2(f_0,\tau_{0n})b_{0n}u(t-\tau_{0n})\mathrm{e}^{\mathrm{j}2\pi\varphi_{0n}t}+\sum_{m=1}^{N}F_0^2(f_0,\tau_{Rm})b_{Rm}(t)u(t-\tau_{Rm}) \tag{8.4.18}$$

8.4.4 高速目标回波亮点

式 (8.1.38) 已经指出, 运动目标散射波将在三个方面引起回波畸变, 即回波信号的多普勒、回波幅度多普勒和声波散射方向偏离。因此, 对运动目标的回波过程, 传递函数式 (8.4.7) 中的 $d_T(f,t|\boldsymbol{\alpha}_T)$ 用式 (8.1.38) 的宽带形式写成

$$H_{MT}(f,t\,|\boldsymbol{\alpha}_T)=d_T(f/\gamma,t-\tau_T\,|\boldsymbol{\alpha}_T)\mathrm{e}^{\mathrm{j}4\pi f|r(\kappa t)|/c} \tag{8.4.19}$$

将目标运动映射为声呐相对目标的运动, 如图 8.4.3(a) 所示, 在目标空间观察声呐方向的偏离, 声呐接收到的回波是目标在姿态角为 $\boldsymbol{\alpha}_T$ 时激发后在目标 $\boldsymbol{\alpha}$ 方向产生的散射波。这就是说, 收发同置声呐相对于运动目标的回波, 不总是目标的反向散射波, 特别是对于近程高速目标, 这时 $H_T(f,t\boldsymbol{\alpha}_T)$ 还应写成 $d_T(f/\gamma,t-\tau,\boldsymbol{\alpha}|\boldsymbol{\alpha}_T)$ 的形式。

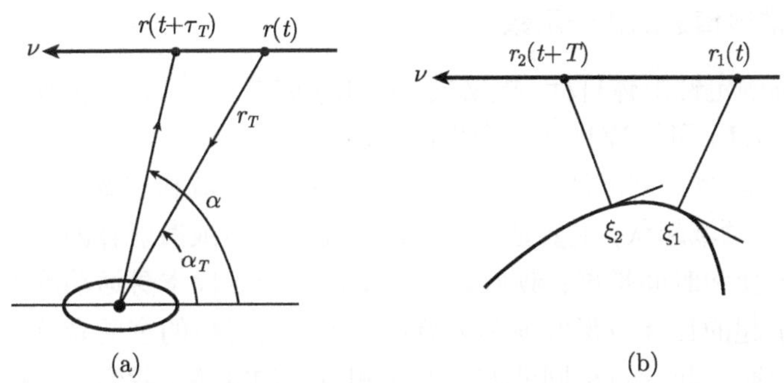

图 8.4.3 回波过程中姿态角的变化 (a) 和表面亮点移动变化示意图 (b)

此外, 目标的高速运动会使目标表面移动亮点变化更明显, 如在图 8.4.3(b) 所示的目标空间内, 当目标以 ν 相对运动使在信号时间 T 内, 声呐相对位置从 $\boldsymbol{r}_1$ 移动到 $\boldsymbol{r}_2$, 而对应回波的亮点在目标表面上从 $\boldsymbol{\xi}_1$ 连续移动到 $\boldsymbol{\xi}_2$, 而亮点移动速度和方向与亮点所在表面的曲率有关, 表面曲率半径远大于亮点移动距离时, 亮点回波除有附加的多普勒频移外不会畸变, 但对于小曲率半径, 或与亮点移动距离同量级, 亮点回波幅度和亮点附加多普勒也会在信号时间内连续变化。如果亮点回波本身

是一个表面突出棱角回波, 在信号时间内, 目标由于运动, 该亮点回波只是一瞬闪耀, 甚至在信号时间内亮点已经消失, 这种闪耀情况对近场高速目标尤为严重。

可见, 当目标相对速度较高或者信号时间较长时, 回波会产生幅度和多普勒瞬时变化, 这种变化与信号时间宽度、目标表面不平性和目标速度有关。因此, 研究高速亮点分布目标回波, 不但要考虑观察点 (基阵) 所观察到的目标尺度压缩效应, 而且要考虑到目标运动的空间几何变化引起的亮点回波多普勒压缩因子和幅度的变化。这意味着不同亮点有不同的多普勒。因此, 高速目标的第 n 个亮点回波快起伏宽带形式可表示为

$$v_n(t) = b_n(t)u(\kappa_n(t-\tau_n)) \tag{8.4.20}$$

8.5　目标散射函数及其分类

由于目标在距离上的延伸和亮点的随机分布以及目标自身的运动和摇晃, 目标回波都会有畸变。因此, 作为线性时变空变信道的目标散射信道也是衰落信道, 这种衰落常使匹配滤波检测失效, 通信中是有害的。但对于目标散射信道, 这种不可避免的衰落, 从信息观点上讲, 本身也正反映了目标自身的相干或模糊等信息特征, 而对目标散射的相干和模糊性能的分析直接关系到声呐基阵和信号的设计。因此, 这一节我们通过目标散射信道的相干函数和散射函数来讨论目标回波衰落扩展或分辨模糊性能, 继而对目标按扩展特性进行分类。

8.5.1　目标散射信道的相干函数

对于远场确定性形体目标, 根据式 (8.1.18) 或式 (8.4.7), 目标反向散射时空传递函数 $H_T(f,t,\boldsymbol{k})$ 可写成目标时变指向性函数 $d_T(f,t|\boldsymbol{\alpha}_T)$, 因此根据线性时变信道 6.9 节的原理, 目标回波波形衰落或畸变在时域、频域和空域三个方面都可能存在。时域衰落 (频域起伏) 主要是由于目标表面不平整或散射体的不均匀频率响应引起的波形畸变和时间扩展; 频域衰落主要是由于目标本身运动或不稳定的颠簸摇晃等因素引起的目标波形畸变和多普勒扩展; 而目标的空间衰落主要是目标姿态角发生变化时引起的目标回波波形变化和方位的漂移。我们主要研究目标自身的时空散射特性, 因此暂不考虑目标的整体有规运动引起的目标回波衰落 (压缩或频移), 只讨论目标由于不同姿态角 (包括目标旋转和摇晃等变化) 引起的目标反向散射波形的相关性。

根据 6.6 节中的讨论, 目标回波 (反向散射) 的衰落现象, 可以引入式 (6.6.17) 定义的目标散射的时空相干函数, 即目标反向散射的时空传递函数的相关函数

$$\varGamma_T(f,\Delta f,\boldsymbol{\alpha}_T,\Delta\boldsymbol{\alpha}_T) = \langle H_T(f|\boldsymbol{\alpha}_T)H_T^*(f+\Delta f|\boldsymbol{\alpha}_T+\Delta\boldsymbol{\alpha}_T)\rangle \tag{8.5.1}$$

来描述, 式中 $\Delta x = x' - x$。式 (8.5.1) 表示, 目标在不同姿态角以不同频率的声波激发所生成的目标反向回波响应的相关性, 表示为归一化形式就是目标散射的时空相干函数。

如果目标本身散射 (如目标各散射元的散射) 是非相关 (US) 的, 而目标随机取向 (或摇晃) 也是均匀的 (空间 WSS), 那么式 (8.5.1) 可以是两个变量的函数, 但在频率 f 和方位 $\boldsymbol{\alpha}_T$ 上的 WSS 条件难以满足, 除非是表面粗糙球形目标才有可能。而一般只能是局部 (在信号频率 f 和目标方位 $\boldsymbol{\alpha}_T$ 附近) 相干函数

$$\Gamma_T(f, \Delta f, \boldsymbol{\alpha}_T, \Delta\boldsymbol{\alpha}_T) = \Gamma_T(\Delta f, \Delta\boldsymbol{\alpha}_T | f, \boldsymbol{\alpha}_T) \tag{8.5.2}$$

实际上, 人们主要关心的是目标回波的单个参量的相干性, 即时间相干性、频率相干性和方位相干性以及其相应的相干尺度等。例如, 可以根据式 (6.6.30), 确定在给定频率和目标姿态角下目标的相干带宽 W_{fT}

$$W_{fT} = \int \frac{\Gamma(\Delta f, 0 | f, \boldsymbol{\alpha}_T)}{\Gamma(0, 0 | f, \boldsymbol{\alpha}_T)} \mathrm{d}\Delta f \tag{8.5.3}$$

由于方位相干性是指目标在不同姿态角时目标反向散射方向的相关性, 因此相干参量在给定频率和姿态角条件下, 目标姿态角的相干范围为

$$\boldsymbol{\Omega}_{\alpha T} = \int \frac{\Gamma_T(0, \Delta\boldsymbol{\alpha} | f, \boldsymbol{\alpha}_T)}{\Gamma_T(0, 0 | f, \boldsymbol{\alpha}_T)} \mathrm{d}\Delta\boldsymbol{\alpha}_T \tag{8.5.4}$$

$\boldsymbol{\Omega}_{\alpha T}$ 可以理解为目标反向散射的束宽, 在这个空间角度范围内所引起的反向散射波是相关的。由于目标方位 $\boldsymbol{\alpha}$ 起伏本身包括水平方位 ϕ 起伏 (水平) 和俯仰角方位 θ 起伏, 因此目标的方位相干性包含目标水平横向以及垂直纵向的相干性, 相应的相干范围是目标反向散射波束的水平横向束宽和纵向束宽。

一般情况下, 目标的相干带宽决定于目标的径向延伸尺寸, 而相干角度决定于目标的横向延伸尺寸。光滑小球散射的相干性决定于小球直径, 随着小球直径增加, 相干带宽增大, 但相干角度减小, 一个垂直平板目标的散射是理想的镜反射目标, 其相干带宽也可能是最大的, 但其相干角度可能是最小的, 而对于分布亮点目标, 目标散射亮点分布的径向和横向尺度 (延伸) 尺度 (延伸) 越大, 相干尺度越小。水池仿真实验指出, 潜艇声呐目标的反向散射相干带宽不大于 100, 而无论横向 (左右) 还是竖向 (上下俯仰方向) 其相干角度不大于 10°[266]。

顺便指出, 目标姿态角是时变的, 因此就目标回波过程而言, 由于目标姿态角的变化, 也会引起目标自身散射的时间相干性问题, 但一般是和目标运动一起考虑为目标的相干时间 L_{tT}。

8.5.2　目标散射函数

作为时空散射信道的扩展特性, 根据式 (6.11.8), 可通过其扩展函数 $S(\tau,\varphi,\boldsymbol{K})$ 来描述。这里的 $\boldsymbol{K}=(f/c)\Delta\boldsymbol{\alpha}$, 反映的是由于空间位置变化引起的波矢量方向的偏离量, 而 $\Delta\boldsymbol{\alpha}(\phi,\theta)$ 就是窄带情况下信道的角偏移量。

如果只考虑目标自身散射的扩展函数, 空变主要反映在目标姿态角和目标散射方向的变化上, 而对于反向散射, 可认为目标散射信道是以姿态角为参量的信道, 其扩展函数表示为

$$S_T(\tau,\varphi|\boldsymbol{\alpha}_T)=\int h_T(\tau,t|\boldsymbol{\alpha}_T)\mathrm{e}^{-\mathrm{j}2\pi\varphi t}\mathrm{d}t \tag{8.5.5}$$

如果目标散射满足 WSSUS 条件, 则有目标散射函数的定义

$$P_{ST}(\tau,\varphi|\boldsymbol{\alpha}_T)=\langle|S_T(\tau,\varphi|\boldsymbol{\alpha}_T)|^2\rangle \tag{8.5.6}$$

它是以目标姿态角为参量的目标自身的散射函数, 因此参量 φ 不包括目标整体运动多普勒频移, 时变性只是目标自身旋转或摇晃等引起。例如, 一个表面粗糙的绕 z 轴向 (图 8.5.1(a)) 旋转的刚性小球及其散射函数, 如图 8.5.1(b) 所示。图中入射波方向 x 轴垂直于旋转轴 z(即 $\boldsymbol{\alpha}_T=90°$), 并假定了任一径向 ($x$ 方向) 距离小段 Δl 范围内的散射过程是互相独立的瑞利散射 (高斯散射) 过程。

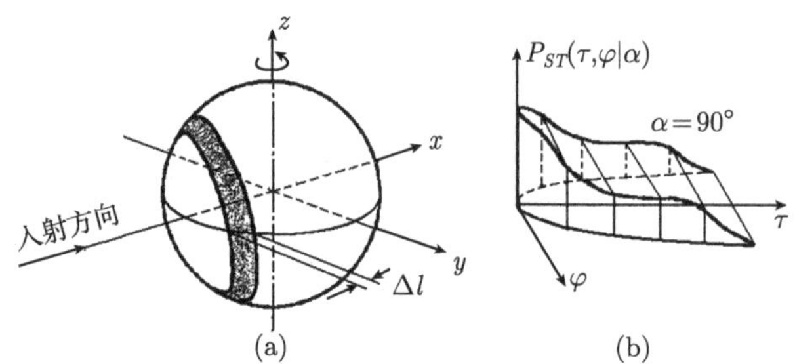

图 8.5.1　旋转的刚性小球 (a) 及其散射函数 (b)

根据式 (6.7.20) 和式 (6.7.21), 可以由目标的散射函数确定时频双扩展目标回波的均方根时间扩展 (回波展宽) 量 $L_T=1/W_{fT}$ 和均方根频率扩展 (起伏带宽) 量 $W_T=1/L_{tT}$, 分别是

$$\left.\begin{aligned}L_T&=(1/\sigma_T)\left\{\iint\tau^2P_{ST}(\tau,\varphi)\mathrm{d}\tau\mathrm{d}\varphi-\tau_0^2\right\}^{1/2}\\W_T&=(1/\sigma_T)\left\{\iint\varphi^2P_{ST}(\tau,\varphi)\mathrm{d}\tau\mathrm{d}\varphi-\varphi_0^2\right\}^{1/2}\end{aligned}\right\} \tag{8.5.7}$$

式中

$$\sigma_T=\iint P_{ST}(\tau,\varphi)\mathrm{d}\tau\mathrm{d}\varphi \tag{8.5.8}$$

是目标回波的总散射截面 (见式 (6.7.9)), 而目标回波平均延迟和平均多普勒对目标空间而言, $\tau_0=0$, $\varphi_0=0$, 相当于目标中心位置 τ_T 和径向整体运动速度 φ_T。一般常取回波时间扩展量 (回波展宽) 和频率扩展量 (起伏带宽) 分别为 $L_T\approx 1/W_{fT}$ 和 $W_T\approx 1/L_{tT}$。

对于分布亮点模型式 (8.4.11), 如果元散射是独立的, 则目标散射函数 $P_{ST}(\tau,\varphi|\alpha_T)$ 就表示了目标在姿态角为 α_T 的亮点分布。

式 (8.5.7) 定义的目标散射函数是以姿态角为参量的, 如果将姿态角作为变量, 那么也应该考虑目标的角散射函数。

实际上, 正如前面所指出的, 目标本身随机旋转和摇晃也引起目标姿态角的随机取值, 其变化也意味着目标回波的一种空间衰落和空间模糊。根据式 (6.11.15), 这种模糊的统计特性也同样可以通过目标窄带空间散射函数描述, 只是在式 (8.5.5) 中的空间参数是姿态角偏移变量 $\Delta\boldsymbol{\alpha}_T$, 而式 (8.5.6) 变成目标散射的时空散射函数

$$P_{ST}(\tau,\varphi,\Delta\boldsymbol{\alpha}_T)=\langle|S_T(\tau,\varphi,\Delta\boldsymbol{\alpha}_T)|^2\rangle \tag{8.5.9}$$

而

$$P_{ST}(\Delta\boldsymbol{\alpha}_T)=\iint P_{ST}(\tau,\varphi,\Delta\boldsymbol{\alpha}_T)\mathrm{d}\tau\mathrm{d}\varphi \tag{8.5.10}$$

就是目标的角散射函数, 当然它也要求目标散射的空间 WSSUS 条件, 因此也只是限定在一定的姿态角范围内, 这意味着角散射函数一般是姿态角的函数。根据式 (6.11.17), 窄带远场时不变目标条件下, 角散射函数描述了目标在其姿态角偏移一个角度后的目标散射强度, 由于它是目标姿态偏移角的函数, 因此也称为目标散射信道的功率指向性函数

$$P_{ST}(\Delta\boldsymbol{\alpha})=\sigma_T^2(f,\Delta\boldsymbol{\alpha})=\left\langle|d_T(f,\Delta\boldsymbol{\alpha})|^2\right\rangle \tag{8.5.11}$$

其中

$$d_T(f,\Delta\boldsymbol{\alpha})=\int H_T(f,\boldsymbol{r})\exp(2\pi f\Delta\boldsymbol{\alpha}\boldsymbol{r}/c)\mathrm{d}\boldsymbol{r} \tag{8.5.12}$$

根据式 (6.11.10) 的定义, 它就是目标散射的指向性函数。

8.5.3 高速目标散射函数

根据高速运动目标的亮点回波形式 (8.4.20), 不同亮点有不同的延迟和不同的多普勒, 其分布由宽带扩展函数或称延迟–多普勒压缩因子分布函数 $S^{[\mathrm{K}]}(\tau,\kappa)$ 表示, 如果知道亮点的距离速度分布密度 $D(r,\nu)$, 可以通过密度转换

$$r=\frac{c\tau}{\kappa+1},\quad \nu=c\frac{\kappa-1}{\kappa+1}$$

获得

$$S_T^{[K]}(\tau,\,\kappa)=\frac{2c^2}{(1+\kappa)^3}D_T(r,\nu) \tag{8.5.13}$$

而瞬态目标回波可表示为式 (6.2.36) 的形式

$$v(t)=\iint S_T^{[K]}(\tau,\kappa)\sqrt{\kappa}u(\kappa(t-\tau))\,\mathrm{d}\tau\mathrm{d}\kappa \tag{8.5.14}$$

并有目标宽带响应函数, 式 (6.2.37) 的形式

$$h_T(\tau,t)=\int\frac{1}{\sqrt{k}}S_T^{[K]}\left(\frac{\tau-(1-\kappa)t}{\kappa},\kappa\right)\mathrm{d}\kappa \tag{8.5.15}$$

同样, 对于 WSSUS 的目标宽带散射情况, 可以定义目标宽带散射函数

$$P_{ST}^{[K]}(\tau,\kappa)=\langle|S_T^{[K]}(\tau,\kappa)|^2\rangle \tag{8.5.16}$$

它表示了目标散射的亮点距离–尺度的分布密度, 反映了目标运动的特征。

但时变宽带系统的扩展函数定义也十分模糊。在文献 [225] 中将目标散射过程作为“小波算子”来处理, 即宽带回波式 (8.5.14) 写成式 (5.6.11) 的形式

$$v(t)=\frac{1}{c_u}WT^{-1}\{\,S^{[K]}(\tau,1/\kappa)\}$$

即回波是宽带扩展函数以发射信号为母小波的小波逆变换。

窄带扩展函数物理上容易理解, 它是宽带散射函数的一种近似。时变宽带系统的扩展函数除 Altes[5] 作了一般定义外, 还未能找到一个更适当的数学表达式。宽带散射函数的物理意义也十分模糊。

虽然两种散射函数反映目标的亮点距离分布是一样的, 但对于亮点多普勒分布, 前者反映的是亮点多普勒频移分布, 后者反映的是亮点多普勒扩展分布或由于目标运动引起的目标亮点尺度压缩因子的分布。对于小曲率半径的目标亮点或随机分布亮点, 两种散射函数特别是后者将被平滑。

8.5.4 目标按扩展特性分类

类似 7.7 节, 根据 6.7.5 节关于信道按其扩展特性的分类方法, 对亮点分布散射目标进行分类。

(1) 理想点目标。$W_T=0,\ L_T=0$, 其扩展函数和散射函数分别是

$$S_T(\tau,\varphi)=b_0\delta(\tau-\tau_0)\delta(\varphi-\varphi_0) \tag{8.5.17}$$

和

$$P_{ST}(\tau,\varphi)=|b_0|^2\delta(\tau-\tau_0)\delta(\varphi-\varphi_0) \tag{8.5.18}$$

b_0 是复常数, τ_0 和 φ_0 分别是目标的距离延迟和运动多普勒频移。

理想点目标是相干目标。但理想点目标实际上不存在, 一般可指径向尺寸 l_T 小于 1/4 波长的光滑平板目标或光滑表面球形目标。

(2) 慢起伏点目标。$W_T T < 1$, $L_T B < 1$, 这是指径向尺寸

$$l_T \leqslant c/B \tag{8.5.19}$$

即小于波形 $u(t)$ 的距离分辨力, 故又称为慢变弱时扩目标, 其响应函数或传递函数在信号时间 T 内可以认为是时不变的, 即

$$S_T(\tau,\varphi) \approx b\delta(\tau-\tau_0)\delta(\varphi-\varphi_0) \tag{8.5.20}$$

这里, τ_0、φ_0 和散射复振幅均是随机量。通常, 这类目标表面可认为是由许多分布在同一满足式 (8.5.19) 的径向尺寸内的独立散射元 (亮点) 组成, 亮点的随机性与表面几何形状和亮点几何结构有关。一般假定各亮点回波相位 θ 可以在 $[0 \sim 2\pi]$ 内是均匀分布的。慢起伏点目标回波的散射函数是

$$P_{ST}(\tau,\varphi) = \langle |b|^2 \rangle(\tau-\tau_0)\delta(\varphi-\varphi_0) \tag{8.5.21}$$

慢起伏点目标引起的模糊是时频两域漂移模糊。

(3) 快起伏点目标 (多普勒扩展目标)。$W_T T > 1$, $L_T B < 1$, 这是满足式 (8.5.19) 的快变弱时扩目标, 其响应函数或传递函数不能在信号时间 T 内保持不变, 因此

$$h_T(\tau,t) \approx b_T(t-\tau/2)\delta(\tau-\tau_0) \tag{8.5.22}$$

$b(t)$ 是复振幅调制函数, 通常也是时间随机函数, 如果满足广义平稳条件, 则其散射函数是

$$P_{ST}(\tau,\varphi) = P_{\varphi T}(\varphi)\delta(\tau-\tau_0)$$

式中, $P_{\varphi T}(\varphi)$ 是目标的多普勒频移散射函数

$$P_{\varphi T}(\varphi) = \langle |B_T(\varphi)|^2 \rangle \tag{8.5.23}$$

$B_T(f)$ 是 $b_T(t)$ 的谱。

快起伏点目标回波是时间选择性衰落回波, 所引起的扩展主要是多普勒扩展, 所引起的模糊是时域漂移和频域扩散模糊。

(4) 距离延伸目标。$W_T T < 1$, $L_T B > 1$, 这里包括慢起伏的径向尺寸满足

$$l_T > c/B \tag{8.5.24}$$

的固定或慢起伏目标模型, 其响应函数是

$$h_T(\tau, t) = h_T(\tau)\mathrm{e}^{\mathrm{j}2\pi\varphi_0 t} \tag{8.5.25}$$

$h_T(\tau)$ 也是随机距离分布函数, φ_0 是随机量, 对于分布亮点模型

$$h_T(\tau) = \sum_{i=1}^{N} b_i\delta(\tau - \tau_i)$$

b_i 是第 i 个亮点回波的复振幅。而目标扩展函数是

$$S_T(\tau, \varphi) = \sum_{i=1}^{N} b_i\delta(\tau - \tau_i)\delta(\varphi - \varphi_0) \tag{8.5.26}$$

通常 τ_i、φ_0、b_i 和 N 均是随机量, 若各亮点散射互相独立, 即 b_i 对 τ 的分布是非相关的, 则有

$$P_{ST}(\tau, \varphi) = P_{\tau T}(\tau)\delta(\varphi - \varphi_0)$$

而

$$P_{\tau T}(\tau) = \sum_{i} |b_i|^2\delta(\tau - \tau_i) \tag{8.5.27}$$

也称目标的距离散射函数 (或延迟散射函数)。该目标回波是 (频率选择性) 衰落回波, 回波主要表现为波形的频域漂移和时域扩散模糊。

大多数声呐目标属于距离延伸目标。

(5) 起伏延伸目标 (双扩展目标)。$W_T T > 1$,$L_T B > 1$, 该目标径向尺寸满足式 (8.5.24), 且在信号时间 T 内是快变的, 其亮点分布模型的响应函数可写成

$$h_T(\tau, t) = \sum_{i=1}^{N} b_i(t - \tau_i/2)\delta(\tau - \tau_i) \tag{8.5.28}$$

而

$$S_T(\tau, \varphi) = \sum_{i=1}^{N} B_i(\varphi)\mathrm{e}^{\mathrm{j}\pi\varphi\tau_i}\delta(\tau - \tau_i) \tag{8.5.29}$$

一般 $b(\tau, t - \tau/2)$ 或 $B(\varphi)$ 是复随机函数, 如果目标距离分布散射体散射满足互相独立 (US) 条件, 起伏满足广义平稳 (WSS) 条件, 则有散射函数定义, 并可表示为

$$\begin{aligned} P_{ST}(\tau, \varphi) &= \left\langle |S_T(\tau, \varphi)|^2 \right\rangle \\ &= \sum_{i=1}^{N} \left\langle |B_i(\varphi)|^2 \right\rangle \delta(\tau - \tau_i) \end{aligned} \tag{8.5.30}$$

模型式 (8.5.29) 就是目标响应函数的一般形式, 其回波呈两维扩散模糊。

以上分类主要是按信号分辨单元和目标扩展范围大小进行的。虽然这里没有考虑 $\boldsymbol{\alpha}_T$ 的因素, 但不同 $\boldsymbol{\alpha}_T$ 的目标, 可能属于不同的扩展类型; 而且, 这种分类法是相当于声呐信号的分类法, 同一目标对不同信号也可能属于不同的目标类型, 目标是点目标还是延伸目标, 主要看其时间扩展量是小于还是大于信号的时间分辨力 $(1/B)$, 目标起伏的快慢决定于其起伏引起的频率或多普勒扩展量是大于还是小于信号的频率分辨力 $(1/T)$。但一般可以用 L_T 和 W_T 来表示目标的信息, 并定义 $D_T = L_T W_T$ 为目标的扩展因子, 若 $D_T \ll 1$, 则称简单目标, 而 $D_T \gg 1$, 则称复杂目标。

8.5.5 目标散射函数的有效性

和传输信道一样, 声呐目标散射过程一般是不满足 WSSUS 条件的, 甚至不是线性的, 特别是对固定形体的声呐目标, 目标在径向、横向和竖向的延伸性使目标散射对频率和目标姿态角都有很强的依附关系 (包括运动目标的宽带多普勒效应), 一般也只能用其传递函数或频率角谱来描述目标散射特性, 窄带情况下可用扩展函数描述, 也可以有时间、频率和空间扩展量的定义。

当然, 完全相干的目标或少量可分离的相干亮点目标可以有散射函数定义。少量强亮点和大量随机分布的弱亮点构成的部分相干散射目标, 其散射函数可表示为

$$P_{ST}(\tau,\varphi) = \sum_i |b_i|^2 \delta(\tau-\tau_i)\delta(\varphi-\varphi_i) + \widetilde{P}_{ST}(\tau,\varphi) \tag{8.5.31}$$

第一项是相干散射项, 第二项是随机散射项。

对于某些随机分布目标群 (如鱼群目标), 则完全可以用散射函数来描述, 并可假定目标的距离和多普勒分布是互相独立的, 即

$$P_{ST}(\tau,\varphi) = P_{\tau T}(\tau) P_{\varphi T}(\varphi) \tag{8.5.32}$$

一般情况下, 我们能用散射函数来描述声呐目标回波过程是基于下面的假设和事实:

(1) 目标表面粗糙, 以致除少数相干的镜反射点外, 都可认为是大量随机取向的亮点散射。

(2) 目标的快速转向 (旋转) 或随机摇晃和运动所产生的回波长时间起伏, 常可认为是广义平稳的 (至少是局部)。

(3) 目标回波通过随机介质的传输, 增加了回波的随机性。

(4) 大部分声呐使用的频带都是窄带的, 因此可以不考虑目标散射过程的频率关系, 而由于运动产生的目标多普勒也只是频移效应。窄带散射函数便于对目标特性的直观理解和分析。

8.6　时不变目标的几种特征分析方法

前面已经指出, 一般声呐都具有固定的外形和内部结构, 其固有散射特性可用一时不变系统来描述, 而目标的特征决定于目标的形态函数或目标的频率–波数谱 $A_T(f,k)$(见式 (8.1.15)), 对时不变目标, 并略去参数 $\boldsymbol{\alpha}_T$, 目标特征就决定于目标散射的传递函数 $H_T(f)$ 或响应函数 $h_T(\tau)$, 假定激发信号谱是 $U(f)$, 不计回波过程的双程传输效应, 目标回波谱是

$$S_T(f) = H_T(f)U(f) \tag{8.6.1}$$

因此目标信息特征主要反映为其散射的频率选择性。这一节我们讨论能反映目标频率选择性或目标距离分布特性的几种频域分析模型, 以作为时不变目标识别的基本方法。

8.6.1　瞬时能谱特征

目标能谱定义为

$$E_T(f) = |H_T(f)^2 = \left|\frac{S_T(f)}{U(f)}\right|^2 \tag{8.6.2}$$

显然, 为了获得目标的能谱, 特别是目标的共振频率峰, 发射信号谱也必须足够宽。

在实际对目标的识别技术中, 常采用模式理论对目标进行分类, 这种理论首先要求对所要识别的可能目标按设定的特征量进行先验分类, 而通过对实际目标的这些特征参量进行估计, 根据所估计的特征参量和先验特征量进行概率比较, 最终判定该目标的类型。因此, 识别的效果很大成分决定于目标特征量的选取。

目标的一种特征量可取

$$E_i = \int_{f_{i-1}}^{f_i} |H_T(f)|^2 \mathrm{d}f, \quad i = 1, 2, \cdots, N \tag{8.6.3}$$

f_i 是在感兴趣的带宽内的频率分割点 $(i = 1, 2, \cdots, N)$, 一般采用恒 Q 分割, 即令每个分割间段的中心频率与间隔之比 Q 是常数 [153]

$$f_i = [(2Q+1)/(2Q-1)]f_{i-1}, \quad i = 1, 2, \cdots, N \tag{8.6.4}$$

特征量 E_i 将以一定的精度反映目标的主要频率选择性, 而 E_i 的数值可以通过对回波进行并联滤波和能量检测来确定。这种能量滤波的分析方法在声呐中最初仅仅对简单形体的目标作某些实验研究 [155], 但在近代已逐渐为小波分析所代替, 并在语言分析中已获得广泛应用。

声呐中由于大都是窄带信号条件, 只能获得目标的窄带信息, 因此窄带条件下, 能谱分析式 (8.6.3) 采用均匀频率间隔分割, 相当于近代采用的短时谱或 WVD 分析方法。

8.6.2 回波极点分布特征

根据时不变线性系统理论, 时不变目标的输出输入关系可用线性常微分方程来表示

$$\sum_{n=0}^{q} a_n \frac{\mathrm{d}^n s_T(t)}{\mathrm{d}t^n} = \sum_{m=0}^{p} b_m \frac{\mathrm{d}^m u(t)}{\mathrm{d}t^m} \tag{8.6.5}$$

其转移函数 (见式 (5.9.5)) 的形式是

$$L_T(s) = \sum_{m=0}^{p} b_m s^m \Big/ \sum_{n=0}^{q} a_n s^n \tag{8.6.6}$$

其中, $s = \sigma + \mathrm{j}2\pi f$ 是复变量。式 (8.6.6) 是由分子和分母分别是 p 和 q 阶多项式构成的有理分式, 简单的代数定理指出, 一个 q 阶多项式有 q 个零点, 因此式 (8.6.6) 应有 p 个零点 (z_m) 和 q 个极点 (p_n), 并可表示为

$$L_T(s) = K \prod_{m=1}^{p} (s - z_m) \Big/ \prod_{n=1}^{q} (s - p_n) \tag{8.6.7}$$

$K = (b_p/a_q)$。系统全部零点和极点决定了系统的特性。但根据线性系统理论, 只有其全部极点 p_n 处于 s 平面左半边时, 系统才是稳定的, 因此系统的极点更能表达系统的时不变特征。

若不考虑目标的高阶极点, 式 (8.6.7) 可表示为

$$L_T(s) = \sum_{n=1}^{q} \frac{r_n}{s - p_n} \tag{8.6.8}$$

这里, r_n 是对应于左半平面第 n 个极点的留数, 它由式 (8.6.7) 中常数 K 和全部不等于 p_n 的极点 p_l 以及全部零点决定。对应于式 (8.6.8) 的目标响应函数是

$$h_T(\tau) = \sum_{n=1}^{N} r_n \mathrm{e}^{p_n \tau}, \quad \tau \geqslant 0 \tag{8.6.9}$$

其中

$$p_n = \sigma_n + \mathrm{j}2\pi f_n \tag{8.6.10}$$

式 (8.6.9) 表示目标响应函数是一组不同频率 f_n 的阻尼振荡之和, 阻尼大小决定于 σ_n(离虚轴的距离), σ_n 越小, 对应的响应时间越长. 但目标特性决定于主要极点离实轴的距离 (即频率 f_n—— 目标的谐振频率)。

声呐目标特征并不需要过多的极点就能描述, 因此用这种极点模型提取目标谐振频率信息比一般谱分析法要优越, 在雷达中已被用于研究识别目标[154], 在声呐中也一直在摸索[155,156]。

更常采用的是目标能谱的全极点模型 (AR 模型)

$$|H_T(f)|^2 = \frac{G^2}{\left|1 + \sum_{n=1}^{N} a_n \exp(2\pi j n f T_s)\right|^2} \tag{8.6.11}$$

这一模型使能谱 $|H_T(f)|^2$ 只有极点而没有零点。式中, G^2 和 a_n 是模型参数, T_s 是时域回波波形的数据抽样间隔。近代线性预测法可以用来由给定声呐波形和实际回波的数据来估计目标的这些参数, 但直接从回波中提取的极点要扣除发射波形 (即激励目标波形) 的已知极点。

8.6.3 瞬时频率和过零点间隔分布

写目标响应函数的解析形式为

$$h_T(\tau) = A_h(\tau)e^{j\theta_h(\tau)} \tag{8.6.12}$$

或表示为复数正交形式

$$h_T(\tau) = h_{eT}(\tau) + j\check{h}_{eT}(\tau) \tag{8.6.13}$$

$h_{eT}(\tau)$ 和 $\check{h}_{eT}(\tau)$ 分别是目标实际响应函数及其希尔伯特变换。由其瞬时相位

$$\theta_h(\tau) = \tan^{-1}\left[\frac{\check{h}_{eT}(\tau)}{h_{eT}(\tau)}\right] \tag{8.6.14}$$

的导数可以获得目标响应的瞬时频率, 如果初始相位 $\theta_h(0) = 0$, 那么相位函数可表示为

$$\theta_h(\tau) \approx 2\pi N(\tau) \tag{8.6.15}$$

$N(\tau)$ 是复响应 $h_T(\tau)$ 在 $[0,\tau]$ 间隔内绕原点的圈数或 $h_T(\tau)$ 单向过零轴的点数, 如图 8.6.1 所示。图中指出, 在绕原点一圈内可能会出现两次单向交零点个数, 但对于窄带情况, 这些交零点只有一个 "主" 交零点, 当绕原点圈数足够大时, 额外的交 "零" 个数可以忽略不计。

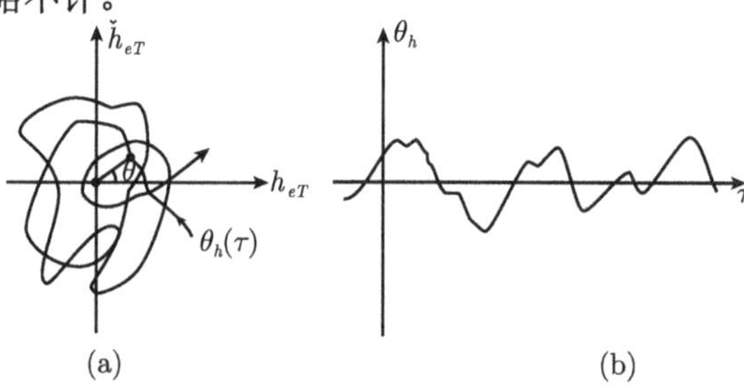

图 8.6.1 $h(t)$ 矢量变化 (a) 及其相位波形图 (b)

在声呐中, 目标的几个亮点回波互相重叠, 只要亮点在径向距离上有差别, 那么回波在重叠开始瞬间必然会在相位上出现飞跃, 这种飞跃也会产生瞬时频谱上的一个峰起。因此, 通过回波过零点间隔的统计分析, 也能反映目标亮点结构。

8.6.4 延迟-频率能量分布

类似信号的时频能量分布, 引入目标散射的延迟–频率能量分布函数来描述目标, 更能反映目标的特性。

类似式 (5.4.14), 目标延迟–频率能量分布函数定义为[113,150]

$$e_T(\tau, f) = h_T(\tau) H_T^*(f) \exp(-\mathrm{j}2\pi f\tau) \tag{8.6.16}$$

如果发射信号和回波信号的时频分布函数分别是 $e_u(t, f)$ 和 $e_s(t, f)$, 则根据式(6.8.24)

$$e_s(\tau, f) = e_T(\tau, f) \underset{\tau}{\otimes} e_u(\tau, f) \tag{8.6.17}$$

这就意味着可以通过大带宽和短时间的发射信号由回波来估计目标的延迟–频率能量分布。通过功率响应

$$|h_T(\tau)|^2 = \int e_T(\tau, f) \mathrm{d}f$$

和能谱

$$|H_T(f)|^2 = \int e_T(\tau, f) \mathrm{d}\tau$$

可以从 $e_T(t, f)$ 获得目标在亮点距离上功率的分布和能谱响应特性, 并且可以确定不同延迟 τ 的目标瞬时频率。因此, 目标延迟–频率能量分布比其他如谱图等几种目标模型更能反映目标信息。

注意, 目标时频能量分布函数 $e_T(\tau, f)$ 不能理解为目标的散射函数, 它不包含目标多普勒扩展参量的特性, 也只限于时不变或慢变目标情况, 但适用于宽带声呐信号的目标回波分析 (如动物声呐信号[113])。

8.6.5 频域幂级数展开模型

实际亮点目标并不是真正的点目标, 一般情况下, 所谓亮点是指一个具有很明显散射中心的散射面或体元, 也包括具有一定弹性的亮点, 因此也称为广义亮点。其散射传递函数 $H_{Tn}(f)$ 可以根据目标亮点的几何形态和物理的衍射理论, 在给定频带中心 f_0 附近展开成 (频域) 幂级数形式 [152,153]

$$H_T(f) = \sum_{m=-M}^{M} h_m (\mathrm{j}2\pi f)^m \tag{8.6.18}$$

利用加伯尔公式 (2.4.4), 式 (8.6.19) 对应的广义亮点目标响应函数可表示为

$$h_T(\tau)=\sum_{m=-M}^{M}h_m\delta^{(m)}(\tau) \tag{8.6.19}$$

$\delta^{(m)}(t)$ 是 $\delta(t)$ 的 m 阶微分 $(m<0)$ 或积分 $(m>0)$ 形式, 当 $M=0$ 时, 对应的亮点是镜反射亮点, 非镜反射或弹性亮点, M 一般不大于 2。

广义亮点目标频率维幂级数展开式 (8.6.18) 更能反映目标散射的物理特性, 如几何反射、蠕波、谐振峰以及衍射等, 而式 (8.6.18) 中展开系数 h_{mn} 可用为识别目标特征的参数。

这一模型可以导出目标的广义亮点模型, 详细讨论见 8.8 节。

8.7 起伏点目标强度统计模型

在雷达或声呐检测中, 特别是对脉冲雷达或声呐, 人们最关心的是目标回波的强度起伏问题, 虽然目标回波起伏在某种意义上反映了目标的信息特征, 但实际上也直接影响了雷达或声呐的检测性能。

这里所讨论的起伏点目标是窄带条件下的起伏等效点目标, 即是指 5.5 节所讨论的非时扩起伏目标, 该目标是由分布在占有径向距离 l_T 满足式 (8.5.19) 的 N 个亮点散射组成, 其目标回波强度 I_T 或散射截面 σ_T^2 可表示为

$$I_T=2\sigma_T^2=\left|\sum_{i=1}^{N}b_i(t)\mathrm{e}^{\mathrm{j}4\pi\xi_i/\lambda}\right|^2,\quad \xi_i<l_T<\lambda/2 \tag{8.7.1}$$

ξ_i 是亮点至目标中心 (作为参考点) 的径向距离 $(\xi_i<\lambda)$, $|b_i|$ 是亮点反射增益的幅度, N 是目标在径向距离上亮点的数目。这一模型假定 $|b_i|$ 和 ξ_i 是随机的, 即亮点强度和相位是随机的。而这种随机性是由于目标自身的随机取向引起的, 因此称为包络起伏点目标回波模型。这一节主要讨论目标强度起伏类型 [157,159]。

8.7.1 目标强度起伏的典型分布类型

(1) 稳定点目标模型。这是式 (8.5.10) 所示的模型, 即 $N=1$(取 $\xi_i=0$), $b_i(t)=b_0$(σ_T^2 是常数) 的理想无畸变回波的目标模型。实际目标不可能具有这种理想特性, 但对在 8.2 节中所讨论的刚性小球在光学区的散射, 其散射截面是

$$\sigma_T^2=\pi a^2$$

(a 是小球直径) 可近似认为理想点目标模型。

(2) 瑞利散射点目标模型。当目标表面在 l_T 范围内有均匀的粗糙度, 亮点可以认为零均值高斯分布的独立随机散射源, 各散射元的散射相位 $(4\pi\xi_i/\lambda)$ 一般在 (0.2π) 内均匀分布, 根据随机荡步原理, 散射回波总矢量 $A(t)\exp(\mathrm{j}\theta)$ 可等效于 N 个等长度为 b_0 的随机均匀取向的矢量和, 只要 N 足够大 $(N>5)$, 总回波振幅 A_s 符合瑞利分布 (见式 (5.2.17))。

$$W_A(A)=\frac{A}{Nb_0^2}\exp\left(-\frac{A^2}{2Nb_0^2}\right) \tag{8.7.2}$$

$b_i^2=\langle b_1^2\rangle/2$, 而且回波强度是指数分布

$$W(I)=\frac{1}{\langle I\rangle}\exp\left[-\frac{I}{\langle I\rangle}\right] \tag{8.7.3}$$

$\langle I\rangle=2Nb_0^2$ 是平均强度。

(3) 赖斯散射点目标模型。如果在瑞利散射模型中有一个幅度为 A_0 的恒定镜散射元 (相干点散射), 则

$$W_A(A)=\frac{2A}{\langle I_r\rangle}\exp\left[-q^2-\frac{A^2}{\langle I_r\rangle}\right]\mathrm{J}_0\left(\frac{2qA}{\langle I_r\rangle}\right) \tag{8.7.4}$$

式中, I_r 是瑞利散射的平均强度; q^2 是镜散射对瑞利散射的平均强度比; $\mathrm{J}_0(x)$ 是零阶修正贝塞尔函数

$$\mathrm{J}_0(x)=\sum_{k=1}^{\infty}\frac{x^{2k}}{2^{2k}(k!)^2} \tag{8.7.5}$$

目标强度分布是

$$W(I)=\frac{1}{\langle I_r\rangle}\exp\left[-q^2-\frac{I}{\langle I_r\rangle}\right]\mathrm{J}_0\left(2q\sqrt{\frac{I}{\langle I_r\rangle}}\right) \tag{8.7.6}$$

当 $q=0$ 时强度分布式 (8.7.6) 就是式 (8.7.3), 而式 (8.7.4) 变成式 (8.7.2), 因此赖斯分布式 (8.7.4) 也被称为广义瑞利分布。

赖斯分布目标强度平均值和方差分别是

$$\left.\begin{aligned}\langle I\rangle&=\langle I_r\rangle(1+q^2)\\ \sigma_I^2&=\langle I_r\rangle^2(1+2q^2)\end{aligned}\right\} \tag{8.7.7}$$

(4) 卡平方 (χ^2) 分布模型。若目标是有一个突出反射亮点的瑞利散射体或随机取向的光滑表面刚性散射体, 其强度分布是

$$W(I)=\frac{4I}{\langle I\rangle^2}\exp\left[-\frac{2I}{\langle I\rangle}\right] \tag{8.7.8}$$

对应的方差是

$$\sigma_I^2 = \langle I\rangle^2/2 \tag{8.7.9}$$

(5) 对数正态分布模型。若目标外形不规则, 并有许多随机镜向反射点 (不规则外形意味着有某些随机取向的棱角和边缘散射), 目标的散射强度分布近似对数正态分布型

$$W(I) = \frac{1}{I\sqrt{4\pi\ln\rho}}\exp\left[\frac{-\ln^2(I/\alpha)}{4\ln\rho}\right] \tag{8.7.10}$$

式中, a 是 I 的中值, 而 ρ 是 $\langle I\rangle/\alpha$, 因此

$$\left.\begin{aligned}\langle I\rangle &= \alpha\rho\\ \sigma_I^2 &= \langle I\rangle^2(\rho^2-1)\end{aligned}\right\} \tag{8.7.11}$$

(6) 广义 χ^2 分布模型。大多数起伏点目标散射强度分布, 正如斯威林 (Swerling) 指出[159] 可以用一般 χ^2 分布族来表示

$$W(I) = \frac{K}{(K-1)!\langle I\rangle}\left(\frac{KI}{\langle I\rangle}\right)^{k-1}\exp\left(-\frac{KI}{\langle I\rangle}\right) \tag{8.7.12}$$

这就是 $\chi = 2KI/\langle I\rangle$ 的 χ^2 分布模型 (见式 (5.2.22))

$$W(x^2) = \frac{(x^2)^{k-1}}{2^k(K-1)!}\exp\left(-\frac{x^2}{2}\right) \tag{8.7.13}$$

式中, K 是其自由度数。

式 (8.7.12) 所示目标强度分布的物理意义还不十分清楚, 但它可以由不同 K 值反映前几种分布, 例如

$$\begin{cases} K=\infty, & \text{为稳定点目标模型 (马克姆模型);}\\ K=1, & \text{为瑞利分布模型;}\\ K=2, & \text{为 } \chi^2 \text{ 分布模型}\end{cases}$$

但如果式 (8.7.2) 的赖斯模型中 $q=2.4$, 则该赖斯模型也可认为是 $K=2$ 的 χ^2 模型。

此外, 对于一个随机取向的柱形目标, 是 $0<K<1$ 的 χ^2 分布, 并称为韦因斯托克分布模型。

8.7.2 斯威林起伏模型分类

在前面所讨论的模型中均以式 (8.7.1) 为基础, 即略去时变参量而把目标看成是慢起伏的随机点目标 (非时扩目标), 即在信号时间内 $b(t)$ 保持不变, 如果发射的是脉冲串, 那么对于一次发射的每一个子脉冲, 回波都是相关的; 但当目标是快变

情况时, $b(t)$ 不能保证在这一串脉冲发射期间是常数, 以致串内每个脉冲回波都可能不相关, 这时起伏称快起伏。无论慢起伏还是快起伏, 其散射截面或强度分布均可用上面的 χ^2 分布来表示, 只是自由度数 K 不一样。快起伏目标可以看成是 N 个独立的 χ^2 分布之和, 因此也是 χ^2 分布的, 而总自由度是各独立 χ^2 分布的自由度之和。根据这一原则, 斯威林将这种起伏非时扩目标分成五种标准模型:

(1) 马克姆模型, $K=\infty$;

(2) 斯威林 I 型, $K=1$;

(3) 斯威林 II 型, $K=N$;

(4) 斯威林 III 型, $K=2$;

(5) 斯威林 IV 型, $K=2N$。

其中, 斯威林 II 和 IV 是快起伏模型, 它们分别相对于慢起伏的斯威林 I 和 III 型 (即瑞利分布和 χ^2 分布)。N 的数值决定于相对于信号长度 (或串脉冲总长度) 内 $b(t)$ 的独立抽样数 N。如果信号长度是 T, 那么, $N=WT$, W 是 $b(t)$ 的谱宽或目标多普勒扩展宽度。

目标散射截面或强度分布的研究之所以重要, 是因为:

(1) 大部分接收处理设备都有平方检波装置, 在研究接收机检测特性时, 需要考虑回波的信噪比 (能量或功率)。

(2) 强度的分布形式有时可以用来区分目标表面结构的特征。

(3) 即使对于时扩目标, 接收处理中经常采用抽头延迟相加, 因此也可用等效于上述快起伏点目标模型来讨论相加后的能量起伏分布 (详见第十章)。

8.8 目标回波的近似模型

我们给出了目标散射的响应函数 $h(\tau,t)$ 和传递函数 $H(f,t)$, 在声呐中, 目标散射特性并不知道, 因此需要在给定条件下对目标进行模拟和测量. 这一节我们将利用线性系统的理论和目标本身的特性讨论目标的几种近似模型。实际上, 在 6.9 节中讨论的信道模型在这里都适用, 但这里主要突出目标信道的特性。

8.8.1 目标回波状态变量模型

一般目标是属于双扩展目标, 而时间扩展主要是由于目标的径向距离上延伸引起, 因此回波散射信道可以认为是以 τ 为分布参量的散射信道, 窄带情况下如果目标散射过程是 WSSUS 过程, 则可以用散射函数 $P_{ST}(\tau,\varphi)$ 来描述其信息特征, 若 $P_{ST}(\tau,\varphi)$ 是 φ 的有理函数, 那么可利用 6.3 节中所讨论的状态变量法来模拟这种目标的散射特性[42]。

由于是窄带条件, 因此全部过程用复低通形式表示。用 n 维状态矢量 $\boldsymbol{x}_T(\tau,t)$ 表示$h_T(\tau,t)=b(\tau,t-\tau/2)$, 它是以 τ 为参量的, 且不同 τ 值的 $\boldsymbol{x}_T(\tau,t)$ 之间无耦合。根据式 (6.3.33) 和式 (6.3.34) 目标散射过程的状态方程和观察方程分别是

$$\frac{\partial \boldsymbol{x}(\tau,t)}{\partial t}=\boldsymbol{A}_T(\tau)\boldsymbol{x}_T(\tau,t)+\boldsymbol{B}_T(\tau)u(\tau,t) \tag{8.8.1}$$

和

$$s_T(t)=\boldsymbol{C}_T(\tau)\boldsymbol{x}_T(\tau,t) \tag{8.8.2}$$

$\boldsymbol{A}_T(\tau)$ 是 $n\times n$ 阶矩阵, $\boldsymbol{B}_T(\tau)$ 是 n 维矢量, $\boldsymbol{C}(\tau)$ 是 $n\times 1$ 阶矩阵。各系数矩阵亦均以 τ 为参量。状态矢量 $\boldsymbol{x}_T(\tau,t)$ 满足初始条件

$$\langle \boldsymbol{x}_T(\tau,t_0)\boldsymbol{x}_T^{\dagger}(\tau',t_0)\rangle=\boldsymbol{P}_{xT}(\tau)\delta(\tau-\tau') \tag{8.8.3}$$

若输入 $u(\tau,t)$ 满足白色噪声条件

$$\langle u(\tau,t)u^*(\tau',t')\rangle=Q(\tau)\delta(t'-t)\delta(\tau'-\tau) \tag{8.8.4}$$

则目标响应函数是

$$h_T(\tau,t)=\boldsymbol{C}_T(\tau)\boldsymbol{x}_T(\tau,t) \tag{8.8.5}$$

回波

$$s_T(t)=\int h_T(\tau,t)u(t-\tau)\mathrm{d}\tau=\int u(t-\tau)\boldsymbol{C}_T(\tau)\boldsymbol{x}_T(\tau,t)\mathrm{d}\tau \tag{8.8.6}$$

如果散射过程 (以 τ 为参量) 都是零均值复高斯过程, 则可类似式 (6.3.28) 引入转移矩阵 $\boldsymbol{H}_T(\Delta t;\tau)$, 它满足

$$\left.\begin{aligned}\frac{\partial \boldsymbol{H}_T(\Delta t;\tau)}{\partial(\Delta t)}&=\boldsymbol{A}_T(\tau)\boldsymbol{H}_T(\Delta t;\tau)\\ \boldsymbol{H}_T(0,\tau)&=\boldsymbol{I}\end{aligned}\right\} \tag{8.8.7}$$

可以证明 $h_T(\tau,t)$ 的权重相关函数 $P_{hT}(\tau,\Delta t)$ 是

$$P_{hT}(\tau,\Delta t)=\boldsymbol{C}(\tau)\boldsymbol{P}_{xT}(\tau,\Delta t)\boldsymbol{C}^{\dagger}(\tau) \tag{8.8.8}$$

式中, $\boldsymbol{P}_{xT}(\tau,\Delta t)$ 是 $X_T(\tau,t)$ 的相关矩阵, 它满足

$$\boldsymbol{P}_{xT}(\tau,\Delta t)=\begin{cases}\boldsymbol{H}_T(\Delta t,\tau)\boldsymbol{P}_{xT}(\tau,\Delta t), & \Delta t>0\\ \boldsymbol{P}_{xT}(\tau,0)\boldsymbol{H}_{T^{\dagger}}(\Delta t,\tau), & \Delta t<0\end{cases} \tag{8.8.9}$$

且

$$\boldsymbol{P}_{xT}(\tau,0)=\boldsymbol{P}_{xT}(\tau) \tag{8.8.10}$$

由式 (8.8.8) 可确定目标的散射函数 $P_{ST}(\tau,\varphi)$ 的状态参量形式

$$P_{ST}(\tau,\varphi)=\mathrm{IFT}_{\Delta t\to\varphi}\{P_{hT}(\tau,\Delta t)\}$$

如果目标初始条件不为零 (即有储能), 目标的动态特性都可用状态方程描述, 而用卷积表示的目标响应只是其强迫响应。

8.8.2 抽头延迟线模型

对于带限信号 $u(t)$, 双扩展目标回波可用

$$s_T(t)=\sum_{n=-\infty}^{\infty}u(t-nT_s)h_n(t) \tag{8.8.11}$$

表示, 其中

$$h_n(t)=\int h_T(\tau,t)\mathrm{sinc}[\pi(\tau-nT_s)/T_s]\mathrm{d}\tau \tag{8.8.12}$$

式 (8.8.12) 就是 6.9 节中将目标表示为抽头延尺线的结构形式, $h_n(t)$ 是第 n 个抽头的复增益函数。抽头间隔 $T_s=1/f_s$ 通常取 $\leqslant 1/B$ (B 是 $u(t)$ 带宽)(见 6.9.2 节)。若目标距离延伸是 l_T, 则抽头总数只要 $Lf_s\geqslant LB(L=cl_T/2)$。

对于 WSSUS 的目标信道, 其散射函数是 $P_{ST}(\tau,\varphi)$, 抽头增益函数是互相独立的 (见式 (6.9.5)~ 式 (6.9.8))

$$\langle h_n(t)h_m^*(t')\rangle=\begin{cases}T_SP_{hn}(t'-t), & m=n\\ 0, & m\neq n\end{cases} \tag{8.8.13}$$

而第 n 个抽头增益相关函数 $P_{hn}(\Delta t)$ 是

$$P_{hn}(\Delta t)=P_h(nT_s,\Delta t)=\int P_{\varphi n}(\varphi)\mathrm{e}^{\mathrm{j}2\pi\varphi\Delta t}\mathrm{d}\varphi \tag{8.8.14}$$

其中

$$P_{\varphi n}(\varphi)=T_sP_{ST}(nT_s,\varphi) \tag{8.8.15}$$

对时域 t, 如果也采用离散形式

$$h_n(t)=\sum_m S_{nm}\mathrm{e}^{\mathrm{j}2\pi mt/T_1} \tag{8.8.16}$$

其中

$$S_{nm}=\iint S_T(\tau',\varphi')\mathrm{sinc}[\pi(\tau'/T_s-n)]\mathrm{sinc}[\pi(\varphi'T_1-m)]\mathrm{d}\tau'\mathrm{d}\varphi' \tag{8.8.17}$$

T_1 是对目标的观察时间 (一般 $T_1\geqslant T+L$), $S_T(\tau,\varphi)$ 是目标的扩展函数, 那么该模型就是 6.9 节中的网格模型, 它将目标分别割成许多具有不同延迟和频移的离散目标模型, 每个点目标都是慢起伏的。这一模型不限于 WSSUS 信道, 但对于 WSSUS 信道, 各点的权 S_{mn}(或散射元截面) 的相关值是

$$\langle S_{nm}S_{k1}^*\rangle=\left(\frac{T_s}{T_1}\right)^2P_S\left(nT_s,\frac{m}{T_1}\right)\delta(k-n)\delta(l-m) \tag{8.8.18}$$

在目标模型中, 如果考虑目标表面是亮点分布结构, 而亮点径向延迟是 $\tau_n(n=1,2,\cdots,N)$, 且亮点强度也都是快起伏的, 起伏增益是 $h_n(t)=b_n(t-\tau_n/2)$, 则延迟线抽头模型结构如图 8.8.1 所示。图中 $\Delta\tau_n=\tau_n-\tau_{n-1}$, 这就是目标的亮点模型, 其响应函数为

$$h_T(\tau,t)=\sum_{n=1}^{N}h_n(t)\delta(\tau-\tau_n) \tag{8.8.19}$$

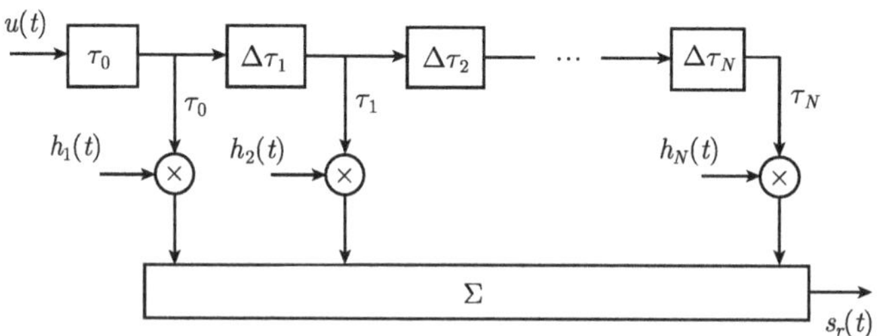

图 8.8.1 延迟线抽头亮点模型

8.8.3 广义横向滤波器模型

图 8.8.1 所示延迟线抽头目标模型也叫横向滤波器模型, 这种模型将每一个抽头增益 $h_n(t)$ 看成是强度独立闪耀 (起伏) 的镜反射亮点响应。但实际声呐目标往往是距离连续延伸的密集分布散射体或散射强度与频率有关的广义亮点模型。这类目标散射可看成是分布独立的广义亮点散射之和, 如果每个广义亮点散射传递函数用幂级数展开式 (8.6.19) 表示, 那么整个目标传递函数 $H_T(f)$ 可表示为

$$H_T(f)=\sum_{n=1}^{N}\sum_{m=-M}^{M}h_{mn}\mathrm{e}^{-\mathrm{j}2\pi f\tau_n}(\mathrm{j}2\pi f)^m \tag{8.8.20}$$

N 是广义亮点数, h_{nm} 和 τ_n 分别第 n 个广义亮点散射系数和距离延迟。

对于谱是 $U(f)$ 的发射 (或传输) 信号, 目标回波谱可表示为

$$S_T(f)=H_T(f)U(f)=\sum_{n=1}^{N}\sum_{m=-M}^{M}h_{mn}\mathrm{e}^{-\mathrm{j}2\pi f\tau_n}S_m(f) \tag{8.8.21}$$

式中

$$S_m(f)=(\mathrm{j}2\pi f)^mU(f) \tag{8.8.22}$$

根据加贝尔变换分式 (2.4.4), 式 (8.8.21) 相应的回波波形可表示为

$$s_T(t)=\sum_{n=1}^{N}\sum_{m=-M}^{M}h_{mn}u^{(m)}(t-\tau_n) \tag{8.8.23}$$

$u^{(m)}(t)$ 是声呐波形 $u(t)$ 的微分 $(m<0)$ 或积分 $(m>0)$ 形式。

根据式 (8.8.23), 广义分布目标抽头延迟线模型如图 8.8.2(注意和图 6.9.2 的信道网格模型的区别) 所示, 图中 $\Delta\tau_i=\tau_{i+1}-\tau_i$。实际上是图 8.8.1 的推广形式, 故称为广义横向滤波器模型。当 $M=0$ 时, 图 8.8.2 就是图 8.8.1 的横向滤波器。

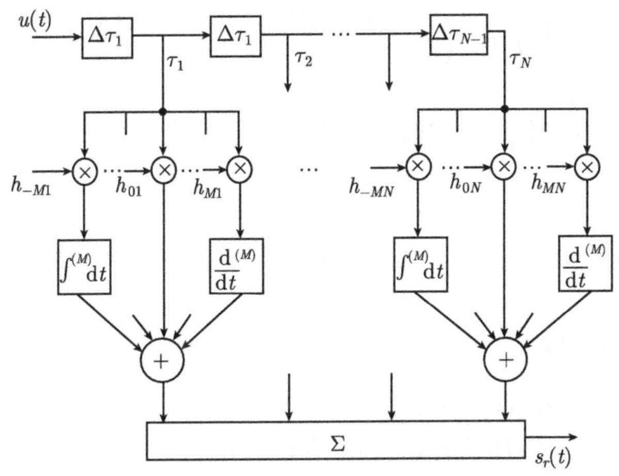

图 8.8.2 目标广义横向滤波模型

8.9 目标回波时频分析

由于水下环境和目标是时变空变的, 因此实际目标回波所能反映的目标特征也只是目标的瞬间特征, 我们也只能根据目标回波中的瞬间特征及其时变规律来确定目标的主要特征, 包括不同姿态角下目标亮点分布的时 - 频 - 空特征以及其相关可检性特征。

能同时给出时变信号时间和频率变化规律的时频分析法是分析时变信号或过程的最好方法。声呐中常用的有谱图、WVD、子波变换和模糊度等。由于声呐信号大都是窄带信号, 因此, 这一节讨论 WVD 方法在目标亮点回波时频精细结构分析中的应用。对目标历程回波的匹配滤波和相关分析将在 8.10 节讨论。

8.9.1 回波时频分布特性

由于我们主要讨论特征分析方法, 因此, 不考虑回波过程中的能量衰减和空变效应, 而将目标局部时变散射响应直接表示为 $H_T(f,t)$。因此, 回波表示为

$$s_T(t)=\int H_T(f,t)U(f)\mathrm{e}^{\mathrm{j}2\pi ft}\mathrm{d}f$$

根据式 (5.5.1) 和式 (6.8.47), 回波的 WV 谱是

$$W_s(t,f)=\int\int W_u(\tau',\varphi')w_T(t,\varphi';t-\tau',f-\varphi')\mathrm{d}\varphi'\mathrm{d}\tau' \tag{8.9.1}$$

而 $W_T(t,f;\varphi,\tau)$ 就是时变目标自身散射过程的二维 WV 谱 (见式 (6.8.27))

$$W_T(t,f;\varphi,\tau)=\int\int H_T\left(f+\frac{\varphi'}{2}+\frac{\tau'}{2}\right)\left(f-\frac{\varphi'}{2}-\frac{\tau'}{2}\right)\mathrm{e}^{\mathrm{j}2\pi(\varphi'\tau-\varphi\tau')}\mathrm{d}\tau'\mathrm{d}\varphi' \tag{8.9.2}$$

它直接反映了目标散射过程的时频分布特征, 对已知声呐波形 $u(t)$, 可以根据式 (8.9.1) 从回波的 WVD 中获得目标不同时间 t 或频率 f 的延迟 τ 和频移 φ 分布。

根据 6.8 节关于时变信道二维时频分布的性质, 讨论 8.5 节的几种目标的特殊情况。

(1) 慢起伏点目标

$$\left.\begin{aligned}&H_T(f,t)=b_T\mathrm{e}^{\mathrm{j}2\pi(f\tau_0-\varphi_0t)}\\&W_T(t,f;\tau,\varphi)=|b_T|^2\delta(\tau-\tau_0)\delta(\varphi-\varphi_0)\\&W_s(t,f)=|b_T|^2W_u(t-\tau_0,f-\varphi_0)\end{aligned}\right\} \tag{8.9.3}$$

(2) 慢起伏分布亮点目标

$$\left.\begin{aligned}&H_T(f,t)=H(f)\mathrm{e}^{-\mathrm{j}2\pi\varphi_0t}=\sum_{i=1}^{N}b_i\mathrm{e}^{\mathrm{j}2\pi(f\tau_i-\varphi_0t)}\\&W_T(t,f;\varphi,\tau)=\sum_{i=1}^{N}|b_T|^2\delta(\tau-\tau_i)\delta(\varphi-\varphi_0)\\&W_s(t,f)=\sum_{i=1}^{N}|b_T|^2W_u(t-\tau_i,f-\varphi_0)+O_X\end{aligned}\right\} \tag{8.9.4}$$

O_X 是交叉项。

(3) 快起伏点目标

$$\left.\begin{aligned}&H_T(f,t)=b_T\mathrm{e}^{\mathrm{j}2\pi f\tau_0}\\&W_T(t,f;\tau,\varphi)=W_u(t,\varphi)\delta(\tau-\tau_0)\\&W_s(t,f)=\int W_u(t',f')W_b(t-t'-\tau_0,f-f')\mathrm{d}f\end{aligned}\right\} \tag{8.9.5}$$

$W_b(t,f)$ 就是起伏幅度 $b_T(t)$ 的 WVD.

(4) 广义平稳非相关散射 (WSSUS) 目标, 其二维 WVD 式 (8.9.3) 没有简单形式, 但可以根据式 (6.8.50) 有回波平均 WVD 表示为

$$\langle W_s(t,f)\rangle=\iint W_u(t',f')P_{ST}(t-t',f-f')\mathrm{d}t'\mathrm{d}f' \tag{8.9.6}$$

$P_{ST}(\tau,\varphi)$ 是目标散射函数。然而, 目标散射很难保证为 WSSUS, 因此一般均对回波直接进行 WVD 分析, 如果信号选择适当, 可以获得目标本身的瞬时散射特性, 包括各亮点位置和移动速度的分布信息。

分布亮点回波 WVD 之间当然也会存在交叉项, 但这种交叉项有时也具有目标信息特征。此外, 由于回波过程都包括介质传递的过程, 因此回波的 WVD 中也含有传输信道的时变或多途信息。

8.9.2 回波 WVD 分析例

用来对目标回波进行时频分析的信号一般其时频特性简单也比较直观, 最常见是在第三章中给出的单频短脉冲 (CWS)、单频长脉冲 (CWL) 和线性调频信号 (LFM) 三种形式的信号。它们的 WVD 分别是

$$\begin{cases} W_{\mathrm{CWS}}=\left(1-\dfrac{2t}{\tau}\right)\mathrm{sinc}[\pi f(\tau-2\,|t|)], \quad |t|<\dfrac{\tau}{2}=\dfrac{1}{2B} \\ W_{\mathrm{CWL}}=\left(1-\dfrac{2t}{T}\right)\mathrm{sinc}[\pi f(T-2\,|t|)], \quad |t|<\dfrac{T}{2} \\ W_{\mathrm{LFM}}=\left(1-\dfrac{2t}{T}\right)\mathrm{sinc}\left[\pi\left(f-\dfrac{B}{T}t\right)(T-2\,|t|)\right]\approx\delta(fT-Bt), \quad |t|<\dfrac{T}{2} \end{cases} \tag{8.9.7}$$

图 8.9.1(上图) 是三种信号的 WVD 图例。三种信号的亮点分布目标回波 WVD 是

$$\begin{cases} W_{s\mathrm{CWS}}(t,f)\approx\displaystyle\sum_{i=1}^{N}|b_i|^2\,\mathrm{rect}\left\{\frac{f-\varphi_i}{B}\right\}\delta(t-\tau_i)+O_X \\ W_{s\mathrm{CWL}}(t,f)\approx\displaystyle\sum_{i=1}^{N}|b_i|^2\,\mathrm{rect}\left\{\frac{t-\tau_i}{T}\right\}\delta(f-\varphi_i)+O_X \\ W_{s\mathrm{LFM}}(t,f)\approx\displaystyle\sum_{i=1}^{N}|b_i|^2\,\mathrm{rect}\left\{\frac{t-\tau_i}{T}\right\}\mathrm{rect}\left\{\frac{f-\varphi_i}{B}\right\} \\ \qquad\qquad\cdot\delta([f-\varphi_i]T-B[t-\tau_i])+O_X \end{cases} \tag{8.9.8}$$

如果信号 T 和 B 足够大, 它们均可近似给出目标的时间、频率和时间–频率联合分布特性。

图 8.9.1 下图是上图三种信号对应的水池动态实验回波 WVD 等高剖面图, 目标是在相同姿态下的潜艇模型 [270], 虽然我们已经采用了二项式核的 RID 分布 (见 5.6 节) 形式, 但亮点回波间还是存在交叉项。即使如此, CWS 的图还是可以看到潜艇模型目标的两个主要亮点结构 (虽然都有一定的扩展), 紧跟第二个亮点回波后面的是目标随机杂乱的亮点回波。

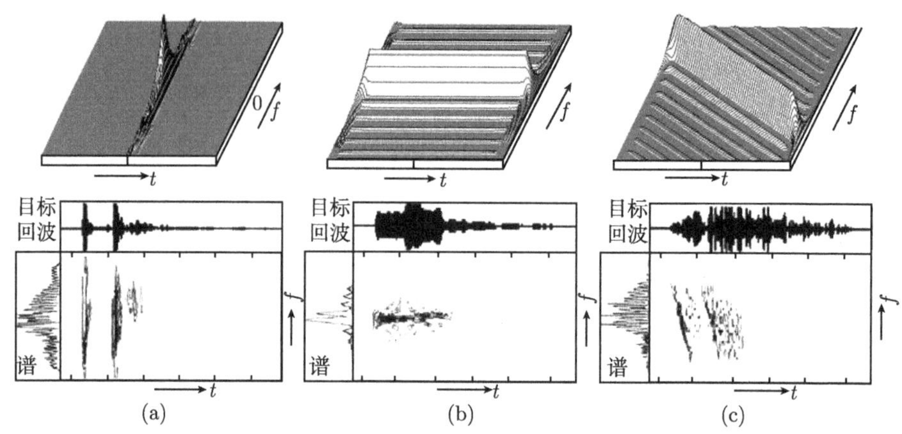

图 8.9.1 三种信号 (上) 及其同一目标所对应的回波 (和 WVD 图)(下)
(a) CWS; (b) CWL; (c) LFM

从 CWL 的回波 WVD 还看到两个亮点的频移差别, 只是分辨率不高, 我们可以用下面的频率细化 (ZOOM) 方法来提高亮点间的频移分辨能力。此外, 从 LFM 的 WVD 图看到, 两个主要亮点回波保持了信号的线性频率调制特性, 可见是完全相干的两个亮点回波。根据线性调频回波的这种特点采用 LADON-WVD 变换方法进一步提取目标亮点回波精确的时频特征。

8.9.3 窄带 ZOOM 时频分析方法

大部分主动声呐信号 $u(t)$ 是时限窄带信号, 其带宽 B 只是中心频率 f_0 的 1/10 左右, 对信号有限持续时间为 T 的信号, 其频率分辨率近似为 $1/T$。在对其进行 WVD 分析时, 其频率分辨率决定于所选分析窗长 ($\leqslant T$), 因此对窄带信号在 f-t 平面上的主要时频分布图像集中在 f 方向的一个很窄范围内, 由于最大分析窗长受到信号长度的限制, 因此直接通过回波 WVD 来观察窄带信号回波不能获得精确的目标回波的时频分布特征。

传统的用于细化谱分析的 ZOOM-FFT 方法是用增加分析长度来提高频率分辨率的, 这对于长度不受限制的窄带平稳信号 (如被动声呐中的线谱分析) 是有效的, 但对于声呐回波, 它是有限长度的窄带信号, 增加 (或等效增加) 信号长度, 也只是增加与信号无关的数据或补零, 其频率分辨精度不会有实质性的增加。文献 [273] 提出了一种适用于有限长度信号的频率细化 (ZOOM) 的方法, 不增加信号分析长度, 而采用拓宽被分析信号的频带的办法来细化信号时频精细结构。这种用拓宽信号频带的细化谱方法称为 F-ZOOM 变换方法。

F-ZOOM 基本原理很简单, 实际上是对所要分析的信号窄带频率成分取 K 倍

频后的 FT 分析。例如, 要分析的窄带信号复数形式是

$$s(t) = A(t)\exp[\mathrm{j}\theta(t)]$$

将其相位函数 $\theta(t)$ 乘以 K 倍, 使信号频率变成

$$f_{Ki}(t) = -2\pi K\frac{\mathrm{d}\theta(t)}{\mathrm{d}t} = Kf_i(t) \tag{8.9.9}$$

倍频后的信号是

$$s_K(t) = A(t)\exp[\mathrm{j}k\theta(t)] \tag{8.9.10}$$

信号 $s(t)$ 的带宽也放大了 K 倍, 即 $B_K = KB$。由于倍乘的是信号相位函数, 因此首先要提取信号的相位调制规律, 显然这种方法比较适合于相位连续慢变的窄带信号, 并且倍频信号后的离散化也必须保证在满足抽样定理的频率范围内进行, 即如果抽样频率为 f_s, 则 $KB \leqslant f_s/2$, 因此为了获得信号的最大的细化系数 $K = f_s/2B$, 在将频率放大 K 倍前也必须将要细化的信号分析频带滤波频移至接近于零频 (基带) 附近, 而且为了保证频移后的信号没有负频成分, 频移前要先对信号进行选通滤波。

另一种扩大信号带宽的办法是时间压缩法, 即在保证同一 TB 乘积, 使 T 减小而 B 增大的方法, 称为 T-ZOOM 法, 但这种方法实际上只是使图形显示放大。

图 8.9.2(a) 是一次实际单频长脉冲 CWL 声呐接收信号的 (RID)WVD 分析图例, 图 8.9.2(b) 和 (c) 分别是图 (a) 接收信号 $K = 16$ 的 T-ZOOM 和 F-ZOOM 的 WVD 图像, 其中被虚线框住的是动目标回波。与图 (a) 比较可见, ZOOM 处理后目标回波的多普勒频移均清晰可见, 但 T-ZOOM(图 (b)) 实际上只是原始 WVD(图 (a)) 的直接放大, 而 F-ZOOM(图 (c)) 明显细化了 WVD(图 (a)) 的图像, 而且清晰地显示出目标回波由于混响干涉引起的拍频频率漂移特性。对图 (b) 虚线框中的目标回波谱进一步选通, 如图 (d) 黑粗线所标记的两种滤波通带 I 和 II, 并作对应的 F-ZOOM WVD 分析, 分别如图 (e) 和 (f) 所示。图 (e) 所示的 WVD 就是图 (c) 中 $K = 16$ 的回波 WVD 图的放大, 而图 (f) 是 $K = 64$ 的 F-ZOOM 超精度 WVD 图, 由于所选带宽接近和信号相同, 因此基本上滤去了混响而保留了目标回波本身的时频特性 —— 近似线性频率扩展的衰落细结构。

图 8.9.3(a) 和 (b) 分别是 $K = 8$ 的短脉冲 (CWS) 和线性调频 (LFM) 目标回波 (上) 的 T-ZOOM(中) 和 F-ZOOM(下) WVD 图。图中也显示了目标亮点的分布结构, 并可见, F-ZOOM 细化方法分辨率远大于 T-ZOOM 细化方法。其中包括亮点回波的调频斜率和频率漂移情况。LFM 回波 WVD 图中第一个是海面回波, 未形成斜峰的或斜率不同于发射信号的亮点回波通常是随机非相干亮点回波。

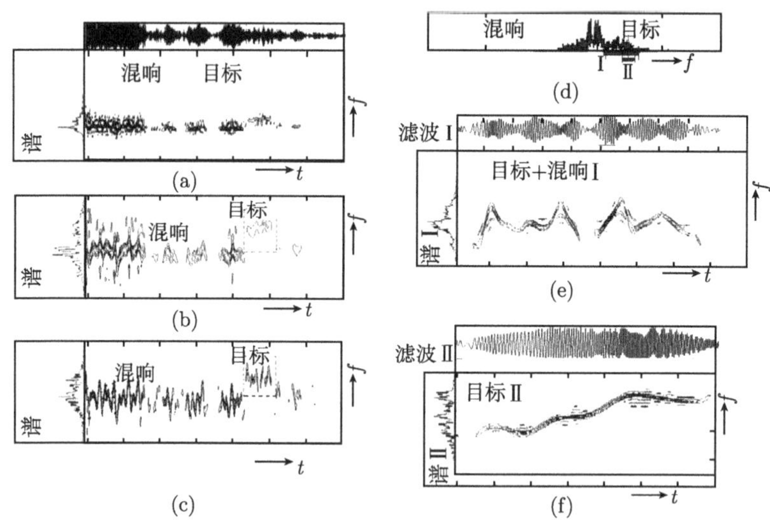

图 8.9.2 实际接收信号的 ZOOM WVD 分析图例

(a) 原始接收信号; (b) T-ZOOM; (c) F-ZOOM; (d) 原始信号谱–滤波;

(e) Ⅰ $K = 16$; (f) Ⅱ $K = 64$

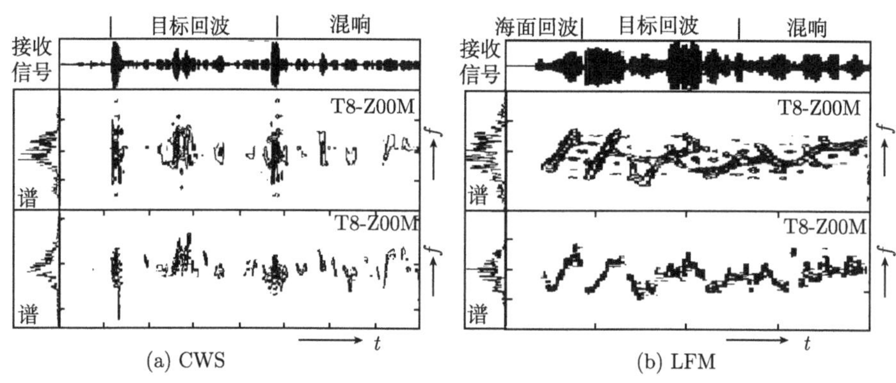

(a) CWS　　(b) LFM

图 8.9.3 $K = 8$ 的 CWS 和 LFM 信号的目标回波 (上)、T-ZOOM(中) 和 F-ZOOM(下) WVD 图

8.9.4 RADON 变换的应用

由图 8.9.1(c) 和图 8.9.3(b) 可见, 线性调频回波 WVD 对相干目标具有直线斜脊特性, 我们可以用 LADON 变换的方法对 WVD 时频图进行旋转直线积累, 并称为 RADON-WVD 变换 [274]。

RADON-WVD 的变换基本原理如下：对一个信号的 WVD 二维图像 $W(t, f)$

的 RADON 变换是

$$\mathrm{RD}\{W(t,f)\} = R_W(\rho,\alpha) = \iint W(t,f)\delta(t\cos\alpha + f\sin\alpha - \rho)\mathrm{d}t\mathrm{d}f \tag{8.9.11}$$

该变换表明是将 t-f 时频平面上的三维 WVD 图像转换为 $\rho = t\cos\alpha + f\sin\alpha$ 和幅角 $\alpha = \tan^{-1}(f/t)$ 为变量的直角平面上的三维 $R_W(\rho,\alpha)$ 图像。或者说 RADON-WVD 图像变换就是将 (t,f) 平面上的 $W(t,f)$ 沿 α 斜脊方向进行长度为 $\rho = t\cos\alpha + f\sin\alpha$ 的线积分变换。不难理解, $W(t,f)$ 时频空间的一条具有直线峰脊特性的图像, 将在对应的 RADON 图像 $R_W(\rho,\alpha)$ 空间中形成一个强亮点, 因此 RADON 变换对图像线性特征提取特别有效, 由于 RADON-WVD 变换具有图像点–线对偶映像性能, 因此也称为霍夫 (Hough) 变换 [278]。

在声呐回波处理中用 $R_W(\rho,\alpha)$ 图像不能给出回波的时间过程, 文献 [275] 直接定义 $R_W(t,\alpha)$ 为在 WVD 图像平面点 (t,f_0) 沿 α 方向对 $W(t,f)$ 值进行的线积分变换。例如, 对调频参量 $M = B/T$ 的 LFM 信号, 其 WVD 式 (8.9.8) 具有 $\alpha = M = B/T$ 的线性斜峰特性。为了给出回波的时间过程, 用给定频率 f 的时间变量 t 代替 ρ, 即在 t 时刻其沿着 α 方向在 $[t-T/2, t+T/2]$ 时间内对 WVD 图像的积分变换

$$R_W(t,\alpha) = \int_{t+T/2}^{t+T/2} T/2\left(1-\frac{2|t|}{T}\right)\mathrm{sinc}\left\{\pi[(\alpha-M)t'](T-2|t'|)\right\}\mathrm{d}t' \tag{8.9.12}$$

显然, 当 $t=0$ 和 $\alpha = M$ (斜脊匹配) 时, $R_W(0,M)$ 最大。如果有多个不同延迟 τ 和不同调制带宽 $B = MT$ 的复合调频信号, 可以根据这种方法给出的二维 $R_W(\tau,\alpha)$ 图像的峰值的位置确定它们的调频参数。如图 8.9.4 所示, 三个不同带宽 LFM 复合信号 (I, II 和 III) 的 W_S 图 (a) 和它的 R_W 图 (b), 左上角图是积累方向示意图, 三个峰的位置说明它们的调频斜率分别是 $M = 0.5, -0.8$ 和 -1.0。

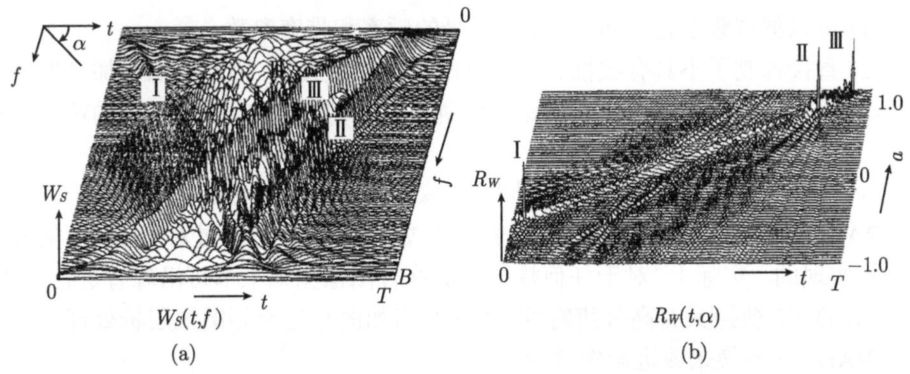

图 8.9.4 三个 LFM 的复合信号的 $W_S(t,f)$(a) 和 RADON 变换 $R_W(t,\alpha)$(b)

由于 LFM 信号的模糊度图也同样具有线性斜脊特性, 因此 RADON 变换也可对 LFM 信号的模糊度图进行, 并称为 RADON-AMF 变换 [276,277]。

对于声呐中的低速目标, 亮点回波均具有和信号同样的 $\alpha = \alpha_0$, 因此这种积累可以对固定调频斜率进行, $R_W(t, \alpha_0)$ 图实际上变成一维的图, 图 8.9.5(a) 上图是 S/N=0dB 的噪声背景下 LFM 信号 $s_0(t)$ 的 5 亮点模拟回波 $s(t) = s_0(t+T) + s_0(t+T) + s_0(t+4T) + s_0(t+6.2T) + s_0(t+6.4T)$, 其中第 2 和第 3 回波是相邻的, 第 4 和第 5 回波有 4/5 重叠, 因此在其回波 WVD 图 (b) 中, 第 2-3 和第 4-5 紧相邻的亮点回波 WVD 存在交叉项, 而第 4-5 的交叉项峰更高。图 8.9.5(a) 中图是经过对信号 $M = 1/T$ 的时频积累的一维 RADON-WVD 变换图像 $R_W(t, M)$, 可以明显看到, LADON 变换的积累作用有明显消除交叉项和抑制噪声 (噪声不能被积累) 的效果。图 8.9.5(a) 下图是对该亮点与回波匹配滤波输出 (互模糊度) 进行 RADON-AMF 变换的一维图像 $R_\chi(\tau, M)$, 可以看到, 对紧邻的亮点 4 和 5, 回波 $R_\chi(\tau, M)$ 有比 $R_\chi(\tau, M)$ 更强的抑制干扰能力和更高的距离分辨性能。

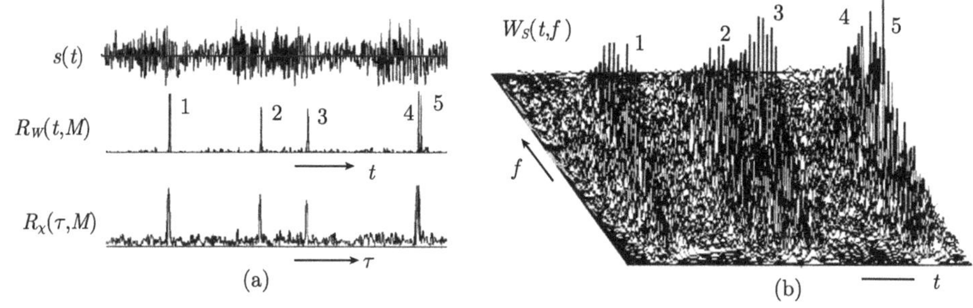

图 8.9.5 S/N=0db 的 5 亮点模拟 LFM 回波的 RADON 变换

(a) $s(t)$ 波形, $R_W(t, M)$ 和 $R_\chi(\tau, M)$ 积累图; (b) WVD 图

由图 8.9.4 和图 8.9.5 可知, 用 LFM 信号的 RADON-WVD 变换方法分析目标回波有如下几个特点:

(1) 可以解调频以直接估计 LFM 信号的频率和带宽参数。

(2) 直接抑制了不具有线性斜脊特性的 WVD 交叉项, 因此亮点更加清晰。

(3) 相对于脉冲压缩可以提高距离分辨率, 因此更能获得相干亮点的精细分布结构。

(4) 可用来提高相干目标 LFM 回波在噪声或混响背景中的检测性能。

RADON 变换其实不限于 LFM 信号的 WVD 图像, 只不过对于 LFM 信号是最容易实现的。实际上, 对于任何规律性的峰脊图像原则上都可沿峰脊进行积累。由于 RADON 变换具有高分辨特性, 因此在诸如医疗超声等图像层析处理中广泛采用 RADON 变换来改进影像质量。

8.10 目标回波相关输出分析

8.9 节主要讨论目标回波的时频分布特性, 由于对目标回波的检测主要是匹配滤波检测, 对于有源声呐设计和检测, 更关心的是来自目标不同方向的散射回波的相关性能, 了解目标扩展特性对声呐基阵结构和波形选择以及对匹配滤波检测的影响。本节主要讨论声呐目标回波及其匹配滤波输出的相关和或模糊度分析方法。

8.10.1 目标散射的相关分析

不计距离损失, 讨论目标空间内时不变双基地目标散射情况, 其散射几何如图 8.10.1 所示, 来自发射阵所在方向 $\boldsymbol{\alpha}_T$(目标姿态角) 的发射声波信号是 $u(t)$, 根据式 (8.1.19), 目标在接收阵所在方向 $\boldsymbol{\alpha}$ 形成的散射波是

$$s(t,\boldsymbol{\alpha}\,|\boldsymbol{\alpha}_T\,)=\int h_T(\tau,t,\boldsymbol{\alpha}\,|\boldsymbol{\alpha}_T\,)u(t-\tau)\mathrm{d}\tau \tag{8.10.1}$$

可见散射回波不但与信号形式有关, 而且主要是与目标照射方向 $\boldsymbol{\alpha}_T$ 和目标散射方向 $\boldsymbol{\alpha}$ 有关。无论 $\boldsymbol{\alpha}_T$ 还是 $\boldsymbol{\alpha}$ 的改变都会引起回波的变化, 特别是对双基地声呐目标, 人们更关心的是目标不同散射方向引起的回波时空相关性。

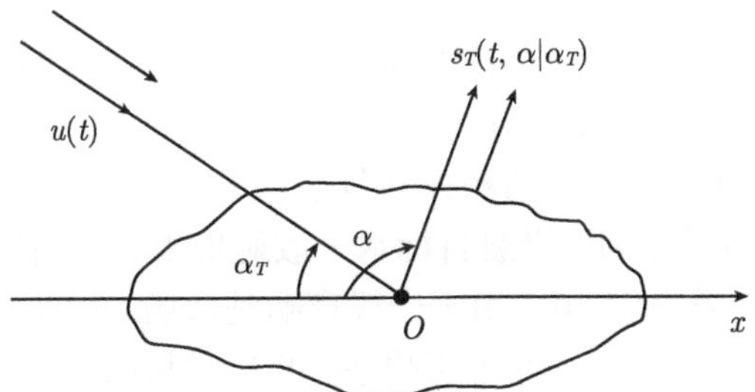

图 8.10.1 双基地目标散射方向示意图

给定 $\boldsymbol{\alpha}_T$, 目标不同散射方向的回波相关函数表示为

$$\begin{aligned}R_s(\tau,\boldsymbol{\alpha},\Delta\boldsymbol{\alpha}\,|\boldsymbol{\alpha}_T\,)&=\left\langle\int s(t,\boldsymbol{\alpha}\,|\boldsymbol{\alpha}_T\,)s^*(t+\tau,\boldsymbol{\alpha}+\Delta\boldsymbol{\alpha}\,|\boldsymbol{\alpha}_T\,)\mathrm{d}t\right\rangle\\&=\iint R_{hT}(\tau',\tau'+\Delta\tau,\boldsymbol{\alpha},\Delta\boldsymbol{\alpha}\,|\boldsymbol{\alpha}_T\,)R_u(\tau-\Delta\tau)\mathrm{d}\tau'\mathrm{d}\Delta\tau\end{aligned} \tag{8.10.2}$$

这里假定目标散射响应是随机的, 因此有散射响应函数的距离–方位相关函数

$$R_{hT}(\tau,\tau'+\Delta\tau,\boldsymbol{\alpha},\Delta\boldsymbol{\alpha}\,|\boldsymbol{\alpha}_T\,)=\langle h_T(\tau',\boldsymbol{\alpha}\,|\boldsymbol{\alpha}_T\,)h_T^*(\tau'+\Delta\tau,\boldsymbol{\alpha}+\Delta\boldsymbol{\alpha}\,|\boldsymbol{\alpha}_T\,)\rangle \tag{8.10.3}$$

如果目标是由一系列互相独立散射体构成的局部延迟–空域 WSS 目标, 根据式 (6.5.7), 式 (8.10.2) 可写成

$$R_s(\tau,\boldsymbol{\alpha},\Delta\boldsymbol{\alpha}\,|\boldsymbol{\alpha}_T\,)=\int P_{hT}(\Delta\tau,\boldsymbol{\alpha},\Delta\boldsymbol{\alpha}\,|\boldsymbol{\alpha}_T\,)R_u(\tau-\Delta\tau)\mathrm{d}\Delta\tau \tag{8.10.4}$$

如果采用高分辨的脉冲压缩信号, $R_s(\tau)\approx\delta(\tau)$, 式 (8.10.2) 和式 (8.10.4) 分别近似为

$$R_s(\tau,\boldsymbol{\alpha},\Delta\boldsymbol{\alpha}\,|\boldsymbol{\alpha}_T\,)\approx\int R_{hT}(\tau',\tau'-\tau\boldsymbol{\alpha},\Delta\boldsymbol{\alpha}\,|\boldsymbol{\alpha}_T\,)\mathrm{d}\tau' \tag{8.10.5}$$

和

$$R_s(\tau,\boldsymbol{\alpha},\Delta\boldsymbol{\alpha}\,|\boldsymbol{\alpha}_T\,)\approx P_{hT}(\tau,\boldsymbol{\alpha},\Delta\boldsymbol{\alpha}\,|\boldsymbol{\alpha}_T\,) \tag{8.10.6}$$

$\tau=0$ 时, 式 (8.10.5) 就反映了姿态角为 $\boldsymbol{\alpha}_T$ 的目标散射方位相关函数

$$R_s(0,\boldsymbol{\alpha},\Delta\boldsymbol{\alpha}\,|\boldsymbol{\alpha}_T\,)=R_{hT}(\boldsymbol{\alpha},\Delta\boldsymbol{\alpha}\,|\boldsymbol{\alpha}_T\,) \tag{8.10.7}$$

若 $\Delta\boldsymbol{\alpha}=0$, 式 (8.10.5) 目标回波相关函数就是目标散射方向 $\boldsymbol{\alpha}_T$ 距离延伸的相关函数

$$R_{hT}(\tau,\boldsymbol{\alpha}\,|\boldsymbol{\alpha}_T\,)=\int h_T(\tau\boldsymbol{\alpha}\,|\boldsymbol{\alpha}_T\,)h_T^*(\tau+\Delta\tau,\boldsymbol{\alpha}\,|\boldsymbol{\alpha}_T\,)\mathrm{d}\tau \tag{8.10.8}$$

由于传输信道影响, 实际声呐接收到的回波一般是起伏的, 因此目标回波相关函数的测量需要重复多次进行平均。

以上关于目标方位 $\boldsymbol{\alpha}(\phi,\theta)$ 的相关性包括水平 ϕ 方向性和垂直 θ 方向的相关性, 对模拟目标回波测量证明, 潜艇目标水平散射角相关范围为 $10°\sim25°$(与姿态角有关), 而垂直方向要小于 10°, 由于一般声呐是远场, 声呐接收阵孔径相对于目标距离是很小的, 因此这种相关性不影响基阵指向性接收, 但对于近场或长线阵还是要考虑目标本身的散射方向性。

如果考虑运动目标多普勒影响, 必须根据式 (6.8.4) 对回波进行二维相关分析。

8.10.2 目标回波–回波相关分析

上面只讨论了用于近场声呐和多基地声呐设计的目标散射方向 $\boldsymbol{\alpha}$ 的相关性, 对于远场收发合置单基地声呐, 我们关心的主要是目标姿态角 $\boldsymbol{\alpha}_T$ 改变 (目标摇晃或颠簸) 引起目标回波的不稳定性或反向散射波的相关性, 但这种姿态角的时变引起的回波相关性一般反映为回波时间相关性。

为了了解这种目标的时变性对声呐性能的影响, 可以采用类似在 7.9 节测量信道时间相干性所描述的脉间相关法, 即目标回波–回波之间的互相关来估计目标回波的时间相关性。

采用 $TB \gg 1$ 的元信号 $u_0(t)$ 的重复脉冲压缩信号

$$u(t) = \sum_{n=0}^{N} u_0(t - nT_p) \tag{8.10.9}$$

$T_p > T$ 是脉冲间隔。选择 T 使目标散射在该时间段内, 其响应函数近似为慢时变形式 (非时变或慢起伏), 即

$$h_T(\tau, t) \approx h_T(\tau, t_0), \quad t_0 < t_0 < t + T_p$$

因此回波可写成

$$s(t) = \sum_{n=0}^{N} s_0(t, n) \tag{8.10.10}$$

式中

$$s_0(t, n) = \int h_T(\tau, nT_p) u_0(t - \tau - nT_p) \mathrm{d}\tau \tag{8.10.11}$$

是第 n 个元信号产生的回波。对每个元信号回波确定其自相关函数。

确定第 n 个回波和随后 k 个回波之间的互相关函数

$$R_{sn}(\tau, kT_p) = \int s_0(t, n+k) s_0^*(t + \tau, n) \mathrm{d}t, \quad k = 0, 1, \cdots \tag{8.10.12}$$

即用第 n 个回波作为参考信号和随后的 k 个回波进行匹配滤波 (脉冲压缩) 运算, 由于采用的信号是脉冲压缩信号, 因此回波互相关函数式 (8.10.12) 近似为 $R_{hT}(0, kT_p)$ 的值。

图 8.10.2 上图所示为 CMP(M=31, T = 0.64ms, T_p = 5s) 的 $u_0(t)$ 信号的 8 次发射周期的接收水听器水下信号 $v(t)$, 图中标记 A 的是固定礁石目标回波 $r(t)$, B 是 $\boldsymbol{\alpha}_T \approx 90°$ 的坐底潜艇回波 $s(t)$; 下图是对应的拷贝相关输出, 前两次发射回波是 $v(t)$ 对发射信号 $u_0(t)$ 的拷贝相关 (匹配滤波), 可以看到礁石回波 A 是基本上不可压缩的, 而潜艇回波 B 有较强的相干性 (包括距离上的衰减和扩展损失, 因此

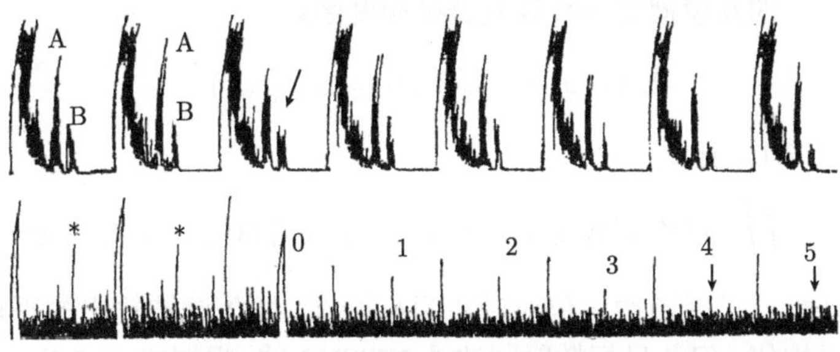

图 8.10.2 目标回波–回波相关图

其相关性约为 0.7)。后 6 个回波是以目标 B 第 3 次发射的潜艇回波 (0 号回波) 作为参考信号的匹配输出, 潜艇回波–回波拷贝相关就是目标 B 的 1-5 号回波都和 0 号回波相关。从图 8.10.2 可以看到, 固定目标 A 回波和潜艇 B 回波是不相关的, 而潜艇回波本身从 5 号开始也和 0 号回波失去了相关性。也就是说, 图示目标回波的相关时间不到 30s, 当然这可能是由于声呐载体和目标方位变化引起的。

海上目标回波时空相关性测量都会受到介质的时空特性的影响, 甚至有时所测的相关性不一定完全是目标的时变起伏, 甚至可能主要是介质的时变起伏影响。一般对于测量结果, 不但要对 m 而且要对 n 进行统计平均, 即

$$\bar{R}_s(0,kT_p)=\frac{1}{N}\sum_{n=1}^{N}R_{sn}(0,kT_p) \tag{8.10.13}$$

如果没有介质的影响, 式 (8.10.13) 就反映了目标本身姿态角变化引起的回波起伏相关性。

这里也没有考虑目标回波的多普勒效应, 因此式 (8.10.13) 或图 8.10.2 所呈现的目标回波相关值不包括多普勒漂移。

8.10.3 回波通过匹配滤波器的输出分析

匹配滤波器 (即拷贝相关器) 是声呐接收机的主要设备, 在主动声呐中也称"通用接收机", 这里根据 5.7 节和 6.7 节的结果讨论目标回波匹配滤波输出特性。

和前面一样, 不考虑介质传输信道的影响, 而且还是考虑重复发射信号式 (8.10.9) 的接收与元信号 $u_0(t)$ 为参考信号的匹配滤波, 图 8.10.2 的前两个发射周期的水听器信号 $v_T(t)$ 和发射信号 $u_0(t)$ 的匹配滤波输出图示例。

根据定义, 目标回波通过匹配滤波器的输出就是回波和发射波形的二维互相关函数

$$\chi_{su}(\tau,\varphi)=\int s_T(t)u_0^*(t+\tau)\exp\{\mathrm{j}2\pi\varphi t\}\mathrm{d}t \tag{8.10.14}$$

τ 和 φ 分别是目标回波的到达时间和多普勒频移, 匹配滤波回波的输出功率就是信号与目标回波的互模糊度函数或复合模糊度函数

$$E_s(\tau,\varphi)=\psi_{su}(\tau,\varphi)=|\chi_{su}(\tau,\varphi)|^2 \tag{8.10.15}$$

根据式 (6.7.1), 有

$$\chi_{su}(\tau,\varphi)=\iint s_T(\tau',\varphi')\chi_{u0}(\tau'+\tau,\varphi'+\varphi)\exp[\mathrm{j}2\pi(\varphi'+\varphi)t]\mathrm{d}\tau\mathrm{d}\varphi' \tag{8.10.16}$$

$S_T(\tau,\varphi)$ 是目标的扩展函数。但对随机目标回波, 匹配滤波输出的平均功率为式 (8.10.15) 的平均值。但若目标散射回波是 WSSUS 的, 根据式 (6.7.5) 有

$$E_s(\tau,\varphi)=P_{ST}(\tau,\varphi)\otimes\otimes\psi_{u0}(\tau,\varphi) \tag{8.10.17}$$

即匹配滤波回波的输出平均功率是目标散射函数和信号模糊度函数的二维卷积。如果采用高时间和频率分辨性能的信号 (其 $\psi_{u0}(\tau,\varphi)\approx\delta(\tau,\varphi)$), 匹配滤波器输出将获得目标本身的扩展信息, 即散射函数 $P_{ST}(\tau,\varphi)$。

图 8.10.3 给出了用高分辨 LFM 信号进行脉冲压缩测得静态 ($\varphi=0$) 潜艇模型不同姿态角的匹配滤波输入和输出图, 比较同一个目标用 CWS(短脉冲) 信号直接测得的回波多峰结构图 8.4.2, 两图所反映的亮点分布结构是完全相同的, 只是这里保留了亮点的幅度比例。

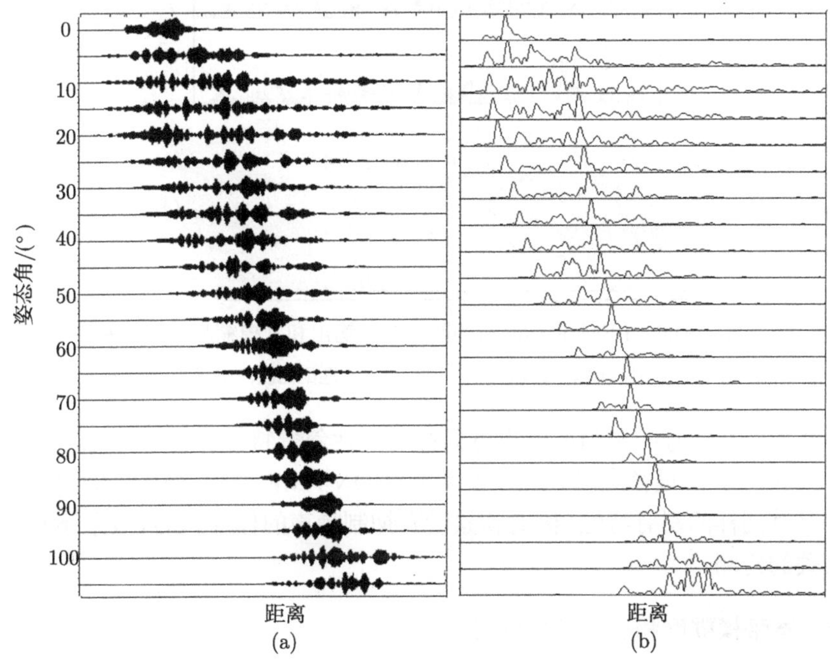

图 8.10.3 不同姿态角潜艇模型的匹配滤波输入 (a) 和输出 (b) 图例

多通道匹配滤波的输出互模糊度图更能够描述目标特性, 图 8.10.4(a)、(b) 和 (c) 分别是姿态角 α_T 为 60°、75° 和正横 90° 时的回波和发射信号的互模糊度 ($|\chi_{su}|$), 图中可明显看到目标的亮点分布结构, 90° 正横时明显的艇体和舰桥两个主要亮点。

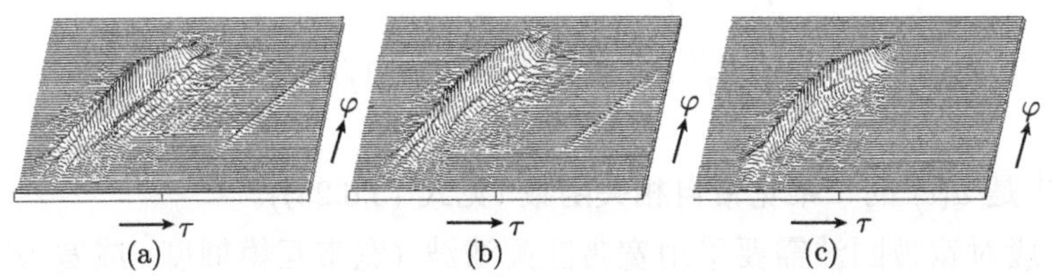

图 8.10.4 姿态角为 60°(a)、75°(b) 和 90°(c) 时模拟目标的匹配互模糊度图

图 8.10.5 是和图 8.9.4 相同的 LFM 目标回波和混响 (a)(最前面的是海面回波) 的匹配滤波输出 (b) 和互模糊度 $|\chi_{\sigma u}|$ 图 (d)。图 (c) 是经过 4 倍倍频细化后的匹配滤波输出, 可以看到目标亮点细结构。

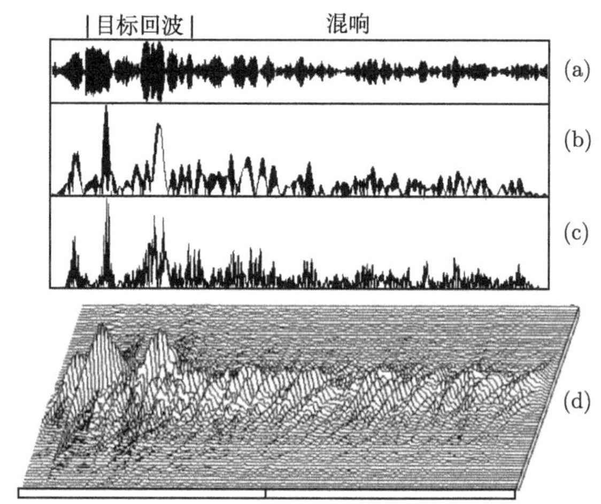

图 8.10.5　LFM 目标回波的匹配滤波输出和互模糊度 $|\chi_{su}|$ 图

(a) 接收信号; (b) 匹配滤波; (c) F4-ZOOM 匹配滤波; (d) 互模糊度图

虽然 LFM 信号的模糊度图也有同样的线性斜脊特性, 也可以类似 RADON-WVD 一样, 对其沿模糊度斜脊进行积累 LADON-AMF 变换, 但由于输出互模糊度噪声也具有同样的斜脊特性, 因此积累没有抑制噪声的作用, 以致效果还不如匹配滤波相关的检测。

8.10.4　宽带模糊度和小波变换分析方法

以上的目标回波分析方法实际上只是窄带近似。对于宽带信号或者高速运动目标, 目标回波就必须考虑为式 (8.5.13) 的宽带形式, 而窄带匹配滤波输出是

$$\begin{aligned}\chi_{su}(\tau,\kappa) &= \int s(t)u^*(t+\tau)\mathrm{d}t \\ &= \int \sqrt{\kappa}\int S_T^{[\mathrm{K}]}(\tau,\kappa)u(\kappa(t-\tau'))u^*(t+\tau)\mathrm{d}\tau'\mathrm{d}t \\ &= \int S_T^{[\mathrm{K}]}(\tau',\kappa)\chi_u^{[\mathrm{K}]^*}(\tau+\tau',1/\kappa)\mathrm{d}\tau' \end{aligned} \tag{8.10.18}$$

式中, $\chi_u^{[\mathrm{K}]}$ 是 $u(t)$ 的二维宽带自相关函数 (见式 (5.6.23))。

但一般对宽带回波需要采用宽带匹配滤波 (宽带互模糊度) 或宽带时频分析 (子波变换) 方法进行处理和分析。宽带匹配滤波输出就是回波对宽带信号的互相

关函数 (或宽带互模糊度函数), 根据式 (5.6.25) 有

$$\begin{aligned}\chi_{su}^{[\mathrm{K}]}(\tau,\kappa)&=\sqrt{\kappa}\int s(t)u^*(\kappa(t+\tau))\mathrm{d}t\\&=\iint\sqrt{\kappa\kappa'}S_T^{[\mathrm{K}]}(\tau',\kappa')\int u(\kappa'(t-\tau'))u^*(\kappa(t+\tau))\mathrm{d}t\mathrm{d}\tau'\mathrm{d}\kappa'\\&=\iint S_T^{[\mathrm{K}]}(\tau',\kappa')\chi_T^{[\mathrm{K}]^*}(\tau+\kappa\tau',\frac{\kappa}{\kappa'})\mathrm{d}\tau'\mathrm{d}\kappa'\end{aligned}\tag{8.10.19}$$

图 8.10.6 是对仿真运动目标不同姿态角的双亮点 LFM 回波的窄带和宽带匹配滤波输出的比较 (目标速度对于 $\kappa=1.1$), 可以明显地看到宽带匹配滤波的分辨性能远优于窄带匹配滤波[279]。

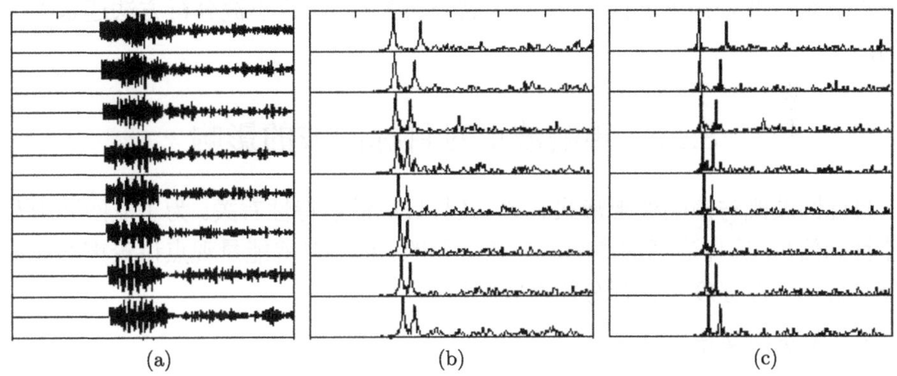

(a) (b) (c)

图 8.10.6 LFM 仿真目标双亮点回波及其窄带和宽带匹配滤波输出

(a) 仿真回波; (b) 匹配滤波输出; (c) 宽带匹配滤波输出

在宽带 WSSWS 的目标散射条件下, 宽带互模糊度函数和窄带情况的式 (8.6.1) 一样表示为目标散射宽带散射函数 $P_{ST}^{[\mathrm{K}]}(\tau,\kappa)$ 和信号宽带模糊度函数 $\Psi_u^{[\mathrm{K}]}(\tau,\kappa)$ 的宽带二维卷积, 即

$$\begin{aligned}\Psi_{su}^{[\mathrm{K}]}(\tau,\kappa)&=\langle\left|\chi_{su}^{[\mathrm{K}]}(\tau,\kappa)\right|^2\rangle\\&=\iint P_{ST}^{[\mathrm{K}]}(\tau',\kappa')\ \Psi_u\left(\tau+\kappa'\tau',\frac{\kappa}{\kappa'}\right)\mathrm{d}\tau'\mathrm{d}\kappa'\end{aligned}\tag{8.10.20}$$

此外, 式 (8.10.18) 也可根据式 (5.6.28) 写成小波变换形式

$$\chi_{su}^{[\mathrm{K}]}(\tau,\kappa)=W_{us}\left(\frac{1}{\kappa},-\tau\right)\tag{8.10.21}$$

而后根据式 (5.6.29) 将互相关函数表示成小波相关形式

$$\chi_{su}^{[K]}(\tau,\kappa)=\frac{1}{c_g}\iint\frac{1}{a^2}W_{gs}(a,b)W_{gu}^*(\kappa a,\kappa b-\tau)\mathrm{d}a\mathrm{d}b\tag{8.10.22}$$

式中, $W_{gx}(a,b)$ 是 $x(t)$ 以 $g(t)$ 为母小波的小波变换 (见式 (5.6.1)), 而回波的小波变换可写成

$$\begin{aligned}W_{gs}(a,b)&=\int\frac{1}{\sqrt{a}}g^*\left(\frac{t-b}{a}\right)\iint S_T^{[\mathrm{K}]}(\tau,\kappa)\sqrt{\kappa}u(\kappa(t-\tau))\mathrm{d}\kappa\mathrm{d}\tau\mathrm{d}t\\&=\iint S_T^{[\mathrm{K}]}(\tau,\kappa)\sqrt{\frac{k}{a}}\int u(\kappa(t-\tau))g^*\left(\frac{t-b}{a}\right)\mathrm{d}t\mathrm{d}\kappa\mathrm{d}\tau\\&=\iint S_T^{[\mathrm{K}]}(\tau,\kappa)W_{gu}(\kappa a,\kappa(b-\tau))\mathrm{d}\kappa\mathrm{d}\tau\end{aligned}\tag{8.10.23}$$

式 (8.10.23) 指出, 可以直接用互小波变换相关方法来实现宽带匹配滤波。由于在声呐中信号还基本上是窄带的, 因此一般不常用小波变换方法来分析高速回波, 但对于近场合成孔径声呐和医用 B 超等高分辨图像检测, 小波分析方法还是十分有效的。

8.11　声呐波形对目标回波的影响

目标回波既与声呐波形形式有关, 又与目标散射特性有关。为了从回波中获得最佳目标信息, 选择适当的声呐波形是必要的。这一节就能量观点讨论声呐波形的选择对目标回波强度及目标分辨性能的影响。

8.11.1　最大回波功率的信号

在一般声呐检测中, 通常希望回波有尽可能大的瞬时功率, 如果目标响应函数是 $h_T(\tau,t)$, 声呐波形是 $u(t)$, 则要求回波功率

$$|s_T(t)|^2=\left|\int u(t-\tau)h_T(\tau,t)\mathrm{d}\tau\right|^2\tag{8.11.1}$$

最大。可以根据施瓦茨不等式

$$\left|\int u(t-\tau)h_T(\tau,t)\mathrm{d}\tau\right|^2\leqslant\int|u(t-\tau)|^2\mathrm{d}\tau\int|h_T(\tau,t)|^2\mathrm{d}\tau\tag{8.11.2}$$

使 $u(t)$ 满足

$$u(t)=Kh_T(\tau-t,t)\tag{8.11.3}$$

式 (8.11.2) 等式成立, 而式 (8.11.1) 达到最大值。在式 (8.11.3) 中, 常数 K 和 τ 对波形形状的选取无实质影响, 可取 $\tau=0$。因此, 对于 $h_T(\tau,t)=h_T(\tau)$ 的时不变目标, 使回波功率最大的声呐波形是

$$u(t)=Kh_T(-t)\tag{8.11.4}$$

即选择与目标响应函数相匹配的信号形式。

8.11.2 回波能量最大的信号

时不变目标回波能量是

$$\begin{aligned}E_T&=\int|s_T(t)|^2\mathrm{d}t=\iiint u(t-\tau)u^*(t-\tau')h(\tau)h^*(\tau')\mathrm{d}\tau\mathrm{d}\tau'\mathrm{d}t\\&=\int R_u(\Delta\tau)R_{hT}(\Delta\tau)\mathrm{d}\Delta\tau\end{aligned}\tag{8.11.5}$$

或写成

$$E_T=\int u(t)u^*(t+\Delta\tau)R_{hT}(\Delta\tau)\mathrm{d}\Delta\tau\mathrm{d}t\tag{8.11.6}$$

式中, $R_{hT}(\Delta\tau)$ 是目标响应函数的能量型相关函数即距离相关函数。

为获得回波能量最大的波形, 在式 (8.11.6) 中引入

$$f(t)=\int u(t')R_{hT}(t-t')\mathrm{d}t'$$

而使

$$E_T=\int u^*(t)f(t)\mathrm{d}t\tag{8.11.7}$$

利用施瓦兹不等关系式, 可获得 E_T 最大的信号形式 $u(t)$, 它满足积分方程

$$\lambda u(t)=\int u(\tau)R_{hT}(t-\tau)\mathrm{d}\tau\tag{8.11.8}$$

λ 是待定常数。对于能量约束信号, 式 (8.11.8) 就是弗雷德霍姆方程, $u(t)$ 就是以 $R_T(\Delta\tau)$ 为核对应于本征值 λ 的本征解。

虽然是对确定性目标讨论, 但对于时不变随机亮点 (距离) 分布目标情况也适用, $R_T(\Delta\tau)$ 可以是目标响应函数的系综平均相关函数, 如果各亮点是互不相关的 (对 τ 是 WSS 的), 则 $\Delta\tau=0$, 回波能量最大值与波形 $u(t)$ 无关, 只与其能量有关。

8.11.3 距离延伸不变波形

大部分声呐目标都是距离延伸目标, 但我们不知道其具体的距离延伸特性, 它们甚至可以是距离随机分布的, 如目标姿态角未知的目标。所谓距离延伸不变波形是指回波波形对这类延伸目标不因其延伸特性改变而改变的声呐波形。这种波形的回波应保持和声呐波形 (照射波形) 相同的形式, 即满足

$$\lambda u(t)=s_T(t)=\int_0^T u(\tau)h_T(t-\tau)\mathrm{d}\tau\tag{8.11.9}$$

在能量限制条件下的解, λ 是本征值 (特定值)。方程 (8.11.9) 是以目标响应函数 $h_T(\tau)$ 为核的弗雷德霍姆方程。但不管 $h_T(\tau)$ 形式是什么, 简谐波形

$$u(t)=\mathrm{e}^{\mathrm{j}2\pi f_0 t}\tag{8.11.10}$$

是方程 (8.11.9) 的一个通解 [42], 其本征值是

$$\lambda = \int h_T(t-\tau)^{-\mathrm{j}2\pi f_0(t-\tau)}\mathrm{d}\tau = H_T(f_0) \tag{8.11.11}$$

即是目标传递函数在 f_0 时的值。

实际上, 单频长脉冲就是目标距离延伸不变信号, 直接解释如下：设目标在距离上分布着 N 个亮点, 亮点相邻间隔 $\Delta l_k = |\boldsymbol{r}_{k-1}| - |\boldsymbol{r}_k| (k \in N)$, 总可以找到 1 个距离常数 $\varDelta_0$, 使所有 $\Delta l_k = K_k \varDelta_0$ (K_k 是整数), 而当取 $f_0 = c/2\varDelta_0$ 的单频波时, 必将产生具有最大回波功率的目标回波信号。由于通常 Δl_k 和 N 均未知, 故可选择足够高的 $f_0 \gg c/2\varDelta_0$ 来适应各种可能分布亮点的目标。

从信息观点看, 距离延伸不变信号是指信号和目标复合模糊度函数 $\varPsi_{su}(\tau,\varphi)$ 对目标距离延伸不敏感的信号。一般目标距离延伸总是有限的, 根据匹配滤波器原理, 只要信号距离分辨力大于最大延伸距离, 即信号 $B < 1/L_T$ (L_T 是目标时间扩展量), 那么, 该信号对所有不大于距离延伸 $l_T = cL/2$ 的延伸目标都有距离延伸不变性。B 越小, 其距离延伸不变性越强。

8.11.4 扩展目标对信号分辨的要求

上一节曾指出, 采用的信号 TB 越大, 所能获得的目标信息量也越大, 但实际上, 由于存在信号自身杂波 (模糊度旁峰), 被分辨的目标信息 (独立单元) 数总是小于 $LWTB$ 个。可以分四种情况来讨论信号自身杂波对目标分辨的影响 [29]。

图 8.11.1 所示为 (τ,φ) 平面内目标扩展范围 (占有空间) $L\times W$ 和信号分辨空间 $T\times B$ 示意图。假定目标有 N 个独立散射元分布在该空间内, 散射元平均截面设为 σ_0^2。

情况 1：目标占有空间小于信号空间 ($L<T, W<B$), 如图 8.11.1(a) 所示, 由于信号的自身杂波所产生的回波自身杂波电平是

$$C = \sigma_0^2/TB \tag{8.11.12}$$

目标中, 截面为 σ^2 的某散射元回波对全部自身杂波比 (称回波信杂比) 是

$$\sigma^2/C = (TB/N)(\sigma/\sigma_0)^2 \tag{8.11.13}$$

因此, 除非 $(\sigma/\sigma_0)^2 > (N/TB)$, 否则不能从杂波中分辨出该散射元。也就是说, 如要从 N 个平均散射截面为 σ_0^2 的散射元中, 用时间带宽乘积为 TB 的信号去分辨散射截面为 σ^2 的散射元, 散射元总数 N 必须小于 $(TB\sigma^2/\sigma_0^2)$。

情况 2：目标占有空间大于信号空间 ($L>T, W>B$), 如图 8.11.1(b) 所示。若 N 个散射元的平均间隔分别为 ζ_τ 和 ζ_φ, 则形成目标回波自身杂波的平均散射元数是

$$N' = TB/(\zeta_\tau \zeta_\varphi) \tag{8.11.14}$$

因此回波杂波电平是

$$C = N'\sigma_0^2/TB = \sigma_0^2/(\zeta_\tau \zeta_\varphi) \tag{8.11.15}$$

若要分辨散射截面为 σ^2 的散射元, 要求

$$\sigma^2 > \sigma_0^2/(\zeta_\tau \zeta_\varphi) \tag{8.11.16}$$

式 (8.11.16) 也意味着, 如果要图示目标全部 $\sigma^2 > \sigma_0^2$ 的散射元, 要求散射元平均间隔乘积是

$$\zeta_\tau \zeta_\varphi = 1 \tag{8.11.17}$$

即单位面积内平均只有一个散射元, 而在雷达中将目标最小能分辨的两维空间面积 (尺寸为 1) 单元称为目标最小分辨单元。

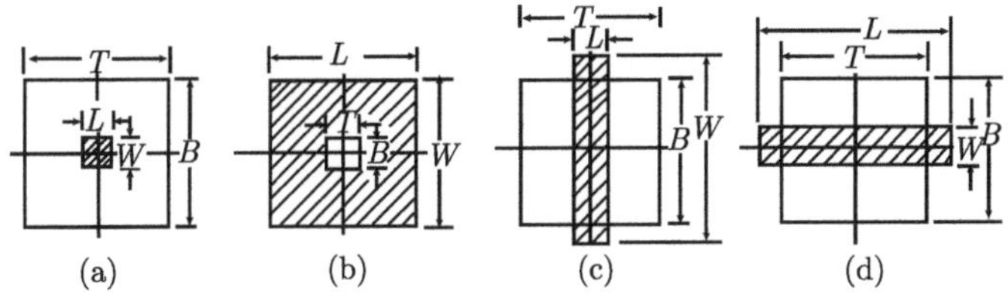

图 8.11.1 目标扩展和信号分辨空间分布的几种情况

对于密集分布目标, 目标总散射元数 $N = BTWL$, 对于情况 1, 图示 $\sigma^2 > \sigma_0^2$ 的全部散射元要求的信杂比根据式 (8.11.13) 是

$$\sigma^2/C = 1/WL \tag{8.11.18}$$

因此, 只有占有空间面积 $LW \approx D < 1$ 的目标才能被图示。而对于情况 2, 则要求

$$\sigma^2/C = 1/BT \tag{8.11.19}$$

因此, 只有 σ^2 高出 σ_0^2 的 TB 倍的散射元才能被图示或分辨。

其他两种情况如图 8.11.1(c) 和 (d) 所示, 分别对应 $L < T, W > B$ 和 $L > T, W < B$, 所要求的信杂比分别是

$$\sigma^2/C = 1/BL \tag{8.11.20}$$

和

$$\sigma^2/C = 1/WT \tag{8.11.21}$$

由此可见, 提取目标分布信息的信号参数 T 和 B 的选择要根据目标占有空间和信号空间的大小, 以及亮点分布特性来决定。

有关声呐波形及其参数的最佳选择在第十一章中还要讨论。

第九章　海洋混响信道

作为随机信号的海洋混响是主动声呐中的主要干扰, 因此, 自有声呐以来, 混响的研究一直没有停过。早期的研究只限于声呐方程的需要 —— 重点是混响的平均强度的研究, 理论上比较成熟, 几乎所有水声学有关的专著中都有论述 [1,2,16]。但近二十多年来，随着声呐发展向近海的战略转移，浅海混响成为热门的研究对象 [225,280,281]，而海洋混响的信息特征的研究更是近代主动声呐设计中的重要课题, 这里包括形成混响的机理、混响作为时变空变随机过程的各种统计特性及其与声呐信道和波形的关系。

混响统计理论模型最初是由法奥尔 (Faure) 提出[183], 前苏联学者奥列雪夫斯基[14,162] 和美国学者米德尔顿[25] 就这一问题作了系统的讨论, 并被称为 FOM 混响理论模型。最近十余年, 主要研究在于混响实验模型和混响数值模拟方面, 其中包括基阵参数的影响。

本章不详细讨论海洋混响形成机理, 而着重从线性时变空变信道原理来讨论混响的模型及其各种时空统计特性。

9.1　混响的线性源–场关系

海洋混响本质上就是介质中随机分布的杂乱散射体或随机不平整界面所产生的随机散射在接收机输入端形成的响应。为详细讨论混响的各种统计特性, 这一节首先通过声场理论和几何散射理论讨论形成混响的最简单的机理, 即将包括基阵空间特性在内的混响看成是分布散射体散射的线性源场过程。

9.1.1　线性混响的源场关系

根据式 (1.6.1), 海洋混响 $v_r(t)$ 和声呐发射波形 $u(t)$ 的关系为

$$v_r(t) = \boldsymbol{D}M_1\boldsymbol{R}M_2\boldsymbol{C}\{u(t)\} \tag{9.1.1}$$

式中, $\boldsymbol{D}$ 和 $\boldsymbol{C}$ 分别是声呐接收和发射基阵孔径有关的线性算子; $\boldsymbol{M}_1$ 和 $\boldsymbol{M}_2$ 分别是基阵至形成混响的散射源之间的往返介质传输线性算子; 而 R 是散射源 (包括非均匀介质和界面) 的线性散射算子。

用线性时变空变系统来描述式 (9.1.1) 的混响过程, 则式 (9.1.1) 中每一个线性算子都可表示一个线性时空变换, 例如, $\boldsymbol{D}$ 和 $\boldsymbol{C}$ 分别表示为图 7.5.2 中的发射

阵和接收阵系统的孔径函数 $A_u(f,\boldsymbol{r})$ 和 $A_v(f,\boldsymbol{r})$ 或远场窄带条件下的指向性函数 $d_u(f,\boldsymbol{\alpha})$ 和 $d_v(f,\boldsymbol{\alpha})$ 等; $\boldsymbol{M}_1$ 和 $\boldsymbol{M}_2$ 分别为基阵中心到形成混响散射空间的平均中心间的往返传输过程的时变空变传递函数 $H_{M1}(f,t,\boldsymbol{r})$ 和 $H_{M2}(f,t,\boldsymbol{r})$ 或时变空变响应函数 $h_{M1}(\tau,t,\boldsymbol{r})$ 和 $h_{M2}(\tau,t,\boldsymbol{r})$ 等。这里, 我们仅考虑收发同置声呐窄带远程混响。基阵位于坐标原点, 并等效于指向性点源阵。整个混响几何如图 9.1.1 所示。

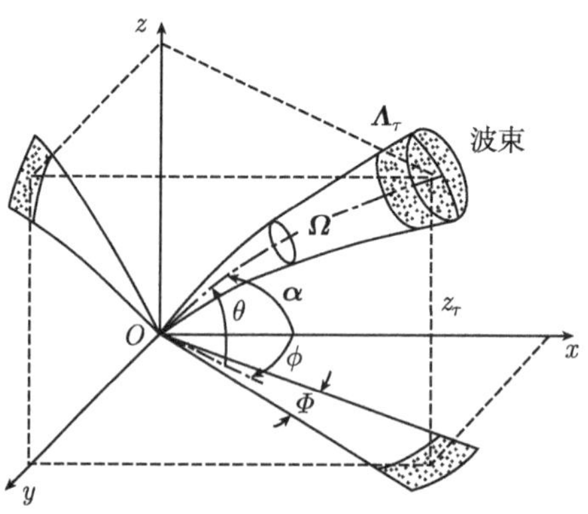

图 9.1.1　海洋混响几何

算子 $\boldsymbol{R}$ 可作为一个随机时空密集分布亮点的目标散射过程来考虑, 但因为是混响散射, 故和第八章中所讨论的目标散射有某些本质差别, 混响散射体可能会分布在整个介质空间内, 而目标散射只局限于目标自身空间 $\boldsymbol{\Lambda}_T$, 在接收阵输出形成的混响是全部介质空间内散射点散射 (相当于亮点回波) 按其所在方向的波束图加权的和。假定发射信号是 $u(t)$(载频为 f_0, 长度为 T, 带宽为 B), 触发基阵以获得源 $q_u(t,\boldsymbol{r})(\boldsymbol{r}\in\boldsymbol{\Lambda}_u)$ 向空间辐射, 在行程距离局限在 $[c(t-T)/2,c(t+T)/2]$ 的“壳体”$\boldsymbol{\Lambda}_r$ 内的散射元会对 t 时刻接收阵输出混响做出贡献。此外, 由于介质声速分层特性, 声程轨迹可能是弯曲的 (图 9.1.1), 因此, 从基阵输出端观察到的散射元所在方向不是元的真正所在方向, 而且在某些影区的散射体就可能不对混响做出贡献。

根据式 (7.5.10), 远场源表示为等效指向性点源 $q_u(t,\boldsymbol{r})=u(t|\boldsymbol{\alpha})$, 照明场是

$$p_u(t,\boldsymbol{r})=\int h_{M1}(t-\tau,t,\boldsymbol{r})u(\tau|\boldsymbol{\alpha})\mathrm{d}\tau \tag{9.1.2}$$

处于 $\boldsymbol{r}=\boldsymbol{r}_i$ 的散射元, 其散射响应函数或称反向散射振幅函数 $b_i(\tau,t)$。由于传输程差, 在 t 时的发射信号, 必须经过 $\tau_i/2$(τ_i 是接收到该散射元散射波的延迟时间) 才能到达该散射元而激励出散射波。因此, 作为混响散射的元散射源是

$$q_i(t,\boldsymbol{r}_i)=\int b_i(\tau,t-\tau_i/2)p_u(t-\tau,\boldsymbol{r}_i)\mathrm{d}\tau \tag{9.1.3}$$

该散射源在声呐中心 (坐标原点) 所产生的散射场是

$$p_i(t,\boldsymbol{r}_i)=\int h_{M2}(\tau,t,\boldsymbol{r}_i)q_i(t-\tau,\boldsymbol{r}_i)\mathrm{d}\tau \tag{9.1.4}$$

对于慢变介质可假定 $h_{M2}(\tau,t,\boldsymbol{r}_i)=h_{M1}(\tau,t,\boldsymbol{r}_i)h_M(\tau,t,\boldsymbol{r})$。

经过指向性函数为 $d_v(f,\boldsymbol{\alpha})$ 的等效接收点阵接收到的元散射信号是

$$v_i(t,\boldsymbol{r}_i)=\int d_v(f,\boldsymbol{\alpha}_i)p_i(f,\boldsymbol{r}_i)\exp(\mathrm{j}2\pi ft)\mathrm{d}f \tag{9.1.5}$$

这里, $\boldsymbol{\alpha}_i(\theta_i,\phi_i)$ 是来自 $\boldsymbol{r}_i$ 的声线 (基阵) 方向角 (不一定是 $\boldsymbol{r}_i$ 所在方向角)。

而实际基阵输出混响是对处于 $\boldsymbol{\Lambda}_r$ 内全部散射元的元散射信号之和

$$v_r(t)=\sum_{i(\boldsymbol{r}_i\in\boldsymbol{\Lambda}_r)}v_o(t,\boldsymbol{r}_i) \tag{9.1.6}$$

更详细的讨论可参考文献 [25]。

9.1.2 均匀介质空间固定点源散射情况

为简单起见, 设声波是在均匀介质空间内传播, 这时声程是直线行程, 并沿点散射源所在位置 $\boldsymbol{r}$ 的方向 $\boldsymbol{\alpha}_r$ 上传播。在此条件下, 混响过程实际上可以考虑和 8.4 节所讨论的随机分布亮点散射一样来分析, 每个点散射源传输过的双程响应函数可表示为

$$H_M(\tau,t,\boldsymbol{r})=F_0(|\boldsymbol{r}|)\delta(t-|\boldsymbol{r}|/c) \tag{9.1.7}$$

其中 (见式 (8.4.6))

$$F_0(|\boldsymbol{r}|)=F_0(f_0,|\boldsymbol{r}|)=\frac{1}{|\boldsymbol{r}|}\mathrm{e}^{-\alpha(f_0)|\boldsymbol{r}|}$$

是声波在介质中传输与距离有关的衰减因子 (包括距离扩展和吸收, 窄带情况下近似为距离的函数)。假定点位于 $\boldsymbol{r}_i$ 的第 i 个散射体散射元的散射复振幅增益是 b_i, 如果 $A_u(f,\boldsymbol{k})$ 是发射阵的频率–角谱 (见 7.5 节), 则以上源场关系可表示为以下各式。

源

$$q_u(t,\boldsymbol{r})=\int A_u(f,\boldsymbol{r})U(f)\mathrm{e}^{\mathrm{j}2\pi(ft-kr)}\mathrm{d}f=u(t|\boldsymbol{\alpha}) \tag{9.1.8}$$

照明场

$$p_u(t,\boldsymbol{r})=F_0(|\boldsymbol{r}|)u\left(t-\frac{\tau_r}{2}|\boldsymbol{\alpha}\right) \tag{9.1.9}$$

位于 $\boldsymbol{r}_i$ 的点散射元的散射源函数

$$q_i(t,\boldsymbol{r}_i)=b_iF_0(|\boldsymbol{r}_i|)u\left(t-\frac{\tau_i}{2}|\boldsymbol{\alpha}_i\right) \tag{9.1.10}$$

在声呐接收点的元散射场

$$p_i(t,\boldsymbol{r}_i)=b_iF_0^2(|\boldsymbol{r}_i|)u\Big(t-\tau_i|\boldsymbol{\alpha}_i\Big) \tag{9.1.11}$$

元散射场式 (9.1.11) 还可以写成空间分布谱形式

$$P_i(f,\boldsymbol{r}_i)=b_iF_0^2(|\boldsymbol{r}_i|)U(f|\boldsymbol{\alpha}_i)\mathrm{e}^{-\mathrm{j}2\pi f\tau_i} \tag{9.1.12}$$

接收端的元散射信号是

$$v_i(t,\boldsymbol{r}_i)=b_iF_0^2(|\boldsymbol{r}_i|)\int d_v(f,\boldsymbol{\alpha}_i)U(f|\boldsymbol{\alpha}_i)\mathrm{e}^{-\mathrm{j}2\pi f(t-\tau_i)}\mathrm{d}f \tag{9.1.13}$$

这里假定形成混响的散射体是稳定的, 因此以上各式中散射元散射振幅因子 b_i 和反映声波从源到散射体双程传播时间 (延迟) $\tau_i=|\boldsymbol{r}_i|/c$ 均表示为随机参量。而发射–接收基阵联合指向性函数

$$d_{uv}(f,\boldsymbol{\alpha})=d_u(f,\boldsymbol{\alpha})d_v(f,\boldsymbol{\alpha}) \tag{9.1.14}$$

对于窄带信号, $d_{uv}(f,\boldsymbol{\alpha}_r)=d_{uv}(f_0,\boldsymbol{\alpha}_r)$ 或直接表示为 $d_{uv}(\boldsymbol{\alpha}_r)$。式 (9.1.13) 可改写成

$$v_i(t,\boldsymbol{r}_i)=b_iF_0^2\left(\frac{c\tau_i}{2}\right)d_{uv}(\boldsymbol{\alpha}_i)u(t-\tau_i) \tag{9.1.15}$$

将式 (9.1.15) 代入式 (9.1.6) 就是总的接收端输出混响

$$v_r(t)=\sum_{i=1}^{N}b_iF_0^2\left(\frac{c\tau_i}{2}\right)d_{uv}(\boldsymbol{\alpha}_i)u(t-\tau_i) \tag{9.1.16}$$

式 (9.1.16) 指出, 主动声呐混响特性主要决定于: ① 基阵指向特性; ② 发射信号形式; ③ 传输介质空间的物理特性; ④ 散射体空间几何分布; ⑤散射体本身的散射特性。

形成混响的有效空间范围 $\boldsymbol{\Lambda}_r$ 如图 9.1.1 所示。$|\boldsymbol{r}|\gg cT$ 的远场情况下, 式 (9.1.16) 中所有在该范围内散射元散射的距离衰减可认为是相同的常数, 因此可以提到和项之外 (在实际声呐接收时经常采用补偿或归一处理而被忽略不计)。但考虑到散射体的随机时变性, 其响应函数和式 (8.4.13) 一样, 混响表达式 (9.1.16) 类似分布亮点目标回波而表示为

$$v_r(t)=\sum_i b_id_{uv}(\boldsymbol{\alpha}_i)u(t-\tau_i)\exp\{\mathrm{j}2\pi\varphi_it\} \tag{9.1.17}$$

φ_i 是散射体的多普勒频移, 和 τ_i、b_i 一样都是随机量, 如果只考虑指向性波束主瓣内远场的同一类型混响 (见 9.2 节), 并将散射的空间 $\boldsymbol{\Lambda}_r$ 内全部径向距离 $|\boldsymbol{r}|$ (或延

迟) 和速度 (或频移) 相同的散射体等效为是一个散射体, 式 (9.1.17) 可直接表示为式 (5.8.62) 的随机参量发射信号的规范随机信号形式

$$v_r(t) = \sum_i b_i u(t-\tau_i)\exp\{\mathrm{j}2\pi\varphi_i t\} \tag{9.1.18}$$

以上假定信号是小时间窄带信号条件下的简化。随着信号 T 增大, 形成 t 时刻混响的散射区域也增加。可能必须考虑到 T 宽度内混响的距离扩展损失和吸收损失的变化, 实际上混响强度是与 T 成正比增加, 但当 T 增加到一定程度时, 再继续增大, 混响强度将趋向饱和, 如图 9.1.2 所示。

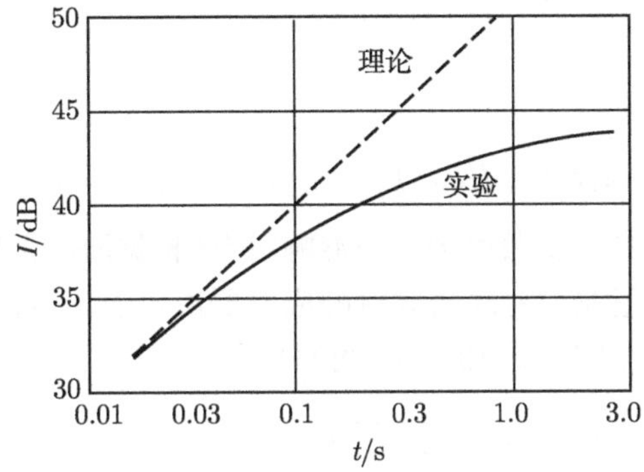

图 9.1.2 海洋混响和信号长度的关系

对于宽带信号, 要考虑散射体散射和介质传递特性的频率关系。

9.1.3 浅海波导的简正波混响模型

在第七章曾经指出, 对于频率小于 1kHz 的声呐信号的浅海环境, 要考虑用基于简正波传播理论模型 (如 PE 模型) 的线性声场关系, 特别是对浅海环境下的主动声呐混响, 在射线理论基础上的混响几何关系图 9.1.1 并不完全适用, 主要混响源来自海底散射体散射, 因此研究浅海低频混响更需要用简正波模型 [280]。

我们用对称柱面 (r,z) 空间频率维表示法描述浅海波导声场, 位于 z_0 深的声源信号谱是 $U\ (f)$, 根据式 (7.1.16) 和式 (7.1.18), 声源在距离无关的水平分层介质空间形成的照明场的空间分布谱形式是

$$P_u(f,r,z,z_0) = U(f)\sum_{n=1}^{N}\frac{u_n(z_0)u_n(z)}{\sqrt{rk_n(f)}}\ \mathrm{e}^{\mathrm{j}2\pi k_n(f)r} \tag{9.1.19}$$

在简正波模型下, 位于空间 $\boldsymbol{r}(r,z)$ 的散射体散射对不同模态的简正波有不同的散射响应, 记散射体第 n 号简正波的频域响应函数为 $H_n(f,z,z_0)$, 该散射元在照

明场作用下生成的散射源分布谱是

$$Q_r(f,r,z,z_0)=U(f)\sum_{n=1}^{N}H_n(f,z,z_0)\frac{u_n(z_0)u_n(z)}{\sqrt{rk_n(f)}}\ \mathrm{e}^{\mathrm{j}2\pi k_n(f)r} \tag{9.1.20}$$

根据混响的线性散射关系, 散射元在收发同置声呐接收端 (中心在 z_0) 形成的元混响谱形式为

$$P_r(f,r,z,z_0)=U(f)H_0(f,r,z,z_0) \tag{9.1.21}$$

由式 (9.1.20), 不难确定式 (9.1.21) 中元混响散射过程的的传递函数是

$$H_0(f,r,z,z_0)=\sum_{m=1}^{N}\sum_{n=1}^{N}A_{mn}(f,z,z_0)\frac{\mathrm{e}^{-\mathrm{j}2\pi[k_n(f)+k_m(f)]r}}{r\sqrt{k_m(f)k_n(f)}} \tag{9.1.22}$$

式中

$$A_{mn}(f,z,z_0)=H_{mn}(f,z,z_0)u_m(z_0)u_m(z)u_n(z_0)u_n(z) \tag{9.1.23}$$

由于我们关心的是海底散射形成的混响, 因此根据海底散射的朗伯 (Lambert) 定律 (见下一节), 简正波对海底的散射响应主要决定于该号简正波的投射方位角 θ_n, 即正比于 $\sin^{1/2}\theta_n$, 因此式 (9.1.23) 可写成

$$A_{mn}(f,z,z_0)=H_r(f)\sqrt{\sin\theta_m\sin\theta_n}u_m(z_0)u_m(z)u_n(z_0)u_n(z) \tag{9.1.24}$$

$H_r(f)$ 是仅与频率有关的散射体响应函数, 假定是点散射体, $H_r\ (f)=1$, 其次由于 z_0(源深度) 和 z(海底深度 $z=z_B$) 都是已知的, 因此略去参量 z_0 和 z_B, 此外还忽略信号频带内所有各简正波幅度的频率关系, 而将 A_{mn} 看成是与频率无关的常数。式 (9.1.22) 表示为

$$H_0(f,r)=\sum_{m=1}^{N}\sum_{n=1}^{N}A_{mn}\frac{\mathrm{e}^{-\mathrm{j}2\pi[k_n(f)+k_m(f)]r}}{r\sqrt{k_m(f)k_n(f)}} \tag{9.1.25}$$

实际上它就是该波导空间的双程格林函数, 因此式 (9.1.21) 可简化为

$$P_{r0}(f,r)=U(f)H_0(f,r) \tag{9.1.26}$$

由式 (9.1.26) 可获得声呐接收点的元混响

$$v_{r0}(t,r)=\int P_{r0}(f,r)\mathrm{e}^{\mathrm{j}2\pi ft}\,\mathrm{d}f \tag{9.1.27}$$

声呐接收到的对应于所有海底散射源在目标位置 τ_0 形成的混响是

$$v_r(t)=\sum_{n}b(r_n)v_{r0}(t,r_n) \tag{9.1.28}$$

这里, 由于不同散射元有不同的散射强度, 因此引入了仅与距离有关的散射元散射振幅因子 $b\,(r)$, 并假定是具有高斯分布特性的复随机量, 有

$$\langle b(r)b(r')\rangle = \sigma^2(r)\delta(r-r') \tag{9.1.29}$$

$\sigma^2(r)$ 是元散射平均强度。

注意, 在浅海环境下, 距离为 r 的点元散射体所形成的混响可能分布在很大的时间 τ 范围内 (多途现象), 而我们关心的是散射体在可能目标距离为 r_0 的回波到达时间 $\tau_0 = 2r_0/c$ 附近的混响, 实际声呐接收也要求有对目标 τ_0 的搜索过程。因此, 如果混响的分布范围大于目标回波的时间宽度 $T_1 = T + L_T$(信号时宽加目标扩展宽度), 就必须对混响增加滑动时间窗, 或进行短时傅里叶变换 (STFT) 获取元混响的短时分布谱 (见式 (5.4.4) 和式 (5.3.14))。也就是说, 式 (9.1.26) 中 $P_{r0}(f,r)$ 要表示为

$$P_{r0}(f,r|\tau_0) = \int \mathrm{rect}\left(\frac{t-\tau_0}{T_0}\right)\int U(f')H_0(f',r)\mathrm{e}^{-\mathrm{j}2\pi(f-f')t}\mathrm{d}f'\mathrm{d}t \tag{9.1.30}$$

而式 (9.1.28) 改写成

$$v_r(t,r_0) = \sum_n b(r_n)\int P_{r0}(f,r_n|\tau_0)\mathrm{d}f \tag{9.1.31}$$

9.2 海洋混响的类别及特性

海洋本身由于其空间局限性和自身非均匀性, 可以有许多不同类型的散射体, 小到介质的粒子, 大到如海底峰峦和山脉, 都可以构成混响散射元。人们不可能采用同一个模型来描述不同类型散射体的混响特性, 通常根据散射体的分布几何或散射特性对混响进行分类, 而后再分别进行研究。这一节就海洋混响的几种不同类型讨论它们的几何和物理特性。

9.2.1 混响的分类

按散射体分布的几何特征, 混响通常有以下几种。

(1) 体积混响: 分布在海水本身的无限体积内的杂乱散射体的散射。

(2) 界面混响: 分布在两种介质分界面上的界面散射。

(3) 层内混响: 分布在一局部的水平层内的散射体散射内。

一般体积混响是指海水介质非均匀性所产生的背向散射, 也包括某些广泛分布在海水中的浮游生物或其他散射体散射。

界面混响一般是海面混响和海底混响, 单纯的海面或海底混响是指海面或海底不平整性所产生的杂乱散射。

薄层混响是指分布在某一水平层内的杂乱散射体 (如鱼群、海面附近气泡或者跃层本身非均匀性水团的散射), 但一般也将海面附近由于波浪引起的气泡散射和海底淤泥层的散射归类于海面和海底混响。

在实际声呐设计中也常将混响类型分成以下几种。

(1) 体积混响：海水介质空间内散射体散射, 包括水平非均匀散射层。

(2) 海面混响：不平整海面 (波浪) 以及由此而产生的近海面层非均匀散射体 (如气泡和漂浮体) 的散射。

(3) 海底混响：不平整海底 (可以是不在同一水平面上的海底) 以底质或沉积物所产生的散射。

9.2.2　三类混响的散射几何模型

假定声传输信道本身无折射效应, 即声直线传播, 而基阵被认为是以 (等效) 基阵为中心的指向性点源阵, 因此体积、表面和薄层混响形成散射区如图 9.2.1 所示。

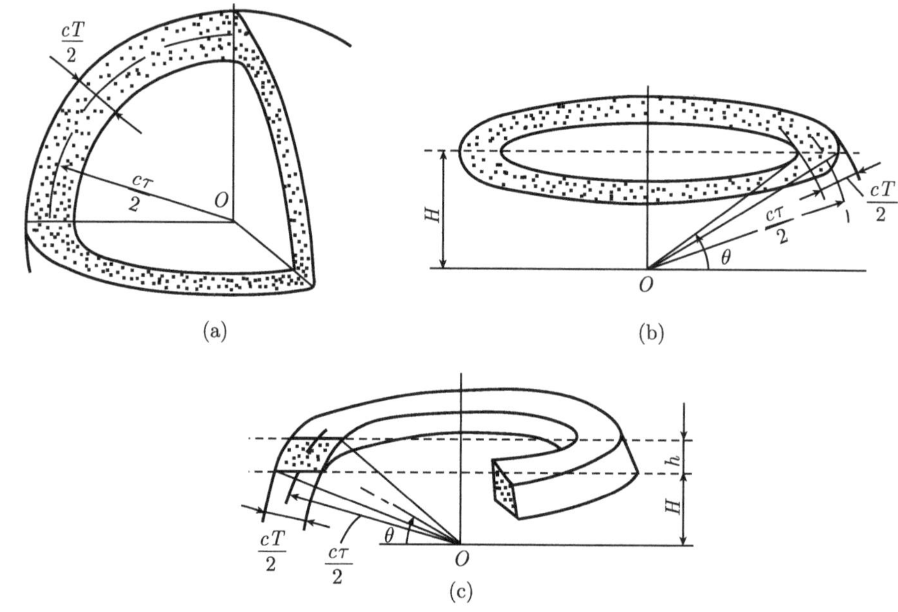

图 9.2.1　三类混响散射区几何模型

(a) 体积; (b) 界面; (c) 层内

位于中心原点的点阵, 无指向性辐射 (球面) 长度为 T 的声波信号, 在接收点形成 τ 时刻体积混响散射区 (图 (a)), 是局限在以 $c\tau/2$ 为半径、厚为 $cT/2$ 球壳壳层内, 而由于垂直高度为 H 的海面或海底的空间限制, 该球壳被水平面即相应的海平面或海底平面切割, 分别构成海面混响和海底混响的表面散射区 (图 (b)), 而位于中心高度为 H、水平层厚为 h 的浮游散射层构成层内混响散射区 (图 (c))。

显然, 体积和界面混响散射体分布是体分布, 海面和海底混响散射体是面散射分布(实际上还包括在界面附近的一薄层散射体分布情况)。

并不是在所限球“壳”内的所有散射元散射都对 $t=\tau$ 时刻混响起同样的作用, 来自球壳不同方向甚至不同距离的散射体散射都要受基阵指向性加权的影响。对混响起主要作用的是位于布阵指向性主瓣 (即波束) 宽度内的散射体散射。为简单起见, 常引入基阵的等效波束图。波束图是布阵的归一化功率指向性函数

$$D_{uv}(f_0,\alpha)=\frac{|d_{uv}(f_0,\boldsymbol{\alpha})|^2}{|d_{uv}(f_0,\boldsymbol{\alpha}_0)|^2} \tag{9.2.1}$$

其中, $\boldsymbol{\alpha}_0$ 是波束主方向; $\boldsymbol{\alpha}$ 的两个分角度是水平方向角 ϕ 和垂直俯仰角 θ; 布阵等效束宽定义为

$$\varOmega_{uv}=\int_0^{4\pi}D_{uv}(f_0,\boldsymbol{\alpha})\mathrm{d}\boldsymbol{\alpha}=\int_0^{2\pi}\int_{-\pi/2}^{\pi/2}D_{uv}(f_0,\theta,\phi)\cos\theta\mathrm{d}\theta\mathrm{d}\phi \tag{9.2.2}$$

等效水平波束宽度定义为 (平面角)

$$\varPhi_{uv}=\int_0^{2\pi}D_{uv}(f_0,0,\phi)\mathrm{d}\phi \tag{9.2.3}$$

对于无指向性情况, $\varOmega_{uv}=4\pi$, $\varPhi_{uv}=2\pi$。这里要指出, 只有在窄带远场条件下, 波束图才有意义, 而 f_0 是窄带中心频率 (或载频)。

三类混响的等效散射区体积或面积是

$$\left.\begin{aligned}&\text{体积混响:}\quad V_{\mathrm{v}}(t)=\frac{1}{8}c^3t^2\varOmega_{uv}T\\&\text{界面混响:}\quad V_{\mathrm{s}}(t)=\frac{1}{4}c^2t\varPhi_{uv}T\\&\text{薄层混响:}\quad V_{\mathrm{z}}(t)=\frac{1}{4}c^2th\varPhi_{uv}T\end{aligned}\right\} \tag{9.2.4}$$

这里条件是窄带远场, 即距离 $|\boldsymbol{r}|\gg cT/2$, 界面距离 $H_0\ll|\boldsymbol{r}|$, 层厚 $h\gg cT/2$, 对于界面和薄层混响, 没有考虑垂直指向性, 即假定垂直无指向性。如果基阵有垂直指向性, 并可引入束宽 $\varOmega$, 则界面或薄层混响只在一定波束方向或一定的距离上才产生。

9.2.3 三类混响的平均强度

混响的平均强度是声呐设计首先要考虑的物理量, 由它可以提供声呐方程中的混响强级 (见 1.3 节)。这里直接选用文献 [162] 的结论。

对于功率为 P_u, 信号长度为 T 的窄带声源, 三类混响的平均强度 $\langle|v,(t)|^2\rangle=\sigma_r^2(t)$ 分别是

$$\left.\begin{aligned}&\text{体积混响:}\quad \sigma_{\rm v}^2(t)=F_{\rm v}(t)\frac{P_u k_{\rm v} T\eta_{\rm v}}{2\pi c t^2}\exp(-2\alpha c t)\\&\text{界面混响:}\quad \sigma_{\rm s}^2(t)=F_{\rm s}(t)\frac{P_u k_{\rm s} H T\eta_{\rm s}}{2\pi c^3 t^4}\exp(-2\alpha c t)\\&\text{薄层混响:}\quad \sigma_{\rm z}^2(t)=F_{\rm z}(t)\frac{P_u k_{\rm z} T\eta_{\rm z}}{2\pi c^2 t^3}\exp(-2\alpha c t)\end{aligned}\right\}\tag{9.2.5}$$

这里 $F_{\rm u}(t)$ 等是与散射体分布、布阵指向性和传播异常性有关的确定性函数, $\eta_{\rm v}$ 等是与布阵指向性有关的常数

$$\left.\begin{aligned}&\eta_{\rm v}=\frac{\displaystyle\int_0^{2\pi}\int_{-\pi/2}^{\pi/2}D_{uv}(f_0,\theta,\phi)\cos\theta{\rm d}\theta{\rm d}\phi}{\displaystyle\int_0^{2\pi}\int_{-\pi/2}^{\pi/2}D_u(f_0,\theta,\phi)\cos\theta{\rm d}\theta{\rm d}\phi}=\frac{\Omega_{uv}}{\Omega_u}\\&\eta_{\rm s}=\eta_{\rm z}=\frac{\displaystyle 2\int_0^{2\pi}D_{TR}(f_0,\theta_s,\phi){\rm d}\phi}{\displaystyle\int_0^{2\pi}\int_{-\pi/2}^{\pi/2}D_u(f_0,\theta,\phi)\cos\theta{\rm d}\theta{\rm d}\phi}=\frac{\Phi_{uv}}{\Omega_u}\end{aligned}\right\}\tag{9.2.6}$$

其中, $D_u(f,\theta,\phi)$ 是发射阵功率指向性函数; $D_{uv}(f,\theta,\phi)$ 是接收和发射基阵复合的功率指向性函数, 其主波束轴的方向参量是 θ_0 和 ϕ_0; $Q_s\approx 0$ 是掠射角。

式 (9.2.5) 中, $k_{\rm v}$ 是体积散射系数 (cm^{-1}), $k_{\rm s}$ 是界面散射系数 (无量纲), $k_{\rm z}=k_0 h$ 是等效于薄层的表面散射系数 (k_0 是层内体积散射系数, h 是层厚), 和 $k_{\rm s}$ 一样, $k_{\rm z}$ 无量纲 (详见文献 [162])。这里, 海面混响被理解为厚为 h 的薄层混响, 因此 $k_{\rm z}$ 也常指海面散射系数, 而 $k_{\rm s}$ 是指海底散射系数 k_b。

由式 (9.2.5) 可知, 三类混响随距离衰减不一样, 体积混响最快 ($\sim 1/|\boldsymbol{r}|^4$), 层内混响次之 ($\sim 1/|\boldsymbol{r}|^3$), 界面混响最慢 ($\sim 1/|\boldsymbol{r}|^2$)。为了估计不同类别的混响级, 也常引入混响等效半径的概念: 该混响散射区相当于一个镜向反射球, 该球所产生的在接收点的强度正好等于混响的平均强度, 球的半径就是混响的等效半径。三类混响的等效半径分别为

$$\left.\begin{aligned}&\text{体积混响:}\quad R_{\rm v}=|\boldsymbol{r}|\sqrt{2k_{\rm v}cT\eta_{\rm v}/\gamma_u}\\&\text{界面混响:}\quad R_{\rm s}=\sqrt{k_{\rm s}HcT\eta_{\rm s}/\gamma_u}\\&\text{薄层混响:}\quad R_{\rm z}=\sqrt{|\boldsymbol{r}|k_{\rm z}cT\eta_{\rm z}/\gamma_u}\end{aligned}\right\}\tag{9.2.7}$$

其中, γ_u 是式 (1.3.3) 中的发射阵指向性指数或换能器轴向聚集系数

$$\gamma_u=\left[\frac{1}{4\pi}\int_0^{2\pi}\int_{-\pi/2}^{\pi/2}D_u(f_0,\theta,\phi)\cos\theta{\rm d}\theta{\rm d}\phi\right]^{-1}=\frac{4\pi}{\Omega_u}\tag{9.2.8}$$

9.2.4 不同类型混响的物理特性

虽然式 (9.2.5) 指出三类混响强度均与信号长度成正比，但理论和实验证明随着信号 T 增加也会逐渐趋向不变 [166]。大多数海洋实际混响存在这三类混响, 只是在不同时刻以不同混响类型为主。近程以海面混响为主, 极近程以体积混响为主, 中远程多以海底混响或海面海底多次反射混响为主, 但近程海底混响也常占主要地位。图 9.2.2 是深约 1700m, 水下 200m 的 2 磅爆炸声源在差不多同样位置所接收 (频带为 1~2kHz) 到的混响强度与距离 (时间) 关系图 [2]。

海底混响, 是由于海底随机不平整性反射引起, 海面混响与海面风浪和气泡层有关, 平整海面或海底反射一般不能看成是混响。由图 9.2.2 可以看到, 中远程每经过一次海底反射混响要小 10dB 左右。极近程的体积混响一般散射强度很小, 主要散射体是海洋生物和海水温度微结构。但其体积散射系数与散射体大小和物理结构也有关, 并随深度不同而不同, 如果海洋生物过分集中, 如形成深水散射层, 可能使体积散射系数在局部距离内随深度增大而增大。

航行中的船舶尾流也能形成体积混响, 它随船只运动状态改变而变化, 有时我们把它作为目标 (运动) 的一种特征来研究。

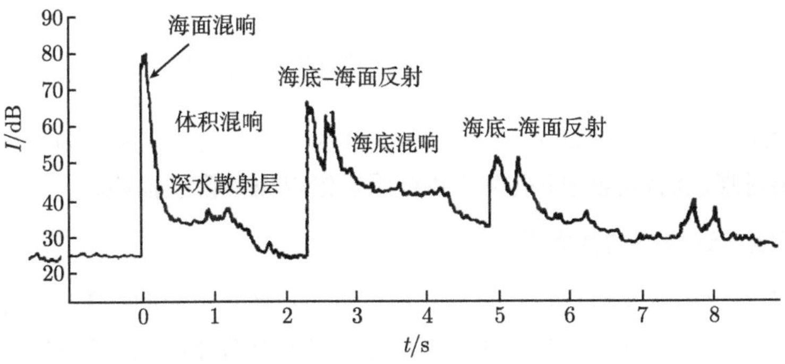

图 9.2.2 混响强度随时间变化的关系图实例

海面散射强度与声波入射角 (即掠射角)θ_s、声波频率和海面不平整 (均方根波高) 性有关 (见 7.4 节)。海面散射系数直接可用瑞利参数 $R_\xi = 4\pi\sigma_\xi \sin\theta_s$ 来表示。对于低频和小掠射角, 海面可近似为镜反射面。海面不平整性和波浪与风速有关, 因此当有风浪时, 海面下将引起一层气泡散射层, 当 $\theta_s < 30°$ 时, 它是主要混响源, 当 $\theta_s > 70°$ 时, 波浪海面可被认为是周期镜 (斜向) 反射面, 而在 θ_s 为 $30° \sim 70°$ 的掠射角情况下, 海面散射系数可近似表示为

$$10\lg k_s = 10\lg(f\sigma_\xi \sin\theta_s)^{0.99} - 45.3 \tag{9.2.9}$$

的关系, 而 σ_ξ 是均方根波高

$$\sigma_\xi \approx 0.0008^{5/2} v(\mathrm{m})$$

v 是风速 (节)。

海底混响源可以是不平整的连续随机分布的海底物质 (包括沉积物), 海底的不平整性与底质物理和几何结构决定了海底混响强度大小；同样, 海底散射系数也与频率 f 和掠射角有关。小掠射角可以忽略海底不平整性, 但对于粗糙海底, 海底散射系数 k_B 可用朗伯 (Lambert) 定律

$$10\lg k_\mathrm{B} = 10\lg k_0 + 10\lg(\sin p\theta_s) \tag{9.2.10}$$

来描述。式中, $p = 0(\theta_s < 10^\circ)$ 或 $1(10^\circ < \theta_s < 30^\circ)$ 或 $2(\theta_s > 30^\circ \sim 40^\circ)$, k_0 是 $\theta_s = 90^\circ$ 时的海底散射系数, 如海底无吸收作用, 则 $k_0 = 1/\pi$。

图 9.22 也说明, 浅海远程混响主要是海底混响, 若海底存在大幅度起伏峰峦, 如岩礁、海底山脉, 则构成的是垄起峰包式的混响, 实际上被认为是假目标或固定目标, 一般不能用混响理论来描述。在声呐中, 区分海底目标和真目标的问题是目标识别问题。

9.3　海洋混响的概率模型

海洋混响作为水声随机过程, 我们所关心的主要是其一阶和二阶统计特性。为此, 首先要对形成海洋混响随机性的各种因素给以概率模型描述。

9.3.1　混响统计模型的基本假设

不直接涉及混响物理机理的基本模型显然均是基于下面的唯象水声学的假设:

(1) 窄带、远场混响, 收发基阵可比拟为一个有联合伞状指向性的点阵, 即在波束方向 α 内具有均匀响应的收发特性；

(2) 声波在无损失介质中沿直线传播, 即不计传输损失和折射效应*；

(3) 形成混响的散射源是由同一类型互相统计独立的随机密集分布点散射源组成；

(4) 只考虑散射体沿着径向距离上的分布, 即将形成混响的散射空间 $\boldsymbol{\Lambda}_r$ 内径向距离 $|\boldsymbol{r}|$ 相同的所有散射体合成为单个随机散射体, 而距离参量 $|\boldsymbol{r}|$ 表示为延迟量 $\tau = 2|\boldsymbol{r}|/c$；

(5) 所有元散射过程是弱散射慢时变过程, 即不考虑二次散射等非线性散射过程, 而且在混响时间内可以认为是时不变的；

* 考虑折射效应的混响模型可参考米德尔顿的几篇专题论文 [25]。

(6) 散射元的信息特征用散射截面 σ 和散射体径向运动速度矢量 $\boldsymbol{v}$ 表示 (低速条件)。σ 和 v 均是与散射体位置无关的慢变随机量, 并通常表现为混响的复增益 b 和多普勒频移 φ。

对于大多数海洋混响, 这些假设是允许的, 但不适用于某些特殊情况, 如对大尺度不平整的表面或海底混响、局部非均匀水团 (强湍流散射团) 混响等。海底礁石、海洋大型生物等散射一般也不作为混响, 而作为假目标处理。

在这些假设下, 已经将混响式 (9.1.6) 表示为混响空间 $\boldsymbol{\Lambda}_r$ 内随机分布的散射体散射之和, 即

$$v_r(t) = \sum_{i(\boldsymbol{r}_i \in \boldsymbol{\Lambda}_r)} v_i(t, \boldsymbol{r}_i) = \sum_{i=1}^{N(t|\boldsymbol{\Lambda}_r)} v_i(t|\boldsymbol{s}) \tag{9.3.1}$$

$N(t|\boldsymbol{\Lambda}_r)$ 就是形成 t 时刻混响的散射体数。实际上这就是式 (5.1.4) 所表征的规范概率模型的随机信号, 根据式 (9.1.18), 式 (9.3.1) 中规范元散射信号是参量 $\boldsymbol{s}$(b、τ 和 φ) 均为随机的发射信号

$$v_i(t|\boldsymbol{s}) = b_i u(t-\tau_i)\exp(\mathrm{j}2\pi\varphi_i t) \tag{9.3.2}$$

式中, b_i 是混响散射空间 $\boldsymbol{\Lambda}_r$ 内位于 $\boldsymbol{r}_i$ 的第 i 个散射体散射的复振幅增益; $\tau_i = 2|\boldsymbol{r}_i|/c$ 是散射体的距离延迟量; 而 $\varphi_i = -\beta_i f_0$ 是该散射体的运动 (径向) 多普勒频移。根据假设, 它们均是互相独立的随机变量。

虽然特征参量 $\boldsymbol{\Lambda}_r$ 不是随机量, 但形成 t 时刻混响散射区 $\boldsymbol{\Lambda}_r(t-\tau/2)$ 内的散射体数 $N(t|\boldsymbol{\Lambda}_r)$ 却是随机的, 其在空间的散射体数分布直接影响了声呐混响的统计特性, 因此下面首先讨论散射体空间分布模型。

9.3.2 散射体空间分布的泊松模型

由于假定了混响散射区 $\boldsymbol{\Lambda}_r$ 有大量密集分布的互相独立散射体, 因此在整个 $\boldsymbol{\Lambda}_r$ 空间内可分为无数个这样的互不重叠的微增量区 $\Delta\boldsymbol{\Lambda}_m, (m=1,2,\cdots)$, 每个微增量空间 $\Delta\boldsymbol{\Lambda}_m$ 内任何时刻均会有散射体分布。如果 t 时刻该微量空间内正好有 $N>1$ 个散射体的规律是 $P(N,t|\Delta\boldsymbol{\Lambda}_m)$, 那么只有一个散射体的概率应满足

$$P(1,t|\Delta\boldsymbol{\Lambda}_m) \gg P(N,t|\Delta\boldsymbol{\Lambda})$$

而散射体数作为空间离散的随机正整数, 可以根据概率论, 正好是 N 的概率 $P(N,t|\Delta\Lambda_m)$ 用离散随机变量的泊松 (Poisson) 分布

$$P(N|\Delta\boldsymbol{\Lambda}_m) = \frac{\mathrm{e}^{-\lambda}\lambda^N}{N!} \tag{9.3.3}$$

来描述, 式中 λ 是唯一表征泊松分布特性的泊松参数。典型泊松分布对 λ 的关系如图 9.3.1 所示。该图还指出了泊松分布的基本特性: 参数 λ 既是该分布的均值, 同

时也是分布的方差, 而且随着 λ 的增大, 泊松分布也逐渐接近正态分布。泊松分布的这一特性意味着, 如果 t 时刻在混响空间内散射体分布密度为 $\rho(\boldsymbol{r},t)$, 那么对于泊松分布式 (9.3.3) 中的泊松参数 λ 就是微量空间 $\Delta\boldsymbol{\Lambda}_m$ 内的散射体总平均数, 即

$$\lambda = n_0(t|\Delta\boldsymbol{\Lambda}_m) = \rho(\boldsymbol{r},t)\Delta\boldsymbol{\Lambda}_m$$

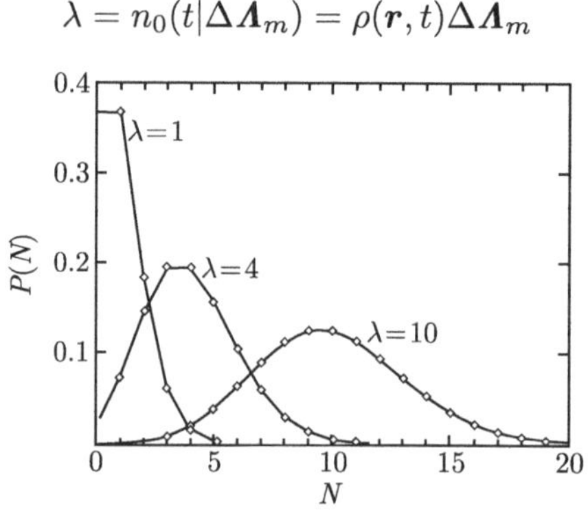

图 9.3.1　离散变量的泊松分布

由无数个这种互不重叠的具有泊松分布特性的微量增区组成的整个 $\boldsymbol{\Lambda}_r$ 空间, t 时刻正好有 N 个散射体的概率也同样服从以 $\boldsymbol{\Lambda}_r$ 内的平均散射体总数

$$n_0(t|\boldsymbol{\Lambda}_r) = \int_{\boldsymbol{\Lambda}_r} \rho(\boldsymbol{r},t)\mathrm{d}r \tag{9.3.4}$$

为参数的泊松分布

$$P(N,t|\boldsymbol{\Lambda}_r) = \frac{1}{N!}[n_0(t|\boldsymbol{\Lambda}_r)]^N \exp[-n_0 t|\boldsymbol{\Lambda}_r] \tag{9.3.5}$$

而这 N 个散射元同时分别出现在 N 个不同位置 $\boldsymbol{r}_1,\boldsymbol{r}_2,\cdots,\boldsymbol{r}_N$ 上的概率是

$$P(r_0,r_2,\cdots,r_N,t|\boldsymbol{\Lambda}_t) = \frac{1}{n_0(t|\boldsymbol{\Lambda}_r)}\prod_{n=1}^{N}\rho(\boldsymbol{r}_n,t) \tag{9.3.6}$$

可见确定了混响散射体的总平均数, 就可以确定混响散射体瞬时总数的泊松分布。针对图 9.2.1 所示的混响几何空间, 采用 $\boldsymbol{r}(|\boldsymbol{r}|,\theta,\phi)$ 的球坐标, 将混响散射区平均散射体总数表示为球坐标空间的积分形式

$$n_0(t|\boldsymbol{\Lambda}_r) = \int \boldsymbol{\Lambda}_r \int_0^{2\pi}\int_{-\pi/2}^{\pi/2} \rho(|\boldsymbol{r}|,\theta,\phi,t)D_{vu}(\theta,\phi)|\boldsymbol{r}|^2\cos\theta\mathrm{d}\theta\mathrm{d}\phi\mathrm{d}|\boldsymbol{r}| \tag{9.3.7}$$

$|\boldsymbol{\Lambda}_r|$ 是混响空间的径向距离范围: $[c(\tau_0+T/2)/2, c(\tau_0+T/2)/2]$(图 9.2.1)。

如果是随机均匀分布散射空间, $\rho(\boldsymbol{r},t)=\rho_0(t)$, 则有

$$n_0(t|\boldsymbol{\Lambda}_r) = \rho_0(t)V_r \tag{9.3.8}$$

V_r 是形成混响散射空间 $\boldsymbol{\Lambda}_r$ 的体积或面积

$$V_r = \Omega \int_{|\boldsymbol{\Lambda}_r|} |\boldsymbol{r}|^2 \mathrm{d}|\boldsymbol{r}|$$

式中, Ω 是收发布阵的等效复合束宽 (见式 (9.2.2))。对于三类混响类型的 V_r 就是式 (9.2.4) 中混响等效散射体积或面积。

9.3.3 元散射信号统计分布模型

我们知道元散射信号式 (9.3.2) 本身是混响散射空间 $\boldsymbol{\Lambda}_r$ 径向距离 $|\boldsymbol{r}_i|$ 相同的所有散射体散射等效为一个到达时间为 $\tau_i 2|\boldsymbol{r}_i|/c$ 的散射体复合散射信号, 因此式 (9.3.2) 所表示的元散射信号的随机复振幅 b_i 和随机多普勒频移 φ_i 都与延迟变量 τ_i 有关, 但根据散射体散射的统计独立性假设, 它们也各自具有与 τ 无关的概率分布形式, 即

$$W_{bi}(b) = W_b(b) \tag{9.3.9}$$

和

$$W_{\varphi i}(\varphi) = W_\varphi(\varphi), \quad \int W_\varphi(\varphi)\mathrm{d}\varphi = 1 \tag{9.3.10}$$

由于式 (9.3.2) 的 τ_i 的随机性, 元散射信号在 τ-φ 平面上的分布密度 $\rho_{\tau\varphi}(\tau,\varphi,t)$ 可以写成可分离形式

$$\rho_{\tau\varphi}(\tau,\varphi,t) = \rho_\tau(\tau,t)W_\varphi(\varphi) \tag{9.3.11}$$

而决定散射信号数的还是分布在径向距离 $\boldsymbol{\Lambda}_T[c(\tau - T/2)/2,\ c(\tau + T/2)/2]$ 或相应的延迟范围 $T_\tau[\tau - T/2, \tau + T/2]$ 上的等效散射体数。

为了确定到达时间 (延迟 τ) 在 T_τ 区域内的元散射信号分布情况, 直接置式 (9.3.3) 中 $|\boldsymbol{r}| = c\tau/2$, 将混响散射空间散射体时变分布密度 $\rho(\boldsymbol{r},t)$ 转换为元散射信号按到达时间的时变分布密度

$$\rho_\tau(\tau,t) = \frac{c^2\tau^2}{4}\int_0^{2\pi}\int_{-\pi/2}^{\pi/2} \rho(c\tau/2,\theta,\phi,t-\tau)D_{vu}(\theta,\phi)\cos\theta\mathrm{d}\theta\mathrm{d}\phi \tag{9.3.12}$$

但注意, 形成 t 时刻混响的元散射信号是在 $t-\tau/2$ 时激发散射元的信号, 因此实际上 $\rho(\boldsymbol{r},t)$ 是 $\rho(\boldsymbol{r},t-\tau/2)$。但对于慢变混响, 仍可认为在局部混响时间 T 内是接近相同的。

类似式 (9.3.3), 可以设定 t 时刻形成延迟 (到达时间) 为 $\tau \gg T$ 附近 $\Delta\tau$ 微小区间内正好有 N 个元散射信号的概率服从泊松分布

$$P_\tau(N,t|\Delta\tau) = \frac{[\rho_\tau(\tau,t)\Delta\tau]^N}{N!}\exp[-\rho_\tau(\tau,t)\Delta\tau] \tag{9.3.13}$$

同样类似式 (9.3.4), 延迟在整个 T_τ 范围内正好有 N 个的散射信号的概率也服从以

$$n_0(t|T_\tau)=\int_{\tau-T/2}^{\tau+T/2}\rho_\tau(\tau',t)\mathrm{d}\tau' \tag{9.3.14}$$

为参数的泊松分布

$$P(N,t|T_\tau)-\frac{1}{N!}[n_0(t|T_\tau)]^N\exp[-n_0(t|T_\tau)] \tag{9.3.15}$$

式 (9.3.14) 的泊松参数 $n_0(t|T_\tau)$ 也是落在 T_τ 内的混响平均元散射信号数, 对于均匀的或距离慢变散射体空间情况, 在 T_τ 的到达时间内, $\rho_\tau(\tau,t)=\rho_{\tau 0}(t)$, 泊松参数是

$$n_0(t|T_\tau)=\rho_{\tau_0}(t)T \tag{9.3.16}$$

注意, 它与 T_τ 的位置即 τ 有关。实际上, 对于 $\boldsymbol{\Lambda}_r$ 内散射体均匀分布的 $\rho(\boldsymbol{r},t)=\rho_0(t)$, 根据式 (9.3.12) 在相应的 T_τ 内的散射体分布

$$\rho_{\tau 0}(\tau,t)=\frac{c^2\tau^2}{4}\rho_0(t)\varOmega \tag{9.3.17}$$

与 τ 成平方关系, 但在远场窄波束条件下, T_τ 时间内到达的元散射信号数是可近似认为对 τ 是均匀分布的。

9.3.4 混响过程的概率特性

确定作为随机过程的混响 n 阶统计量, 首先要确定一次混响过程, 如 t 时发射的混响过程 $v_r(\tau,t)$ 的 n 维概率密度

$$\begin{aligned}&W_n(v_{\tau 1},v_{\tau 2},\cdots,v_{\tau n}|t,\boldsymbol{\Lambda}_r)\\&=\sum_{N=1}^{\infty}P(N,t-|\boldsymbol{r}|/c|\boldsymbol{\Lambda}_r)W_{n/N}(v_{\tau 1},v_{\tau 2},\cdots,v_{\tau n}|N,t,\boldsymbol{\Lambda}_r)\end{aligned} \tag{9.3.18}$$

式中, $v_{\tau l}=v_r(\tau_l,t),W_{n/N}$ 是 t 发射时刻后 $\tau/2$ 秒在散射区 $\boldsymbol{\Lambda}_r$ 内正好有 N 个散射元信号条件下混响过程的 n 维条件概率密度。

如果 $v_r(t)$ 的 n 维概率特性已知, 则其各阶统计特性也就可完全确定。为此, 和前面讨论泊松混响一样, 将 $\boldsymbol{\Lambda}_r$ 划分为许多相邻接而不重叠的小区域 $\Delta\boldsymbol{\Lambda}_m(m=1,2,\cdots)$, 第 m 个区域 $\Delta\boldsymbol{\Lambda}_m$ 内正好有 N 个散射元的概率是 $P(N,t|\Delta\boldsymbol{\Lambda}_m)$, 而由该区域的这 N 个散射元所产生的混响过程 (记为 $v_m(\tau,t,\boldsymbol{r}_m,|s_m)$) 的 n 维特性函数是

$$\begin{aligned}&\theta_{mn}(\eta_1,\eta_2,\cdots,\eta_n|t,\Delta\boldsymbol{\Lambda}_m)\\&=\sum_{N=1}^{\infty}P(N,t|\Delta\boldsymbol{\Lambda}_n)\Theta_{mn/N}(\eta_1,\eta_2,\cdots,\eta_n|N,t,\Delta\boldsymbol{\Lambda}_m)\end{aligned}\tag{9.3.19}$$

$\Theta_{mn/N}$ 是条件概率特性函数。由于所有 v_m 的统计独立性, 散射元特征参量 $\boldsymbol{s}_m$ 具有同样的统计分布特性, 即 $W_m(\boldsymbol{s}_m)=W_s(\boldsymbol{s})$, 且有

$$v_m(\tau,t,r_m|\boldsymbol{s})=v_0(\tau,t,r_m|\boldsymbol{s})\tag{9.3.20}$$

因此, 式 (9.3.19) 中的 $\Theta_{mn/N}$ 可写成

$$\Theta_{mn/N}=[\Theta_{mn/1}(\eta+1,\eta_2,\cdots,\eta_n|1,t,\Delta\boldsymbol{\Lambda}_m)]^N\tag{9.3.21}$$

其中

$$\begin{aligned}\Theta_{nm/1}(\eta_1,\cdots,\eta_n|1,t')&=\left\langle\exp\left[2\pi\mathrm{j}\sum_{t=1}^{n}\eta_l v_0(\tau_l,t',r_m|\boldsymbol{s})\right]\right\rangle_{\boldsymbol{s}}\\&=\int_s W(s)\exp\left[2\pi\mathrm{j}\sum_{l=1}^{n}\eta_l v_0(\tau_l,t',r_m|\boldsymbol{s})\right]\mathrm{d}\boldsymbol{s}\end{aligned}\tag{9.3.22}$$

对 $\boldsymbol{s}$ 的积分是多重积分。

将式 (3.9.22) 中指数项展成级数, 并取前两项, 再利用式 (9.3.5), 式 (9.3.19) 可写成

$$\Theta_{nm}(\eta_1,\eta_2\cdots,\eta_m|t',\Delta\boldsymbol{\Lambda}_m)=\exp\{\rho(r,t'+|r|/2)\Delta\boldsymbol{\Lambda}_m[\Theta_{nm/1}-1]\}\tag{9.3.23}$$

由于 $\boldsymbol{\Lambda}_m$ 互不重叠, 因此相应于 n 维分布 (式 (9.3.18)) 的特性函数是

$$\begin{aligned}\Theta_n(\eta_1,\eta_2\cdots,\eta_n|t',\boldsymbol{\Lambda}_r)&=\textstyle\prod_m\Theta_{nm}\\&=\exp\left\{\textstyle\sum_m\rho(\boldsymbol{r}_m,t'+|\boldsymbol{r}_m|/2)[\Theta_{nm/1}-1]\Delta\boldsymbol{\Lambda}_m\right\}\end{aligned}\tag{9.3.24}$$

将式 (9.3.22) 代入式 (9.3.24), 并将对 m 的求和用连续积分表示, 有

$$\begin{aligned}&\Theta_n(\eta_1,\eta_2\cdots,\eta_n|t',\boldsymbol{\Lambda}_r)\\&=\exp\left\{\textstyle\int_{\boldsymbol{\Lambda}_r}\rho(\boldsymbol{r},t'+|\boldsymbol{r}|/2)\left[\int_s W(\boldsymbol{s})\exp\left(2\pi\mathrm{j}\displaystyle\sum_{i=1}^{n}\eta_l v_0(\tau_l,t',r|\boldsymbol{s})\right)\mathrm{d}\boldsymbol{s}-1\right]\mathrm{d}\boldsymbol{r}\right\}\end{aligned}\tag{9.3.25}$$

若 $v_0(\tau,t,\boldsymbol{r}|\boldsymbol{s})$ 取远场等效波束空间, 参量 $\boldsymbol{s}$ 是 b 和 φ, 即取式 (9.3.2), 因此有

$$\Theta_{nm/1} = \iint W_b(b)W_\varphi(\varphi) \cdot \exp\left\{2\pi \boldsymbol{j}\sum_{l=1}^{n}\eta_l bF^2(c\tau/2)u(t_l-\tau)\exp(\mathrm{j}2\pi\varphi\tau_l)\right\}\mathrm{d}b\mathrm{d}\varphi \tag{9.3.26}$$

式中 $W_b(b)$ 和 $W_\varphi(\varphi)$ 分别是式 (9.3.9) 和式 (9.3.10)。

用 $\rho_\tau(\tau,t)$ 取代 $\rho(\boldsymbol{r},t)$, 同样可确定 t' 时发射信号所产生的延迟范围在 $\boldsymbol{\Lambda}_T[\tau_r - T/2, \tau_r + T/2)$ 内混响 n 维概率密度的特性函数

$$\Theta_n(\eta_1,\cdots,\eta_n|t',\tau,T) = \exp\left\{\int_{(\tau-T)/2}^{(\tau+T)/2}\rho_\tau(\tau',t')\left[\iint W_b(b)W_\varphi(\varphi) \cdot \exp(\mathrm{j}2\pi\sum_{l=1}^{n}\eta_l bu(\tau_l-\tau')\cdot\exp(\mathrm{j}2\pi\varphi\tau_l))\mathrm{d}b\mathrm{d}\varphi - 1\right]\mathrm{d}\tau'\right\} \tag{9.3.27}$$

根据式 (5.2.12), 可从 θ_n 求得混响的各阶统计矩。

9.4 混响信道的相干函数和散射函数

在 9.1 节我们已经将海洋混响形成的过程模型化为线性时变、空变信道的输出过程, 并且也具有随机时变空变信号的特性。本节首先根据线性信道理论来讨论混响信道的系统函数及其相干函数和散射函数等二阶统计特性。

9.4.1 混响信道的传递函数

正如式 (9.1.1) 所指出的, 我们所要讨论的混响信道是指由基阵 (发射换能器阵和接收水听器阵) 变换、介质传输和散射体散射等全部线性过程组合的混响全过程, 即从激发基阵的声呐信号 $u(t)$ 开始, 到接收阵输出端形成混响 $v_r(t)$ 为止的全部过程。如果混响信道的响应函数是 $h_r(\tau,t,\boldsymbol{r})$, 那么有

$$v_r(t) = \int h_r(\tau,t)u(t-\tau)\mathrm{d}\tau \tag{9.4.1}$$

由于已经把布阵系统作为混响过程的一部分, 混响过程的空间特性反映在其总响应函数 $h_r(\tau,t)$ 内。

我们主要考虑远场窄带混响, 接收、发射基阵用一个等效指向性为 $d_{uv}(f,\boldsymbol{\alpha})$ 的点阵来代替。而根据式 (9.1.6), 形成远场混响过程的响应函数可以写成是全部对混响有贡献的散射体散射响应总和的规范化形式, 即

$$h_r(\tau,t) = \sum_{i=1}^{\infty} h_i(\tau,t,\boldsymbol{r}_i) \tag{9.4.2}$$

$h_i(\tau,t,\boldsymbol{r}_i)$ 是位于 $\boldsymbol{r}_i\in\boldsymbol{\Lambda}_r$ 的第 i 个元散射过程的响应函数, 相应的传递函数是

$$H_i(f,t,\boldsymbol{r}_i)=\int h_i(\tau,t,\boldsymbol{r}_i)\mathrm{e}^{-\mathrm{j}2\pi f\tau} \tag{9.4.3}$$

注意到, 在 t 时刻接收到的混响元信号 $v_i(t)$ 是在 $\tau_i/2$ 秒 ($\tau_i=2|\boldsymbol{r}_i|/c$) 前散射元被激发的响应输出, 因此对应元散射的传递函数可表示为

$$H_i(f,t|\boldsymbol{r}_i)=d_{uv}(f,\boldsymbol{\alpha}_i)b_i\left(t-\frac{\tau_i}{2}\right)F_0^2\left(f,\frac{\tau_i}{2}\right)\mathrm{e}^{-\mathrm{j}2\pi f\tau_i(t)} \tag{9.4.4}$$

其中, $F_0^2(f,|\boldsymbol{r}|)$ 为双程传输衰减, 对于 $|\boldsymbol{r}|_i\ll|\boldsymbol{\Lambda}_r|$ 的远场窄带混响, 元散射衰减在 $|\boldsymbol{\Lambda}_r|$ 内可认为是均匀的常数; $b_i(f,t)$ 是第 i 个散射元自身的传递函数。对于随机运动的点散射元, $b_i(f,t)$ 就是散射体随机散射的复振幅函数 $b_i(t)$。$\boldsymbol{\alpha}_i$ 和 τ_i 也是时间的随机函数。如果在信号时间 T 内散射体运动是低速的, 根据式 (2.9.11) 近似有

$$\tau_i(t)=\tau_i+\beta_i(t-\tau_i) \tag{9.4.5}$$

其中, β_i 是散射元多普勒系数, 也是随机量。远场窄带条件下, 式 (9.4.4) 略去传输衰减项, 可写成

$$H_i(f,t|\boldsymbol{r}_i)=d_{uv}(f_0,\boldsymbol{\alpha}_i)b_i\left(t-\frac{\tau_i}{2}\right)\mathrm{e}^{-\mathrm{j}2\pi f[\tau_i+\beta_i(t-\tau_i)]} \tag{9.4.6}$$

如果是同一类混响源, 式 (9.4.2) 中的元散射响应 $h_i(\tau,t,\boldsymbol{r}_i)$ 具有相同的形式, 并记为 $h_0(\tau,t|\boldsymbol{\alpha}_i)$, 而 $H_0(f,t|\boldsymbol{r}_i)$ 一般写成

$$H_0(f,t|\boldsymbol{r}_i)=d_{uv}(\boldsymbol{\alpha}_\iota)b_i\left(t-\frac{\tau_i}{2}\right)\mathrm{e}^{-\mathrm{j}2\pi(f\tau_i-\varphi_i t)} \tag{9.4.7}$$

到达接收端的混响响应是

$$H_r(f,t)=\sum_{i=1}^{N(t|\boldsymbol{\Lambda}_r)}H_0(f,t|\boldsymbol{r}_i) \tag{9.4.8}$$

相对于式 (9.1.17), 取 $d(f,\boldsymbol{\alpha}_i)$ 对应的波束混响空间 $\boldsymbol{\Lambda}_r$, 窄带远场混响响应式 (9.4.8) 中的元混响响应就是起伏点散射响应

$$H_0(f,t|\boldsymbol{\alpha}_i)=b_i\left(t-\frac{\tau_i}{2}\right)\mathrm{e}^{-\mathrm{j}2\pi(f\tau_i-\varphi_i t)} \tag{9.4.9}$$

τ_i 和 $\varphi_i=-\beta_i f$ 分别表示散射体散射的随机延迟和频移。

9.4.2 混响信道的时频相干函数

根据式 (6.6.17) 相干函数的定义, 由式 (9.4.8) 和式 (9.4.9), 混响元散射信道的相干函数

$$\begin{aligned}\Gamma_0(f,t;\Delta f,\Delta t|\boldsymbol{r}_i)&=\langle H_0(f,t|\boldsymbol{\alpha}_i)H_0^*(f+\Delta f,t+\Delta t|\boldsymbol{r}_i)\rangle\\&=D_{uv}(\alpha_i)R_{b0}(\Delta t,t)\theta_\beta\{(f+\Delta f)\Delta t+\Delta f(t-\tau_i)\}\mathrm{e}^{\mathrm{j}2\pi\Delta f\tau_i}\end{aligned}\tag{9.4.10}$$

这里 $D_{uv}(\boldsymbol{\alpha}_r)=|d_{uv}(f_0,\boldsymbol{\alpha}_r)|^2$, $\tau_i=|\boldsymbol{r}_i|/c$。而且由于散射元运动与其散射振幅无关, 因此对 b 和 β 求平均是分别进行的, 而式中 $R_{bi}(\Delta t,t)=\langle b_i(t)b_i^*(t+\Delta t)\rangle,\theta_\beta(\eta)$ 是散射元多普勒系数分布 $W_\beta(\beta)$ 的特性函数 (见式 (5.2.10))。

若混响散射元空间分布记为 $\rho(\boldsymbol{r},t)$, 则混响相干函数可表示为

$$\begin{aligned}\Gamma_r(f,t;\Delta f,\Delta t)&=\langle H_r(f,t)H_r^*(f+\Delta f,t+\Delta t)\rangle\\&=\sum_{r_i\in\boldsymbol{\Lambda}_r}\rho(r_i,t)\Gamma_0(f,t;\Delta f,\Delta t|r_i)\end{aligned}\tag{9.4.11}$$

将式 (9.4.10) 代入上式, 有

$$\begin{aligned}\Gamma_r(f,t;\Delta f,\Delta t)=&\int_{\boldsymbol{\Lambda}_r}\rho(\boldsymbol{r},t)D_{uv}(\boldsymbol{\alpha}_i)R_{b0}(\Delta t,t)\\&\cdot\theta_\beta\{(f+\Delta f)\Delta t+\Delta f(t-\tau_i)\}\mathrm{e}^{\mathrm{j}2\pi\Delta f\tau_i}\mathrm{d}\boldsymbol{r}\end{aligned}\tag{9.4.12}$$

式 (9.4.11) 表明, 一般情况下, 混响散射信道不是 WSSUS 的, 甚至由于散射体运动, 它也不是 WSS 或 US 的。

窄带条件下, 可取 $\varphi=-\beta f_0$, 且用 $\theta_\varphi(\Delta t)$ 代替 $\theta_\beta(\eta)$, 而有

$$\Gamma_r(f,t;\Delta f,\Delta t)=\int_{\boldsymbol{\Lambda}_r}\rho(\boldsymbol{r},t)D_{uv}(\boldsymbol{\alpha}_i)R_{b0}(\Delta t,t)\ \theta_\varphi(\Delta t)\mathrm{e}^{\mathrm{j}2\pi\Delta f\tau_i}\mathrm{d}\boldsymbol{r}\tag{9.4.13}$$

假定散射体空间分布是慢变的并记 $\rho(\boldsymbol{r},t)=\rho(|\boldsymbol{r}|,\theta,\varphi,t_0)$, t_0 是发射时间, $t=t_0+\tau$。再假定 $b(t)$ 是 WSS 的, 则对于体积混响, 根据式 (9.3.12), 式 (9.4.12) 可用局部有限时空范围内的 WSSUS 形式

$$\begin{aligned}\Gamma_r(\Delta f,\Delta t|t_0)=&\frac{c^3}{8}R_b(\Delta t)\Theta_\varphi(\Delta t)\int_0^{2\pi}\int_{-\pi/2}^{\pi/2}D_{uv}(\theta,\phi)\cos\theta\\&\cdot\int_{\tau-T/2}^{\tau+T/2}\tau^2\rho\left(\frac{c\tau}{2},\theta,\phi,t_0\right)\mathrm{e}^{-2\pi\Delta f\tau}\mathrm{d}\tau\mathrm{d}\theta\mathrm{d}\phi\end{aligned}\tag{9.4.14}$$

并可引入混响散射函数 (忽略参量 t_0)

$$P_{Sr}(\tau,\varphi)=\frac{c^3\tau^2}{8}T[W_\varphi(\varphi)\bigotimes G_b(\varphi)]$$

$$\cdot \int_0^{2\pi}\int_{-\pi/2}^{\pi/2}\rho\left(\frac{c\tau}{2},\theta,\phi\right)D_{uv}(\theta,\phi)\cos\theta\mathrm{d}\theta\mathrm{d}\phi \tag{9.4.15}$$

式中, $G_b(f)$ 是 $b(t)$ 的起伏功率谱

$$G_b(f)\rightleftharpoons R_b(\Delta t) \tag{9.4.16}$$

对于散射体距离均匀分布的情况, $\rho(\tau)=\rho_{\tau 0}$, 式 (9.4.14) 和式 (9.4.15) 分别变成

$$\varGamma_r(\Delta f,\Delta t)=R_b(\Delta t)\varTheta_\varphi(\Delta t)\frac{1}{T}\int_{r_0-T/2}^{r_0+T/2}n_v(\tau)\mathrm{e}^{-\mathrm{j}2\pi\Delta f\tau}\mathrm{d}\tau \tag{9.4.17}$$

和

$$P_{Sr}(\tau,\varphi)=n_v(\tau)W_\varphi(\varphi)\bigotimes G_0(\varphi) \tag{9.4.18}$$

式中

$$n_v(t)=\rho_{\tau 0}V_v(t)=c^3t^2T\varOmega/8 \tag{9.4.19}$$

是形成 t 时刻混响的散射空间体积 $V_v(t)$ (见式 (9.2.4) 体积混响情况) 内的平均散射元数。

若混响散射使散射截面恒定, 即 $R_b(\Delta t)=|b|^2$, 则有

$$\varGamma_r(\Delta f,\Delta t)=\langle|b|^2\rangle\varTheta_0(\Delta t)\frac{1}{T}\int_{\tau_0-T/2}^{\tau_0+T/2}n_{\mathrm{v}}(\tau)\mathrm{e}^{-\mathrm{j}2\pi\Delta f\tau}\mathrm{d}\tau \tag{9.4.20}$$

和

$$P_{Sr}(\tau,\varphi)=\langle|b_0|^2\rangle n_v(\tau)W_\varphi(\varphi) \tag{9.4.21}$$

下面给出体积混响 $W_\varphi(\varphi)$ 的常见形式, 假定散射体运动的三个速度分量 $\boldsymbol{\nu}_x$、$\boldsymbol{\nu}_y$ 和 $\boldsymbol{\nu}_z$ 都是均值为零, 方差为 σ_v^2 的随机量, 而速度大小 $|\boldsymbol{\nu}|$ 服从马克斯威尔分布[175]

$$W_v(|\boldsymbol{\nu}|)=\frac{2}{\pi\sigma_v^3}|\boldsymbol{\nu}|^2\exp\left[-\frac{1}{2}\left(\frac{|\boldsymbol{\nu}|}{\sigma_v}\right)^2\right] \tag{9.4.22}$$

与 $\boldsymbol{r}$ 方向的夹角在 $[0,2\pi]$ 内是均匀分布的。因此, 频移 $\varphi_r=-(2\boldsymbol{r}\boldsymbol{\nu}/c)f_0$ 的均值 $\langle\varphi_r\rangle=0$, 并服从分布

$$W_\varphi(\varphi)=\left(\frac{1}{\sigma_\varphi}\right)^3\frac{1}{\pi}\sqrt{\frac{2}{\pi}}\int_{|\varphi|}^{\infty}\frac{x^2}{\sqrt{x^2-\varphi^2}}\exp\left\{-\frac{1}{2}\left(\frac{x}{\sigma_\varphi}\right)^2\right\}\mathrm{d}x \tag{9.4.23}$$

$W_\varphi(\varphi)$ 对 $\varphi=0$ 对称, 并呈如图 9.4.1 所示的双峰特性 [176]; 双峰间隔约为 $\sigma_\varphi=2\sigma_v f_0/c$。

一般常用具有单峰特性的高斯分布形式

$$W_\varphi(\varphi)=\frac{1}{\sqrt{2\pi}\sigma_\varphi}\exp\left\{-\frac{1}{2}\left(\frac{\varphi}{\sigma_\varphi}\right)^2\right\} \tag{9.4.24}$$

近似代替式 (9.4.23) 的双峰分布形式。

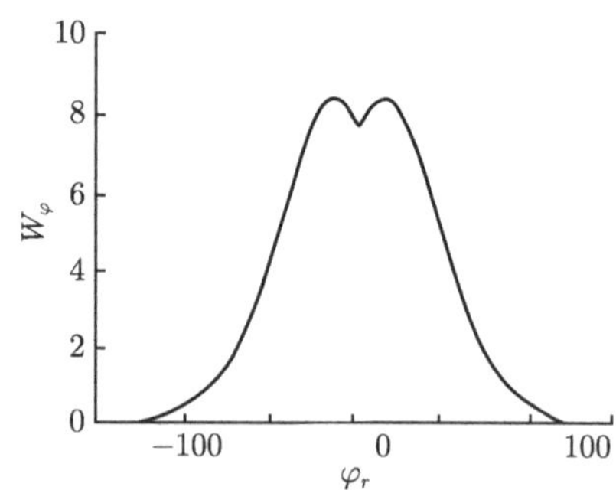

图 9.4.1　混响 $W_\varphi(\varphi)$ 的常见形式

对于界面混响, 式 (9.4.15) 可写成

$$P_{Sr}(\tau,\varphi)=\frac{c^2\tau}{4}T[W_\varphi(\varphi)\otimes G_b(\varphi)]\int\rho_{\rm s}\left(\frac{c\tau}{2},\theta_0,\phi\right)D_{uv}(\theta_0,\phi)\mathrm{d}\phi \tag{9.4.25}$$

而对于均匀分布的界面散射体, 和式 (9.4.21) 一样, 有

$$P_{Sr}(\tau,\varphi)=n_s(\tau)W_\varphi(\varphi)\otimes G_b(\varphi) \tag{9.4.26}$$

其中

$$n_s(t)=\rho_{\tau0}V_s(t)=c^2\rho_{\tau0}t\Phi T/4 \tag{9.4.27}$$

9.4.3　混响的广义平稳性

由于混响作为主动声呐背景干扰, 一般关心其广义平稳性 (WSS), 如果混响是 WSS 的, 则可用多次测量的时间平均来代替系综平均。确定混响是否为 WSS, 严格地讲, 需要对实际混响数据进行同一性和独立性检验 (Kolmogorov-Smirnov 检验)。

就整个混响过程 (混响信道) 而言, 一般并不满足 WSSUS 条件, 特别对于强湍流介质混响, 小瑞利参数的海面混响以及连续分布的海底混响, 常存在较强的相干扩展成分。

但正如 6.8 节中指出的, 作为形成混响的散射信道，即使是 WSSUS 的, 混响也不一定是 WSS 的, 除非输入信号本身是 WSS 的。一般情况下, 只有对二重平稳的混响信道或窄带泊松混响过程, 才有可能出现混响的 WSS 性。

因此混响的平稳性包含两个方面的含义, 一是对 t 的平稳性 (即对不同发射时间的平稳性), 一是对 τ 的平稳性 (即对混响时间的平稳性)。混响对 t 的非平稳性主要是由于介质传输条件随机变化 (包括混响散射空间几何、散射元分布以及其散射特性的变化) 的非平稳性引起, 大多数这种非平稳性变化相对于信号发射周期是缓慢的, 在实际声呐工作时间内往往可忽略不计, 而认为是对 t 局部 WSS 的。

对 τ 的非平稳性, 主要是由于形成 τ 时刻混响的混响散射元散射对 τ 的相关性与距离有关, 特别是对不同距离上的不同混响类型或具有不同分布特性的散射元散射情况。此外，在宽带情况下散射体运动一般也是产生对 τ 非平稳的主要因素。窄带信情况下，一般空间距离上随机均匀分布散射体散射形成的混响对 τ 可认为是广义平稳的，至少在小信号时间 T 内对 τ 是局部平稳的。但对于如 PRN、CMP 或 HOP 等具有伪随机形式的大 TB 信号, 输出混响也可认为是 WSS 的。

9.5 混响信号的概率分布特性

混响作为主动声呐检测的主要干扰, 人们最关心的是其瞬时值的分布, 特别是混响瞬时值的一维概率分布。由瞬时值分布可以确定混响的瞬时均值和瞬时方差, 这一节在窄带远场条件下, 将混响看成随机元散射信号之和的过程, 并根据第五章关于随机过程分析方法, 分析其一维概率分布特性。

9.5.1 混响的瞬时均值和方差

根据假设, 混响可以表示为元散射信号之和的规范模型随机过程 [见式 (9.3.1)], 如果混响散射体空间分布密度是 $\rho(r,t)$, 元散射信号形式是 $v_0(t,\boldsymbol{r}|\boldsymbol{s})$, 则混响均值为

$$m_r(t)=\int_{\boldsymbol{\Lambda}_r}\rho(\boldsymbol{r},t-c|\boldsymbol{r}|/2)\langle v_0(t,\boldsymbol{r}|\boldsymbol{s})\rangle_s\mathrm{d}\boldsymbol{r} \tag{9.5.1}$$

它也是混响的相干成分, 而

$$\tilde{v}_r(t)=v_r(t)-m_r(t) \tag{9.5.2}$$

是混响的随机成分: $\langle\tilde{v}_r(t)\rangle=0$。

若取 (见式 (9.1.17))

$$v_0(t,\boldsymbol{r}|\boldsymbol{s})=bF_0^2\left(\frac{c\tau}{2}\right)u(t-\tau)\mathrm{e}^{\mathrm{j}2\pi\varphi t} \tag{9.5.3}$$

$\tau=2|\boldsymbol{r}|/c,b$ 和 φ 是反映元散射信号特征的参数 $\boldsymbol{s}$, 则

$$m_r(t)=\langle b\rangle\int_{\tau-T/2}^{\tau+T/2}\int_{-\infty}^{\infty}F_0^2\left(\frac{c\tau'}{2}\right)\rho_{\tau\varphi}(\tau',\varphi,t)u(t-\tau')\cdot\exp(\mathrm{j}2\pi\varphi t)\mathrm{d}\varphi\mathrm{d}\tau' \tag{9.5.4}$$

若 $\rho_{\tau\varphi}(\tau,\varphi,t)=\rho_\tau(\tau,t)W_\varphi(\varphi)$(见式 (9.3.12)), 并设 $\tau \gg T$(远场), 以致 $F_0\left(\frac{c\tau'}{2}\right)\approx F_0\left(\frac{c\tau}{2}\right), \rho_\tau(\tau',t)\approx\rho_\tau(\tau,t)$, 则

$$m_r(t)=\langle b\rangle F_0\left(\frac{c\tau}{2}\right)\rho_\tau(\tau,t)\Theta_\varphi(t)\int_{\tau-T/2}^{\tau+T/2}u(t-\tau')\mathrm{d}\tau' \tag{9.5.5}$$

通常, 除非 $\langle b\rangle=0$, 否则 $m_r(t)\neq 0$。但当 T 足够大以致 $u(t)$ 的复包络 $u_c(t)$ 的谱 $U_c(f)$ 在 $f=f_0$ 为中心频率的窄带条件下, 只要 $\langle b\rangle=0, m_r(t)$ 也是零。这意味着, 窄带泊松混响是零均值随机过程 (宽带泊松混响 $m_r(t)$ 不一定是零)。

同样, 可计算混响的瞬时方差

$$\begin{aligned}\sigma_r^2(t)&=\langle|v_r(t)|^2\rangle-|m_r(t)|^2\\&=\int_{\boldsymbol{\Lambda}_r}\rho(\boldsymbol{r},t-2|r|/c)\langle|r_0(t,\boldsymbol{r}|\boldsymbol{s})|^2\rangle_s\mathrm{d}\boldsymbol{r}-|m_r(t)|^2\end{aligned} \tag{9.5.6}$$

远场窄带均匀泊松混响情况下, $m_r(t)=0$, 因此

$$\begin{aligned}\sigma_r^2(t)&=\langle|b|^2\rangle\int_{\tau-T/2}^{\tau+T/2}F_0^4\left(\frac{c\tau'}{2}\right)\rho_\tau(\tau',t)|u(t-\tau')|^2\mathrm{d}\tau'\\&\approx\langle|b|^2\rangle\rho_\tau(\tau,t)F_0^4\left(\frac{c\tau}{2}\right)E_u\end{aligned} \tag{9.5.7}$$

E_u 是 $u(t)$ 的能量.

如果 t' 记为发射时间, 则 $t=t'+\tau$, 故上述 $m_r(t)$ 和 $\sigma_r^2(t)$ 都可表示为 $m_r(\tau,t')$ 和 $\sigma_r^2(\tau,t')$。

根据随机过程的数字特征表示式 (5.2.13) 和式 (5.2.14), 如果知道混响的一维概率分布 $W_1(v_r|t',\boldsymbol{\Lambda}_r)$(见式 (9.3.20)), 则由其特性函数 $\Theta_1(\eta,|t',\boldsymbol{\Lambda}_r)$ 也可求得

$$m_r(t)=-\mathrm{j}\frac{1}{2\pi}\frac{\mathrm{d}\Theta_1}{\mathrm{d}\eta}\bigg|_{\eta=0} \tag{9.5.8}$$

$$\sigma_r^2(t)=d_r(t)=-\frac{1}{4\pi^2}\left[\frac{\mathrm{d}^2\Theta_1^2}{\mathrm{d}\eta^2}-\left(\frac{\mathrm{d}\Theta_1}{\mathrm{d}\eta}\right)^2\right]\Bigg|_{\eta=0} \tag{9.5.9}$$

式 (9.5.8) 和式 (9.5.9) 是混响过程的瞬时均值和方差的一般表示法, 但必须知道混响过程的一维概率分布, 即混响瞬时分布 $W_1(v_r,t)$。

9.5.2 混响瞬时值分布

要直接获得 $n=1$ 的混响概率分布 $W_n(v_{r1},v_{r2},\cdots)$, 首先要知道元散射信号的具体形式, 而各散射元可以具有不同的元散射信号模型, 但我们可以根据混响的极限分布形式, 估计几种特殊混响类型。

对于泊松混响, 根据大数定理, $t = t' + \tau$ 时刻的混响瞬时值分布 (即极限分布)$W_1(v_r)$ 应服从正态分布律

$$W_1(v_r, t) = \frac{1}{\sqrt{2\pi}\sigma_r(t)} \exp\left[-\frac{v_r^2(t)}{2\sigma_r^2(t)}\right] \tag{9.5.10}$$

然而, 当元散射数 N 不是很大, 或者 N 很大, 但存在若干强散射元, 这时混响不再是泊松过程, 而瞬时值分布也不再是正态分布。

第一种 N 不很大情况下, 如近海底的散射和少量散射体构成的体积混响, 其一维概率分布 $W_1(v_r)$ 一般可展开为爱奇沃思级数 (见式 (5.2.23))

$$W_1(v_r) = c_0\phi(v_r) + c_1\dot{\phi}(v_r) + c_2\ddot{\phi}(v_r) + \cdots \tag{9.5.11}$$

$\phi(v_r)$ 是以 v_r 为参量的核函数。为比较实际分布与正态分布式 (9.5.10) 的差异, 取核函数 (见式 (5.2.25)) 为

$$\phi(v_r) = \sqrt{\frac{1}{2\pi}} \exp(-v_r^2/2) \tag{9.5.12}$$

写实际分布形式为

$$W_1(v_r, t) = \frac{1}{\sqrt{2\pi}\sigma_r(t)} \exp\left[-\frac{v_r^2(t)}{2\sigma_r^2(t)}\right](1 + O[N]) \tag{9.5.13}$$

$O[N]$ 是与散射元数有关的修正项 (见式 (5.2.26) 括号中后几项), 一般 $N > 10$ 时, 这个修正项可以略去, 否则式 (9.5.11) 就偏离正态分布; 对于窄带信号, 这种偏离主要反映在正态分布的主峰形状的偏离, 分布形式近似为 (见式 (5.2.27))

$$W_1(v_r, t) \approx \frac{1}{\sqrt{2\pi}\sigma_r(t)} \exp\left(\frac{-x^2}{2}\right)\left\{1 + \frac{\gamma_r(t)}{4!}[x^4 - 6x^2 + 3]\right\} \tag{9.5.14}$$

其中

$$x = \frac{v_r(t)}{\sigma_r(t)} \tag{9.5.15}$$

是时变归一化混响。由于是窄带信号, 因此 $\langle v_r \rangle = 0$, 而 $\gamma_r(\tau, t')$ 是 $v_r(\tau, t')$ 的分布时变峰态系数 (见式 (5.2.30)), 在均匀波束条件下, 峰态系数 [取 $t = t' + \tau$] 为

$$\gamma_r(\tau, t') = \frac{1}{\rho_\tau(\tau, t')} \frac{\langle |b|^4 \rangle}{\langle |b^2| \rangle^2} \int |u(t)|^4 \mathrm{d}t / E_u^2 \tag{9.5.16}$$

它直接决定了分布 $W_1(v_r)$ 的峰高偏离标准正态分布 ($r = 0$) 的程度, 一般情况下, $\gamma_r > 0$, 因此, $W_1(v_r)$ 的峰比正态尖而高, 如图 9.5.1(a) 所示 (正峰态)。而 γ_r 的大小主要由散射元的距离分布密度、元散射信号振幅分布和信号形式等决定[162]。

值得提醒的是, 对于如 PRN 之类的似噪信号, 任何 N 值, 混响瞬时值分布均为正态分布。

若在泊松混响 $v_{r1}(t)$ 中混有一慢起伏强点元散射, 即

$$v_r(t) = v_{r1}(t) + v_b(t) \tag{9.5.17}$$

其中

$$v_b(t) = b_0 \cos(2\pi f_0 t + \theta) \tag{9.5.18}$$

b_0 是恒值, θ 是均匀分布的随机相位。v_b 的概率分布是

$$W_b(v_b) = 1/[\pi b_0 \sqrt{1-(v_b/b_0)^2}], \quad b_0 \geqslant v_b \tag{9.5.19}$$

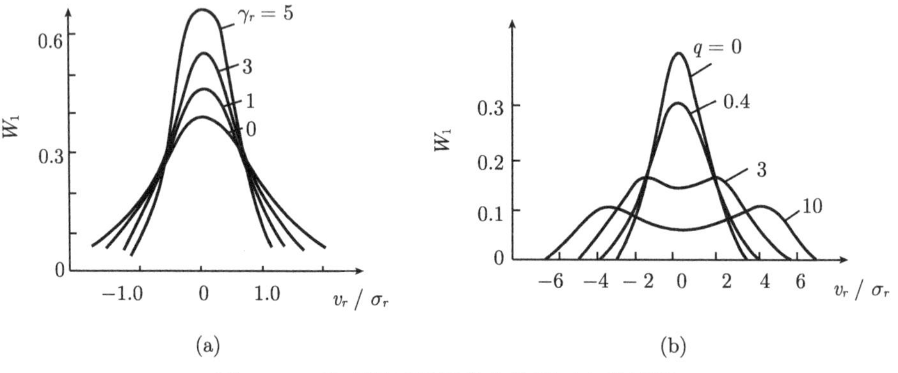

图 9.5.1　混响瞬时振幅分布偏离正态的情况

(a) 低分布密度情况; (b) 存在强亮点散射情况

可以证明, $v_r(t)$ 的瞬时概率分布是

$$W_1(v_r, t) = \frac{1}{\pi\sqrt{2\pi}\sigma_r}\int_0^{\pi} \exp\left[-\frac{1}{2}(x_1 - q\cos\theta)^2\right] \mathrm{d}\theta$$

或写成级数形式

$$W_1(v_r, t) = \frac{1}{\sigma_r}\sum_{k=0}^{\infty}\left(\frac{q^{2k}}{2^k (k!)^2}\right)\phi^{(2k)}(x_1) \tag{9.5.20}$$

式中, $x_1 = v_r/\sigma_r, \quad q = b_0/\sigma_r$,

$$\phi^{(k)}(x) = \frac{\mathrm{d}^k}{\mathrm{d}x^k}\phi(x)$$

由式 (9.5.20) 可见, 分布形式对正态的偏离与强散射成分的 q 大小有关。图 9.5.1(b)

是不同 q 值对分布的影响, $q=0$ 是正态分布, $q>0$ 是负峰态分布。这一特点可以用来检验混响中相干成分的大小。图 9.5.2 就是近海实际海洋混响的瞬时分布的图例, 测量是用单脉冲信号 ($T=640\text{ms}$), 图中 1、2、3、4 分别对应为 $\tau=0.64\text{s}$, 1.28s, 2.56s 和 5.12s 后一般混响 ($T=640\text{ms}$ 宽) 的实测结果。

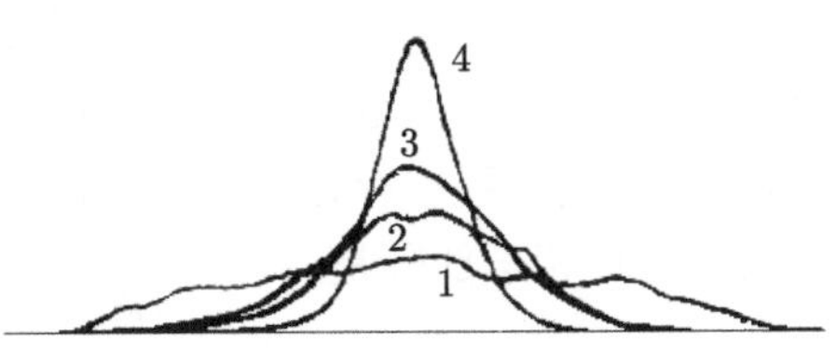

图 9.5.2 实际近海海洋混响瞬时分布图

由图可见, 近距离 (如 $\tau=0.64\text{s}$) 相干成分较强, 说明存在海面或海底强相干散射 (如镜反射) 源, 而在远距离 (如 $\tau>2.56\text{s}$) 接近高斯分布。

9.6 混响包络和相位的统计特性

9.5 节讨论了混响一维概率的某些特性。在实际应用中, 与一维概率特性有关的是混响的包络和相位的统计特征。 例如, 在声呐和雷达环境的计算和模拟中[108], 所关心的是直接决定检测性能的混响或杂波幅度或包络的统计特性, 因此本节从混响的复数形式讨论它的一维概率分布和混响包络、相位以及强度等瞬时的统计特性。

9.6.1 混响的正交分量及复数幅相形式

窄带混响 $v_r(t)$ 和一般信号形式一样可以表示为 (见第二章) 复数形式

$$v_r(t)=v_c(t)\mathrm{e}^{\mathrm{j}2\pi f_0 t} \tag{9.6.1}$$

式中

$$v_c(t)=A_r(t)\mathrm{e}^{\mathrm{j}\theta_r(t)} \tag{9.6.2}$$

或复数正交形式 (解析形式)

$$v_r(t)=v_{er}(t)+\mathrm{j}\check{v}_{er}(t) \tag{9.6.3}$$

$\check{v}_{er}(t)$ 是实际混响 $v_{er}(t)$ 的希尔伯特变换。显然, 如果知道 $v_r(t)$ 的一维概率分布 $W_1(v_r)$, 也不难根据一系列变换关系确定两正交分量 v_{er} 和 $\check{v}_{er}$ 以及混响包络 $A_r(t)$ 和相位 $\theta_r(t)$ 的联合概率分布, 详细的讨论可参考文献 [24, 126].

对于泊松混响, 由于 v 和 $\check{v}_{er}$ 是正交的, 而 $v^2=v_{er}^2+\check{v}_{er}^2$, 因此, v_{er} 和 $\check{v}_{er}$ 的联合概率分布很容易从 $W_1(v_r)$ 求得。例如, 对式 (9.5.14) 的分布混响形式, 两正交分量的联合概率分布是

$$W_{cs}(v_{er},\check{v}_{er},t)\approx\frac{1}{\sqrt{2\pi}\sigma_r(\tau,t)}\exp\left(-\frac{x^2+\check{x}^2}{2}\right)$$

$$\cdot \left[1+\frac{\gamma_r}{4!}(x^4+\check{x}^4-6x^2-6\check{x}^2+6)\right] \tag{9.6.4}$$

式中, $x=v_{er}/\sigma_r, \check{x}=\check{v}_{er}/\sigma_r$, 若 $\gamma_r(t)=0$, 则 $W_{cs}(v_{er},\check{v}_{er},t)$ 为二维正态分布。如果一般泊松混响过程中存在一相干散射元, 其 $W_{cs}(v_{er},\check{v}_{er},t)$ 的形式仍可用式 (9.6.4) 表示。例如, 相干部分是

$$v_{r0}(t)=b_0\cos(2\pi f_0 t+\theta) \tag{9.6.5}$$

引入 $q=b_0/\sigma_r(t)$, 且使 x 用 $x+q$ 代入式 (9.6.4) 即可 ($\check{x}$ 保留不变)。

根据 A_r,θ_r 及 v_{er} 和 $\check{v}_{er}$ 的互相变换关系, 确定雅可比变换行列式

$$D_z=\left|\frac{\partial(v_{er},\check{v}_{er})}{\partial(A_r,\theta_r)}\right| \tag{9.6.6}$$

由

$$W_{A\theta}(A_r,\theta_r,t)=W_{cs}(A_r\cos\theta_r,A_r\sin\theta_r)D_z \tag{9.6.7}$$

可确定包络 A_r 和 θ_r 的联合概率分布 $W_{A\theta}(A_r,\theta_r,t)$。

对于存在强相干散射信号式 (9.6.5) 的混响过程, 由式 (9.6.1)、式 (9.6.5) 和式 (9.6.7) 可得

$$\begin{aligned} W_{A\theta}=&\frac{1}{2\pi\sigma_r^2}\exp\left(-\frac{U^2+q^2}{2}+Uq\cos\theta_r\right)\left\{1+\frac{\gamma_r}{4!}\left[\frac{U^4}{4}\cos 4\theta_r\right.\right.\\ &+\frac{3}{4}U^4q^4-U^3q\cos 3\theta_r+(12Uq-4Uq^3-3U^3q)\cos\theta_r\\ &\left.\left.+3U^2q^2\cos 2\theta_r+3U^2q^2-6U^2-6q^2+6\right]\right\} \end{aligned} \tag{9.6.8}$$

式中, $U=A_r/\sigma_r$。式 (9.6.8) 的 $W_{A\theta}$ 适用于式 (9.5.14) 的 $W_r(v_r)$ 分布形式, 对于其他分布形式的 $W_1(v_r), W_{A\theta}$ 可能更复杂。此外, 由于 A_r、θ_r 和 U 是 t 的函数, $W_{A\theta}$ 和 W_{cs} 也都是时间 t 的函数, 故只是瞬时分布。

9.6.2 混响瞬时包络分布

由式 (9.6.8) 可得混响包络 A_r 的瞬时概率分布

$$W_A(A_r,t)=\int_{-\pi}^{\pi}W_{A\theta}(A_r,\theta_r,t)\mathrm{d}\theta_r \tag{9.6.9}$$

若 $\gamma_r=0$, 对泊松混响中包含强相干散射情况有

$$W_A(A_r,t)=\frac{1}{\sigma_r^2}U\exp\left\{-\frac{U^2+q^2}{2}\right\}\mathrm{J}_0(Uq) \tag{9.6.10}$$

式中

$$\mathrm{J}_0(x)=\frac{1}{\pi}\int_0^{\pi}\exp(x\cos\theta)\cos\theta\mathrm{d}\theta \tag{9.6.11}$$

是零阶修正贝塞尔函数。式 (9.6.10) 的分布就是熟知的赖斯分布或广义瑞利分布。不同 q 值, $W_A(A_r,t_0)$ 如图 9.6.1(a) 所示。

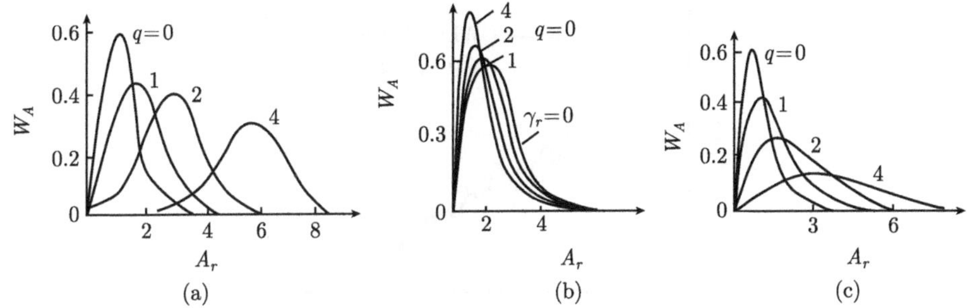

图 9.6.1 几种典型泊松混响包络分布

(a) $r=0$ 不同 q 的情况; (b) $q=0$ 不同 r 的情况; (c) 存在不同强正态起伏分布的强相干情况

若 $q=0$, 则

$$W_A(A_r,t)=\frac{A_r(t)}{\sigma_r^2(t)}\exp\left[-\frac{A_r^2(t)}{2\sigma_r^2(t)}\right] \tag{9.6.12}$$

蜕化为熟知的瑞利分布 (见式 (5.2.17))。当 $q\to\infty$(一般 $q>6$ 即可) 时, $W_A(A_r,t)$ 接近于高斯分布。

当 $\gamma_r\neq 0$ 时, $W_A(A_r,t)$ 分布同样可以确定, 图 9.6.1(b) 是对 $q=0$ 不同 γ_r 的 $W_A(A_r)$ 图形, 随着 γ_r 增加, 分布越集中。

如果泊松混响中的强散射信号也是具有正态分布的起伏信号, 设强散射信号方差是 $\sigma_b^2(t)$, 则包络分布是

$$W_A(A_r,t)=\frac{U}{1+q}\exp\left[-\frac{U^2}{2(1+q^2)}\right] \tag{9.6.13}$$

式中

$$U=U(t)=\sqrt{[v_{er}(t)+b_0(t)]^2+\check{v}_{er}^2(t)}$$

$$q=q(t)=\sigma_b(t)/\sigma_r(t)$$

分布如图 9.6.1(c) 所示。

图 9.6.2 给出同样宽度的单频 (CWL) 和编码调相 (CMP) 信号在同一浅海近岸的单次发射所接收到的混响包络图, 其中有较强的海面和海底岩礁回波, 以致混响都出现明显的垄起峰, 而以 CWL 的更为严重, 但 CMP 信号的混响包络较均匀。实际上带宽越大的信号, 时间分辨率越高, 混响更具有随机性, 以致混响包络越来越均匀。

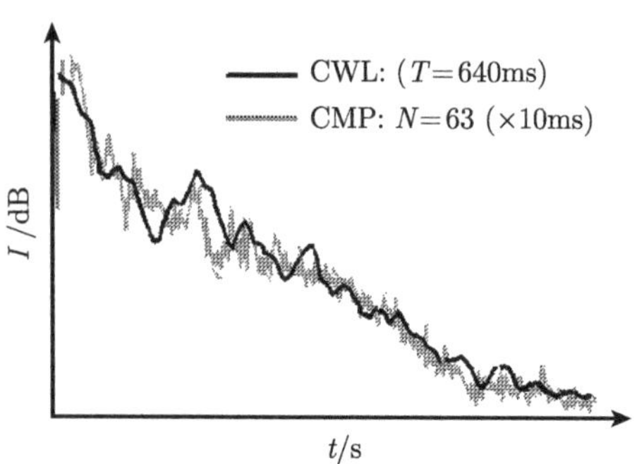

图 9.6.2 CWL 和 CMP 信号的混响包络比较

大多数实验证明, 海洋混响 (包括海面、海底和体积混响) 包络统计特性都接近于上述理论模式, 但当存在少量强散射信号 (相干成分) 时, 混响包络分布最大值偏右 (与瑞利分布比较), 并接近于伽马 (Γ) 分布或 K 分布。图 9.6.3 给出泥沙底质海底混响的几种信号例, 由于海底可能存在少量海底岩礁, CWL 和 LFM 混响幅度分布峰值位置偏右, 但即使这样的底质, 采用 CMP 或 PRN 等宽带似噪信号, 其混响包络分布仍接近瑞利分布 [162]。

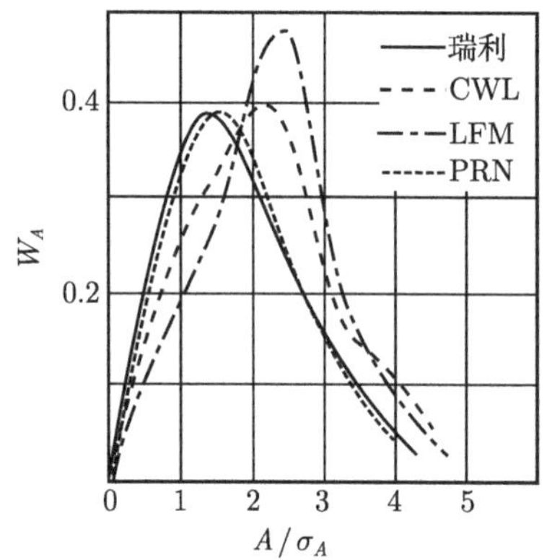

图 9.6.3 几种信号的混响包络统计特性例

9.6.3 混响强度分布

由混响包络分布 $W_A(A_r,t)$, 取 $I=A_r^2$, 可获得混响强度分布 $W_I(I_r,t)$

$$W_I(I_r,t)=\sqrt{I_r/2}W_A(\sqrt{I_r},t) \tag{9.6.14}$$

混响平均强度可由式 (9.6.7) 得

$$\langle I_r(t)\rangle=\sigma_r^2(t)+|m_r(t)|^2 \tag{9.6.15}$$

将式 (9.6.10) 代入式 (9.6.14), 可得

$$W_I(I_r,t)=\frac{1}{2\sigma_r^2}\exp\left[-\frac{1}{2\sigma_r^2}(I_r+|b_0|^2)\right]\mathrm{J}_0\left(\frac{b\sqrt{I_r}}{\sigma_r^2}\right) \tag{9.6.16}$$

$b_0=0$ 的泊松混响情况下, $W_I(I_r,t)$ 属于两个自由度的 χ^2 分布 (式 (5.2.21))。

由于声呐检测器输出经常是一个平方检波器, 因此强度分布是重要的研究对象。

混响过程作为随机信道的输出过程, 可由其包络和强度分布函数确定其能量相干因子 (见式 (6.4.1)) 或相干度

$$\gamma_{Er}=\frac{b_0^2}{\sigma_r^2+b_0^2}=\frac{q^2}{(1+q^2)} \tag{9.6.17}$$

即由 q 决定。

9.6.4 混响瞬时相位分布

同样, 根据 $W_{A\theta}(A_r,\theta_r,t)$ 确定混响的瞬时相位分布

$$W_\theta(\theta_r,t)=\int W_{A\theta}(A_r,\theta_r,t)\mathrm{d}A_r \tag{9.6.18}$$

对于泊松混响过程, 混响相位分布是 $[0,2\pi]$ 内的均匀分布形式

$$W_\theta(\theta_r,t)=1/2\pi,\quad |\theta_r|\leqslant\pi \tag{9.6.19}$$

存在强散射元时, 分布形式 (9.6.19) 将被破坏。例如, 强散射信号是如式 (9.6.5) 所示的单个相干信号形式时, 总混响相位分布是

$$W_\theta(\theta_r,t)=\frac{1}{\sqrt{2\pi}}\exp(-q^2)+\frac{q}{2\sqrt{\pi}}\cos\theta\exp(-q^2\sin^2\theta)[1+\Phi(q\cos\theta)] \tag{9.6.20}$$

这里 $\Phi(x)$ 是概率积分

$$\Phi(x)=\frac{2}{\sqrt{\pi}}\int_0^x \mathrm{e}^{-x^2}\mathrm{d}x \tag{9.6.21}$$

当 $q=b_0/\sigma_r\ll 1$ 时, 式 (9.6.16) 接近于均匀分布, 而 $q\gg 1$ 时, 相位分布是高斯分布

$$W_\theta(\theta_r,t)=\frac{1}{\sqrt{2\pi\sigma_\theta^2}}\exp\left(-\frac{\theta_1^2}{2\sigma_\theta^2}\right) \tag{9.6.22}$$

σ_θ^2 是相位的方差: $\sigma_\theta^2=1/2q^2\ll 2\pi$。

实际混响相位分布多为均匀分布但若存在强相干成分, 相位分布会呈现非均匀的多峰结构。此外, 海洋混响的相位起伏一般比振幅起伏小。

9.7 混响的相关和匹配滤波分析

海洋混响作为随机信道输出的随机信号, 可以按照第五章和第六章的基本原理对其进行各种时频统计分布特性分析。这一节主要讨论窄带混响时频相关及其匹配滤波输出特性的分析。

9.7.1 混响统计相关函数和功率谱

根据式 (5.3.5), 混响相关函数的定义是

$$R_r(\Delta t, t) = \langle v_r(t) v_r^*(t+\Delta t)\rangle \tag{9.7.1}$$

由于 [见式 (9.5.2)]

$$v_r(t) = \tilde{v}_r(t) + m_r(t) \tag{9.7.2}$$

因此有

$$R_r(\Delta t, t) = \sigma_r^2(\Delta t, t) + m_r(t) m_r^*(t+\Delta t) \tag{9.7.3}$$

$\sigma_r^2(\Delta t, t)$ 是混响协方差函数。

如果知道混响的二维概率分布特性, 即式 (9.3.18) 中 $n=2$ 的 $W_2(v_{\tau 1}, v_{\tau 2})$ 或其特性函数 Θ_2, 那么和式 (9.5.9) 类似, 有

$$R_r(\Delta t, t) = -\frac{1}{4\pi}\frac{\partial^2 \Theta_2}{\partial \eta_1 \partial \eta_2}\bigg|_{\eta_1=\eta_2=0} \tag{9.7.4}$$

利用线性散射信道原理, 可以根据式 (6.6.2), 有限时间信号的混响相关函数表示为

$$\begin{aligned} R_r(\Delta t, t) = \iint & \Gamma_r(f, t; \Delta t) U(f) U^*(f+\Delta f) \\ & \cdot \exp\{-\mathrm{j}2\pi[f\Delta t + \Delta f(t+\Delta t)]\} \mathrm{d}f \mathrm{d}\Delta f \end{aligned} \tag{9.7.5}$$

$\Gamma_r(f, t; \Delta f, \Delta t)$ 是混响信道相干函数, 可用式 (9.4.12) 或窄带情况下的式 (9.4.13) 表示。

如果混响信道是 WSSUS 的, 这时, $\Gamma_r(f, t; \Delta f, \Delta t) = \Gamma_r(\Delta f, \Delta t)$, 并有散射函数 $P_{Sr}(\tau, \varphi)$ 的定义。混响相关函数式 (9.7.5) 可写成

$$R_r(\Delta t, t) = \iint \Gamma_r(\Delta f, \Delta t) \chi_u(\Delta t, \Delta f) \exp(-\mathrm{j}2\pi \Delta f t) \mathrm{d}\Delta f \tag{9.7.6}$$

$\chi_u(\tau, \varphi)$ 是 $u(t)$ 的二维相关函数。进一步还可表示为

$$R_r(\Delta t, t) = \iint P_{Sr}(\tau, \varphi) u(t-\tau) u^*(t-\tau+\Delta t) \exp(\mathrm{j}2\pi\varphi\Delta t) \mathrm{d}\tau \mathrm{d}\varphi \tag{9.7.7}$$

对于窄带低速散射元的泊松混响情况, 根据式 (9.4.15), 散射函数为

$$P_{Sr}(\tau,\varphi)=\langle|b|^2\rangle\rho_{\tau\varphi}(\tau,\varphi)T \tag{9.7.8}$$

其中

$$\rho_{\tau\varphi}(\tau,\varphi)=\frac{c^3\tau^2}{8}W_\varphi(\varphi)\int_0^{2\pi}\int_{-\pi/2}^{\pi/2}D_{uv}(\theta,\phi)\rho\left(\frac{c\tau}{2},\theta,\phi\right)\cos\theta\mathrm{d}\theta\mathrm{d}\phi \tag{9.7.9}$$

是散射体在 τ–φ 平面上的分布密度, 当然是慢时变的, 将式 (9.7.8) 代入式 (9.7.7) 有

$$R_r(\Delta t,t)=\langle|b|^2\rangle T\iint\rho_{\tau\varphi}(\tau,\varphi)u(t-\tau)u^*(t-\tau+\Delta t)\exp(\mathrm{j}2\pi\varphi\Delta t)\mathrm{d}r\mathrm{d}\varphi \tag{9.7.10}$$

如果是均匀分布散射体, 则 $P_{Br}(\tau,\varphi)$ 表示为式 (9.4.18), 因此有

$$R_r(\Delta t,t)=\langle|b|^2\rangle n_0(t)\varTheta_\varphi(\Delta t)R_u(\Delta t) \tag{9.7.11}$$

对于固定散射体分布, $\theta_\varphi(\Delta t)=1$, 因此

$$R_r(\Delta t,t)=\langle|b|^2\rangle n_0(t)R_u(\Delta t) \tag{9.7.12}$$

混响作为有限时间过程的时变随机信号, 可以通过式 (5.4.23) 的变换关系, 由混响时变相关函数 $R_r(\Delta t,t)$ 确定混响的时变功率谱

$$G_r(f,t)=\int R_r(\Delta t,t)\exp(\mathrm{j}2\pi f\Delta t)\mathrm{d}\Delta t \tag{9.7.13}$$

因此, 直接对式 (9.7.5) 进行傅里叶变换确定混响的时变功率谱。相对于式 (9.7.6) 的 WSSUS 信道的混响时变功率谱是

$$\begin{aligned}G_r(f,t)&=\iint\varGamma_r(\Delta f,\Delta t)\chi_u(\Delta t,\Delta f)\exp[-\mathrm{j}2\pi(\Delta ft-f\Delta t)]\mathrm{d}\Delta f\mathrm{d}\Delta t\\&=P_{Sr}(t,f)\bigotimes\bigotimes e_u(t,f)\end{aligned} \tag{9.7.14}$$

$e_u(f,t)$ 是 $u(t)$ 的时频能量分布函数 (见式 (5.4.14))。而对于泊松混响情况, 式 (9.7.10) 和式 (9.7.11) 的时变功率谱分别是

$$G_r(f,t)=\langle|b|^2\rangle T\rho_{\tau\varphi}(t,f)\bigotimes\bigotimes e_u(t,f) \tag{9.7.15}$$

和

$$G_r(f,t)=\langle|b|^2\rangle n_0(t)W_\varphi(f)\bigotimes E_u(f) \tag{9.7.16}$$

对于固定散射体分布的式 (9.7.12), 其

$$G_r(f,t)=\langle|b|^2\rangle n_0(t)E_u(f) \tag{9.7.17}$$

可见, 静态泊松混响的功率谱与信号能谱 $E_u(f)$ 形式相同。

9.7.2 混响过程的时频分析

混响统计特性对分析混响中目标检测的性能是一个必要的课题, 但在应用中, 更多关心的是混响过程本身的频谱或时频分布特征。混响的距离多普勒分布等是测量估计散射体的散射距离和运动分布特性的基本手段 [169,170]。利用混响的时频分布的概率特性反演散射体或介质物理参数, 例如海洋环境 (生物、潮汐和内波, 特别是可以引起海难的海洋孤子波等) 预警监测, 海底参数估计和地质结构勘测等诸多方面的应用越来越广泛, 这类问题均属于混响反概率问题, 也是近代海洋混响研究的主要方向。

因此, 对于大多数海洋环境监测, 主要是对瞬时混响过程的时间相关和短时谱分析的研究和应用, 但混响作为有限时间的非平稳随机过程 $v_r(t)$, 可以采用 STFT 或利用式 (5.5.1) 对其进行 WVD 分析

$$W_r(t,f)=\int v_r(u+\tau/2)v_r^*(u-\tau/2)\mathrm{e}^{-\mathrm{i}2\pi f\tau}\mathrm{d}\tau \tag{9.7.18}$$

实际上根据式 (5.5.3), 混响 $W_X(t,f)$ 是混响对称负型二维相关函数 $\chi_x^{[\mathrm{S}]}(\tau,t)$ 的二维傅里叶变换

$$W_r(t,f)=\iint \chi_r^{[\mathrm{S}]}(\tau,\varphi)\mathrm{e}^{-\mathrm{j}2\pi(f\tau-\varphi t)}\mathrm{d}\tau\mathrm{d}\varphi \tag{9.7.19}$$

虽然我们在图 8.9.2 中也看到了 CWL 信号的混响 WVD 图, 但由于 WVD 的交叉项干扰, 图示的频率分布特性不表示是混响的频移分布, 所以对于密集分布的混响散射体散射, 即使采用式 (5.5.32) 定义的广义 WVD 分析也无法获得混响过程的时频特征。

由于主要关心的是混响散射体的分布, 更多的是对混响直接进行匹配滤波分析, 根据式 (5.8.11) 关于匹配滤波器对随机信号的输入输出关系, 匹配滤波输出混响 $y_r(\tau)$ 可表示为输入混响和发射信号 $u(t)$ 的互相关函数

$$y_r(\tau)=R_{ru}(\tau)=\int v_r(t)u^*(t+\tau)\mathrm{d}t \tag{9.7.20}$$

如果混响是式 (9.3.1) 元散射信号之和的模型, 则上式变成

$$y_r(\tau)\ =\ \sum_{i=1}^{N}b_i\chi_u(\tau-\tau_i\varphi_i)\mathrm{e}^{\mathrm{j}2\pi\varphi_i\tau_i} \tag{9.7.21}$$

也仍然是属于二维规范型随机过程形式, 其特性主要决定于信号形式和形成混响的空间范围内的散射体距离和运动多普勒分布。

一般根据式 (5.8.8), 采用多通道频移匹配滤波, 将输出混响直接表示为二维互

相关函数形式

$$y_r(\tau,\varphi)=\chi_{vu}(\tau,\varphi)=\sum_{i=1}^{N}b_i\chi_u(\tau-\tau_i,\varphi-\varphi_i)\mathrm{e}^{\mathrm{j}2\pi\varphi_i\tau_i} \tag{9.7.22}$$

如果采用 $|\chi_u|=\delta(\tau,\varphi)$ 的高分辨信号形式, 就可以获得形成混响过程的散射体距离和径向速度的分布特征。

图 9.7.1 是连续两次发射的 2kHz 的 CWL 单频长脉冲声雷达大气混响的多通道 (非相干) 频移匹配滤波 (采用的是交流时间压缩相关) 输出图例, 可以明显地看到相隔 2s 时间两次发射的高空散射层 (相当于大气逆温层) 回波 (混响) 多普勒频移 φ 随时间 τ (相当于大气风速随高度) 的变化过程 [220]。

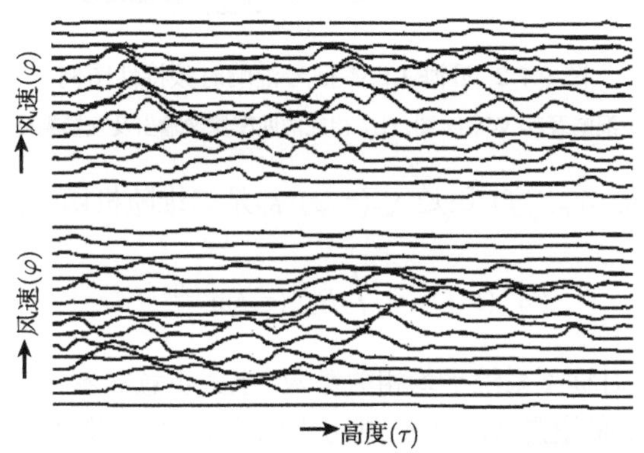

图 9.7.1 大气声雷达混响多通道匹配滤波输出

研究 LFM 信号的混响 WVD 和互模糊度特性有一定的特殊意义。

图 9.7.2(a) 是一次近海 LFM 信号的海底混响 $v_r(t)$ 及其 $W_r(t,f)$, 从图看到混响本身是杂乱无章的, 虽然有可能混响中存在一定的相干成分, 但由于密集散射元之间交叉干涉, 混响 WVD 图基本上看不到散射体回波的时频斜脊特性。

图 9.7.2(b) 是和图 (a) 时间上对应的同一混响匹配滤波输出 $y(\tau)$ 和互模糊度 (二维匹配滤波)$|\chi_r(\tau,\varphi)|$ 分布图。从互模糊度图可看到, 虽然在频移向的分布还是因干涉而杂乱无章, 在信号分辨范围内元散射回波均或多或少保留一定的斜脊特性, 类似特征也可见图 8.10.4。

由于 LFM 混响 WVD 和互模糊度特性的这一差别, 意味着可对类似在 8.9.4 节中采用 RADON-WVD 变换方法平滑混响检测相干目标回波。而对匹配滤波互模糊度输出进行 LADON 变换或对模糊度沿斜脊方向进行积累, 虽然也可能平滑一些混响, 但就提高混响中目标回波检测效果而言, LADON 模糊度分析并不比通道匹配滤波的明显。

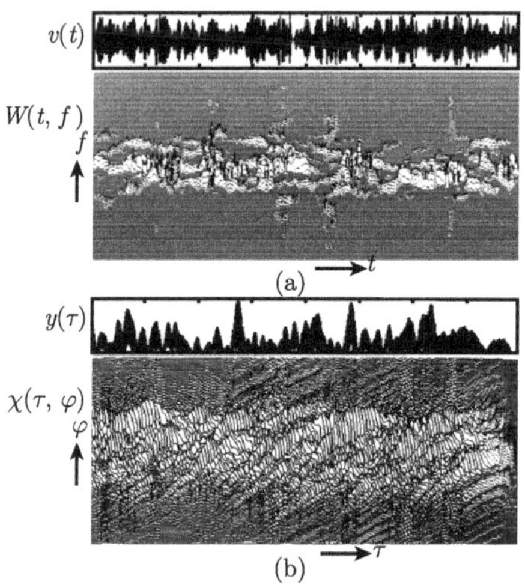

图 9.7.2 近海 LFM 信号混响时频特性图例

(a) 混响及其 WVD 图; (b) 相应的匹配滤波输出及互模糊度图

实际上, 无论是 $W_r(t,f)$ 还是 $\chi_r(\tau,\varphi)$ 都是二维随机函数, $W_r(t,f)$ 的平均值是

$$\langle W_r(t,f)\rangle = \int R_r^{[\mathrm{S}]}(\tau,t)\mathrm{e}^{-\mathrm{i}2\pi f\tau}\mathrm{d}\tau \tag{9.7.23}$$

这里 $R_r^{[\mathrm{S}]}$ 是混响的对称型系综平均相关函数, 上式也意味着 $\langle W_r(t,f)\rangle$ 有功率谱的含义。如果混响散射信道是 WSSUS, 则可类似式 (6.7.5), 将匹配滤波输出的混响功率表示为

$$\varPsi_y(\tau,\varphi) = \left\langle|\chi_{vu}(\tau,\varphi)|^2\right\rangle = P_{Sr}(\tau,\varphi)\otimes\otimes\varPsi_u(\tau,\varphi) \tag{9.7.24}$$

9.7.3 匹配滤波器输出混响统计特性

匹配滤波器作为主动声呐检测的通用接收机, 其输出混响统计特性直接影响混响中目标回波的检测性能。由于大多数检测是非相干 (包络或平方) 检测, 因此, 有必要讨论匹配滤波器输出混响包络的统计特性。

对于零均值随机过程, 输出混响式 (9.7.20) 也是零均值随机过程。考虑输出包络统计时, 将式 (9.7.20) 用其复包络或等效低通形式表示, 并近似写成对输出混响包络有贡献的散射元信号的等效低通形式之和, 即

$$y_c(\tau) = \sum_{i=1}^{M} A_i(\tau)\mathrm{e}^{j\theta_i(\tau)} \tag{9.7.25}$$

$A_i(t)$ 和 $\theta_i(t)$ 分别是第 i 个元散射信号输出混响的振幅和相位调制函数。不难理解, 对输出混响包络有贡献的混响散射元数 M 并不是图 9.1.1 所示混响散射区 $\boldsymbol{\varLambda}_r$

中的全部散射体 $N(t|\boldsymbol{A}_r)$, 由于匹配滤波输出混响瞬时值峰宽是由信号自相关 (模糊度) 函数主峰或分辨尺寸决定的, 因此, 对输出混响有主要贡献的散射体数 M 是输入混响散射体落在 $[\tau 1/(2B) \sim \tau + 1/(2B)]$ 的时空分辨单元距离范围内散射体数, 若 $TB > 1$, 则 $M < N$。

根据前面几节关于混响的统计分析的讨论, 一般情况下, 同一类型散射体密集分布的泊松混响, 对输出分辨单元混响有贡献的散射元数 M 也较大, 而根据大数定理, 输出混响瞬时值分布是和式 (9.5.10) 相似的正态分布型, 因此输出包络分布也同样是和式 (9.6.12) 一样的瑞利分布型

$$W_A(A_y, \tau) = \frac{A_y(\tau)}{\sigma_y^2(\tau)} \exp\left(-\frac{A_y^2(\tau)}{2\sigma_y^2(\tau)}\right) \tag{9.7.26}$$

式中, $\sigma_y^2(\tau) = \langle |b(\tau)|^2 \rangle$。但如果形成混响的散射体个数不是很大, 甚至不能满足大数定理, 匹配滤波输出分布可能会偏离正态型分布, 其包络分布也变成如图 9.4.1 所示的非瑞利型分布, 包括混合瑞利分布、韦伯分布、对数正态分布和 K 分布型等。对于浅海环境, 最常呈现的是 K 分布型混响模型 [282,283]。

近年来对浅海海底混响的研究指出, 形成混响的海底散射体往往不是密集型, 而是大小不同分布的斑块状岩石、贝类或山峦之类的结构, 即使单个散射斑块体的散射振幅分布是方差为 σ^2 (单位面积的散射功率) 的零均值高斯分布, 但是对于具有高方位指向性布阵和高距离分辨率的匹配滤波输出混响有贡献的散射体数 M 可能很小, 而且是随机慢时变的, 以致输出混响包络分布会呈现尾巴拖长的瑞利型分布。实际上, 正态分布混响背景条件下, 如果将面积为 S_i 的单个散射斑块散射匹配滤波器输出用随机参量 Z_i 表示, 那么形成匹配滤波器输出混响的复包络可表示为

$$y_r(\tau) = \sum_{i=1}^{M} \sqrt{S_i} Z_i \tag{9.7.27}$$

设作为随机量的斑块面积 S 满足以其形状参数 a 为参量的负指数分布

$$W_S(\alpha) = \frac{1}{\mu} \mathrm{e}^{-\frac{a}{m}} \tag{9.7.28}$$

其平均值为 $\mu = \langle S_i \rangle$, 匹配滤波器输出对应于式 (8.7.20) 的混响包络分布将是 K 分布 [231]

$$W_A(A_y, \tau) = \frac{4}{\sqrt{\lambda}\Gamma(\alpha)} \left(\frac{y}{\sqrt{\lambda}}\right)^{\alpha} \mathrm{J}_{\alpha-1}\left(\frac{2y}{\sqrt{\lambda}}\right) \tag{9.7.29}$$

式中, λ 和 α 也是分别决定该分布离散度和陡峭度的两个参数: 尺度参数和形状参数。$\mathrm{J}_{\alpha-1}(x)$ 是修正第三类贝塞尔函数, $\Gamma(x)$ 是伽马函数 (见式 (5.2.22))。

由于有 $\alpha\lambda = \langle y^* \rangle$, 因此 K 分布的主要参数只有形状参量 α, 而 α 越大, K 分布越接近于瑞利分布。实际上, 瑞利分布是 $\alpha = \infty$, $\lambda = 2\sigma_y^2/\alpha$ 的 K 分布特例。另外, 根据式 (9.7.27) 分布输出混响复包络可以表示为两个随机过程的乘积, 即

$$y_A(t) = \sqrt{P(t)}Z(t) \tag{9.7.30}$$

这里 $Z(t)$ 是方差为 λ 的零均值复低通高斯型随机过程, 而 $P(t)$ 是单位尺度参数 $\lambda = 1$ 形状参数为 $\alpha(t)$ 的慢变 Γ 分布随机过程。

形状参量 α 也可反映为匹配滤波输出混响散射区 (即输出对应的方位–距离分辨单元区) 的散射斑块数的多少, 对于均匀斑块分布情况, α 正比于该区域散射斑块数 M, 可以直接设 $\alpha = M$, 这时尺度参量 $\lambda = \mu\sigma^2$。显然, 如果声呐方位和距离分辨单元很小, 如近代常使用拖曳长线列阵的 LFM 主动声呐, 分辨单元内的斑块数 M 不但很少而且可能不是完整的斑块, 如图 9.7.3 所示 [234], 由于分辨单元的大小的横向距离与声呐波束宽度成正比而纵向距离与信号带宽成反比, 因此, 指向性越高的声呐基阵或者频带越宽的信号, M 越小。而匹配滤波器输出包络分布的形状参量 α 也越小。随着基阵波束变宽或者发射频带变窄, 包络分布形状参量变大而逐渐接近于瑞利分布。图 9.7.4 就是根据中心频率为 6Hz 的不同带宽 LFM 信号实测匹配滤波输出混响数据估计的包络 K 分布图例, 可以看到带宽在 8Hz 附近包络近似为瑞利型, 随着带宽从 8Hz 改变到 250Hz, 分布的拖尾现象越来越严重, 但从 8Hz 开始变窄到 0.5Hz 时, 分布又出现拖尾, 说明实际分布的形状参数 α 与信号带宽的关系有一个最大值。

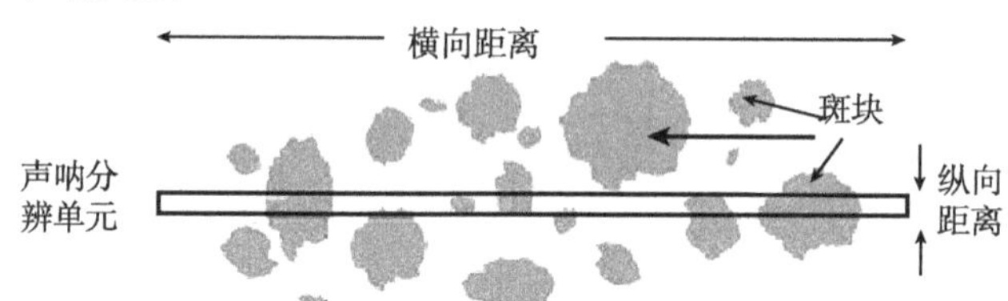

图 9.7.3 声呐分辨单元与海底混响散射斑块分布图例

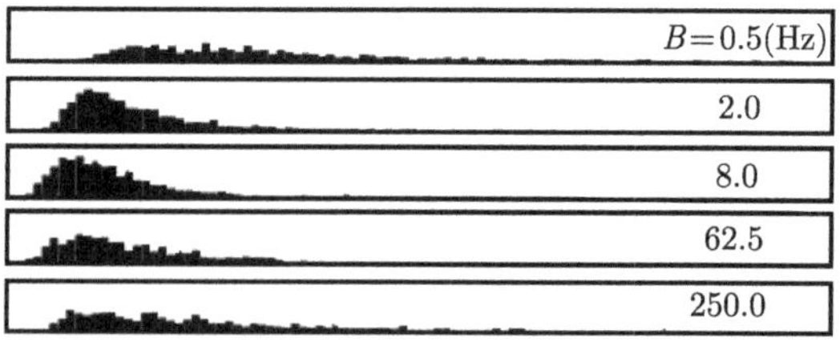

B=0.5(Hz)
2.0
8.0
62.5
250.0

图 9.7.4 不同频带信号的匹配滤波输出混响包络分布

波束成形和匹配滤波输出混响包络的 K 分布特性在浅海恒虚警检测中可用来提高检测性能, 在通信中对付界面大尺寸发射多途衰落也是必要的。

9.8 混响的空间相关性

在设计主动声呐布阵或研究散射场对设备性能的影响时, 经常要考虑散射场的空间统计特性及其与时间特性的关系, 特别是混响的空间相关特性, 而且不是不同空间散射体在同一位置形成的混响空间相关特性, 而是同一空间散射体在不同空间位置形成的混响空间相关特性。这也是这一节我们要着重讨论的空间区域散射体所形成的散射的空间相关性。

9.8.1 一般原理

假定声在介质中传播是直线传播, 发射阵等效为一个位于坐标原点的指向性点阵 (指向性函数为 $d_u(f,\boldsymbol{\alpha})$, 两个无指向性的接收水听器布设在 y–z 平面上的原点两侧 (间隔为 d, 连线对 x–y 平面的夹角为 θ_d), 如图 9.8.1 所示。此外, 所讨论的混响过程是窄带、远场、时空广义平稳的泊松混响过程。

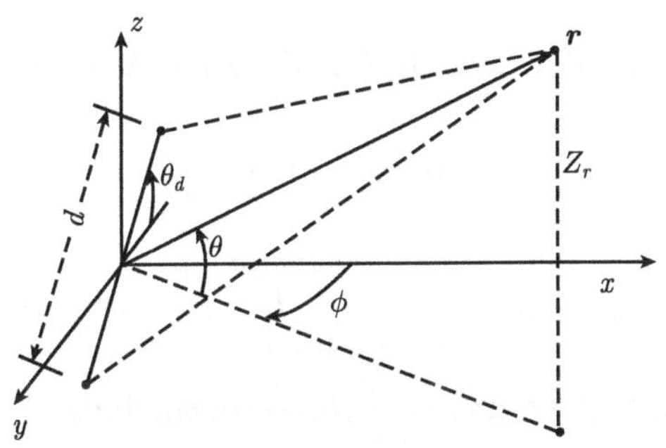

图 9.8.1 双元阵几何图

根据假设, 相对于 $\boldsymbol{r}(|\boldsymbol{r}|,\theta,\phi)$ 的散射元, 两水听器所接收的散元信号分别是

$$\left.\begin{aligned} v_{01}(t) &= d_u(\boldsymbol{\alpha}_r)b(t)u\left(t-\tau-\frac{\Delta\tau}{2}\right)\exp\left[\mathrm{j}2\pi\varphi\left(t-\tau-\frac{\Delta\tau}{2}\right)\right] \\ v_{02}(t) &= d_u(\boldsymbol{\alpha}_r)b(t)u\left(t-\tau+\frac{\Delta\tau}{2}\right)\exp\left[\mathrm{j}2\pi\varphi\left(t-\tau+\frac{\Delta\tau}{2}\right)\right] \end{aligned}\right\} \tag{9.8.1}$$

式中, $\tau=2|\boldsymbol{r}|/c, \boldsymbol{\alpha}_r$ 是 $\boldsymbol{r}$ 所在方向角 (θ,ϕ), 而

$$\Delta\tau=\frac{1}{c}|\boldsymbol{d}|(\sin\theta_d\sin\theta-\cos\theta_d\cos\theta\sin\phi) \tag{9.8.2}$$

式 (9.8.1) 中略去了有规衰减 $F_0(c\tau/2)$。

根据定义, $t=\tau$ 时的两水听器所接收到的混响互相关函数是

$$R_r(\Delta t,\boldsymbol{d})=\int_{\boldsymbol{\Lambda}_r}\rho(\boldsymbol{r})\langle v_{01}(t)v_{02}^*(t+\Delta t)\rangle\mathrm{d}\boldsymbol{r} \tag{9.8.3}$$

而

$$\begin{aligned}\langle v_{01}(t)v_{02}^*(t+\Delta t)\rangle=&\langle|b|^2\rangle D_u(\boldsymbol{\alpha}_r)\iint W_\varphi(\varphi)u\left(t-\tau-\frac{\Delta\tau}{2}\right)\\&\cdot u^*\left(t+\Delta t-\tau+\frac{\Delta\tau}{2}\right)\exp[\mathrm{j}2\pi\varphi(\Delta t+\Delta\tau)]\mathrm{d}\varphi\mathrm{d}t\\=&\langle|b|^2\rangle D_u(\boldsymbol{\alpha}_r)R_u(\Delta t+\Delta\tau)\Theta_\varphi(\Delta t+\Delta\tau)\end{aligned} \tag{9.8.4}$$

由于是远场、窄带条件, $|\boldsymbol{d}|\ll c\tau/2$,

$$R_u(\Delta t+\Delta\tau)\approx R_u(\Delta t)\exp(-\mathrm{j}2\pi f_0\Delta\tau) \tag{9.8.5}$$

将式 (9.8.5) 和式 (9.8.4) 代入式 (9.8.3)

$$R_r(\Delta t,\boldsymbol{d})=\int_{\boldsymbol{\Lambda}_r}\rho(\boldsymbol{r})\langle|b_0|^2\rangle D_u(\boldsymbol{\alpha}_r)R_u(\Delta t)\Theta_\varphi(\Delta t+\Delta\tau)\exp(-\mathrm{j}2\pi f_0\Delta\tau)\mathrm{d}\boldsymbol{r} \tag{9.8.6}$$

利用式 (9.3.16), 用 $\rho\left(\frac{c\tau}{2},\theta,\phi\right)$ 代替 $\rho(\boldsymbol{r})$, 上式变为

$$\begin{aligned}R_{rv}(\Delta t,\boldsymbol{d})=&\frac{c^3}{8}\langle|b_0|^2\rangle R_u(\Delta t)\int_{\tau_0-T/2}^{\tau_0+T/2}\int_0^{2\pi}\int_{-\pi/2}^{\pi/2}D_u(\theta,\phi)\tau^2\Theta_\varphi(\Delta t+\Delta\tau)\\&\cdot\exp(-\mathrm{j}2\pi f_0\Delta\tau)\rho\left(\frac{c\tau}{2},\theta,\phi\right)\cos\theta\mathrm{d}\theta\mathrm{d}\phi\mathrm{d}\tau\end{aligned}$$

远场情况由于 $T\ll\tau_0$, 上式近似为

$$\begin{aligned}R_{rv}(\Delta t,\boldsymbol{d})\approx&\frac{1}{8}c^3\tau_0^2T\langle|b_0|^2\rangle R_u(\Delta t)\int_0^{2\pi}\int_{-\pi/2}^{\pi/2}D_u(\theta,\phi)\rho\left(\frac{c\tau_0}{2},\theta,\phi\right)\\&\cdot\Theta_\varphi(\Delta t+\Delta\tau)\exp(-\mathrm{j}2\pi f_0\Delta\tau)\cos\theta\mathrm{d}\theta\mathrm{d}\phi\end{aligned} \tag{9.8.7}$$

如果是水平分层均匀散射体分布, 用 $\rho(\boldsymbol{r})=\rho_z(|\boldsymbol{r}|\sin\theta)$ 代入式 (9.8.6)

$$\begin{aligned}R_{rz}(\Delta t,\boldsymbol{d})\approx&\frac{1}{8}c^3\tau_0^2T\langle|b_0|^2\rangle R_u(\Delta t)\int_0^{2\pi}\int_{-\pi/2}^{\phi}D_u(\theta,\phi)\rho_z\left(\frac{c\tau_0}{2},\sin\theta\right)\\&\cdot\Theta_\varphi(\Delta t+\Delta\tau)\exp(-\mathrm{j}2\pi f_0\Delta\tau)\cos\theta\mathrm{d}\theta\mathrm{d}\phi\end{aligned} \tag{9.8.8}$$

如果是界面分布散射体的远场混响, 可利用式 (9.3.18), 有

$$R_{rs}(\Delta t,\boldsymbol{d})=\frac{1}{4}c^2\tau_0T\langle|b_0|^2\rangle R_u(\Delta t)\int_0^{2\pi}D_u(\theta_s,\phi)$$

$$\cdot \rho_s\left(\frac{c\tau_0}{2}, \theta_s, \phi\right) \Theta_\varphi(\Delta t + \Delta\tau_s)\exp(-\mathrm{j}2\pi f_0 \Delta\tau_s)\mathrm{d}\phi \tag{9.8.9}$$

式中, $\theta_s = \sin^{-1}(c\tau_0/2H) \ll 1$ 是掠射角,

$$\begin{aligned}\Delta\tau_s &= (|\boldsymbol{d}|/c)(\sin\theta_d \sin\theta_s - \cos\theta_d \cos\theta_s \sin\phi) \\ &\approx (|\boldsymbol{d}|/c)(\theta_\mathrm{s} \sin\theta_d - \cos\theta_d \sin\phi)\end{aligned} \tag{9.8.10}$$

由式 (9.8.7) 可获得体积混响时空相关函数, 而由式 (9.8.8) 可以获得均匀分布的薄层或界面混响时空相关函数。但式 (9.8.9) 只适用于小掠射角 (远场浅海) 的界面混响。

当 $|\boldsymbol{d}| = 0$ 时, $\Delta\tau = 0$, 式 (9.8.7)~ 式 (9.8.9) 分别就是三类混响时间相关函数。

9.8.2 垂直空间相关

取 $\Delta t = 0$ 和 $\theta_d = \pi/2$, 则式 (9.8.2) 为

$$\Delta\tau = |\boldsymbol{d}| \sin\theta/c \tag{9.8.11}$$

代入式 (9.8.7)~ 式 (9.8.9) 可获得混响垂直空间相关函数, 分别是

$$\begin{aligned}R_{r\perp v}(|\boldsymbol{d}|) &= [V_r(\tau_0)/\varOmega_u]\langle |b|^2\rangle E_u \\ &\cdot \int_0^{2\pi}\int_{-\pi/2}^{\pi/2} D_u(\theta,\phi)\rho\left(\frac{c\tau_0}{2},\theta,\phi\right)\Theta_\varphi(|\boldsymbol{d}|\sin\theta/c) \\ &\cdot \exp(-\mathrm{j}2\pi k_0|\boldsymbol{d}|\sin\theta)\cos\theta\mathrm{d}\theta\mathrm{d}\phi\end{aligned} \tag{9.8.12a}$$

$$\begin{aligned}R_{r\perp z}(|\boldsymbol{d}|) &= [V_v(\tau_0)/\varOmega_u]\langle |b|^2\rangle E_u \\ &\cdot \int_0^{2\pi}\int_{-\pi/2}^{\pi/2} D_u(\theta,\phi)\rho_z\left(\frac{c\tau_0}{2},\sin\theta\right)\Theta_\varphi(|\boldsymbol{d}|\sin\theta/c) \\ &\cdot \exp(-\mathrm{j}2\pi k_0|\boldsymbol{d}|\sin\theta)\cos\theta\mathrm{d}\theta\mathrm{d}\phi\end{aligned} \tag{9.8.12b}$$

和

$$\begin{aligned}R_{r\perp s}(|\boldsymbol{d}|) &= [V_s(\tau_0)/\varPhi_u]\langle |b|^2\rangle E_u \Theta_\varphi(|\boldsymbol{d}|/c)\exp(-\mathrm{j}2\pi k_0|\boldsymbol{d}|\sin\theta_s) \\ &\cdot \int_0^{2\pi} D_u(\theta_s,\phi)\rho_s\left(\frac{c\tau_0}{2},\theta_s,\phi\right)\mathrm{d}\phi, \quad \theta_s \ll 1\end{aligned} \tag{9.8.12c}$$

以上 $R_0 = |\boldsymbol{d}|/c$。若散射体不动, 分布均匀; 对于无指向性发射情况 ($\varOmega_u = 4\pi, \varPhi_u = 2\pi$), 体积混响相关函数 (9.8.17) 可简化为

$$R_{r\perp v}(|\boldsymbol{d}|) = n_v(\tau_0)\langle |b|^2\rangle E_u \mathrm{sinc}(2\pi k_0|\boldsymbol{d}|) \tag{9.8.13}$$

归一化相关函数是

$$\hat{R}_{r\perp v}(|\boldsymbol{d}|) = \frac{R_{r\perp v}(|\boldsymbol{d}|)}{R_{r\perp v}(0)} = \mathrm{sinc}(2\pi k_0|\boldsymbol{d}|) \tag{9.8.14}$$

如图 9.8.2 中的曲线 1, 式 (9.8.14) 和一个窄带噪声场的垂直空间相关函数相同[172], 海上实验也证明是符合实际混响情况的[173]。

同一条件下对界面混响 (远场, $\theta_s \ll 1$)

$$R_{r\perp s}(|\boldsymbol{d}|) = n_s(\tau_0)\langle|b|^2\rangle E_u \exp(-\mathrm{j}2\pi k_0|\boldsymbol{d}|\theta_s) \tag{9.8.15}$$

或

$$\hat{R}_{r\perp s}(|\boldsymbol{d}|) = \exp(-\mathrm{j}2\pi k_0|\boldsymbol{d}|\theta_s) \tag{9.8.16}$$

是与 θ_s (掠射角) 有关的振荡形式。

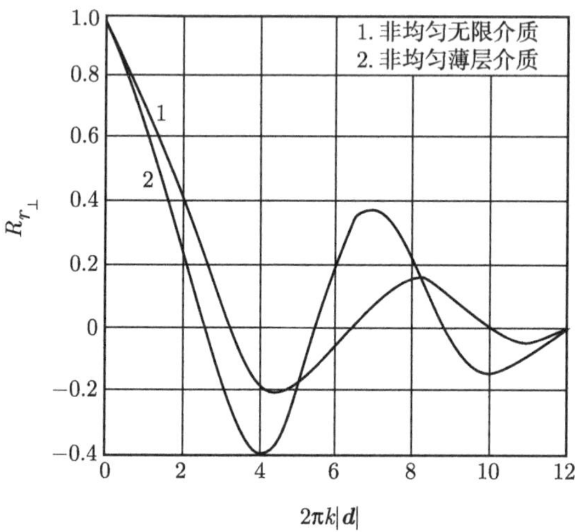

图 9.8.2　实际混响空间相关性

9.8.3　水平相关函数

水平空间相关函数取 $\theta_d = 0$, 式 (9.8.2) 为

$$\Delta\tau = -|\boldsymbol{d}|\cos\theta\sin(\phi/c) \tag{9.8.17}$$

因此, 对于 $\Delta t = 0$, 式 (9.8.7)~ 式 (9.8.9) 分别是

$$R_{r||v}(|\boldsymbol{d}|) = \frac{V_v(\tau_0)}{\Omega_u}\langle|b|^2\rangle E_u \int_0^{2\pi}\int_{-\pi/2}^{\pi/2} D_u(\theta,\phi)\rho\left(\frac{c\tau_0}{2},\theta,\phi\right)$$
$$\cdot\,\Theta_\varphi\left(-\frac{|\boldsymbol{d}|}{c}\cos\theta\sin\phi\right)\exp(\mathrm{j}2\pi k_0|\boldsymbol{d}|\cos\theta\sin\phi)\cos\theta\mathrm{d}\theta\mathrm{d}\phi \tag{9.8.18a}$$

$$R_{r||z}(|\boldsymbol{d}|)=\frac{1}{\varOmega_u}V_v(\tau_0)\langle|b|^2\rangle E_u\int_0^{2\pi}\int_{-\pi/2}^{\pi/2}D_u(\theta,\phi)\rho_z\left(\frac{c\tau_0}{2},\sin\theta\right)$$
$$\cdot\varTheta_\varphi\left(-\frac{|\boldsymbol{d}|}{c}\cos\theta\sin\phi\right)\exp(\mathrm{j}2\pi k_0|\boldsymbol{d}|\cos\theta\sin\phi)\cos\theta\mathrm{d}\theta\mathrm{d}\phi\quad(9.8.18\mathrm{b})$$

$$R_{r||s}(|\boldsymbol{d}|)=[V_s(\tau_0)/\varPhi_u]\langle|b|^2\rangle E_u\int_0^{2\pi}\varTheta_\varphi(-|\boldsymbol{d}|\cos\theta_s\sin(\phi/c))$$
$$\cdot\rho_s\left(-\frac{c\tau_0}{2},\theta_s,\phi\right)D_u(\theta_s,\phi)\exp(\mathrm{j}2\pi k_0|\boldsymbol{d}|\sin\phi)\mathrm{d}\phi\quad(9.8.18\mathrm{c})$$

对于具有强水平指向性而垂直无指向性阵, 即

$$D_u(\theta,\phi)\approx\mathrm{rect}[(\phi-\phi_0)/\varTheta_u],\quad\varPhi_u\ll1$$

可以获得水平纵向相关函数 ($\phi_0=0$) 和水平横向相关函数 ($\phi_0=\pi/2$)。例如, 水平纵向相关函数的对应表达式分别是

$$R_{r||v}(|\boldsymbol{d}|)=(1/2)V_v(\tau_0)\langle|b|^2\rangle E_u\int_{-\pi/2}^{\pi/2}\rho_v\left(\frac{c\tau_0}{2},\theta,0\right)$$
$$\cdot\varTheta_\varphi\left(-\frac{|\boldsymbol{d}|}{c}\cos\theta\right)\exp(\mathrm{j}2\pi k_0|d|\cos\theta)\cos\theta\mathrm{d}\theta\quad(9.8.19\mathrm{a})$$

$$R_{r||z}(|\boldsymbol{d}|)=(1/2)V_v(\tau_0)\langle|b_0|^2\rangle E_u\int_{-\pi/2}^{\pi/2}\rho_z\left(\frac{c\tau_0}{2},\sin\theta\right)$$
$$\cdot\varTheta_\varphi\left(-\frac{|\boldsymbol{d}|}{c}\cos\theta\right)\exp(\mathrm{j}2\pi k_0|\boldsymbol{d}|\cos\theta)\cos\theta\mathrm{d}\theta\quad(9.8.19\mathrm{b})$$

和

$$R_{r||s}(|\boldsymbol{d}|)=V_s(\tau_0)\langle|b|^2\rangle E_u\rho_s\left(\frac{c\tau_0}{2},\theta_s,0\right)$$
$$\cdot\varTheta_\varphi(-|\boldsymbol{d}|/c)\exp(\mathrm{j}2\pi k_0|\boldsymbol{d}|)\quad(9.8.19\mathrm{c})$$

三类混响水平横向相关函数分别是

$$R_{r=v}(|\boldsymbol{d}|)=(1/2)V_v(\tau_0)\langle|b|^2\rangle E_u\int_{-\pi/2}^{\pi/2}\rho\left(\frac{c\tau_0}{2},\theta,\frac{\pi}{2}\right)\cos\theta\mathrm{d}\theta\quad(9.8.20\mathrm{a})$$

$$R_{r=z}(|\boldsymbol{d}|)=(1/2)V_v(\tau_0)\langle|b|^2\rangle E_u\int_{-1}^{1}\rho_z\left(\frac{c\tau_0}{2}\zeta\right)\mathrm{d}\zeta\quad(9.8.20\mathrm{b})$$

和

$$R_{r=s}(|\boldsymbol{d}|)=V_s(\tau_0)E_u\rho_s\left(\frac{c\tau_0}{2},\theta_s,\frac{\pi}{2}\right)\quad(9.8.20\mathrm{c})$$

式 (9.8.20) 指出混响水平横向相关与散射体运动无关, 这是由于 $\Delta\tau=0$ 的缘故。

若为均匀分布的固定散射体, 可写式 (9.8.18) 为归一化形式

$$\hat{R}_{r||}(|\boldsymbol{d}|) = R_{r||}(|\boldsymbol{d}|)/R_{r||}(0) \tag{9.8.21}$$

而

$$\begin{aligned}\hat{R}_{r||v}(|\boldsymbol{d}|) = &\tfrac{1}{\Omega_u} n_v(\tau_0)\langle|b|^2\rangle E_u \int_0^{2\pi}\int_{-\pi/2}^{\pi/2} D_u(\theta,\phi)\\ &\cdot\exp(\mathrm{j}2\pi k_0|\boldsymbol{d}|\cos\theta\sin\phi)\cos\theta\mathrm{d}\theta\mathrm{d}\phi\end{aligned} \tag{9.8.22a, b}$$

$$\hat{R}_{r||s}(|\boldsymbol{d}|) = \frac{1}{\Phi_u} n_s(\tau_0)\langle|b|^2\rangle E_u \int_0^{2\pi} D_u(\theta,\phi)\exp(\mathrm{j}2\pi k_0|\boldsymbol{d}|\sin\phi)\mathrm{d}\phi \tag{9.8.22c}$$

无指向性时, 分别为

$$\hat{R}_{r||v}(|\boldsymbol{d}|) = \frac{1}{4\pi}\int_0^{2\pi}\int_{-\pi/2}^{\pi/2}\exp(\mathrm{j}2\pi k_0|\boldsymbol{d}|\cos\theta\sin\phi)\cos\theta\mathrm{d}\theta\mathrm{d}\phi \tag{9.8.23a, b}$$

和

$$\hat{R}_{r||s}(|\boldsymbol{d}|) = \frac{1}{2\pi}\int_0^{2\pi}\exp(\mathrm{j}2\pi k_0|\boldsymbol{d}|\sin\phi)\mathrm{d}\phi \tag{9.8.23c}$$

利用贝塞尔函数的积分形式

$$\mathrm{J}_0(x) = \frac{1}{2\pi}\int_{-\pi}^{\pi}\exp(-\mathrm{j}x\sin\phi)\mathrm{d}\phi = \frac{1}{2\pi}\int_{-\pi}^{\pi}\exp(\mathrm{j}x\cos\phi)\mathrm{d}\phi \tag{9.8.24}$$

水平空间相关函数式 (9.8.23a~b) 和式 (9.8.23c) 可分别表示为

$$\hat{R}_{r||v}(|\boldsymbol{d}|) = \int_0^{\pi/2}\mathrm{J}_0(2\pi k_0|\boldsymbol{d}|\cos\theta)\cos\theta\mathrm{d}\theta \tag{9.8.25a}$$

和

$$\hat{R}_{r||s}(|\boldsymbol{d}|) = \mathrm{J}_0(2\pi k_0|\boldsymbol{d}|) \tag{9.8.25b}$$

注意, 式 (9.8.22a) 和式 (9.8.25a) 是体积混响水平相关函数, 而式 (9.8.22c) 和式 (9.8.25b) 是表面混响水平相关函数。图 9.8.2 中曲线 2 对应于关系式 (9.8.25b) $\theta_s = 0$ 的情况。

9.8.4　实际海洋对混响空间相关的影响因素

由式 (9.8.7)~ 式 (9.8.9) 可见, 海洋混响的空间相关性主要决定于: ① 布阵指向性; ② 散射体空间分布; ③ 散射体运动随机性。

对于布阵指向性的影响, 可以通过均匀分布不动散射体构成的水平混响相关性来说明。假定换能器指向性是水平的 (垂直无指向性), 则根据式 (9.8.18a) 和式 (9.8.18c) 有

$$\left.\begin{aligned}\hat{R}_{r||v}(|\boldsymbol{d}|) &= \int_0^{2\pi}\int_{-\pi/2}^{\pi/2} D_u(\phi)\exp(\mathrm{j}2\pi k_0|\boldsymbol{d}|\cos\theta\sin\phi)\cos\theta\mathrm{d}\theta\mathrm{d}\phi\\ R_{r||s}(|\boldsymbol{d}|) &= E_u\int_0^{2\pi} D_u(\phi)\exp(\mathrm{j}2\pi k_0|\boldsymbol{d}|\cos\theta\sin\phi)\mathrm{d}\phi\end{aligned}\right\} \tag{9.8.26}$$

如果波束很窄, 且主轴向 $\phi\approx 0$, 则 $\sin\phi\approx\phi$, 式 (9.8.26) 可用 $D_u(\phi)$ 的傅里叶变换 $D_{Iu}(x)$ 的形式表示

$$\left.\begin{aligned}\hat{R}_{r||v}(|\boldsymbol{d}|)&=\int_0^{\pi/2}D_{Iu}(k_0|\boldsymbol{d}|\cos\theta)\cos\theta\mathrm{d}\theta\\ \hat{R}_{r||s}(|\boldsymbol{d}|)&=D_{Iu}(k_0|\boldsymbol{d}|\cos\theta_s)\end{aligned}\right\}\tag{9.8.27}$$

$D_u(\boldsymbol{\alpha})=|d_u(\boldsymbol{\alpha})|^2=|A_u(f_0\boldsymbol{n}/c)|^2$(见 7.5 节), 因此 $D_{Iu}(x)$ 是发射阵的束控函数 $\boldsymbol{\alpha}_u(\boldsymbol{r})$ 的相关函数形式。由此可见, 如果束控函数空间尺寸有限 (如 $|\boldsymbol{r}|\leqslant|\boldsymbol{\Lambda}_u|$), 则混响水平空间相关性当 $|\boldsymbol{d}|$ 大于基阵尺寸时, 将为零[174]。文献 [162] 也指出, 当指向性函数取

$$D_u(\phi)=1+(\phi/\varPhi_u)^2,\quad |\phi|\leqslant\pi,\varPhi_u\ll 1\tag{9.8.28}$$

时, 考虑到 $\varPhi_u$ 与基阵尺寸 $|\boldsymbol{\Lambda}_u|$ 成反比 ($\varPhi_u\propto\lambda/|\boldsymbol{\Lambda}_u|$), 混响水平相关函数将呈现如

$$\hat{R}_{r||}(|\boldsymbol{d}|)\approx\exp(-2|\boldsymbol{d}|/|\boldsymbol{\Lambda}_u|)\tag{9.8.29}$$

的指数形式。

由于散射体随机运动, 混响的时间相关性、垂直和水平横向相关性都会受影响。例如, 对频移分布是高斯分布 (式 (9.4.28)) 的运动散射体混响, 当 $(\sigma_\nu/c)|\boldsymbol{d}|\ll 1$ 时, 无指向性发射时小掠射角的水平相关函数式 (9.8.18a) 可写成[162]

$$R_{r||}(|\boldsymbol{d}|)=\mathrm{J}_0(2\pi k_0|\boldsymbol{d}|)[1-\pi(\sigma_\nu|\boldsymbol{d}|/c)^2]+(\pi\sigma_\nu|\boldsymbol{d}|/c)^2\mathrm{J}_2(2\pi k_0|\boldsymbol{d}|)\tag{9.8.30}$$

$\mathrm{J}_2(x)$ 是二阶贝塞尔函数。由式 (2.8.30) 可见, 随着散射体运动速度随机性增加, 混响水平空间相关尺寸减小, 减小的程度与散射体速度方差 σ_ν 有关。

海上实验指出, 一般海底混响空间相关性比体积混响强, 表面混响次之, 对于界面或薄层混响, 小掠射角的混响 (远程) 相关性要强些; 此外, 一般浅海垂直空间相关性比水平相关性要差些.

9.9 基阵位移时的混响统计特性

对于实际声呐系统, 往往是被安装在运动的载体上 (如舰艇或鱼雷头), 因此有必要讨论一下基阵运动时的混响相关特性和谱特性。

为简单起见, 仅考虑远场低速窄带混响, 并采用声呐坐标系统下的元散射信号模型。设系统的空间几何如图 9.9.1 所示, 基阵位于坐标原点并以其水平运动方向 (不考虑垂直运动) 为 x 轴。散射体自身假定是零均值随机运动, 其散射截面是固定的或慢起伏的随机量, 因此相对于移动基阵, 散射体是基阵运动速度 v_0 为均值的

反向集群运动, 在信号时间 T 内, 可以不考虑运动产生的散射体相对位移, 而将散射元散射到达时间 $\tau_i'(t)$ 取和式 (9.4.5) 一样的一级近似。

为简单起见, 仅考虑远场低速窄带混响, 并采用声呐坐标系统, 将基阵运动等效为散射体的相对于基阵的反向集群运动, 且在信号时间 T 内, 运动产生的散射体相对位移很小, 以致可不考虑基阵波束方向的位移, 且 $\tau_i'(t)$ 取其一级近似

$$\tau_i'(t) = \tau_{i0} + \beta_{i0} t \tag{9.9.1}$$

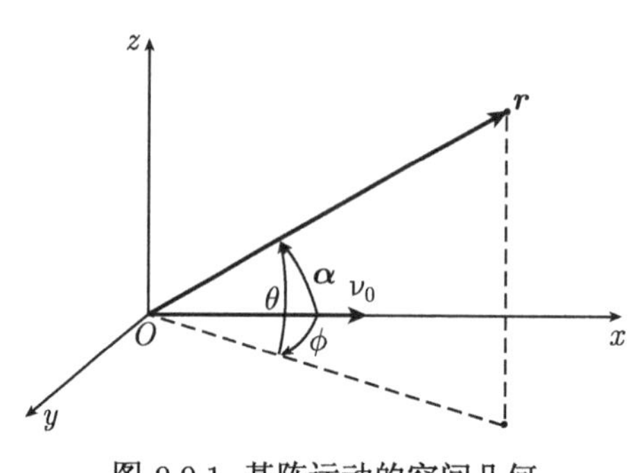

图 9.9.1　基阵运动的空间几何

而元混响信号仍可用式 (9.8.1) 当 $\Delta\tau = 0$ 的形式 (仍略去有规衰减项)

$$v_0(t) = d_{uv}(\boldsymbol{\alpha}) b_0(t) u(t-\tau) \cdot \exp[\mathrm{j}2\pi(\varphi_0 \cos\boldsymbol{\alpha} - \varphi)t] \tag{9.9.2}$$

式中

$$\tau = 2|\boldsymbol{r}|/c,\quad \varphi = \frac{2\nu}{c} f_0,\quad \varphi_0 = \frac{2|\boldsymbol{\nu}_0|}{c} f_0 \tag{9.9.3}$$

$\nu = \boldsymbol{\nu} \cdot \boldsymbol{n}_r$ 是散射体运动速度沿 $\boldsymbol{r}$ 方向的径向分量, $\boldsymbol{\nu}_0$ 是基阵运动速度 (沿 x 方向), $\boldsymbol{\alpha}$ 是 $\boldsymbol{r}$ 对 x 轴的夹角 (图 9.9.1), 由几何关系知

$$\cos\boldsymbol{\alpha} = \cos\theta\cos\phi$$

$d_{uv}(\boldsymbol{\alpha})$ 是发射和接收联合指向性函数。

混响的相关函数是

$$R_r(\Delta t|\boldsymbol{\nu}_0) \int_{\boldsymbol{\Lambda}_r} \langle \rho(\boldsymbol{r}) v_0(t) v_0^*(t+\Delta t)\rangle \mathrm{d}\boldsymbol{r} \tag{9.9.4}$$

$\boldsymbol{\Lambda}_r$ 是以 $|\boldsymbol{r}_0| = c\tau_0/2$ 为半径, 厚为 $T/2$ 球壳形散射空间, $\langle\cdot\rangle$ 是对 b 和 ϕ 的系综平均, 和获得式 (9.8.7) 一样, 可将式 (9.9.4) 表示为

$$\begin{aligned} R_{rv}(\Delta t|\boldsymbol{\nu}_0) = {} & \frac{c^3\tau_0^2}{8}\langle|b|^2\rangle R_u(\Delta t)\Theta_\varphi(\Delta t) T\int_0^{2\pi}\int_{-\pi/2}^{\pi/2} D_{uv}(\theta,\phi) \\ & \cdot \rho_v\left(\frac{c\tau_0}{2},\theta,\phi\right)\exp(-\mathrm{j}2\varphi_0\Delta t\cos\phi\cos\theta)\cos\theta\mathrm{d}\theta\mathrm{d}\phi \end{aligned} \tag{9.9.5a}$$

水平分层混响和小掠射角界面混响分别是

$$R_{rz}(\Delta t|\boldsymbol{\nu}_0) = \frac{c^3\tau_0^2}{8}\langle|b|^2\rangle R_u(\Delta t)\Theta_\varphi(\Delta t) T\int_0^{2\pi}\int_{-\pi/2}^{\pi/2} D_{uv}(\theta,\phi)$$

$$\cdot \rho_z\left(\frac{c\tau_0}{2}, \sin\theta\right)\exp(-\mathrm{j}2\pi\varphi_0\Delta t\cos\theta\cos\phi)\cos\theta\mathrm{d}\theta\mathrm{d}\phi \tag{9.9.5b}$$

和

$$R_{rs}(\Delta t|\boldsymbol{\nu}_0) = \frac{c^2\tau_0}{4}\langle|b|^2\rangle R_u(\Delta t)\varTheta_\varphi(\Delta t)T \cdot \int_0^{2\pi} D_{uv}(\theta_s, \phi)\rho_s\left(\frac{c\tau_0}{2}, \theta_s, \phi\right)\cdot\exp(-\mathrm{j}2\pi\varphi_0\Delta t\cos\phi)\mathrm{d}\phi \tag{9.9.5c}$$

若散射体均匀分布, 式 (9.9.5a) 和 (9.9.5b) 可写成

$$\begin{aligned} R_{rv}(\Delta t|\boldsymbol{\nu}_0) &= R_{rz}(\Delta t|\nu_0) \\ &= n_0(\tau_0)\langle|b|^2\rangle R_u(\Delta t)\varTheta_\varphi(\Delta t)T/\varOmega_{uv} \\ &\quad\cdot\int_0^{2\pi}\int_{-\pi/2}^{\pi/2} D_{uv}(\theta,\phi)\exp(-\mathrm{j}2\pi\varphi\Delta t\cos\theta\cos\phi)\cos\theta\mathrm{d}\theta\mathrm{d}\phi \end{aligned} \tag{9.9.6a, b}$$

界面混响式 (9.9.5c) 写成

$$R_{rs}(\Delta t|\boldsymbol{\nu}_0) = n_s(\tau_0)\langle|b|^2\rangle R_u(\Delta t)\varTheta_\varphi(\Delta t)/\varPhi_{uv} \cdot\int_0^{2\pi} D_{uv}(\theta_s,\phi)\exp(-\mathrm{j}2\pi\varphi_0\Delta t\cos\phi)\mathrm{d}\phi, \quad \theta_s \ll 1 \tag{9.9.6c}$$

我们关心的是由于基阵运动对相关函数的影响, 因此取对不动基阵混响的“归一”相关函数

$$\hat{R}_r(\Delta t|\boldsymbol{\nu}_0) = R_r(\Delta t|\boldsymbol{\nu}_0)/R_r(\Delta t|0) \tag{9.9.7}$$

而有

$$\hat{R}_{rv}(\Delta t|\boldsymbol{\nu}_0) = \frac{1}{\varOmega_{uv}}\int_0^{2\pi}\int_{-\pi/2}^{\pi/2} D_{uv}(\theta,\phi)\exp(-\mathrm{j}2\pi\varphi_0\Delta t\cos\theta\cos\phi)\cos\theta\mathrm{d}\theta\mathrm{d}\phi \tag{9.9.8a, b}$$

$$\hat{R}_{rs}(\Delta t|\boldsymbol{\nu}_0) = \frac{1}{\varPhi_{uv}}\int_0^{2\pi} D_{uv}(\theta_s,\phi)\exp(-\mathrm{j}2\pi\varphi_0\Delta t\cos\phi)\mathrm{d}\phi \tag{9.9.8c}$$

实际上, $\hat{R}_r$ 表示了基阵运动引起的相关函数调制变化。

运动基阵混响功率谱可通过式 (9.9.8) 获得

$$G_r(f|\boldsymbol{\nu}_0) = \hat{G}_r(f|\boldsymbol{\nu}_0) \otimes G_r(f|0) \tag{9.9.9}$$

其中

$$\hat{G}_{rv}(f|\boldsymbol{\nu}_0) = \frac{1}{\varOmega_{uv}}\int_0^{2\pi}\int_{-\pi/2}^{\pi/2} D_{uv}(\theta,\phi)\delta(f-\varphi_0\cos\theta\cos\phi)\cos\theta\mathrm{d}\theta\mathrm{d}\phi \tag{9.9.10a, b}$$

或

$$\hat{G}_{rs}(f|\boldsymbol{\nu}_0) = \frac{1}{\varPhi_{uv}}\int_0^{2\pi} D_{uv}(\theta_s)\delta(f-\varphi_0\cos\phi)\mathrm{d}\phi \tag{9.9.10c}$$

$G_r(f|0)$ 就是基阵不动时的混响功率谱 (见式 (9.7.22))

$$G_r(f|0) = \langle |b|^2 \rangle n_0(\tau) W_\varphi(f) \otimes E_u(f)$$

式 (9.9.10) 是均匀分布情况。一般情况可由式 (9.9.5) 得 $G_r(f,t)$。

对于无指向性基阵, 式 (9.9.8) 的相关函数可表示为

$$\begin{aligned} \hat{R}_{rv}(\Delta t|\boldsymbol{\nu}_0) &= \tfrac{1}{4\pi}\int_0^{2\pi}\int_{-\pi/2}^{\pi/2} \exp(-\mathrm{j}2\pi\varphi_0\Delta t\cos\theta\cos\phi)\cos\theta\mathrm{d}\theta\mathrm{d}\phi \\ &= \tfrac{1}{2}\int_{-\pi/2}^{\pi/2} \mathrm{J}_0(2\pi\varphi_0\Delta t\cos\theta)\cos\theta\mathrm{d}\theta \end{aligned} \tag{9.9.11a, b}$$

和

$$\hat{R}_{rs}(\Delta t|\boldsymbol{\nu}_0) = \mathrm{J}_0(2\pi\varphi_0\Delta t) \tag{9.9.11c}$$

而式 (9.9.9) 的功率谱为

$$\hat{G}_{rs}(f|\boldsymbol{\nu}_0) = \frac{1}{4\pi}\int_{-\pi/2}^{\pi/2} \frac{\cos\theta\mathrm{d}\theta}{\sqrt{\varphi_0^2\cos^2\theta - f^2}}, \quad f \leqslant \varphi_0 \tag{9.9.12a, b}$$

和

$$\hat{G}_{rs}(f|\boldsymbol{\nu}_0) = \frac{1}{2\pi}\Big/\sqrt{\varphi_0^2 - f^2}, \quad f \leqslant \varphi_0 \tag{9.9.12c}$$

这里利用了贝塞尔函数

$$\mathrm{J}_0(x) = \frac{1}{2\pi}\int_{-\pi}^{\pi} \exp(\mathrm{j}x\cos\phi)\mathrm{d}\phi$$

和

$$\int_0^\infty \mathrm{J}_0(ax)\exp(-\mathrm{j}2\pi fx)\mathrm{d}x = \frac{1}{\sqrt{a^2 - (2\pi f)^2}}$$

往往取水平窄波束指向性基阵, 近似有

$$D_{uv}(\theta,\phi) = \begin{cases} 1, & \phi_0 - \varPhi/2 \leqslant \phi \leqslant \phi_0 + \varPhi/2, \varPhi \ll 1 \\ 0, & \text{其他 } \phi \text{ 值} \end{cases} \tag{9.9.13}$$

相关函数式 (9.9.8) 变成

$$\hat{R}_{rv}(\Delta t|\boldsymbol{\nu}_0) = \frac{1}{2}\int_{-\pi/2}^{\pi/2} \exp(-\mathrm{j}2\pi q_0\Delta t\cos\theta)\cos\theta\mathrm{d}\theta \tag{9.9.14a, b}$$

和

$$\hat{R}_{rs}(\Delta t|\boldsymbol{\nu}_0) = \exp(-\mathrm{j}2\pi q_0\Delta t) \tag{9.9.14c}$$

式中 $q_0 = \varphi_0 \cos \phi_0$, 相应的归一化功率谱为

$$\begin{aligned} \hat{G}_{rv}(f|\boldsymbol{\nu}_0) &= \frac{1}{2}\int_{-\pi/2}^{\pi/2} \delta(f - q_0 \cos\theta)\cos\theta \mathrm{d}\theta \\ &= \begin{cases} f/(q_0\sqrt{q_0^2 - f^2}), & |f| \leqslant q_0 \\ 0, & |f| > q_0 \end{cases} \end{aligned} \tag{9.9.15a, b}$$

和

$$\hat{G}_{rs}(f|\boldsymbol{\nu}_0) = \delta(f - q_0) \tag{9.9.15c}$$

式 (9.9.14c) 和式 (9.9.15c) 指出, 对于水平窄波束基阵, 在小掠射角界面混响下, 基阵运动产生的影响仅是混响谱的偏移, 而对于体积混响, 随着 φ_0 减小, 混响谱会逐渐扩宽, 但扩宽的情况不对称, 以致也产生一个频率偏移, 当 $\phi_0 = 0$ 时 (水平波束对准运动前方)

$$\hat{G}_r(f|\boldsymbol{\nu}_0) = \frac{f}{\varphi_0\sqrt{\varphi_0^2 - f^2}} \tag{9.9.16}$$

而当 $\phi_0 = \pi/2$ 时, $\hat{G}_r(f|\nu_0) = \delta(f)$, 即波束若垂直运动方向, 则运动不产生谱的展宽和频移。

这里界面混响只考虑如图 9.9.2 所示小掠射角情况 $\theta_s \ll 1$, 或源深度 $H \ll c\tau_0/2$。远场混响也可能包括大掠射角情况, 即 H 和 $c\tau_0/2$ 可比拟情况, 这时界面混响相关函数和功率谱都应采用式 (9.9.6c), 而取

$$\begin{aligned} \rho_z(z) &= \rho_{z0}\delta(z - H) \\ z &= (c\tau\sin\theta)/2 \end{aligned} \tag{9.9.17}$$

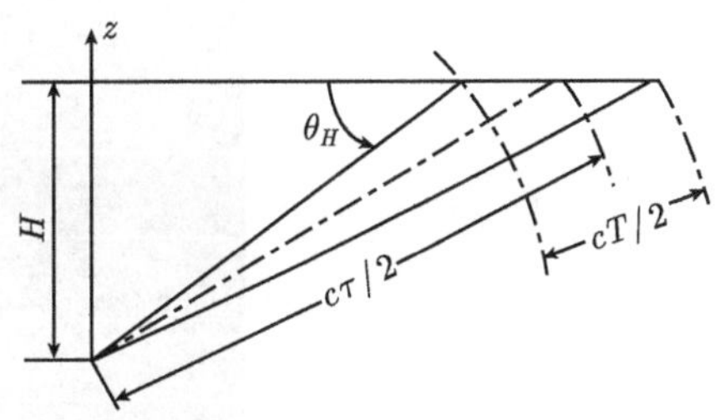

图 9.9.2 小掠射角海面混响几何

由图可见, 随着 τ_0 的改变, 形成混响的散射区所对应的 θ_H 也在改变; $\theta_H = \sin^{-1}[2H/c\tau_0]$, 对于无垂直指向性的水平窄波束情况 (式 (9.9.12)), 相关函数是

$$\hat{R}_r(\Delta t|\nu_0) \approx \frac{1}{2}\int_{\theta_1(\tau_0)}^{\theta_2(\tau_0)} \exp(-\mathrm{j}2\pi q_0 \Delta t\cos\theta)\cos\theta \mathrm{d}\theta \tag{9.9.18}$$

式中

$$\left.\begin{aligned} \theta_1(\tau_0) &= \sin^{-1}[2H/c(\tau_0 + T/2)] \\ \theta_2(\tau_0) &= \sin^{-1}[2H/c(\tau_0 - T/2)] \end{aligned}\right\} \tag{9.9.19}$$

$$c(\tau_0 - T/2) \gg 2H$$

功率谱是

$$\hat{G}_r(f|\nu_0) \approx \frac{1}{2}\int_{\theta_1}^{\theta_2} \delta(f - q_0\cos\theta)\cos\theta \mathrm{d}\theta$$
$$= \begin{cases} f/(q_0\sqrt{q_0^2 - f^2}), & q_0\cos\theta_1 \leqslant f \leqslant q_0\cos\theta_2 \\ 0, & \text{其他} \end{cases} \tag{9.9.20}$$

可见当掠射角不是很小时, 界面混响的谱由于基阵运动而被展宽和偏移; 掠射角越大, 展宽越大, 但偏移越小。当 $\theta_H \ll 1$ 时, $\hat{G}(f|\boldsymbol{\nu}_0) \approx \delta(f - q_0)$ 与式 (9.9.15c) 相同, 谱的最大展宽值与 ϕ_0 有关, $\phi_0 = \pi/2$ 时无展宽。

在这里, 我们考虑了基阵复合指向性 (发射和接收阵)。实际上, 在运动时, 指向性也是变化的 (主束方向), 且发射和接收阵的复合并不在同一起点, 经 τ_0 秒后, 接收点和发射点偏离了 $x_0 = \nu_0\tau_0$ 的距间, 其复合指向性应是

$$D_{uv}(\theta, \phi) = D_u(\theta, \phi|0)D_v(\theta, \phi|x_0)$$

换言之, 由于基阵运动使形成混响的散射区减小, 因此混响也会比基阵不动时小。

图 9.9.3 是实测海洋混响在基阵运动时的谱 [140]($f_0 \approx 90\text{Hz}$, $\theta_H \approx 30°$, $T \approx 300\text{ms}$ 的单频脉冲, $\nu_0 = 6$ 节)。

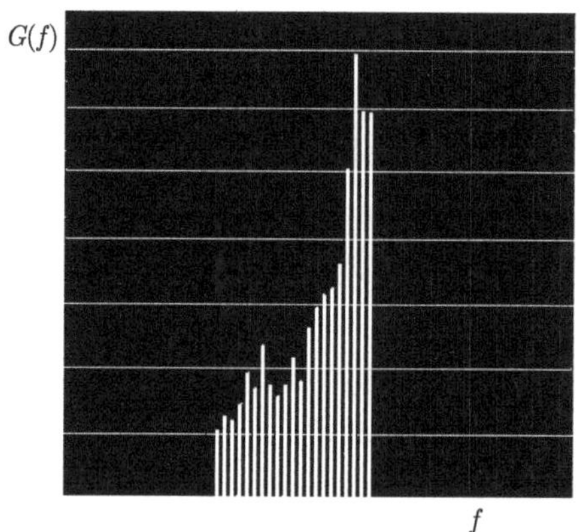

图 9.9.3 实测基阵运动时的海洋混响功率谱

近代声呐系统, 如高速潜用声呐、舰用声呐或制导鱼雷声呐, 都装有自身多普勒补偿装置, 以消除基阵运动的影响。

对于基阵运动波束域低频混响场, 文献 [253] 提出用高分辨谱分析方法, 可以精确地给出其方位-多普勒扩展性, 实验分析表明浅海低频混响场精确地符合运动多普勒规律。

9.10 混响的数值模拟

计算机仿真技术的发展使许多工程设计过程简化。主动声呐设计也不例外, 一些涉及系统主要性能的因素都可通过计算机来进行估计和分析, 其中也包括主动声呐混响的数值模拟问题。在提供形成混响的各种参数 (系统的 —— 如波束图, 信号波形和环境的 —— 海面、海底等声学散射参数) 后, 通过计算机模拟出实际海洋混响, 以提供分析和检验声呐系统的工作性能, 这就是这一节要讨论的。

这里只讨论常用的两种数值模拟方法, 它们都基于非相关点源散射的泊松混响模型[168,215]。

9.10.1 网格模型

这一方法通过给定混响散射矩阵 (或称扩展矩阵) 对混响进行数值模拟。

根据式 (6.9.35) 的信道网格模型, 信道输出近似为

$$\check{v}(t)=\sum_{m,n}S_{mn}u\left(t-\frac{m}{B}\right)\exp\left(\mathrm{j}2\pi\frac{n}{T_1}t\right) \tag{9.10.1}$$

式中, B 是信号带宽; T_1 是观察时间; S_{mn} 是信道扩展矩阵元

$$S_{mn}=\frac{1}{T_1B}S_0\left(\frac{m}{B},\frac{n}{T_1}\right)$$

$S_0(\tau,\varphi)$ 是等效低通信道的扩展函数 (见式 (6.9.36))

$$S_0(\tau,\varphi)=T_1B\iint S(\tau,\varphi)\mathrm{sinc}[\pi B(\tau-\tau')]\mathrm{sinc}[\pi T_1(\varphi-\varphi')]\mathrm{d}\tau'\mathrm{d}\varphi'$$

将输入 $u(t)$ 的抽样形式

$$u(t)=\sum_{k=0}^{N-1}u_k\mathrm{sinc}[\pi B(t-k/B)] \tag{9.10.2}$$

代入式 (9.10.1), 可得

$$\check{v}(t)=\sum_{m,n}S_{mn}\sum_{k=0}^{N-1}u_k\mathrm{sinc}\left[\pi B\left(t-\frac{k+m}{B}\right)\right]\exp\left[\mathrm{j}2\pi\frac{n}{T_1}t\right] \tag{9.10.3}$$

输出数字化形式为

$$v_1=\check{v}\left(\frac{l}{B}\right)=\sum_{m,n}S_{mn}\sum_{k=0}^{N-1}u_k\mathrm{sinc}[\pi(l-k-m)]\exp[\mathrm{j}2\pi nl/N] \tag{9.10.4}$$

$N=BT_1$。近似取

$$\mathrm{sinc}[\pi(l-k-m)] \approx \delta(l-k-m) \tag{9.10.5}$$

这意味着对 v_l 有贡献的 m 值在 $[l, l-N+1]$ 范围内, 且有

$$v_l = \sum_{k=1}^{N-1} B_{lk} u_k \tag{9.10.6}$$

而

$$B_{lk} = \sum_n S_{l-k,n} \exp[\mathrm{j}2\pi nl/N], \quad 0 \leqslant k \leqslant N-1 \tag{9.10.7}$$

就是文献 [167] 所指的 $\boldsymbol{B}$ 矩阵元, 实际上就是信道时变响应函数的矩阵形式, 参量 k 和 l 就是 τ 和 t 的离散变量, 而 $\boldsymbol{B}$ 矩阵就是 $\boldsymbol{S}$ 矩阵对频移离散变量 n 的逆向离散傅里叶变换。式 (9.10.6) 指出, 只要知道 $\boldsymbol{B}$ 矩阵, 就能通过输入信号时间序列获得输出时间序列。

泊松混响情况下, 根据式 (9.4.2), 混响散射过程的传递函数是

$$H_r(f,t) = \sum_{i=1}^{\infty} H_i(f,t|\boldsymbol{r}_i) \tag{9.10.8}$$

式中, $H_i(f,t|r_i)$ 见式 (9.4.10), 并记成

$$H_i(f,t) = A_i \exp\left\{-\mathrm{j}2\pi\left[f\tau_{0i} - \varphi_i\left(t - \frac{\tau_{0i}}{2}\right)\right]\right\} \tag{9.10.9}$$

式中

$$A_i = d_{uv}(f_0, \boldsymbol{\alpha}_i) b_i F_0^2 \left(\frac{c\tau_{0i}}{2}\right) \tag{9.10.10}$$

这里假定慢起伏散射元散射截面是 $|b_i|^2$, 相应的元散射扩展函数为

$$S_i(\tau,\varphi) = A_i \delta(\tau - \tau_{0i})\delta(\varphi - \varphi_i)\exp(-\mathrm{j}\pi\varphi_i\tau_{0i}) \tag{9.10.11}$$

因而

$$\begin{aligned} S_{mn} &= \frac{1}{T_1 B}\sum_i S_i\left(\frac{m}{B}, \frac{n}{T_1}\right) \\ &= \frac{1}{T_1 B}\sum_i A_i \delta\left(\frac{m}{B} - \tau_{0i}\right)\delta\left(\frac{n}{T_1} - \varphi_i\right)\exp(-\mathrm{j}\pi\varphi_i\tau_{0i}) \end{aligned} \tag{9.10.12}$$

取

$$\left.\begin{aligned} \tau_{0i} &= (p_i + \Delta p_i)/B \\ \varphi_i &= (q_i + \Delta q_i)/T \end{aligned}\right\} \tag{9.10.13}$$

p_i 和 q_i 分别是 τ_{0i}/B 和 φ_i/T 最接近的整数, 因此 $|\Delta p_i| \leqslant 1/2, |\Delta q_i| \leqslant 1/2$。显然, 可近似取对满足

$$\left.\begin{aligned} p_i &= m \\ q_i &= n \end{aligned}\right\} \tag{9.10.14}$$

的散射元求和, 而在相位项对散射元独立散射的假设条件下, 可取在 $0\sim 2\pi$ 内均匀分布的随机值, 即取

$$S_{mn}=\sum_{i:\left\{\begin{array}{l}p_i=m\\ q_i=n\end{array}\right.}A_i\exp(\mathrm{j}\theta_i) \tag{9.10.15}$$

显然, 对矩阵单元 S_{mn} 有贡献的混响散射元数决定于混响散射元的空间距离和多普勒速度分布 $\rho_{\tau\varphi}(\tau,\varphi,t)$(见式 (9.3.13))。各散射元的混响元信号振幅 A_i 由式 (9.10.10) 决定, 即取决于该散射元所处声呐的波束空间方向和距离引起的双程传输衰减 (与传输条件有关), 相位是在 $0\sim 2\pi$ 内均匀分布随机取值 (随机数)。根据声呐波束特性、介质空间传输特性, 以及形成混响 (界面、体积或层内) 的散射体分布特性, 可以通过式 (9.10.15) 确定混响扩展矩阵元 S_{mn}, 再根据式 (9.10.7) 计算 S_{mn} 阵列对参数 n 的逆向 DFT 变换, 以获得 B 矩阵即 $\{B_{lk}\}$, 参加变换的 S_{mn} 实际上只有 $N\times M$ 个元 $(l<m<l+N-1,|n|\leqslant M/2)$。将求得的 B_{lk} 与声呐波形序列 u_k 相乘求和 (式 (9.10.6)) 即获得输出混响序列 $\{v_l\}$。整个数值模拟流程如图 9.10.1 所示。

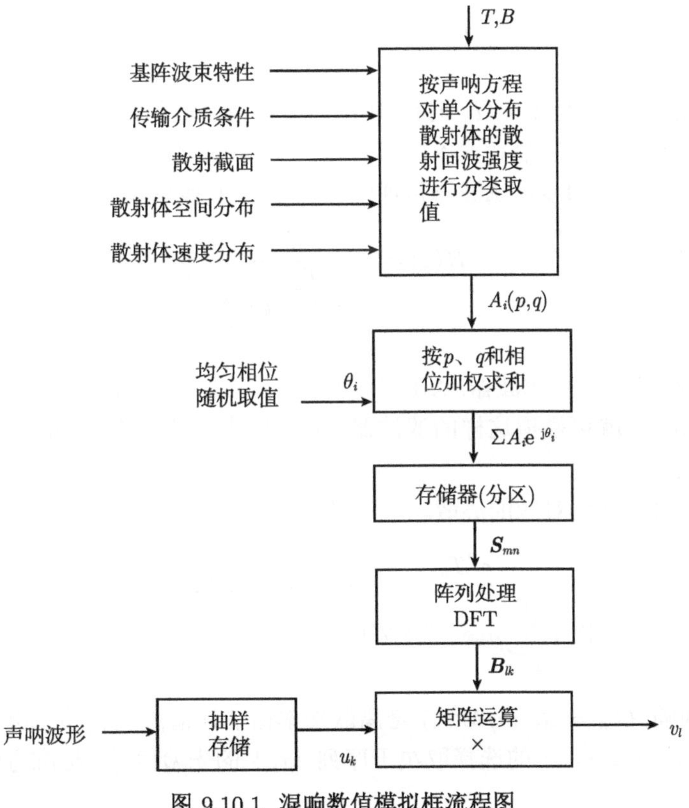

图 9.10.1 混响数值模拟框流程图

实际模拟中, 并不对所有散射元求和, 因为那样做势必会存在求和量太大, 以致用计算机进行模拟受到容量和计算速度的限制, 因此可近似采用对散射元距离和速度按波形分辨尺寸分群求和, 同一群内假定具有接近相同的速度和距离。此外, 在以上分析中, 采用的是复包络, 因此实际模拟要采用正交和同相两路进行, 以获得混响数值的实部和虚部, 最后经调制合成混响模拟输出。

在数值模拟中, 为获得全部 v_l 序列, 线性变换式 (9.10.6) 和式 (9.10.7) 中必须采用滑动窗口, 以取得不同 l 值时的 $S_{l-k}(k\in N-1)$ 参加变换运算。窗函数可以取矩形, 也可取钟形 (海宁窗等)。

要模拟基阵运动时的混响, 还必须根据式 (9.9.3) 来修正元混响信号, 扩展矩阵中 S_{mn} 的 n 取值要根据基阵运动速度和波束方向引入一个频率偏移量化。

9.10.2　自回归模型

在 5.9 节已指出, 随机过程可以用白噪声通过一个成形滤波器产生, 混响作为随机过程也可以通过混响成形滤波器用白噪声信号激发产生。数字方法常采用的是混响的自回归型时间序列发生器[168]。将混响序列写成

$$\check{v}_l=-\sum_{k=1}^{P}a_k\check{x}_{l-k}+w_k \tag{9.10.16}$$

P 是自回归阶数, $\check{v}_l$ 是 $t=lT_s$ 时混响 $v(t)$ 模拟数字取值, 它是复随机变量 (高斯变量), 并与过去 P 个取值和输入白噪声随机序列 w_k 有关 ($\langle w_k w_l^*\rangle=\sigma^2\delta_{kl}$), 产生这一时间序列 $\{v_l\}$ 的线性滤波器传递函数 ——Z 变换形式是

$$H(z)=\frac{\sigma}{1+\displaystyle\sum_{k=1}^{P}a_k z^{-k}} \tag{9.10.17}$$

这是全极点模型的数字滤波器, AR 参量是 $a_k(k=1,2,\cdots,P)$、P 和 σ, 只要决定了参量 a_k 和 σ, 就可模拟这样的滤波器。对于时变非平稳混响, AR 参量 a_k 和 σ 将是时变的。

滤波器 (9.10.17) 对应的离散功率谱是

$$G_m=\frac{\sigma^2T_s}{\left|1+\displaystyle\sum_{k=1}^{P}a_k\mathrm{e}^{-\mathrm{j}2\pi mk/M}\right|^2},\quad m=1,2,\cdots,M \tag{9.10.18}$$

T_s 是抽样间隔, $G_m=\check{G}_r(m/MT_s)$ 是离散功率谱估计值, $G_r(f)$ 是混响功率谱。

模型参数 a_k、σ、P 的选择取决于序列 $\{x_n\}$ 的先验信息。标准方法是用最小均方估计, 取

$$x_n^* = -\sum_{k=1}^{P} a_k x_{n-k} \tag{9.10.19}$$

使

$$\varepsilon^2 = \langle |x_n - x_n^*|^2 \rangle = \left\langle |x_n + \textstyle\sum_{k=1}^{P} a_k x_{n-k}|^2 \right\rangle \tag{9.10.20}$$

对所有 a_k 最小, 这是一个单步预测滤波问题。一般可通过尤利–伏克方程[216]

$$R_{in} = \begin{cases} -\sum_{k=1}^{P} a_k R_{i-k,n}, & i > 0 \\ -\sum_{k=1}^{P} a_k R_{-k,n} + \sigma^2, & i = 0 \end{cases} \tag{9.10.21}$$

的解来确定 a_k 和 σ, 式中

$$R_{i-k,n} = \langle x_{n-k} x_{n-1}^* \rangle \tag{9.10.22}$$

是时变自相关函数。

由于 $i = 1, 2, \cdots, P$, 故方程 (9.10.21) 共有 n 组, 由 $i > 0$ 的表达式解出 $a_k (k \in P)$, 而由 $i = 0$ 的表达式解出 σ。

只要过程 (混响) 功率谱 $G_r(f, t)$ 已知, 可通过傅里叶变换确定其相关函数 R_n, 从而由方程 (9.10.21) 估计 a_k 和 σ。如果功率谱未知, 但有前 P 个数据序列, 则可用协方差函数

$$K_{i-k,n} = \begin{cases} \sum_{j=n-P-i}^{n-1-k} x_{j-k} x_{j-i}^*, & i \leqslant k \\ \sum_{j=n-P-i}^{n-1-i} x_{t-k} x_{j-i}^*, & i > k \end{cases} \tag{9.10.23}$$

代替相关函数 $R_{i-k,n} = \langle x_{n-k} x_{n-i}^* \rangle$, 通过尤利–伏克方程逐步估计 AR 参数。这种谱参量估计方法有时也叫最大熵谱估计法。估计精度决定于所采用的方程阶数 (极点数)。

尤利–伏克方程有很多解法, 最常用的是莱文森–杜兵 (Levinson-Durbin) 法, 通过参量估计方法估计谱参量 G_m 或线性估计滤波器的传递函数 $H(z)$, 这里不评述, 读者可参考文献 [216]。

AR 混响序列模拟原理框图如图 9.10.2 所示。

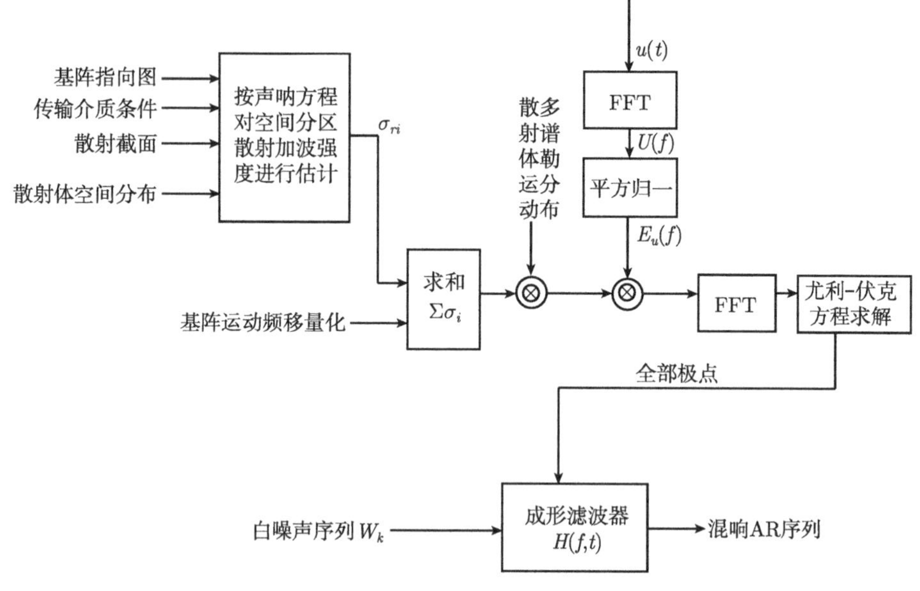

图 9.10.2　混响 AR 序列模拟流程

首先根据声呐和环境条件, 估计混响功率谱 $G_r(f,t)$, 例如考虑基阵运动时的均匀分布散射体混响情况。$G_r(f,t)$ 由式 (9.9.9) 和式 (9.7.16) 给出

$$G_r(f,t) = \sigma_r^2(t)\hat{E}_u(f) \bigotimes W_\varphi(f) \bigotimes \hat{G}_r(f|\boldsymbol{\nu}_0) \tag{9.10.24}$$

$\sigma_r(t)$ 由式 (9.2.5) 给出 (这里包括给定的声呐功率和波束特性, 散射体空间分布及散射系数, 形成混响的介质传输条件等), $\hat{E}_u(f)$ 是声呐发射信号的归一化功率谱(能谱), $W_\varphi(\varphi)$ 是散射体运动多普勒分布, $\hat{G}_r(f|\boldsymbol{\nu}_0)$ 是基阵运动引起的功率谱变化的成分 (式 9.9.10)。将混响功率谱模型 $G_r(f,t)$ 通过 DFT 变成离散的混响自相关矩阵 (埃尔米特矩阵形式); 而后通过解尤利–伏克方程决定混响 AR 模型参数 (极点位置和强度), 以形成混响成形滤波器 (传递函数是 $H(z) \to H(f,t)$); 最后用白噪声序列激发并不断更新获得混响时间序列输出。

这里要指出的是, 如果基阵固定, 则对 $\hat{G}_r(f,t)$ 的卷积可以取消, $\sigma_r(t)$ 可以通过式 (9.2.5) 由波束特性、发射功率、脉冲宽度、散射系数等参数直接计算给出; 但如是基阵运动, 则需对散射区按角度 (θ,ϕ) 分割为多元区, 使每个元区的散射回波由于基阵运动产生的多普勒频移 (式 (9.9.11) 中的 $\varphi_0\cos\theta_i\cos\phi_i$ 或 $\varphi_0\cos\phi_i$) 接近相同, 而后对每个空间元分别计算 $\sigma_{rj}(t)$, 并给每个元以相应的量化频移 $n\Delta f$。

图 9.10.3 就是同一环境下上述两种数值仿真混响结果图例。

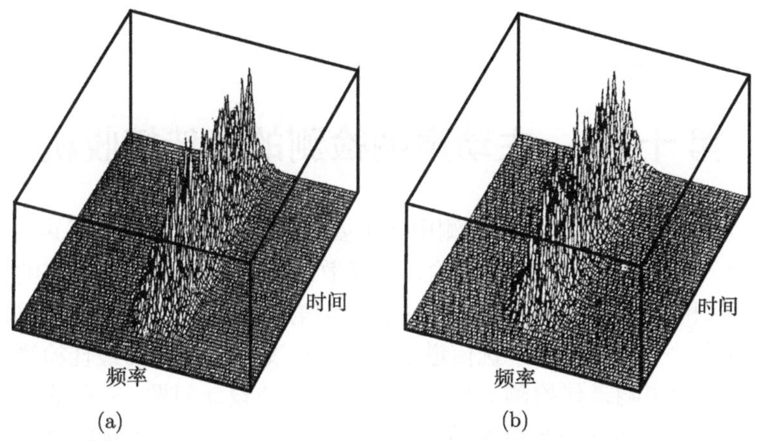

图 9.10.3 海洋混响的数值仿真图例

(a) 网络模型; (b) 自回归模型

第十章　主动声呐检测的最佳接收机

至此，我们讨论了主动声呐检测中的主要信息因素，详细说明了声呐波形、匹配滤波器以及声呐信道 —— 声传输、目标散射以及混响过程等对声呐信号信息的影响。本章和下一章将根据这些互相影响的信息因素，在经典统计检测理论基础上进一步讨论时变空变随机干扰信道中时变、空变目标回波的最佳检测问题。本章主要讨论主动声呐最佳检测原理及最佳接收机的设计问题，有关达到最佳检测目的所要求的最佳声呐波形以及波形–接收机联合最佳的设计问题将在第十一章讨论。

10.1　有关最佳检测的基本概念

详细讨论信号检测的统计理论已超出本书的范围，实际上在一些专著 [10,18,104] 中都有较详细的介绍，但就主动声呐检测和最佳接收直接有关的一些统计检测概念或术语有必要在这里作一些简单的解释或推导，以作为本章以后各节讨论的基础。

这里我们重新将图 1.3.1 的主动声呐全过程作成如图 10.1.1 所示的框图，图中 $u(t,\boldsymbol{r})$ 是声呐发射的时空信号，$v(t,\boldsymbol{r})$ 是接收基阵空间形成的接收时空水声信号。声呐检测的主要目的是通过声呐发射时空信号 $u(t,\boldsymbol{r})$ 和对与 $u(t,\boldsymbol{r})$ 相应的接收时空信号 $v(t,\boldsymbol{r})$ 的时空处理，获得在随机时空场中的所要检测的时空目标回波 $s(t,\boldsymbol{r})$ 存在的信息。

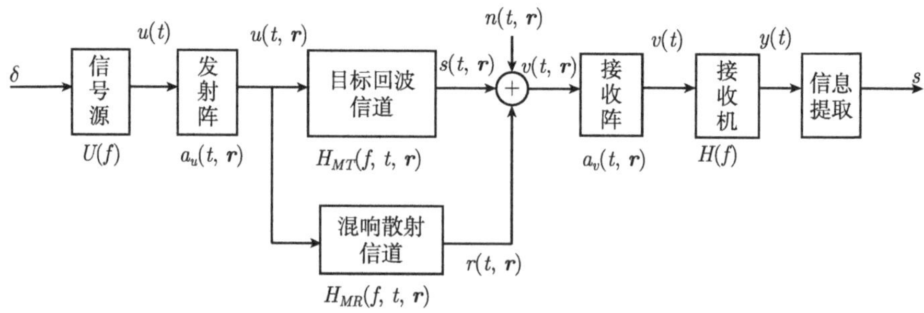

图 10.1.1　主动声呐全过程框图

但正如前面各章所指出的，时空信号 $u(t,\boldsymbol{r})$ 是由确定性信号 $u(t)$ 触发确定性的发射基阵 $a_u(t,\boldsymbol{r})$ 形成的确定性时空源，而接收时空信号 $v(t,\boldsymbol{r})$ 包括可能存在的目标回波时空信号 $s(t,\boldsymbol{r})$，介质中各种散射体散射所形成的混响 $r(t,\boldsymbol{r})$ 以及各种时

空干扰信号 $n(t,\boldsymbol{r})$ 都是随机时空场。因此, 从接收信号 $v(t,\boldsymbol{r})$ 中检测目标回波信号 $s(t,\boldsymbol{r})$ 问题只能是假设检验的统计问题: 根据对 $v(t,\boldsymbol{r})$ 的接收处理, 对目标存在与否的假设作出检验或判决。这种判决需要一个判决准则, 不同的判决准则, 所要求对接收信号的处理方法也可能不相同, 甚至需要可能完全不同的最佳接收机结构, 而选择什么样的判决准则与信息检测本身的要求有关。在通信中, 要检测的发射信号是否存在是先验已知的, 检测的最佳性是反映在通过对信号的处理能获得最正确的波形信息, 因此要求的判决准则是误差概率最小准则。但在雷达或声呐中, 所要检测的目标回波是先验无知的, 因此, 除要求接收机能作出正确的目标有无判决外, 还要考虑由于可能判决错误所产生的实际影响 (造成的损失或承担的风险)。因此, 最佳判决准则是贝叶斯准则。但由于实际情况中很难估计这种由于判决错误所产生的损失大小, 因而常采用在给定虚警条件下获得最大检测概率的诺伊曼-皮尔松准则。

无论何种准则, 在统计检测理论中都可用似然比判决准则, 即 [104]

$$\varLambda(v)=\frac{P(v|H_1)}{P(v|H_0)}\ \underset{H_2}{\overset{H_1}{\gtrless}}\ \varLambda_0 \tag{10.1.1}$$

来表示, 式中 $P(v|H_1)$ 和 $P(v|H_2)$ 分别是两类假设检验

$$\left.\begin{aligned}&H_1: v(t,\boldsymbol{r})=s(t,\boldsymbol{r})+r(t,\boldsymbol{r})+n(t,\boldsymbol{r}), &&\text{目标存在}\\&H_0: v(t,\boldsymbol{r})=r(t,\boldsymbol{r})+n(t,\boldsymbol{r}), &&\text{目标不存在}\end{aligned}\right\} \tag{10.1.2}$$

的似然函数 (见 1.2 节和 3.3 节)。$\varLambda_0$ 是决定于所选用的判决准则的似然比阈值。因此, 所谓最佳接收机就是一个能计算这个似然比的计算装置后接一个由判决准则决定的阈值比较器。如果对输入信号 $v(t,\boldsymbol{r})$ 所计算的似然比超过这个阈值, 就认为 H_1 是真的 (目标存在), 否则,H_0 是真的 (无目标)。这种检测器称似然比检测器。

由于我们只看重概念, 因此, 为简单起见, 假定接收信号 $v(t,\boldsymbol{r})$ 是均值为 m_i, 方差为 σ_i^2 的高斯随机变量 ($i=1$ 或 0 分别表示有目标或无目标时的接收信号情况), 两种假设下的似然函数 [式 (3.3.8) 和式 (3.3.9)] 是

$$P(v|H_i)=\frac{1}{\sqrt{2\pi}\sigma_i}\exp\left[-\frac{1}{2\sigma_i^2}(v-m_i)^2\right],\quad i=0,1 \tag{10.1.3}$$

由式 (10.1.1) 和式 (10.1.3) 得似然比为

$$\varLambda(v)=\frac{\sigma_1}{\sigma_0}\exp\left\{\frac{1}{2}\left[\frac{(v-m_0)^2}{\sigma_0^2}-\frac{(v-m_1)^2}{\sigma_1^2}\right]\right\} \tag{10.1.4}$$

在雷达和声呐问题中, 常设 $m_0=0, m_1=\langle v\rangle=\langle s\rangle$, 而 σ_0 和 σ_1 是已知确定值, 所

要提取的信息包含在 v 中。为此, 取等式 (10.1.4) 的对数

$$\ln\Lambda(v)=\ln\left(\frac{\sigma_1}{\sigma_0}\right)+\frac{1}{2}\left(\frac{1}{\sigma_0^2}-\frac{1}{\sigma_1^2}\right)v^2+\frac{m_1}{\sigma_0^2}v-\frac{m_1^2}{2\sigma_1^2} \tag{10.1.5}$$

式 (10.1.5) 右边第一项和最后一项是确定项, 可作为常数处理, 因此可改式 (10.1.2) 为

$$l(v)=\left(\frac{1}{\sigma_0^2}-\frac{1}{\sigma_1^2}\right)v^2+\frac{2m_1}{\sigma_0^2}v \underset{H_2}{\overset{H_1}{\gtrless}} \eta \tag{10.1.6}$$

的判决表达式, 式中

$$\eta=\ln\Lambda_0-2\ln\left(\frac{\sigma_1}{\sigma_0}\right)+\frac{m_1^2}{\sigma_1^2} \tag{10.1.7}$$

与所关心的信息无关, 而作为判决门限。l 是和接收信号 v 有关的随机量, 它包含了信号 v 的全部信息。因此, 通过计算 l, 就可确定 $v(t)$ 中回波 $s(t)$ 的存在信息, 其中包括和一给定门限的比较。从这个意义上讲, $l(v)$ 就是所要设计的接收机的检验统计量。然而, 似然比 Λ 的计算不一定要通过 l 的计算, 因此 $l(v)$ 只是接收机的充分统计量。正如在 3.3 节所指出的, 若信号 $v(s,\boldsymbol{r})$ 用多维空间内的一个点或矢量来表示, 那么, 似然比判决 (10.1.2) 只是将这多维空间转换成一维空间, 而检测统计量 l 只不过是这类变换的一种形式。

我们虽然是在高斯统计特性的假设下导出式 (10.1.4) 或式 (10.1.5), 但似然比判决和充分统计量的引入并不只限于信号或干扰是高斯特性的条件。只是对不同特性的信号和干扰分布, 它们的数学形式不一样。

由于接收信号 v 是随机过程, 因此, 充分统计量 l 是随机变量, 对于给定的判决门限 η, 判决 (式 (10.1.6)) 会产生两类错误：一是漏检 —— 有目标判为无目标; 二是虚警 —— 无目标判为有目标。两类错误概率与给定门限 η 和两类假设条件下的变量 l 的统计分布有关。如果记两类假设下的 l 的概率分布分别是 $P(l|H_1)$ 和 $P(l|H_0)$, 则两类错误概率分别是

$$p_m=1-p_d=\int_0^{\eta}P(l|H_1)\mathrm{d}l \tag{10.1.8}$$

和

$$p_f=\int_{\eta}^{\infty}P(l|H_0)\mathrm{d}l \tag{10.1.9}$$

两类假设的输入统计分布。如图 10.1.2 所示 (与图 1.3.6 不同的是, 这里不限于高斯分布) 判决错误概率 p_m 和 p_f 分别如图中的两个影区 α 和 β 的面积。式 (10.1.8) 中 $p_d=1-p_m$ 是检测概率。

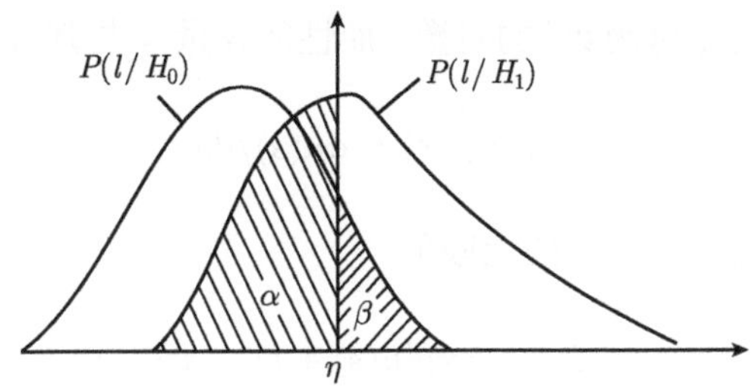

图 10.1.2 接收机两类假设的输入概率分布和判决错误表示

对于诺伊曼–皮尔松准则, η 的设置是以在式 (10.1.9) 的虚警概率给定的条件下, 使检测概率 p_d 达到最大为依据。

在声呐检测过程中, 有时需要有对诺伊曼–皮尔松准则下的接收机最大检测效率 [178], 即对接收信号进行多次独立观察, 在给定虚警概率条件下, 达到漏检概率最小 (或检测概率最大), 而观察次数最少的接收机检测效果。设 n 次观察的平均充分统计量是

$$L_n = \left[\sum_{k=1}^{n} l_k\right] \Big/ n \tag{10.1.10}$$

给定的 n 次观察的门限是 η_n, 则虚警概率是

$$p_{f_n} = P[L_n \geqslant \eta_n] \tag{10.1.11}$$

而漏检概率

$$p_{m_n} = P[L_n < \eta_n] \tag{10.1.12}$$

可以证明, p_{m_n} 存在一个渐近表示式, 对任何 p_f, 有

$$\lim_{n\to\infty} (p_{m_n})^{1/n} = \exp[-I(H_0 : H_1)] \tag{10.1.13}$$

式中

$$I(H_0 : H_1) = -\left\langle \ln \frac{P(l|H_1)}{P(l|H_0)}\bigg|_{H_0} \right\rangle \tag{10.1.14}$$

被称为库尔贝克–莱布勒 (Kullback Leibler) 信息参数 (K–L 信息数)[177]。显然, 最大检测效率的接收机具有最大的 K–L 信息数。可以证明, 最大化接收机信息数本身也意味着对单次检测在给定虚警概率 $p_f = P_{f1}$ 条件下, 漏检概率 $p_m = p_{m1}$ 最小。

由于两类假设条件下的充分统计量 (l/H_0) 和 (l/H_1) 的统计特性不易获得或者即使获得也可能很复杂, 因此, 在作接收机检测性能分析时常引入接收机性能分析函数 $\mu(s)$, 其定义为 [42]

$$\mu(s) = \ln\langle \exp[s(l/H_0)]\rangle, \quad 0 \leqslant s \leqslant 1 \tag{10.1.15}$$

它是随机变量 $l|H_0$ 的矩母函数*的对数。而性能参量 s 与判决门限 η 直接有关

$$\ln\eta = \dot{\mu}(s) = \mathrm{d}\mu(s)/\mathrm{d}s \tag{10.1.16}$$

用 $\mu(s)$ 可以获得两类错误概率的上限值

$$p_m \leqslant P_M = \exp[\mu(s) + (1-s)\dot{\mu}(s)] \tag{10.1.17}$$

和

$$p_f \leqslant P_F = \exp[\mu(s) - s\dot{\mu}(s)] \tag{10.1.18}$$

式 (10.1.17) 和式 (10.1.18) 就是切尔诺夫上限。若采用爱奇沃思 (Edgeworth) 级数展开法 (式 (5.2.24)), 有上限 [42]

$$P_M \approx \exp[\mu(s) + (1-s)\dot{\mu}(s)] \Big/ \sqrt{2\pi(1-s)^2\ddot{\mu}}(s) \tag{10.1.19}$$

和

$$P_F \approx \exp[\mu(s) - s\dot{\mu}(s)] \Big/ \sqrt{2\pi s^2\ddot{\mu}(s)} \tag{10.1.20}$$

改变参量 s 可以确定 P_M 和 P_F 构成的接收机工作特性曲线 (接收机 ROC 曲线)。上述接收机的 K–L 信息数最大化就是使式 (10.1.19) 的 P_M 固定条件下 P_F(切尔诺夫限) 最小化。

如果将接收机看成是一个线性系统, 其传递函数是 $H_0(f,t)$, 响应函数是 $h_0(\tau,t)$, 接收机的检测性能最佳化的另一种准则就是使其输出在有回波时的回波信号功率对无回波时的干扰功率之比 (输出信/干) 达到最大。如果输入是高斯过程, 似然比接收机 (式 (10.1.6)) 本身就是一个线性滤波器, 输出信干比就是其检测指数 (式 (1.3.14))

$$d = \frac{[\langle l|H_1\rangle - \langle l|H_0\rangle]^2}{\langle |l|^2 H_0\rangle - \langle l|H_0\rangle^2} \tag{10.1.21}$$

若 $\langle l|H_0\rangle = 0$, 则

$$d = \frac{\langle |l|^2|H_1\rangle - \langle |l|^2|H_0\rangle}{\langle |l|^2|H_0\rangle} \tag{10.1.22}$$

以接收机输出信噪比 d 为参量, 可以获得接收机的检测概率 p_d 和虚警概率 p_f, 相应的以 d 为参量的 $p_d \backsim p_f$ 关系构成了接收机的 ROC 曲线, 曲线形状由接收机的充分统计量 l 的统计特性决定。图 1.3.4 所示曲线形状是对应于高斯分布的充分统计量。

---

* 随机变量 x 的矩母函数定义为 $\int \mathrm{e}^{sx} W_x(x)\mathrm{d}x, W_x(d)$ 是 x 的分布函数。

当 $h_0(\tau,t)=s^*(t_0-\tau)$ 时, 接收机就是回波的匹配滤波器, 其最大输出信噪比就是输入回波能量与输入噪声功率谱密度之比 (式 (3.2.18)), 即

$$\lambda=\lambda_0=E_s/N_0$$

其中, E_s 是回波信号能量; N_0 是噪声功率谱密度。在第三章中已经证明, 匹配滤波器只是在回波信号是确定性波形, 且干扰是白色高斯噪声时才是最佳检测器。

据诺伊曼–皮尔松准则, 可以由 ROC 曲线获得给定虚警概率 p_f 时, 不同检测概率 p_d 和所要求的接收机输入信噪比 λ_i 的关系 —— 一般是递增关系。

10.2 声呐检测的基本假设

为了便于声呐最佳波形和最佳接收机的数学分析, 有必要对有关的声呐信道作一些基本假设, 以便进一步给出目标回波、混响等水声信号的几种数学表达方法和模型的物理意义。

10.2.1 检测问题中的基本假设

(1) 声呐时空信号 $u(t,\boldsymbol{r})(\boldsymbol{r}\in\boldsymbol{\Lambda}_u)$ 是有限时间和空间的窄带信号, 并等效于一个处于声呐空间中心的 $u(t|\boldsymbol{\alpha})$ 指向性点源, 布阵波束主瓣对准所要检测的目标方向, 因此可以不考虑基阵的空间特性, 用声呐信号 $u(t|\boldsymbol{\alpha})$ 或 $u(t)$ 来代替 $u(t,\boldsymbol{r})$, 其持续时间为 T, 带宽为 B。

(2) 目标散射和介质传输过程均考虑为一级随机散射过程。因此, 可用线性时变随机信道模型来描述。整个目标回波过程是传输信道 (双程) 和目标散射信道的复合信道的散射过程, 其响应函数是 $h_s(\tau,t)$, 传递函数是 $H_s(f,t)$, 且

$$H_s(f,t)=\overline{H}_s(f,t)+\widetilde{H}_s(f,t) \tag{10.2.1}$$

$\langle H_s(f,t)\rangle=\overline{H}_s(f,t), \widetilde{H}_s(f,t)$ 是纯随机成分, 具有局部 (至少在信号时间和带宽内) 可预测的准 WSSUS 特性。

(3) 混响过程也是零均值的窄带散射过程, 作为线性随机信道的混响模型的传递函数是 $H_r(f,t)$, 且 $\langle H_r(f,t)\rangle=0$。

(4) 相加噪声干扰是各向均匀的窄带高斯噪声干扰, 其功率谱密度是 N_0。

在以上假设中都不考虑过程的空间效应, 这意味着略去了声呐过程的空间非均匀性和近场特性, 其中包括传输的衰减特性和声波的折射现象等, 这些水声的基本现象被隐含在局部散射响应 $H(f,t)$ 等内。

10.2.2　回波和混响的相关函数形式

根据以上假设, 回波信号是

$$s(t)=\overline{s}(t)+\widetilde{s}(t) \tag{10.2.2}$$

其中

$$\left.\begin{aligned}\overline{s}(t)&=\int\overline{H}_s(f,t)U(f)\exp(\mathrm{j}2\pi ft)\mathrm{d}f\\ \widetilde{s}(t)&=\int\widetilde{H}_s(f,t)U(f)\exp(\mathrm{j}2\pi ft)\mathrm{d}f\end{aligned}\right\} \tag{10.2.3}$$

并记 $\overline{s}(t)=\langle s(t)\rangle=m(t)$, 它是回波的确定性分量, 也是回波的相干成分, 而 $\widetilde{s}(t)(\langle\widetilde{s}(t)\rangle=0)$ 是回波的随机成分。

同样

$$r(t)=\int H_r(f,t)U(f)\mathrm{e}^{\mathrm{j}2\pi ft}\mathrm{d}t \tag{10.2.4}$$

且有 $\langle r(t)\rangle=0$.

根据式 (6.8.2) 和式 (6.8.3), 回波 $s(t)$ 和混响 $r(t)$ 的相关函数是

$$\begin{aligned}R_s(t,t')&=\iint R_{hs}(\tau,t;\tau',t')u(t-\tau)u^*(t'-\tau')\mathrm{d}\tau\mathrm{d}\tau'\\&=\iint R_{Hs}(f,t;f',t')U(f)U^*(f')\mathrm{e}^{\mathrm{j}2\pi(ft-f't')}\mathrm{d}f\mathrm{d}f'\end{aligned} \tag{10.2.5}$$

和

$$\begin{aligned}R_r(t,t')&=\iint R_{hr}(\tau,t;\tau',t')u(t-\tau)u^*(t'-\tau')\mathrm{d}\tau\mathrm{d}\tau'\\&=\iint R_{Hr}(f,t;f',t')U(f)U^*(f')\mathrm{e}^{\mathrm{j}2\pi(ft-f't')}\mathrm{d}f\mathrm{d}f'\end{aligned} \tag{10.2.6}$$

R_h 和 R_H 分别是信道系统函数 $h(\tau,t)$ 和 $H(f,t)$ 的相关函数 (式 (6.5.2))。

由式 (5.3.6) 有 $s(t)$ 和 $r(t)$ 的协方差函数

$$K_s(t,t')=R_s(t,t')-m(t)m^*(t') \tag{10.2.7}$$

$$K_r(t,t')=R_r(t,t') \tag{10.2.8}$$

对于 WSSUS 散射信道 (相关意义上), 可用 $\Delta t=(t'-t)$ 代替 t 和 t' 两个变量, 因此式 (10.2.5) 和式 (10.2.6) 可分别写成 (式 (6.8.4) 和式 (6.8.5))

$$\begin{aligned}R_s(\Delta t,t)&=\int\varGamma_s(\Delta f,\Delta t)\chi_u(\Delta t,\Delta f)\mathrm{e}^{-\mathrm{j}2\pi\Delta ft}\mathrm{d}\Delta f\\&=\int u(t-\tau)P_{hs}(\tau,\Delta t)u^*(t-\tau+\Delta t)\mathrm{d}\tau\end{aligned} \tag{10.2.9}$$

和

$$
\begin{aligned}
R_r(\Delta t, t) &= \int \varGamma_r(\Delta f, \Delta t)\chi_u(\Delta t, \Delta f)\mathrm{e}^{-\mathrm{j}2\pi\Delta f t}\mathrm{d}\Delta f \\
&= \int u(t-\tau)P_{hr}(\tau, \Delta t)u^*(t-\tau+\Delta t)\mathrm{d}r
\end{aligned} \tag{10.2.10}
$$

式中, $\varGamma(\Delta f, \Delta t)$ 是相干函数。若用散射函数 $P_S(\tau, \varphi)$, 则

$$
R_s(\Delta t, t) = \iint u(t-\tau)P_{Ss}(\tau, \varphi)u^*(t-\tau+\Delta t)\exp(\mathrm{j}2\pi\varphi\Delta t)\mathrm{d}\tau\mathrm{d}\varphi \tag{10.2.11}
$$

和

$$
R_r(\Delta t, t) = \iint u(t-\tau)P_{Sr}(\tau, \varphi)u^*(t-\tau+\Delta t)\exp(\mathrm{j}2\pi\varphi\Delta t)\mathrm{d}\tau\mathrm{d}\varphi \tag{10.2.12}
$$

以上式中 $\chi_u(\tau, \varphi)$ 是 $u(t)$ 的二维相关函数, P_h 和 P_S 分别是信道权重相关函数和散射函数, 实际信道输出相关函数 R_s 和 R_r 都是非负定、可估计的已知函数。

10.2.3 矢量表示形式

为不丢失回波信息, 若回波展宽时间为 L, 则对接收信号的观察时间 T_1 必须大于 $T+L$, 为了便于数字处理, 就如在 5.7 节中讨论的一样, 将接收信号表示为离散形式。

若在 $[0, T_1]$ 内取一展开函数族 $\{f_k(t)\}$(假定回波 $s(t)$ 处在 $[0, T_1]$ 时间区间内), 那么, 无论是 $v(t), s(t), r(t)$, 还是 $n(t)$, 均可在 $[0, T_1]$ 内表示为

$$
v(t) = \sum_{k=1}^{N} v_k f_k(t), \qquad 0 \leqslant t \leqslant T_1 \tag{10.2.13}
$$

的级数展开形式。若 N 有限, 则用矢量

$$
\boldsymbol{v} = [v_1, v_2, \cdots, v_N]^{\mathrm{T}} \tag{10.2.14}
$$

来代替 $v(t)$, 同样

$$
\boldsymbol{s} = [s_1, s_2, \cdots, s_N]^{\mathrm{T}} \tag{10.2.15}
$$

$$
\boldsymbol{r} = [r_1, r_2, \cdots, r_N]^{\mathrm{T}} \tag{10.2.16}
$$

$$
\boldsymbol{n} = [n_1, n_2, \cdots, n_N]^{\mathrm{T}} \tag{10.2.17}
$$

展开函数 $f_k(t)$ 可以是仙农抽样函数、复指数函数或其他正交函数 (对于实数形式, $N \geqslant 2BT_1$; 复数形式, $N \geqslant BT_1$(见 5.7 节))。因此, 系数 v_k 可以是抽样值、谱分解系数或其他展开系数。但无论何种展开形式, 只要 $v(t)$ 等是高斯过程, 相应的 $v_k(k=1, 2, \cdots, N)$ 就是高斯随机变量。

利用式 (10.2.13) 的形式, 可以写相关函数为

$$R_v(t,t') = \sum_{k,l=1}^{N} R_{vkl} f_k(t) f_l^*(t') \tag{10.2.18}$$

式中

$$R_{vkl} = \langle v_k v_l^* \rangle \tag{10.2.19}$$

若以复矢量波形

$$\boldsymbol{f}(t) = [f_1(t), f_2(t), \cdots, f_N(t)]^{\mathrm{T}} \tag{10.2.20}$$

来表示展开函数族 $\{f_k(t)\}$, 则式 (10.2.18) 可写为

$$R_v(t,t') = \boldsymbol{f}^\dagger(t)\boldsymbol{R}_v\boldsymbol{f}(t') \tag{10.2.21}$$

其中, $\boldsymbol{f}^\dagger(t)$ 是矢量波形 $\boldsymbol{f}(t)$ 的共轭转置 (行) 矢量形式; $\boldsymbol{R}_v$ 是 $v(t)$ 的 $N \times N$ 阶相关矩阵 (式 (5.7.43))。

同样

$$K_v(t,t') = \boldsymbol{f}^\dagger(t)\boldsymbol{K}_v\boldsymbol{f}(t') \tag{10.2.22}$$

其中, $\boldsymbol{K}_v$ 是 $v(t)$ 的协方差矩阵, $\{\boldsymbol{K}_v\}_{kl} = \langle (v_k - m_k)(v_t - m_l)^* \rangle$。

R_s, R_r, K_s, K_r 等都有类似表达方法, 但在同一展开函数 $\{f_k(t)\}$ 情况下, $s(t)$, $r(t)$, 和 $n(t)$ 都有自己对应的相关矩阵或协方差矩阵。不同的展开函数基 $\{f_k(t)\}$, 矩阵形式也不相同。只有当 $\{f_k(t)\}$ 是正交函数族时, 对应的展开系数才是互不相关的, 从而构成的相关矩阵是对角矩阵。然而, 同一正交函数族 $\{f_k(t)\}$, 只要 N 给定, 都不能保证对 $v(t), s(t), r(t)$ 或 $n(t)$ 都具备完备性条件。这里由于按式 (5.7.34) 积分方程引入的完备正交函数族, 只能保证积分核 —— 相关函数 $R(t,t')$ 所对应的过程展开系数的正交完备性, 但所有各展开系数构成的相关矩阵 $\boldsymbol{R}_v$ 等都是正定埃尔米特矩阵 (即满足 $\boldsymbol{R}_v^\dagger = \boldsymbol{R}_v$, 其特征值均大于零)。

在上述基本假设下, 不难看出有

$$\langle \boldsymbol{s} \rangle = \boldsymbol{m}, \quad \langle \widetilde{\boldsymbol{s}} \rangle = \langle \boldsymbol{r} \rangle = \langle \boldsymbol{n} \rangle = 0 \tag{10.2.23}$$

因此

$$\boldsymbol{R}_s = \boldsymbol{K}_s + \boldsymbol{m}\boldsymbol{m}^\dagger, \quad \boldsymbol{R}_r = \boldsymbol{K}_r, \quad \boldsymbol{R}_n = N_0\boldsymbol{I} \tag{10.2.24}$$

$\boldsymbol{I}$ 是单位矩阵。对于双择检测

$$\boldsymbol{v} = \begin{cases} \boldsymbol{v}_1 = \boldsymbol{v}|H_1 = \boldsymbol{s} + \boldsymbol{r} + \boldsymbol{n} \\ \boldsymbol{v}_0 = \boldsymbol{v}|H_0 = \boldsymbol{r} + \boldsymbol{n} \end{cases} \tag{10.2.25}$$

而

$$\boldsymbol{R}_v = \begin{cases} \boldsymbol{R}_{v1} = \boldsymbol{R}_s + \boldsymbol{R}_I \\ \boldsymbol{R}_{v0} = \boldsymbol{R}_I = \boldsymbol{K}_I = \boldsymbol{K}_r + N_0\boldsymbol{I} \end{cases} \tag{10.2.26}$$

对于线性时变信道, 可取 $u(t) = \sum\limits_m u_m f_m(t)$, 而回波信号

$$\begin{aligned} s(t) &= \sum s_k f_k(t) = \iint S(\tau,\varphi) u(t-\tau) \exp(\mathrm{j}2\pi\varphi t)\mathrm{d}\tau\mathrm{d}\varphi \\ &= \iint S(\tau,\varphi) \sum_m u_m f_m(t-\tau) \exp(\mathrm{j}2\pi\varphi t)\mathrm{d}\tau\mathrm{d}\varphi \end{aligned} \tag{10.2.27}$$

式中, $S(\tau,\varphi)$ 是目标信道扩展函数 (式 (6.2.21))。利用式 (2.2.22), 对式 (10.2.27) 两边乘以 $f_k^*(t)$, 并对 t 积分得

$$s_k = \iint S(\tau,\varphi) \sum_{m=1}^{N} u_m \{\boldsymbol{\chi}_f(\tau,\varphi)\}_{mk} \exp(\mathrm{j}2\pi\varphi\tau)\mathrm{d}\tau\mathrm{d}\varphi \tag{10.2.28}$$

其中

$$\{\boldsymbol{\chi}_f(\tau,\varphi)\}_{mk} = \int f_m(t) f_k^*(t+\tau) \exp(\mathrm{j}2\pi\varphi t)\mathrm{d}t \tag{10.2.29}$$

是由 $\{f_k(t)\}$ 为族构成的二维相关矩阵 $\boldsymbol{\chi}_f(\tau,\varphi)$ 的元。

根据式 (6.5.1) 和式 (10.2.28) 不难获得 $s(t)$ 的相关矩阵 $\boldsymbol{R}_s$, 其元为

$$\begin{aligned} \{\boldsymbol{R}_s\}_{kl} = &\iiiint R_{S_s}(\tau,\varphi;\tau',\varphi') \sum_{m=1}^{N}\sum_{n=1}^{N} u_m u_n^* \{\boldsymbol{\chi}_f(\tau,\varphi)\}_{mk} \{\boldsymbol{\chi}_f^*(\tau',\varphi')\}_{nl} \\ &\times \exp[\mathrm{j}2\pi(\varphi\tau - \varphi'\tau')]\mathrm{d}\tau\mathrm{d}\varphi\mathrm{d}\tau'\mathrm{d}\varphi' \end{aligned} \tag{10.2.30}$$

对于 WSSUS 目标信道, 根据式 (6.5.8), 并引入归一化散射函数

$$\hat{P}_S(\tau,\varphi) = P_S(\tau,\varphi)/\sigma^2 \tag{10.2.31}$$

σ^2 是信道散射截面, 有

$$\boldsymbol{R}_s = \sigma_s^2 \boldsymbol{C}_s \tag{10.2.32}$$

其中

$$\{\boldsymbol{C}_s\}_{kl} = \iint \hat{P}_{Ss}(\tau,\varphi) \sum_{m,n} u_m u_n^* \{\boldsymbol{\chi}_f(\tau,\varphi)\}_{mk} \{\boldsymbol{\chi}_f^*(\tau,\varphi)\}_{nl}\mathrm{d}\tau\mathrm{d}\varphi \tag{10.2.33}$$

并称 $\boldsymbol{C}_s$ 为回波矩阵。同样, 引入混响矩阵 $\boldsymbol{C}_r$, 其元为

$$\{\boldsymbol{C}_r\}_{kl} = \iint \hat{P}_{Sr}(\tau,\varphi) \sum_{m,n} u_m u_n^* \{\boldsymbol{\chi}_f(\tau,\varphi)\}_{mk} \{\boldsymbol{\chi}_f^*(\tau,\varphi)\}_{nl}\mathrm{d}\tau\mathrm{d}\varphi \tag{10.2.34}$$

它们都与发射信号有关, 而且也都是正定埃尔米特矩阵。

10.3 似然比接收机

本节就 10.1 节中提及的似然比接收机作进一步深入讨论。首先, 将式 (10.1.2) 的双择假设检验写成复矢量形式

$$\left.\begin{aligned} H_1 &: \boldsymbol{v} = \boldsymbol{s} + \boldsymbol{r} + \boldsymbol{n} \\ H_0 &: \boldsymbol{v} = \boldsymbol{r} + \boldsymbol{n} \end{aligned}\right\} \tag{10.3.1}$$

且有 $\langle \boldsymbol{v}|H_1\rangle = \langle \boldsymbol{s}\rangle = \boldsymbol{m}, \langle \boldsymbol{n}\rangle = 0, \langle \boldsymbol{r}\rangle = 0$, 记

$$\boldsymbol{K}_1 = \langle (|\tilde{\boldsymbol{v}} H_1)(\tilde{\boldsymbol{v}}^\dagger|H_1)\rangle = \boldsymbol{K}_s + \boldsymbol{K}_r + \boldsymbol{N}_0\boldsymbol{I} \tag{10.3.2}$$

$$\boldsymbol{K}_0 = \langle (\boldsymbol{v}|H_0)(\boldsymbol{v}^\dagger|H_0)\rangle = \boldsymbol{K}_r + N_0\boldsymbol{I} \tag{10.3.3}$$

“†”表示共轭转置, 对于复高斯过程 $v(t)$, 两种假设检验下的似然函数是

$$P(\boldsymbol{v}|H_1) = \frac{1}{\pi^N|\boldsymbol{K}_1|}\exp\left[-(\boldsymbol{v}-\boldsymbol{m})^\dagger\boldsymbol{K}_1^{-1}(\boldsymbol{v}-\boldsymbol{m})\right] \tag{10.3.4}$$

和

$$P(\boldsymbol{v}|H_0) = \frac{1}{\pi^N|\boldsymbol{K}_0|}\exp\left(-\boldsymbol{v}^\dagger\boldsymbol{K}_0^{-1}\boldsymbol{v}\right) \tag{10.3.5}$$

($\boldsymbol{K}^{-1}$ 是矩阵 $\boldsymbol{K}$ 的逆矩阵) 因此似然比判决为

$$\Lambda(\boldsymbol{v}) = \frac{|\boldsymbol{K}_0|}{|\boldsymbol{K}_1|}\exp[-(\boldsymbol{v}-\boldsymbol{m})^\dagger\boldsymbol{K}_1^{-1}(\boldsymbol{v}-\boldsymbol{m}) + \boldsymbol{v} + \boldsymbol{K}_0^{-1}\boldsymbol{v}] \underset{H_0}{\overset{H_1}{\gtrless}} \Lambda_0 \tag{10.3.6}$$

类似式 (10.1.5), 取式 (10.3.6) 的对数, 有充分统计量

$$l(\boldsymbol{v}) = l_R(\boldsymbol{v}) + l_D(\boldsymbol{v}) \underset{H_0}{\overset{H_1}{\gtrless}} \eta \tag{10.3.7}$$

其中

$$l_R(\boldsymbol{v}) = \boldsymbol{v}^\dagger[\boldsymbol{K}_0^{-1} - \boldsymbol{K}_1^{-1}]\boldsymbol{v} \tag{10.3.8}$$

$$l_D(\boldsymbol{v}) = \boldsymbol{v}^\dagger\boldsymbol{K}_1^{-1}\boldsymbol{m} + \boldsymbol{m}^\dagger\boldsymbol{K}_1^{-1}\boldsymbol{v} = 2\mathrm{Re}\{\boldsymbol{m}^\dagger\boldsymbol{K}_1^{-1}\boldsymbol{v}\} \tag{10.3.9}$$

分别是 $\boldsymbol{v}$ 的随机部分和确定性部分的充分统计量, 而

$$\eta = \ln\Lambda_0 - \ln\frac{|\boldsymbol{K}_0|}{|\boldsymbol{K}_1|} - \boldsymbol{m}^\dagger\boldsymbol{K}_1^{-1}\boldsymbol{m} \tag{10.3.10}$$

是一与 $\boldsymbol{v}$ 无关的可估计的量。

若记

$$z_R = (K_0^{-1} - K_1^{-1})v \tag{10.3.11}$$

和

$$z_D = K_1^{-1}m \tag{10.3.12}$$

为两个矢量过程, 则式 (10.3.8) 和式 (10.3.9) 可分别表示为

$$l_R(v) = v^{\dagger}z_R \tag{10.3.13}$$

和

$$l_D(v) = 2\mathrm{Re}\{v^{\dagger}z_D\} = 2\mathrm{Re}\{z_D^{\dagger}v\} \tag{10.3.14}$$

的两个矢量互相关形式, 即似然比计算可用两个互相关器来实现。第一个相关器的参考矢量 z_R 和矢量 v 相关, 因此是估计相关器, 而第二个相关器是以相干确定性矢量 m 为参考矢量的矢量互相关器。

图 10.3.1 就是式 (10.3.7) ~ 式(10.3.14) 所表示的似然比检测的两类矢量 m 互相关形式。

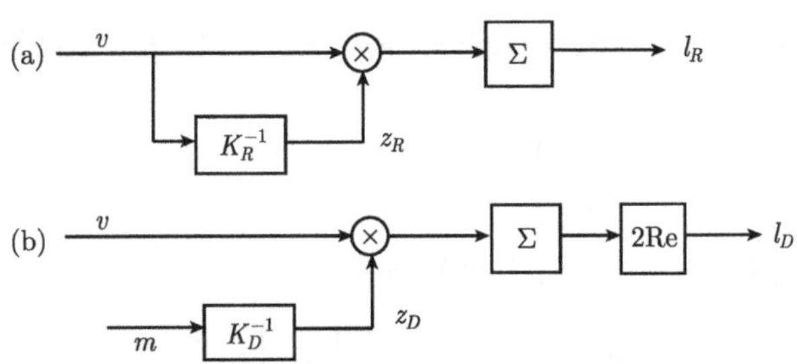

图 10.3.1 两类似然比矢量互相关检测

(a) 估计相关; (b) 相干部分相关

由此可知, 信号最佳检测程序是:

(1) 选定离散化的展开函数 $\{f_k(t)\}$。

(2) 由式 (10.2.22), 根据 $K(t,t')$ 决定 K。

(3) 根据 $K^{-1} = [K_{ij}]^{\mathrm{T}}/|K|(|K| \neq 0)$(式 (5.6.40)), 由 K 决定 K^{-1}。

(4) 据式 (10.3.11) 和式 (10.3.12) 确定 z_R 和 z_D。

(5) 以 z_R 和 z_D 为复相关的参考矢量, 确定复相关值 $v^{\dagger}z$, 从而获得 l_R 和 l_D, 取其和 $l = l_R + l_D$ 与判决门限值 η 比较。

然而, 以上几乎每一步都不是能顺利实现的, 这里涉及: ① R_s 和 R_r 的可知性或可测性; ② 逆矩阵存在性和可解性; ③ 相关运算的可实现性。

求逆过程的复杂性决定于展开函数 $\{f_k(t)\}$ 的形式, 若取正交展开函数族, 则求逆过程最简单, 矩阵 K 将是对角矩阵, 其逆矩阵也是对角矩阵。两个特例如下:

(1) 情况 I　$r(t)=0$ 的噪声中信号检测情况, 这时

$$\left.\begin{aligned} K_1(t,t') &= K_s(t,t') + N_0\delta(t'-t) \\ K_0(t,t') &= N_0\delta(t'-t) \end{aligned}\right\} \tag{10.3.15}$$

如果利用卡亨南-洛维展开方法选择展开函数 $f_k(t)$, 则 $f_k(t)$ 将满足积分方程 (式 (5.7.34))

$$e_k f_k(t) = \int_0^{T_1} K_s(t,t') f_k(t')\mathrm{d}t', \quad 0 \leqslant t \leqslant T_1 \tag{10.3.16}$$

e_k 和 $f_k(t)$ 也就是该积分方程的本征值和本征解, 由于 $K_s(t,t')$ 是正定的, 因此, 方程的全部 N 个本征解 $f_k(t)(N$ 可以是无限) 构成一完备正交函数族, 而据默塞尔定理式 (5.7.37), 有

$$K_s(t,t') = \lim_{N\to\infty}\sum_{k=1}^{N} e_k f_k(t) f_k^*(t') \tag{10.3.17}$$

或由式 (10.2.22) 有

$$K_s(t,t') = \boldsymbol{f}^{\dagger}(t)\boldsymbol{K}_s\boldsymbol{f}(t')$$

将 $K_s(t,t')$ 用 $N\times N$ 阶矩阵 $\boldsymbol{K}_s$(协方差矩阵) 来表示, 则 $\boldsymbol{K}_s$ 是对角矩阵, $\{\boldsymbol{K}_s\}_{kl} = e_k\delta_{kl}$, 且

$$\left.\begin{aligned} \{\boldsymbol{K}_1\}_{kl} &= N_0(1+\lambda_k)\delta_{kl} \\ \{\boldsymbol{K}_0\}_{kl} &= N_0\delta_{kl} \end{aligned}\right\} \tag{10.3.18}$$

也是对角矩阵, 式中 $\lambda_k = e_k/N_0$, 其逆矩阵是

$$\left.\begin{aligned} \{\boldsymbol{K}_1^{-1}\}_{kl} &= \left[\frac{1}{N_0}\frac{1}{(1+\lambda_k)}\right]\delta_{kl} \\ \{\boldsymbol{K}_0^{-1}\}_{kl} &= \frac{1}{N_0}\delta_{kl} \end{aligned}\right\} \tag{10.3.19}$$

将式 (10.3.19) 代入式 (10.3.8) 和式 (10.3.9), 有

$$\left.\begin{aligned} l_R(\boldsymbol{v}) &= \frac{1}{N_0}\sum_{k=1}^{\infty}\frac{\lambda_k}{1+\lambda_k}|v_k|^2 \\ l_D(\boldsymbol{v}) &= 2\mathrm{Re}\left\{\frac{1}{N_0}\sum_{k=1}^{\infty}\frac{1}{1+\lambda_k}v_k m_l^*\right\} \end{aligned}\right\} \tag{10.3.20}$$

(2) 情况 II　$K_s(t,t')=0$ 的完全相干回波检测情况, 这时由于

$$K_1(t,t') = K_0(t,t') = K_r(t,t') + N_0\delta(t'-t)$$

而 $\boldsymbol{K}_R^{-1}=0$, 故

$$l_R(\boldsymbol{v}) = 0 \tag{10.3.21}$$

问题主要是确定 $l_D(\boldsymbol{v})$。由积分方程

$$e_{kr}f_k(t) = \int_0^{T_1} K_r(t,t')f_k(t')\mathrm{d}t' \tag{10.3.22}$$

确定一组正交函数族 $\{f_k(t)\}$, 使有

$$K_r(t,t') = \lim_{N\to\infty}\sum_{k=1}^{N} e_{kr}f_k^*(t')f_k(t) \tag{10.3.23}$$

因而有

$$l_D(\boldsymbol{v}) = 2\mathrm{Re}\left\{\lim_{N\to\infty}\frac{1}{N_0}\sum_{k=1}^{N}\frac{1}{1+\lambda_{kr}}v_k m_k^*\right\} \tag{10.3.24}$$

式 (10.3.24) 和式 (10.3.20) 形式相同, 但式 (10.3.24) 中 $\lambda_{kr} = e_{kr}/N_0$。

如果取 $f_k(t) = \mathrm{sinc}(t-kT_s)$ 的抽样函数形式, 则 $v_k = v(kT_s)$ 就是 $v(t)$ 以 T_s 为抽样间隔的离散时间抽样值。对应式 (10.3.15) 的矩阵 $\boldsymbol{K}_1$ 和 $\boldsymbol{K}_0$ 及其逆矩阵 $\boldsymbol{K}_1^{-1}$ 和 $\boldsymbol{K}_0^{-1}$, 均可表示为一个下三角矩阵 $\boldsymbol{T}_i$ 及其共轭转置矩阵 $\boldsymbol{T}_i^\dagger$ 的乘积, 即

$$\boldsymbol{K}_i^{-1} = \boldsymbol{T}_i^\dagger\boldsymbol{T}_i, \quad i=0,1 \tag{10.3.25}$$

由于 $\boldsymbol{K}_i$ 是正定的, 因此 $\boldsymbol{K}_i^{-1}$, 以致 $\boldsymbol{T}_i^\dagger$ 和 $\boldsymbol{T}_i$ 也都是正定的 (但这里 $\boldsymbol{K}_i$ 并不一定是对角矩阵)。

在式 (10.3.11) 中记 $\boldsymbol{K}_R^{-1}\underline{\Delta}\boldsymbol{K}_0^{-1} - \boldsymbol{K}_1^{-1}$ 为

$$\boldsymbol{K}_R^{-1} = \boldsymbol{T}_R^\dagger\boldsymbol{T}_R \tag{10.3.26}$$

则式 (10.3.8) 的充分统计量可表示为

$$\begin{aligned} l_R(\boldsymbol{v}) =& \boldsymbol{v}^+\boldsymbol{T}_R^\dagger\boldsymbol{T}_R\boldsymbol{v} = \|\boldsymbol{T}_R\boldsymbol{v}\|^2 \\ =& \sum_{k=1}^{N}\left(\sum_{l=1}^{K}T_{R,kl}\,v_t\right)^2 \end{aligned} \tag{10.3.27}$$

其中, $\|\cdot\|$ 表示矩阵的范数。式 (10.3.27) 对应的接收机是如图 10.3.2(a) 所示的滤波器平方器接收机 [182]。

对于相干成分, 由于 $\boldsymbol{K}_D^{-1} = \boldsymbol{K}_1^{-1}$ 并记为

$$\boldsymbol{K}_D^{-1} = \boldsymbol{T}_D^\dagger\boldsymbol{T}_D \tag{10.3.28}$$

则同样有式 (10.3.9) 的另一形式

$$l_D(\boldsymbol{v}) = 2\mathrm{Re}\{(\boldsymbol{T}_D\boldsymbol{m})^\dagger(\boldsymbol{T}_D\boldsymbol{v})\}$$

$$=2\text{Re}\left\{\sum_{k=1}^{N}\left(\sum_{l=1}^{k}T_{D,kl}\right)\left(\sum_{n=1}^{k}T_{D,kn}\,m_n\right)\right\} \tag{10.3.29}$$

相对应的接收机为图 10.3.2(b) 所示的滤波器相关器接收机。

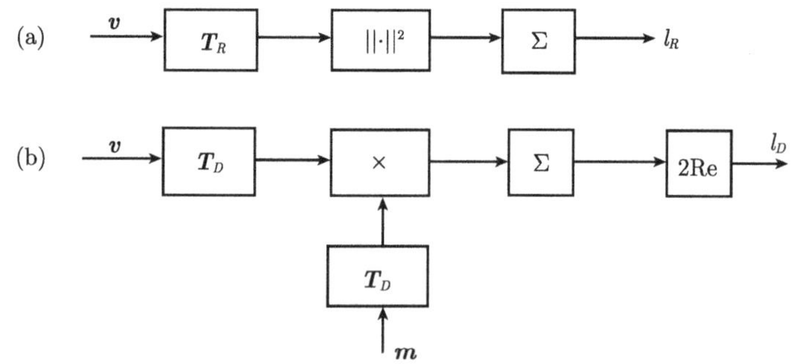

图 10.3.2　似然比滤波检测

(a) 滤波器平方器检测; (b) 滤波器相关检测

注意到 v_k 和 m_k 都是抽样时间序列, 因此

$$\boldsymbol{T}_R\boldsymbol{v}=\begin{bmatrix}T_{R,11}\,v_1\\T_{R,21}\,v_1+T_{R,22}\,v_2\\\vdots\\T_{R,N1}\,v_1+\cdots+T_{R,NN}\,v_N\end{bmatrix} \tag{10.3.30}$$

每个元 $\{\boldsymbol{T}_R\boldsymbol{v}\}_k$ 的计算都只要以前的接收数据, 因此对应的接收机都是可实现的接收机。然而, 由于 $K(t,t')$ 是时变函数, 因此, 该接收机也应是时变滤波接收机。在文献 [182] 中指出, 如果 $\boldsymbol{K}$ 是一个托布里兹矩阵, 那么, $\boldsymbol{T}_R$ 对应的滤波器可用一个时不变滤波器来实现。

矩阵三角化的一个重要特征是使被转换的样本解相关。例如, 对于矢量 $\boldsymbol{v}|H_0$ 的矩阵三角化

$$\langle\boldsymbol{T}_R(\boldsymbol{v}|H_0)[\boldsymbol{T}_R(\boldsymbol{v}|H_0)]^\dagger\rangle=\boldsymbol{I} \tag{10.3.31}$$

就是使干扰 $(\boldsymbol{v}|H_0)$ 预白化 (见 10.5 节)。

数学上对应于式 (10.3.13) 和式 (10.3.14) 的矢量积的连续时间的积分形式是

$$l_R(v)=\int_0^{T_1}v^*(t)z_R(t)\mathrm{d}t \tag{10.3.32}$$

和

$$l_D(v)=2\text{Re}\left\{\int_0^{T_1}m^*(t)z_D(t)\mathrm{d}t\right\} \tag{10.3.33}$$

式中, $z_R(t)$ 和 $z_D(t)$ 是对应于 $\boldsymbol{z}_R$ 和 $\boldsymbol{z}_D$ 的连续波形形式, 可表示为

$$z_R(t)=\int_0^{T_1}h_R(t,t')v(t')\mathrm{d}t' \tag{10.3.34}$$

和

$$z_D(t)=\int_0^{T_1}h_D(t,t')v(t')\mathrm{d}t' \tag{10.3.35}$$

则对应于正交展开形式的式 (10.3.20)、式 (10.3.34) 和式 (10.3.35) 分别是

$$h_R(t,t')=\frac{1}{N_0}\sum_{k=1}^{N}\frac{\lambda}{1+\lambda_k}f_k(t)f_k^*(t') \tag{10.3.36}$$

和

$$h_D(t,t')=2\mathrm{Re}\left\{\frac{1}{N_0}\sum_{k=1}^{\infty}\frac{1}{1+\lambda_k}f_k(t)f_k^*(t')\right\} \tag{10.3.37}$$

式中

$$h_R(t,t')=h_1(t,t')/N_0 \tag{10.3.38}$$

$h_1(t,t')$ 是维纳–霍夫积分方程

$$\left.\begin{aligned}&\int_0^{T_1}h_1(t,t'')K_s(t'',t')\mathrm{d}t''+N_0h_1(t,t')=K_s(t,t')\quad 0\leqslant t,t'\leqslant T_1\quad (\text{情况I})\\&\int_0^{T_1}h_1(t,t'')K_r(t'',t')\mathrm{d}t''+N_0h_1(t,t')=K_r(t,t')\quad 0\leqslant t,t'\leqslant T_1\quad (\text{情况II})\end{aligned}\right\} \tag{10.3.39}$$

的解, 而 $h_D(t,t')$ 可根据式 (10.3.36) ~ 式(10.3.39) 由 $h_1(t,t')$ 获得

$$h_D(t,t')=\frac{1}{N_0}[\delta(t'-t)-h_1(t,t')] \tag{10.3.40}$$

利用这些关系式, 充分统计量式 (10.3.32) 和式 (10.3.33) 可分别写成

$$l_R(v)=\int_0^{T_1}\int_0^{T_1}v^*(t)h_R(t,t')v(t')\mathrm{d}t'\mathrm{d}t \tag{10.3.41}$$

和

$$l_D(v)=2\mathrm{Re}\left\{\int_0^{T_1}\int_0^{T_1}m^*(t)h_D(t,t')v(t')\mathrm{d}t'\mathrm{d}t\right\} \tag{10.3.42}$$

充分统计量的连续形式的关键是通过已知 $R_s(t,t')$ 或 $R_r(t,t')$, 解积分方程 (10.3.39) 获得 $h_R(t,t')$。但和式 (10.3.13) 中矩阵求逆问题一样, 大部分场合, 求解积分方程是困难的。

连续形式 (10.3.41) 和式 (10.3.42) 对应的最佳接收机结构图和图 10.3.1 相同, 只是图中 $\boldsymbol{K}^{-1}$ 用 $h(t,t')$ 代替, z 用 $z(t)$ 代替, 求和用积分器代替。

对复数高斯过程, 似然比接收机 (式 (10.3.20) 和式 (10.3.24)) 的性能分析函数可根据式 (10.1.15) 写成[42]

$$\mu_R(s) = \sum_{k=1}^{\infty}\{(1-s)\ln(1+\lambda_k) - \ln[1+(1-s)\lambda_k]\} \tag{10.3.43}$$

和

$$\mu_D(s) = -s\sum_{k=1}^{\infty}\frac{m_k^3}{N_0}\Big/\left(\frac{1}{1-s}+\lambda_k\right) \tag{10.3.44}$$

总的接收机性能分析函数是

$$\mu(s) = \mu_R(s) + \mu_D(s)$$

求得 $\mu(s)$, 再由式 (10.1.19) 和式 (10.1.20) 确定接收机工作性能。

上面推导的似然比接收机有两点要提醒: 一是似然比检测只是对双择检测才有意义; 二是似然比判决并不要求信号是高斯分布的, 分析基于高斯假设只是为了方便, 但对非高斯输入 (如在主动声呐中出现的 Γ 分布、韦伯分布和 9.7 节中提出的海底混响 K 分布等) 情况, 似然比检测表达式以致充分统计量形式不一定是式 (10.3.6) 或式 (10.3.7) 的形式。因此, 性能函数也不尽相同。

10.4 输出信干比最大的接收机

正如前面指出的那样, 当似然比接收机的判决门限无法确定或者并不十分重要时, 常采用能获得最大输出信干比的线性滤波器作为最佳接收机。

设作为接收机的线性滤波器响应函数是 $h_0(\tau,t)$, 传递函数是 $H_0(f,t)$, 对于输入 $v(t)$, 其输出根据式 (6.2.14) 是

$$y(t) = \int_0^{T_1} v(t')h_0(t-t',t)\mathrm{d}t' \tag{10.4.1}$$

如果回波最大值出现在 $t=t_0$, 那么, 滤波器的输出信干比是

$$\lambda = \frac{\langle|y_0|^2|H_1\rangle - \langle|y_0|^2|H_0\rangle}{\langle|y_0|^2|H_0\rangle} \tag{10.4.2}$$

这里 $y_0 = y(t_0), \langle|y|^2|H_i\rangle$ 是 H_i 假设下的滤波器输出均方值。若取

$$z^*(t) = h_0(t_0-t,t_0) \tag{10.4.3}$$

则式 (10.4.1) 可表示为

$$y(t_0) = \int_0^{T_1} v(t)z^*(t)\mathrm{d}t \tag{10.4.4}$$

式 (10.4.4) 和式 (10.3.22) 完全相似, 实际上, 高斯输入情况下的似然比接收机也是线性滤波器, 因此式 (10.4.1) 在 $t=t_0$ 时的值就是高斯输入情况下的似然比接收机的充分统计量 $l(v)$。信噪比式 (10.4.2) 就是检测指数 d(式 (10.1.22)), 且有

$$\left.\begin{aligned}\langle|y_0|^2|H_1\rangle &= \iint_0^{T_1} z^*(t)[R_s(t,t')+R_I(t,t')]z(t')\mathrm{d}t\mathrm{d}t'\\ \langle|y_0|^2|H_0\rangle &= \iint_0^{T_1} z^*(t)R_I(t,t')z(t')\mathrm{d}t\mathrm{d}t'\end{aligned}\right\}\tag{10.4.5}$$

式中

$$R_s(t,t')=K_s(t,t')+m(t)m^*(t')$$

$$R_I(t,t')=K_I(t,t')=K_r(t,t')+N_0\delta(t-t')$$

而式 (10.4.2) 为

$$\lambda=\frac{\displaystyle\iint_0^{T_1} z^*(t)R_s(t,t')z(t')\mathrm{d}t\mathrm{d}t'}{\displaystyle\iint_0^{T_1} z^*(t)R_I(t,t')z(t')\mathrm{d}t\mathrm{d}t'}\tag{10.4.6}$$

如果是 WSSUS 回波和混响信道, 则根据式 (10.2.11) 和式 (2.5.26), 式 (10.4.6) 可写成

$$\lambda=\frac{\displaystyle\iint P_{Ss}(\tau,\varphi)\varPsi_{uz}(\tau,\varphi)\mathrm{d}\tau\mathrm{d}\varphi}{\displaystyle\iint P_{Sr}(\tau,\varphi)\varPsi_{uz}(\tau,\varphi)\mathrm{d}\tau\mathrm{d}\varphi+N_0E_z}\tag{10.4.7}$$

式中, $\varPsi_{uz}(\tau,\varphi)=|\chi_{uz}(\tau,\varphi)|^2$ 是 $u(t)$ 和 $z(t)$ 的互模糊度函数。

将散射函数用式 (10.2.31) 的归一化形式表示, 并引入归一化互模糊度函数

$$\hat{\varPsi}_{uz}(\tau,\varphi)=\varPsi_{uz}(\tau,\varphi)/E_uE_z\tag{10.4.8}$$

则可将式 (10.4.7) 写成

$$\lambda=\frac{\lambda_0\displaystyle\iint \hat{P}_{Ss}(\tau,\varphi)\hat{\varPsi}_{uz}(\tau,\varphi)\mathrm{d}\tau\mathrm{d}\varphi}{\lambda_0\rho\displaystyle\iint \hat{P}_{Sr}(\tau,\varphi)\hat{\varPsi}_{uz}(\tau,\varphi)\mathrm{d}\tau\mathrm{d}\varphi+1}\tag{10.4.9}$$

式中, $\lambda_0=\sigma_s^2E_u/N_0=E_s/N_0$ 是理想的匹配滤波器输出最大信噪比 (式 (3.2.18)), 而

$$\rho=\sigma_r^2/\sigma_s^2\tag{10.4.10}$$

是混响散射强度与目标散射强度之比。因此 $\rho\lambda_0=\sigma_r^2E_u/N_0=E_I/N_0$ 是理想的匹配滤波器输出混噪比。

利用 $z(t)$ 和 $u(t)$ 的级数展开形式 (如式 (10.2.13)), 可用矢量表示式 (10.4.6)

$$\lambda=\frac{\boldsymbol{z}^\dagger\boldsymbol{R}_s\boldsymbol{z}}{\boldsymbol{z}^\dagger\boldsymbol{R}_I\boldsymbol{z}} \tag{10.4.11}$$

式中

$$\begin{aligned}\boldsymbol{z}&=[z_1,z_2,\cdots,z_N]^{\mathrm{T}}\\ \boldsymbol{R}_s&=\boldsymbol{K}_s+\boldsymbol{m}\boldsymbol{m}^\dagger\\ \boldsymbol{R}_I&=\boldsymbol{K}_I+N_0\boldsymbol{I}\end{aligned}$$

用矩阵方式表示式 (10.4.9)

$$\lambda=\frac{\lambda_0\boldsymbol{z}^\dagger\boldsymbol{C}_s\boldsymbol{z}}{\boldsymbol{z}^\dagger(\rho\lambda_0\boldsymbol{C}_r+\boldsymbol{I})\boldsymbol{z}}=\lambda_0\frac{\boldsymbol{z}^\dagger\boldsymbol{C}_s\boldsymbol{z}}{\boldsymbol{z}^\dagger\boldsymbol{C}_I\boldsymbol{z}} \tag{10.4.12}$$

式中, $\boldsymbol{C}_s$ 和 $\boldsymbol{C}_r$ 分别是回波矩阵 (式 (10.2.33)) 和混响矩阵 (式 (10.2.34)),

$$\boldsymbol{C}_I=\rho\lambda_0\boldsymbol{C}_r+\boldsymbol{I} \tag{10.4.13}$$

输出信干比最大的接收机设计问题就是确定接收机的权响应函数 $z(t)$ 或权矢量 $\boldsymbol{z}$, 使式 (10.4.9) 或式 (10.4.12) 最大。

数学上求 λ 最大的 $z(t)$, 首先要给定对 $z(t)$ 的限制, 再确定 $z(t)$ 存在的条件。例如, 在能量 $E_z=1$ 限制条件下, $z(t)$ 存在的必要条件是

$$Q_p=\lambda+\mu(1-E_z)$$

对于 $z(t)$ 是稳定的, 式中 μ 是拉格朗日乘子。取 $E_z=\int_0^{T_1}z^*(t)z(t)\mathrm{d}t$ 将式 (10.4.6) 代入, 用标准的求极值变分计算方法, 不难获得对应这一条件的 $z(t)$ 必须满足的线性积分方程

$$\int_0^{T_1}R_I(t,t')z(t')\mathrm{d}t'=\mu\int_0^{T_1}R_s(t,t')z(t')\mathrm{d}t' \tag{10.4.14}$$

将上式两边乘以 $z^*(t)$ 并对 t 积分, 利用式 (10.4.6) 可确定

$$\mu=1/\lambda$$

因此积分方程 (10.4.14) 就是

$$\lambda\int_0^{T_1}R_I(t,t')z(t')\mathrm{d}t'=\int_0^{T_1}R_s(t,t')z(t')\mathrm{d}t'$$

由于式 (10.4.14) 左端积分的核 $R_I(t,t')$ 是非负定的, 因此, 存在 $[R_I(t,t')]^{-1}$ 使

$$\int_0^{T_1} R_I(t,t')[R_I(t',t'')]^{-1}\mathrm{d}t' = \delta(t''-t) \tag{10.4.15}$$

若对式 (10.4.14) 两边再乘以 $[R_I(t',t'')]^{-1}$ 并对 t'' 积分, 可使方程 (10.4.14) 变成更简单的形式

$$\int_0^{T_1} F_u(t,t')z(t')\mathrm{d}t' = \lambda z(t) \tag{10.4.16}$$

式中

$$F_u(t,t') = \int_0^{T_0} R_s(t,t'')[R_I(t'',t')]^{-1}\mathrm{d}t'' \tag{10.4.17}$$

由积分方程 (10.4.14) 或方程 (10.4.6) 求得其最大 λ 值对应的解 $z(t)$ 就是所求最佳接收机的权重波形, 而该 λ 值就是其输出信干比 $\lambda_{\rm opt}$。

对应于式 (10.4.16), 积分方程的矩阵形式是

$$(\boldsymbol{F}_u - \lambda\boldsymbol{I})\boldsymbol{z} = 0 \tag{10.4.18}$$

其中

$$\boldsymbol{F}_u = \boldsymbol{R}_s\boldsymbol{R}_I^{-1} \tag{10.4.19}$$

或

$$\boldsymbol{F}_u = \lambda_0\boldsymbol{C}_s[\rho\lambda_0\boldsymbol{C}_r + \boldsymbol{I}]^{-1} = \lambda_0\boldsymbol{C}_s\boldsymbol{C}_I^{-1} \tag{10.4.20}$$

因此, 求积分方程 (10.4.16) 的最大本征值 λ 的本征解, 也就是求解本征方程 (10.4.18) 的最大本征值对应的本征矢量 $\boldsymbol{z}$, 最大的本征值 λ_k 就是接收机最大输出信干比 $\lambda_{\rm opt} \leqslant \lambda_0$。

就式 (10.4.7) 本身的意义上讲, 对于 WSSUS 回波和混响信道, 设计能量限制条件下的最大输出信干比的接收机, 意味着设计接收机的权响应函数 $z(t)$ (或参考相关波形) 使其与发射波形 $u(t)$ 的互模糊度函数 $\Psi_{uz}(\tau,\varphi)$, 一方面将目标信道的散射函数 $P_{Ss}(\tau,\varphi)$ 完全覆盖在内, 另一方面将混响信道的散射函数 $P_{s_r}(\tau,)$ 分离在外。遗憾的是在很多实际场合, 目标和混响信道的散射函数是相互交叠的, 因此, $z(t)$ 或 $\Psi_{uz}(\tau,\varphi)$ 的设计只能采用折中方法, 而式 (10.4.16) 或式 (10.4.18) 只是给出了这种方法的数学原理。

讨论两种特殊情况:

(1) 情况 I $r(t)=0$ 噪声中的信号检测。这时,

$$\lambda = \frac{1}{N_0E_z}\iint_0^{T_1} z^*(t)R_s(t,t')z(t')\mathrm{d}t\mathrm{d}t'$$

$$=\frac{1}{N_0E_z}\left[\iint_0^{T_1} z^*(t)K_s(t,t')z(t')\mathrm{d}t\mathrm{d}t' + \left|\int_0^R m^*(t)z(t)\mathrm{d}t\right|^2\right] \quad (10.4.21)$$

或

$$\lambda = \frac{1}{N_0E_z}(\boldsymbol{z}^\dagger\boldsymbol{K}_s\boldsymbol{z} + |\boldsymbol{m}^\dagger\boldsymbol{z}|^2) \quad (10.4.22)$$

因此

$$\boldsymbol{F}_u = \frac{1}{N_0E_z}(\boldsymbol{K}_s + \boldsymbol{m}\boldsymbol{m}^\dagger) \quad (10.4.23)$$

代入式 (10.4.18), 可解得对应于最大本征值 λ_{opt} 的最佳接收机权矢量 $\boldsymbol{z}$, 但由式 (10.4.21) 可知, 最佳接收入和 10.3 节一样, 是一估计相关器和一与 $m(t)$ 匹配的匹配滤波器的合成滤波器.

对于 WSSUS 回波信道, 利用式 (10.4.10), 并取 $\boldsymbol{C}_r = 0$, 有

$$\lambda = \lambda_0 \iint \hat{P}_{Ss}(\tau,\varphi)\,\hat{\Psi}_{uz}(\tau,\varphi)\mathrm{d}\tau\mathrm{d}\varphi = \lambda_0\boldsymbol{z}^\dagger\boldsymbol{C}_s\boldsymbol{z}/E\boldsymbol{z} \quad (10.4.24)$$

和

$$\boldsymbol{F}_u = (\lambda_0/E_z)\boldsymbol{C}_s \quad (10.4.25)$$

设计 $z(t)$ 使 $\Psi_{uz}(\tau,\varphi)$ 尽可能和 $P_{Ss}(\tau,\varphi)$ 重合, 而当 $P_{Ss}(\tau,\varphi) = \delta(\tau,\varphi)$ 时,$z(t) = u(t)$ 即为匹配滤波器权函数, 此时 $\lambda = \lambda_0 = E_s/N_0$。

(2) 情况 II $K_s(t,t') = 0$ 的干扰中检测确定性回波。这时

$$\lambda = \frac{|\boldsymbol{m}^\dagger\boldsymbol{z}|^2}{\boldsymbol{z}^\dagger\boldsymbol{R}_I\boldsymbol{z}} \quad (10.4.26)$$

$$\boldsymbol{F}_u = (\boldsymbol{m}\boldsymbol{m}^\dagger)\boldsymbol{R}_I^{-1} \quad (10.4.27)$$

对应的最佳接收机和图 10.3.2(b) 相同。

对于 WSSUS 混响信道

$$\lambda = \lambda_0\frac{|\boldsymbol{m}^\dagger\boldsymbol{z}|^2}{\boldsymbol{z}\boldsymbol{C}_I\boldsymbol{z}} = \lambda_0\frac{|m^\dagger\boldsymbol{z}|^2}{\boldsymbol{z}^\dagger(\rho\lambda_0\boldsymbol{C}_r + \boldsymbol{I})\boldsymbol{z}} \quad (10.4.28)$$

利用施瓦尔兹不等式关系, 可以证明

$$\lambda \leqslant \lambda_0(\boldsymbol{m}^\dagger\boldsymbol{C}_I^{-1}\boldsymbol{m})$$

而当

$$\boldsymbol{z} = \boldsymbol{C}_I^{-1}\boldsymbol{m} = (\rho_0\lambda\boldsymbol{C}_r + \boldsymbol{I})^{-1}\boldsymbol{m} \quad (10.4.29)$$

时最大

$$\lambda_{\text{opt}} = [\boldsymbol{m}^\dagger(\rho_0\lambda\boldsymbol{C}_r + \boldsymbol{I})^{-1}\boldsymbol{m}]\lambda_0 \leqslant \lambda_0 \quad (10.4.30)$$

若取对 $m(t)$ 的匹配滤波器 $z(t) = m(t)$, 则

$$\lambda = \lambda_m = \frac{\lambda_0}{\boldsymbol{m}^\dagger \boldsymbol{C}_I^{-1} \boldsymbol{m}} \leqslant \lambda_{\text{opt}} \tag{10.4.31}$$

可见匹配滤波器并不是最佳的。

相应于式 (10.4.29) 的权矢量接收机通常称为广义矢量匹配滤波器。

直接用数学解积分方程 (10.4.16) 或矩阵方程 (10.4.18) 并无一般的方法, 尤其是对非均匀混响的情况。事实上, 这是一个对式 (10.4.10) 的分子和分母都要求极值的非线性规划问题 [182]。近代计算机技术已经提供了一个标准的求解非线性规划问题的程序, 使解决这一问题也就有了可能。例如, 将 $u(t)$, $v(t)$ 表示为时间序列的矢量形式, 而 $z(t)$ 用抽头延迟线代替, 根据估计的信道散射函数确定矩阵 $\boldsymbol{C}_s$ 和 $\boldsymbol{C}_r$, 以 $|\boldsymbol{z}|^2 = 1$ 和 $\boldsymbol{z}^\dagger \boldsymbol{C}_r \boldsymbol{z} \leqslant K(\geqslant 0)$* 为约束条件, 利用计算机非线性规划的标准程序确定非线性的目标函数 $(-\boldsymbol{z}^\dagger \boldsymbol{C}_s \boldsymbol{z})$ 为最小的解 $\boldsymbol{z}$[181]。

10.5 平稳过程的频域最佳检测

本节将接收机输入过程中的瞬点变化忽略而直接考虑为观察时间内的平衡过程, 从而可以从频域上讨论最佳接收机的一般结构, 而后讨论平稳输入情况的特例。

首先，设过程的观察时间 T_1 (回波宽度) 有限, 则 $\boldsymbol{v}$、$\boldsymbol{r}$ 和 $\boldsymbol{s}$ 等都可用其频谱形式来表示 (即表示为 $V(f)$、$R(f)$ 和 $S(f)$), 接收机的充分统计量的谱矩阵形式是

$$l_R(\boldsymbol{V}) = \boldsymbol{V}^\dagger [\boldsymbol{G}_1^{-1} - \boldsymbol{G}_1^{-1}] \boldsymbol{V} \tag{10.5.1}$$

$$l_D(\boldsymbol{V}) = 2\text{Re}[\boldsymbol{M}^\dagger \boldsymbol{G}_1^{-1} \boldsymbol{V}] \tag{10.5.2}$$

式中, $\boldsymbol{V}$ 是如式 (5.7.1) 所示以 $f_n(t) = \exp[-\text{j}2\pi(n/T_1)t]$ 为基元的 $v(t)$ 展开系数所构成的谱矢量形式; $\boldsymbol{M}$ 是回波有规成分 $m(t) = \langle s(t) \rangle$ 的谱矢量; $\boldsymbol{G}_0$ 和 $\boldsymbol{G}_1$ 分别是 H_0 假设和 H_1 假设下, 接收波形 $v(t)$ 的功率谱矩阵

$$\boldsymbol{G}_1 = \langle (\boldsymbol{V}^\dagger | H_1)(\boldsymbol{V} | H_1) \rangle = \boldsymbol{G}_s + \boldsymbol{G}_I \tag{10.5.3}$$

和

$$\boldsymbol{G}_0 = \langle (\boldsymbol{V}^\dagger | H_1)(\boldsymbol{V} | H_0) \rangle = \boldsymbol{G}_I \tag{10.5.4}$$

---

* 限制常数 K 的大小表示被限制的最小可能输出混响电平取值, 该值一般可取到噪声同电平, 但若目标和混响散射函数可分离, 则取 $K = 0$。

10.5.1 连续形式频域最佳接收机

为了确定功率谱矩阵, 考虑连续形式频域最佳接收机结构。

连续形式的接收机充分统计量式 (10.3.32) 和式 (10.3.33) 所给出的最佳接收机主要是设计 $z_R(t)$ 和 $z_D(t)$, 如果取 $R_R(t)=z_0(t)-z_1(t)$, 很容易证明 $z_0(t)$ 和 $z_1(t)$ 分别是积分方程对

$$\left.\begin{aligned} v(t) &= \int_0^{T_1} K_0(t,t')z_0(t')\mathrm{d}t' \\ v(t) &= \int_0^{T_1} K_1(t,t')z_1(t')\mathrm{d}t' \end{aligned}\right\} \tag{10.5.5}$$

的解。同样, $z_D(t)$ 是积分方程

$$m(t)=\int_0^{T_1} K_1(t,t')z_D(t')\mathrm{d}t' \tag{10.5.6}$$

的解。

对式 (10.5.5) 和式 (10.5.6) 两边求傅里叶变换, 则有

$$V(f)=\int B_i(f,f')Z_i(f')\mathrm{d}f',\quad i=0,1 \tag{10.5.7}$$

和

$$M(f)=\int B_1(f,f')z_D(f')\mathrm{d}f' \tag{10.5.8}$$

$V(f)$ 和 $Z_i(f)(i=0,1)$ 分别是 $v(t)$ 和 $z_i(t)(i=0,1)$ 的谱, $M(f)$ 是 $m(t)$ 的谱, 而

$$B_i(f,f')=\int_0^{T_1}\int_0^{T_1} K_i(t,t')\mathrm{e}^{-\mathrm{j}2\pi(ft-f't')}\mathrm{d}t\mathrm{d}t',\quad i=0,1 \tag{10.5.9}$$

取 $\Delta t=t'-t, \varphi=f'-f$, 则 $K(t,t')$ 和 $B(f,f')$ 可用 $K(\Delta t,t)$ 和 $B(f,\varphi)$ 代替, $B_x(f,\varphi)$ 是过程 $x(t)$ 随机部分的双频功率谱 (式 (5.4.25)), 因此式 (10.5.7) 可表示为

$$V(f)=\int B_i(\varphi-f,\varphi)Z_i(f-\varphi)\mathrm{d}\varphi,\quad i=0,1 \tag{10.5.10}$$

由两种可能条件下的接收信号 $v(t)|H_0$ 和 $v(t)|H_1$ 的双频功率谱 $B_0(f,\varphi)$ 和 $B_1(f,\varphi)$, 再通过解频域积分方程 (10.5.10), 可获得接收机权函数的谱 $Z_R(f)=Z_0(f)-Z_1(f)$。

同样, 由频域积分方程

$$M(f)=\int B_1(\varphi-f,\varphi)Z_D(f-\varphi)\mathrm{d}\varphi \tag{10.5.11}$$

可确定 $Z_D(f)$。

虽然积分方程 (10.5.10) 或 (10.5.11) 解的确定可能更加困难, 但这种频域积分方程形式对于声呐中常见的如二重平稳信道或输入是 WSS 的 WSSUS 信道 (见 6.8

节) 情况, 其解有特殊的意义。这时, 根据式 (6.8.9), 信道输出 $v(t)$ 将是 WSS 的, 因此 $K_1(t,t')$ 和 $K_0(t,t')$ 可分别用 $K_1(\Delta t)$ 和 $K_0(\Delta t)$ 表示, $B_i(f,\varphi)$ 可用功率谱 $G_1(f)$ 和 $G_0(f)$ 表示。这时, 式 (10.5.10) 和式 (10.5.11) 分别是

$$V(f) = G_i(f)Z_i(f), \quad i = 0,1 \tag{10.5.12}$$

和

$$M(f) = G_1(f)Z_R(f) \tag{10.5.13}$$

而接收机权函数的谱 $Z(f)$ 可作为时不变的滤波器的传递函数, 且

$$\left.\begin{aligned} Z_i(f) &= V(f)/G_i(f) = V(f)F_i(f) \\ Z_D(f) &= M(f)/G_1(f) = M(f)F_1(f) \end{aligned}\right\} \tag{10.5.14}$$

这里

$$F_i(f) = 1/G_i(f), \quad i = 0,1 \tag{10.5.15}$$

注意, $G_i(f)$ 是 $(v(t)|H_i)$ 的随机部分的功率谱

$$\left.\begin{aligned} G_0(f) &= G_r(f) + N_0 = G_I(f) \\ G_1(f) &= G_{\tilde{s}}(f) + G_I(f) \end{aligned}\right\} \tag{10.5.16}$$

$M(f)$ 是 $(v(t)|H_1)$ 的确定性部分 $m(t)$ 的频谱。

对于 $L \gg 1/B$ 的局部愈扩展 WSSUS 信道 (即至少在对应观察时间的距离范围内, 散射信道是 WSSUS 的), 根据式 (9.7.16), $\tilde{s}(t)$ 和 $r(t)$ 的功率谱为

$$\left.\begin{aligned} G_{\tilde{s}}(f) &= \sigma_{\tilde{s}}^2 W_{\tilde{s}}(f) \otimes E_u(f) \\ G_r(f) &= \sigma_r^2 W_r(f) \otimes E_u(f) \end{aligned}\right\} \tag{10.5.17}$$

σ^2 是散射截面, $W(\varphi)$ 是散射体频移分布, $E_u(f) = |U(f)|^2$, 而式 (10.5.16) 可写成

$$\left.\begin{aligned} G_0(f) &= \sigma_r^2 W_r(f) \otimes E_u(f) + N_0 \\ G_1(f) &= [\sigma_{\tilde{s}}^2 W_{\tilde{s}}(f) + \sigma_r^2 W_r(f)] \otimes E_u(f) + N_0 \end{aligned}\right\} \tag{10.5.18}$$

10.5.2 两个特例

(1) 噪声中的信号检测: $r(t) = 0$, 即 $\sigma_r = 0$ 有

$$\left.\begin{aligned} G_0(f) &= N_0 \\ G_1(f) &= G_s(f) + N_0 \end{aligned}\right\} \tag{10.5.19}$$

根据 $Z_R(f) = Z_0(f) - Z_1(f)$ 和式 (10.4.14), 式 (10.5.14) 可写成

$$\left.\begin{aligned} Z_R(f) &= V(f)F_R(f) \\ Z_D(f) &= M(f)F_D(f) \end{aligned}\right\} \tag{10.5.20}$$

其中

$$\left.\begin{aligned} F_R(f) &= \frac{G_s(f)/N_0}{G_s(f)+N_0} \\ F_D(f) &= \frac{1}{G_s(f)+N_0} \end{aligned}\right\} \tag{10.5.21}$$

相应的最佳接收机如图 10.5.1(a) 和 (b)[24] 所示。$F_R(f)$ 和 $F_D(f)$ 可以理解为图 10.3.1 中表示为 $\boldsymbol{K}^{-1}$ 的滤波器的传递函数。

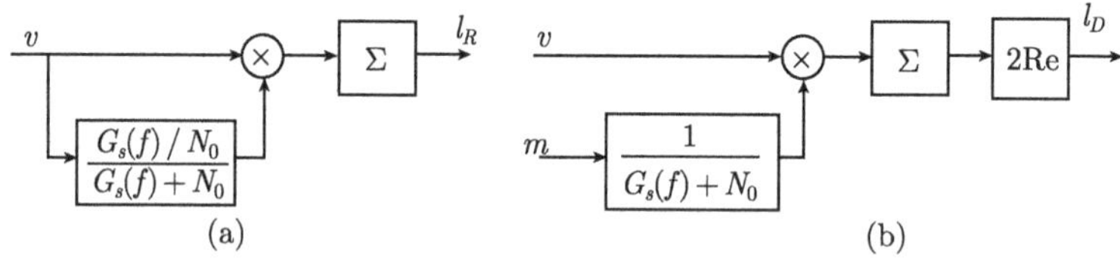

图 10.5.1　平稳噪声信号频域次最佳检测

(a) 随机成分; (b) 相干成分

(2) 纯相干信号检测：$\tilde{s}(t)=0$, 即 $\sigma_{\tilde{s}}=0$, 有

$$G_0(f)=G_1(f)=G_r(f)+N_0 \tag{10.5.22}$$

且有

$$\left.\begin{aligned} F_R(f) &= 0 \\ F_D(f) &= \frac{1}{G_r(f)+N_0} \end{aligned}\right\} \tag{10.5.23}$$

可见只是一个检测相干成分的滤波器, 而且 $F_D(f)$ 是对于干扰 $r(t)+n(t)$ 的功率谱的反滤波器, 当 $v(t)$ 通过这个滤波器时, 两种可能输出功率谱是

$$\left.\begin{aligned} &\text{有回波时：} G_y(f)=[|M(f)|^2/(G_r(f)+N_0)]+1 \\ &\text{无回波时：} G_y(f)=1 \end{aligned}\right\} \tag{10.5.24}$$

对于干扰, 该滤波器的作用是使之白化, 因此 $F_D(f)$ 起的是白化滤波器的作用。

由式 (10.5.23) 和式 (10.5.24) 可见, 混响中检测相干目标回波的最佳接收机是一个使混响白化的白化滤波器串接一个与经白化滤波后的回波信号相匹配的匹配滤波器, 如图 10.5.2 所示 (图中匹配滤波器采用互相关器)。

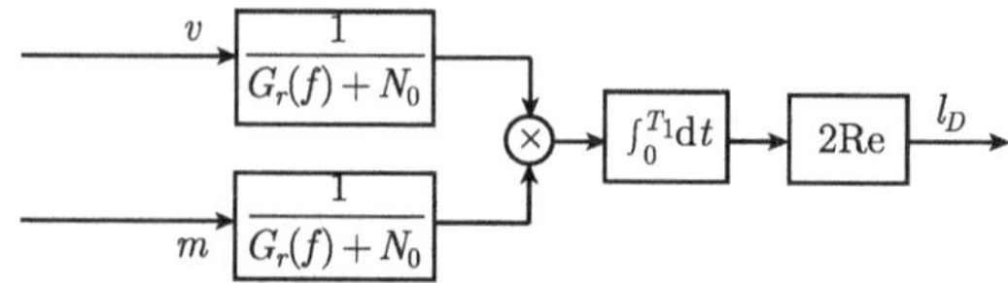

图 10.5.2　平稳混响中频域相干回波的最佳检测

当目标回波是稳定点目标回波时, $m(t)=s(t)$, 图 10.5.2 的接收机就是广义匹配滤波器

$$H(f)=KS^*(f)/G_I(f) \tag{10.5.25}$$

应该指出, 要使 $F(f)=1/G(f)$ 变成可实现的反滤波器或者白化滤波器, 其功率谱 $G(f)$ 必须满足有理谱条件。也就是说, 若记

$$G(f)=[G(f)]^+[G(f)]^- \tag{10.5.26}$$

可实现的白化滤波器传递函数 $H_w(f)$ 应是

$$H_w(f)=1/[G(f)]^\dagger \tag{10.5.27}$$

$[G(f)]^+$ 是 $G(f)$ 的全部零点极点分布在左半平面的因子部分, $[G(f)]^-=\{[G(f)]^+\}^*$ 是其右半平面因子部分。

10.5.3 运动点目标回波检测情况

声呐中常见要求在距离上均匀分布混响中检测运动点目标回波, 这时

$$s(t)=m(t)=b_0u(t)\mathrm{e}^{\mathrm{j}2\pi\varphi_0t} \tag{10.5.28}$$

b_0 可以是随机量, 据式 (10.5.14) 和式 (10.5.18), 可求得

$$Z_D(f)=\frac{b_0U(f-\varphi_0)}{\sigma_r^2W_r(f)\bigotimes E_u(f)+N_0} \tag{10.5.29}$$

σ_r^2 是有回波时的混响强度,$W_r(\varphi)$ 是混响频移分布, 输出信干比是

$$\frac{\lambda_{\mathrm{opt}}}{\lambda_0}=\int\frac{E_u(f-\varphi_0)}{\rho\lambda_0W_r(f)\bigotimes E_u(f)+1}\mathrm{d}f \tag{10.5.30}$$

ρ 是式 (10.4.10) 定义的混噪比。可见, 输出信干比决定于波形形式 $u(t)$、混响频移分布 $W_{\varphi r}(\varphi)$ 以及回波的多普勒频移 φ_0。为了比较最佳接收机和匹配滤波器的输出最大信噪比, 设 $u(t)$ 是高斯包络 LFM 信号 (带宽为 B), $W_{\varphi r}(\varphi)$ 是均方带宽为 W 的零均值高斯分布, 两种接收机的输出信噪比分别是 [42]

$$\lambda_{\mathrm{opt}}=\frac{1}{\sqrt{2\pi L}}\int\frac{\exp\left[-\dfrac{1}{2}(x-K^2/L^2)\right]}{1+\dfrac{D}{\sqrt{1+L^2}}\exp\left(-\dfrac{1}{2}\dfrac{x^2}{1+L^2}\right)}\mathrm{d}x \tag{10.5.31}$$

$$\lambda_m=\frac{1}{1+\dfrac{D}{\sqrt{1+2L^2}}\exp\left(-\dfrac{1}{2}\dfrac{K^2}{1+2L^2}\right)} \tag{10.5.32}$$

这里 $D=\rho\lambda_0, L=B/W, K=\varphi_0/W$, 当 D 较小时 (<1.0), $\lambda_{\text{opt}}\approx\lambda_m$, 即使 D 很大, λ_{opt} 也好不了多少。图 10.5.3 是 $D=100$ 时的计算图例。由此可见, 混响检测确知无畸变目标回波, 很好地选择信号参量 B 的匹配滤波器检测并不比最佳接收机检测差多少。

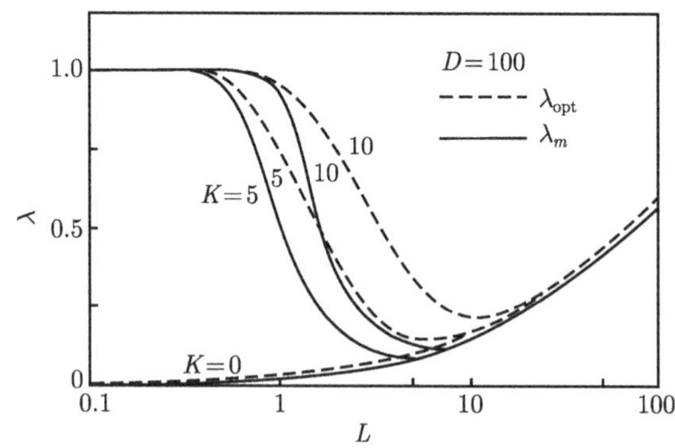

图 10.5.3 混响中运动点目标的匹配滤波和最佳接收机检测性能比较

在用 CWP 信号的动目标检测中, 如果 φ_0 远大于混响的扩展带宽 W, 则最佳接收机中的白化滤波器可用一个陷波器 (Notch 滤波器) 来代替, 图 10.5.2 的最佳滤波器近似用图 10.5.4(a) 结构来代替, 图 10.5.4(b) 是其频率陷波特性。

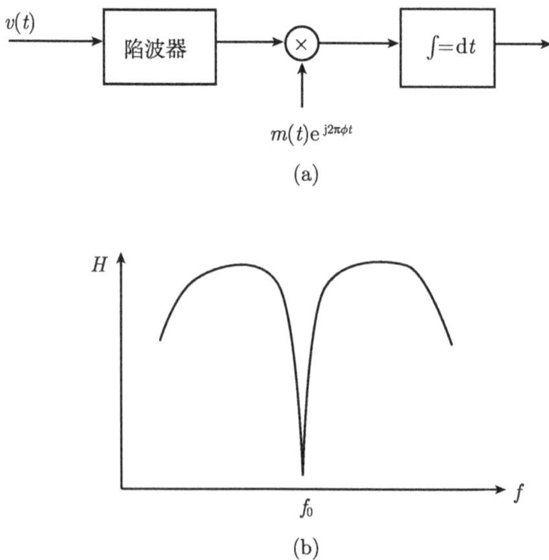

图 10.5.4 长脉冲单频信号动目标回波在混响中的陷波器检测

10.6 低信干比下的最佳接收

在雷达和声呐中, 另一个常见的可实现的最佳接收机是检测小信干比回波的接收机, 它不但可以简化积分方程或矩阵方程的求解过程, 而且有简单的性能分析函数形式。

先看式 (10.3.8) 和式 (10.3.9) 关于充分统计量的矩阵形式, 小信噪比条件意味着式中 $\boldsymbol{K}_I^{-1}$ 可表示为

$$\begin{aligned}\boldsymbol{K}_1^{-1} &= (\boldsymbol{K}_s + \boldsymbol{K}_I)^{-1} \approx \boldsymbol{K}_I^{-1}[\boldsymbol{I} + \boldsymbol{K}_s\boldsymbol{K}_I]^{-1} \\ &\approx \boldsymbol{K}_I^{-1}[\boldsymbol{I} - \boldsymbol{K}_s\boldsymbol{K}_I^{-1}]\end{aligned} \tag{10.6.1}$$

因此, 式 (10.3.8) 和式 (10.3.9) 可近似写成

$$l_R(\boldsymbol{v}) \approx \boldsymbol{v}^\dagger \boldsymbol{K}_I^{-1}\boldsymbol{K}_s\boldsymbol{K}_I^{-1}\boldsymbol{v} \tag{10.6.2}$$

$$l_D(\boldsymbol{v}) \approx 2\mathrm{Re}\{\boldsymbol{m}^\dagger\boldsymbol{K}_I^{-1}\boldsymbol{v} - \boldsymbol{m}^\dagger\boldsymbol{K}_I^{-1}\boldsymbol{K}_s\boldsymbol{K}_I^{-1}\boldsymbol{v}\} \tag{10.6.3}$$

注意 $\boldsymbol{K}_s$ 和 $\boldsymbol{K}_I^{-1}$ 都是非负定的, 因此都有自己的奇异矩阵 $\boldsymbol{B}_s$ 和 $\boldsymbol{B}_I$, 使

$$\boldsymbol{K}_s = \boldsymbol{B}_s\boldsymbol{B}_s^\dagger \tag{10.6.4}$$

$$\boldsymbol{K}_I^{-1} = \boldsymbol{B}_I\boldsymbol{B}_I^\dagger \tag{10.6.5}$$

考虑三种情况:

(1) 情况 I　$\boldsymbol{r}(t) = 0$, 即 $\boldsymbol{K}_I = \boldsymbol{K}_r + N_0\boldsymbol{I} = N_0\boldsymbol{I}$, 有

$$l_R(\boldsymbol{v}) = \frac{1}{N_0^2}||\boldsymbol{B}_s\boldsymbol{v}||^2 \tag{10.6.6}$$

和

$$L_D(\boldsymbol{v}) = 2\mathrm{Re}\left\{\frac{1}{N_0}(\boldsymbol{m}^\dagger\boldsymbol{v}) - (\boldsymbol{B}_s\boldsymbol{m})^\dagger(\boldsymbol{B}_s\boldsymbol{v})/N_0^2\right\} \tag{10.6.7}$$

(2) 情况 II　确定性回波检测: $\tilde{s}(t) = 0$, 即 $\boldsymbol{K}_s = 0$, 有

$$l_D(\boldsymbol{v}) = 2\mathrm{Re}\{(\boldsymbol{B}_I\boldsymbol{m})^\dagger(\boldsymbol{B}_I\boldsymbol{v})\} \tag{10.6.8}$$

(3) 情况 III　随机性回波检测: $m(t) = 0$, 有

$$l_R(\boldsymbol{v}) = ||\boldsymbol{B}_s\boldsymbol{K}_I^{-1}\boldsymbol{v}||^2 \tag{10.6.9}$$

其中, $||\cdot||$ 是矩阵范数。

为深入理解小信噪比的似然比接收机输出充分统计量的意义, 讨论 $\boldsymbol{K}_r=0$ 的噪声中回波检测情况式 (10.3.41) 和式 (10.3.42) 的连续形式

$$l_R=\iint_0^{T_1} v^*(t)h_R(t,t')v(t')\mathrm{d}t\mathrm{d}'t \tag{10.6.10}$$

$$l_D=2\mathrm{Re}\left\{\iint_0^{T_1} m^*(t)h_D(t,t')v(t')\mathrm{d}t\mathrm{d}t'\right\} \tag{10.6.11}$$

式中, $h_R(t,t')=h_1(t,t')/N_0, h_1(t,t')$ 满足积分方程

$$\int_0^{T_1}[K_s(z,t)+N_0\delta(z-t')]h_1(t,z)\mathrm{d}z=K_s(t,t') \tag{10.6.12}$$

而

$$h_D(t,t')=\frac{1}{N_0}[\delta(t'-t)-h_1(t,t')] \tag{10.6.13}$$

小信噪比条件下, 有

$$K_s(t,t')\ll N_0\delta(t'-t) \tag{10.6.14}$$

因此式 (10.6.12) 可变成近似式

$$h_1(t,t')=\frac{1}{N_0}K_s(t,t') \tag{10.6.15}$$

相应的式 (10.6.10) 和式 (10.6.11) 是

$$l_R(v)=\frac{1}{N_0^2}\iint_0^{T_1} v^*(t)K_s(t,t')v(t')\mathrm{d}t\mathrm{d}t' \tag{10.6.16}$$

和

$$l_D(v)=\frac{2}{N_0}\mathrm{Re}\left\{\iint_0^{T_1} m^*(t)v(t')\mathrm{d}t\mathrm{d}t'\right\} \tag{10.6.17}$$

对于 WSSUS 双扩展目标回波信道, 用 $K_s(\Delta t,t)$ 代替 $K_s(t,t')$。据式 (10.2.9) 和式 (10.2.11) 有

$$K_s(\Delta t,t)=\int u(t-\tau)P_{h\tilde{s}}(\tau,\Delta t)u^*(t+\Delta t-\tau)\mathrm{d}\tau$$

或

$$K_s(\Delta t,t)=\iint u(t-\tau)P_{S\tilde{s}}(\tau,\varphi)u^*(t+\Delta t-\tau)\mathrm{e}^{-\mathrm{j}2\pi\varphi\Delta t}\mathrm{d}\tau\mathrm{d}\varphi$$

代入式 (10.6.16), 可得

$$l_R(v)=\frac{1}{N_0^2}\iint P_{S\tilde{s}}(\tau,\varphi)\varPsi_{uv}(\tau,\varphi)\mathrm{d}\tau\mathrm{d}\varphi \tag{10.6.18}$$

或

$$l_R(v) = \frac{1}{N_0^2} \iint \left| \int h_p(\tau, \Delta t) u^*(t + \Delta t - \tau) v(t + \Delta t) \mathrm{d}\Delta t \right|^2 \mathrm{d}\tau \mathrm{d}t \tag{10.6.19}$$

式中, $h_p(\tau, \Delta t)$ 满足

$$P_{\tilde{h}_s}(\tau, \Delta t) = \int h_p(\tau, \Delta t') h_p^*(\tau, \Delta t' + \Delta t) \mathrm{d}\Delta t' \tag{10.6.20}$$

由于引入了 $h_p(\tau, \Delta t)$, 使式 (10.6.19) 对应的接收机可以实现。有两个近似形式, 一个是如图 10.6.1 所示的瑞克 (Rake) 接收机形式的横向滤波器模型, 其充分统计量近似为

$$l_R(v) \approx \frac{1}{N_0^2} \sum_{k=1}^{N} \int \left| \int h_p(\tau_k, t - t') u^*(t' - \tau_k) v(t') \mathrm{d}t' \right|^2 \mathrm{d}t \tag{10.6.21}$$

这里参考波形 $u(t)$ 通过的抽头延迟线间隔为 T_s, 而 $\tau_k = kT_s$, 滤波器 $H_p(\tau_k, f)$ 是相应于 $h_p(\tau_k, \Delta t)$ 的传递函数。实际上, 根据式 (10.6.20), 有

$$P_{hs}(\tau, \Delta t) = \int |H_p(\tau, f)|^2 \mathrm{e}^{\mathrm{j}2\kappa f \Delta t} \mathrm{d}f \tag{10.6.22}$$

因此

$$|H_p(\tau, f)|^2 = P_{S\tilde{s}}(\tau, f) \tag{10.6.23}$$

$P_{S_{\tilde{s}}}(\tau, \varphi)$ 就是回波散射函数。图 10.6.1 中抽头足够密, 以致当 $\tau_k = KT_s$ 时, $P_{S_{\tilde{s}}}(\tau_k, \varphi)$ $= P_{\varphi k}(\varphi)$(在抽头间隔 T_s 内与 τ 无关)。

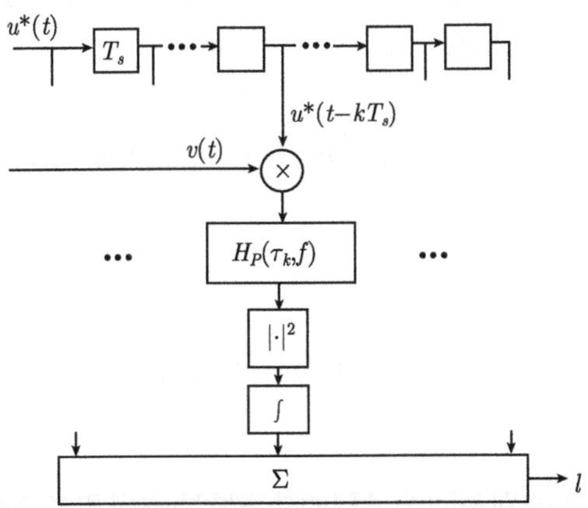

图 10.6.1 小信噪比双扩展回波的最佳接收机–横向滤波器模型

另一个近似模型为图 10.6.2 所示的纵向滤波器模型, 共有 N_R 个支路, 滤波器具有带宽为 F_s 的矩形特性, 而间隔也是 $\boldsymbol{F_s}$。每一个支路都跟接一个以互相关器为基础的非相干匹配滤波器, 但相关积分时间和为 T_s, 在开关作用下及时取值并积分置零, 并经 N_D 次积分取值加权 (即第 k 个支路第 l 次积分输出权是 $P_{S_{\tilde{s}}}(lT_s, KF_s)$) 求和, 一般取 $F_s = 1/(T+L)$ 而 $T_s = 1/(W+B)$, 故 $N_R N_D = (T+L)(W+B)$。图 10.6.2 的充分统计量是

$$l_R(v) = \frac{1}{N_0^2}\sum_{k=1}^{N_D}\sum_{l=1}^{N_T} P_{S\tilde{s}}(\tau_l, \varphi_k)\,\Psi_u(\tau_l, \varphi_k) \tag{10.6.24}$$

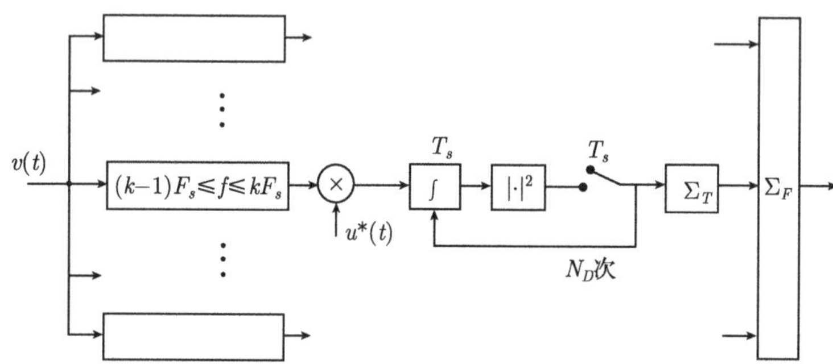

图 10.6.2 小信噪比双扩展回波的最佳接收机–纵向滤波器模型

用类似的方法可以获得小信噪比条件下的 l_D 形式和对应接收机结构。

对于目标回波是随机距离扩展的时不变信道回波和随机起伏的点目标回波, 则图 10.6.1 或图 10.6.2 分别只有一个支路, 对应的 l_R 为

$$l_R(v) = \frac{1}{N_0^2}\int\left|\left[P_{\varphi s}(\varphi)\right]^+\chi_{vu}(0,\varphi)\right|^2 \mathrm{d}f \tag{10.6.25}$$

或

$$l_R(v) = \frac{1}{N_0^2}\int P_{\tau s}(\tau)\left|R_{vu}(\tau)\right|^2 \mathrm{d}\tau \tag{10.6.26}$$

式中, $P_{\tau s}(\tau)$ 和 $P_{\varphi s}(\varphi)$ 分别是回波过程的功率脉冲响应和多普勒功率谱 (式 (6.7.12) 和式 (6.7.13))。图 10.6.3(a) 和 (b) 是其对应的接收机。

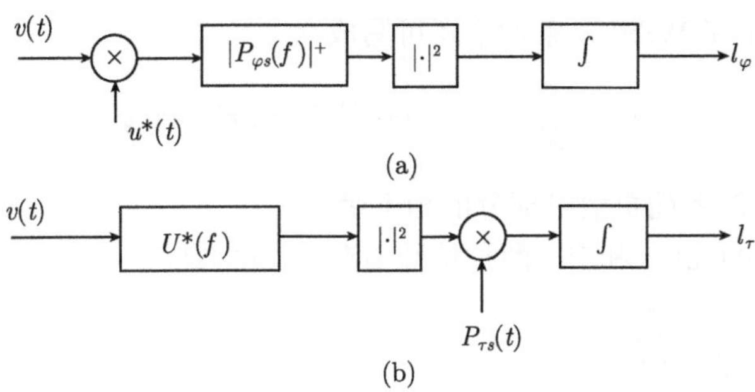

图 10.6.3 小信噪比单向扩展目标回波的近似最佳接收机

(a) 起伏点目标回波; (b) 距离延伸目标回波

小信噪比条件下所获得的最佳接收机是近似最佳的接收机。在同样的虚警条件下, 由式 (10.6.16) 给定的近似最佳接收机所获得的检测概率总是小于式 (10.6.10) 决定的最佳接收机的检测概率。只有当核函数 $K_s(t,t')$ 所决定的积分方程 (10.3.16) 的解只有一个 (即 N=1) 时 (其本征值 $e_k = e_1 = E_s$), 那么式 (10.6.1) 中支路只有一个, 检测效果将和式 (10.6.10) 的最佳接收机相同。这时, 接收机实际上是一个完全相干的回波匹配滤波器, 只要积分方程解的个数 $N > 1$, 则任何一个本征值都满足 $e_k < E_s$, 因此, 必然产生相干非可检性, 即完全相干检测必然会有损失, 损失大小决定于最大本征值 e_m (相干检测时最大 $\lambda_m = e_m/N_0$)。虽然, 小信噪比即 $E_s/N_0 \ll 1$ 时,$e_m \ll N_0$, 相干可检性将很差, 但当 N 很大时, 所有 $e_k \ll N_0$, 两种假设条件下的 N 个 e_k 的复合统计特性 (概率分布) 可以有明显的差异。因此, 按图 10.6.1 或图 10.6.2 结构的最佳接收机, 可以达到最大输出信噪比或最佳检测效果。这就是文献 [42] 所讨论的“低能量相干”(LEC) 情况。

这种接收机性能可用接收机性能分析函数来说明。

将式 (10.3.43) 中的对数展开成级数, 由于 $e_k \ll N_0$, 可只取前两项

$$\begin{aligned}\mu(s) &\approx \sum_{k=1}^{\infty}\left\{(1-s)\left(\lambda_k - \frac{1}{2}\lambda_k^2\right) - \left[(1-s)\lambda_k - \frac{(1-s)^2}{2}\lambda_k^2\right]\right\} \\ &= -\sum_{k=1}^{\infty}\frac{s(1-s)}{2}\lambda_k^2 = \frac{-1}{2}s(1-s)d^2 \end{aligned} \tag{10.6.27}$$

式中

$$d^2 = \sum_{k=1}^{\infty}\lambda_k^2 = \frac{1}{N_0^2}\iint K_s^2(t,t')\mathrm{d}t\mathrm{d}t' \tag{10.6.28}$$

d 是接收机输出包络信噪比 (或接收机检测指数)(式 (10.1.21))。

式 (10.6.28) 在 WSSUS 条件下还可写成

$$d^2 = \frac{1}{N_0^2} \iint \Psi_u(\tau, \varphi) |\Gamma_{\tilde{s}}(\varphi, \tau)|^2 \mathrm{d}\tau \mathrm{d}\varphi \tag{10.6.29}$$

$\Gamma_{\tilde{s}}(\Delta f, \Delta t)$ 是回波的随机散射部分的相干函数。

对应于图 10.6.3(a) 和 (b) 两种特殊情况, d 分别是

$$d_\varphi = \frac{1}{N_0^2} \iint P_{\varphi s}(\varphi_1) \Psi_u(0, \varphi_1 - \varphi_2) P_{\varphi s}(\varphi_2) \mathrm{d}\varphi_1 \mathrm{d}\varphi_2 \tag{10.6.30}$$

和

$$d_\tau = \frac{1}{N_0^2} \iint P_{\tau s}(\tau_1) \Psi_u(\tau_1 - \tau_2, 0) P_{\tau s}(\tau_2) \mathrm{d}\tau_1 \mathrm{d}\tau_2 \tag{10.6.31}$$

由式 (10.6.27) 可见, 对于 LEC 条件下的最佳接收机的性能分析函数直接由接收机检测指数决定

$$\mu(s) = -\frac{s(1-s)}{2} d^2$$

而根据式 (10.1.17) 和式 (10.1.18) 有

$$p_m \approx \mathrm{erfc}_*(sd) = \mathrm{erfc}_*\left(\frac{d}{2} + \frac{\eta}{d}\right) \tag{10.6.32}$$

$$p_f \approx \mathrm{erfc}_*[(1-s)d] = \mathrm{erfc}_*\left(\frac{d}{2} - \frac{\eta}{d}\right) \tag{10.6.33}$$

其中

$$\mathrm{erfc}_*(x) = \int_{-\infty}^{x} \phi(x') \mathrm{d}x' \tag{10.6.34}$$

这里 $\phi(x)$ 是式 (5.2.24) 的零均值高斯分布, 相应的 ROC 曲线和图 1.3.5 相同。

10.7　可分离核信号的最佳接收

另一种使积分方程求解过程简化的情况是积分方程的核 $K_s(t, t')$ 可分离信号情况。这一情况也将获得可实现最佳接收机结构。

所谓可分离核信号是指其协方差函数 $K_s(t, t')$ 可表示为有限项之和式 (10.3.17) 的形式

$$K_s(t, t') = \sum_{k=1}^{N} e_k f_k(t) f_k^*(t'), \quad 0 \leqslant t, t' \leqslant T_1 \tag{10.7.1}$$

$\{f_k(t)\}$ 组成一组 N 维正交函数族, 写成式 (10.2.22) 的矩阵形式是

$$K_s(t, t') = \boldsymbol{f}^\dagger(t) \boldsymbol{K}_s \boldsymbol{f}(t'), \quad 0 \leqslant t, t' \leqslant T_1 \tag{10.7.2}$$

其中, $\boldsymbol{f}(t)$ 是 N 维矢量函数;$\boldsymbol{K}_s$ 是 N 阶对角矩阵, 其对角元为 e_k。$N=\infty$ 的情况在 10.3 节中已经讨论过, 这里讨论 N 有限时的近似最佳接收机。

将式 (10.7.2) 代入积分方程 (10.3.38), 有

$$N_0 h_1(t,t') + \int_0^{T_1} h_1(t',t'')\boldsymbol{f}^\dagger(t'')\boldsymbol{K}_s\boldsymbol{f}(t')\mathrm{d}t'' = \boldsymbol{f}^\dagger(t)\boldsymbol{K}_s\boldsymbol{f}(t') \tag{10.7.3}$$

其解 h_1 也有类似的矩阵形式

$$h_1(t,t') = \boldsymbol{f}^\dagger(t)\boldsymbol{h}_1\boldsymbol{f}(t') \tag{10.7.4}$$

式中

$$\boldsymbol{h}_1 = \boldsymbol{K}_s[N_0\boldsymbol{I} + \boldsymbol{R}_f\boldsymbol{K}_s]^{-1} \tag{10.7.5}$$

$\boldsymbol{R}_f$ 是以

$$\{\boldsymbol{R}_f\}_{kl} = \chi_{fkt}(0,0) = \int f_k(t)f_l^*(t)\mathrm{d}t \tag{10.7.6}$$

为元的 N 维矢量信号 $\boldsymbol{f}(t)$ 的相关矩阵.

由式 (10.3.41) 或式 (10.3.13), 可获得接收机的充分统计量

$$l_R(v) = (\boldsymbol{v}^\dagger\boldsymbol{h}_1\boldsymbol{v})/N_0 \tag{10.7.7}$$

在以上各式中, $\boldsymbol{K}_s$ 和 $\boldsymbol{h}_1$ 都不一定要求是对角矩阵, 只要求 N 是有限的, 但若 $K_s(t,t')$ 取以 e_k 为本征值的本征函数 $\{f_k(t)\}(k\in N)$ 来展开, 则 $\boldsymbol{K}_s$ 和 $\boldsymbol{h}_1$ 均是对角矩阵。$\boldsymbol{h}_1$ 的对角元素为 $[\lambda_k/(1+\lambda_k)](\lambda_k=e_k/N_0)$, 因此, 式 (10.7.7) 可表示为

$$l_R(v) = \frac{1}{N_0}\sum_{k=1}^{N}\frac{\lambda_k}{1+\lambda_k}\left|\int_0^{T_1} v(t)f_k^*(t)\mathrm{d}t\right|^2 \tag{10.7.8}$$

或

$$l_R(v) = \frac{1}{N_0}\sum_{k=1}^{N}\frac{\lambda_k}{1+\lambda_k}|v_k|^2 \tag{10.7.9}$$

形式上和式 (10.3.20) 相同, 但由于这里 N 是有限的, 故是可实现的。对应接收机如图 10.7.1 所示, 每个支路都是由一匹配滤波器 (或互相关器)–平方检波器构成, 只是匹配滤波器是匹配于 $f_k(t)$ 而不是 $u(t)$, 由于采用平方器, 故为非相干匹配滤波器形式 (图 3.5.5)。若将 $u(t)$ 离散化为式 (2.3.23), 即表示为以正交信号 $f_k(t)$ 为基函数的 N 个 $u_k(t)$ 之和的发射分集形式

$$u(t) = \sum_{k=1}^{N} u_k f_k(t) = \sum_{k=1}^{N} u_k(t)$$

$$u_k = \int u(t)f_k^*(t)\mathrm{d}t$$

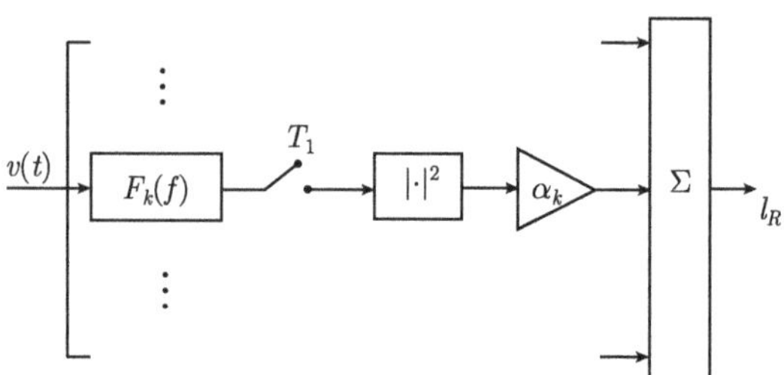

图 10.7.1 可分离核信号的最佳接收

图 10.7.1 可认为是对 N 个正交发射波形 $i_k(t)(k=1,2,\cdots,N)$ 实现匹配滤波检测的非相干加权积累, 或称 (加权) 分集接收, 这种相当于对 N 个发射波形的分集接收称为隐分集接收, 第十一章中我们将指出只要可按离散形式展开的信号均可采用分集接收处理。相对于展开基函数 $f_k(t)$ 的选择, 分集也可以有时间分集和频率分集等几种方式。

对于 WSSUS 回波信道, 散射函数可以用式 (6.9.38) 引入的网格模型来逼近, 回波是

$$s(t)\approx\sum_{k=0}^{LB}\sum_{l=0}^{T_1W}S_{kl}u(t-k/B)\exp\left(\mathrm{j}2\pi\frac{l}{T_1}t\right) \tag{10.7.10}$$

其中

$$S_{kl}=\frac{1}{T_1B}S_s\left(\frac{k}{B},\frac{l}{T_1}\right) \tag{10.7.11}$$

$S_s(\tau,\varphi)$ 是回波信道本身的扩展函数, 其散射函数是

$$P_{Ss}(\tau,\varphi)=\sum_{k=0}^{LB}\sum_{l=0}^{T_1W}\langle|S_{kl}|^2\rangle\delta\left(\tau-\frac{k}{B}\right)\delta\left(\varphi-\frac{l}{T_1}\right) \tag{10.7.12}$$

S_{kl} 是回波信道散射矩阵元, 因此可取

$$f_{kl}(t)=u(t-k/B)\exp\left(-\mathrm{j}2\pi\frac{l}{T_1}t\right) \tag{10.7.13}$$

的形式, 即接收机共有 $N=(LB+1)(T_1W+1)$ 个分集支路, 而 $\boldsymbol{R}_f$ 是以

$$\{\boldsymbol{R}_f\}_{kl,mn}=\chi_u\left(\frac{k-m}{B},\frac{l-n}{T_1}\right)\approx\begin{cases}1, & k=m \text{ 和 } l=n\\ 0, & k\neq m \text{ 或 } l\neq n\end{cases} \tag{10.7.14}$$

为元的 $N\times N$ 阶对角矩阵, 并可取

$$\lambda_{kl}=\langle|S_{kl}|^2\rangle/N_0 \tag{10.7.15}$$

因此, 最佳接收机是如图 10.7.2 所示的分集接收机, 该系统共有 $N_F=T_1W+1$ 个时间分集支路, 每个时间分集支路又含有 $N_T=LB+1$ 个频率分集支路, 每个分集支路都有其对应的权系数

$$\alpha_{kl}=\frac{\lambda_{kl}}{1+\lambda_{kl}} \tag{10.7.16}$$

与图 10.7.2 比较, 10.6 节的图 10.6.1 和图 10.6.2 也属于时频分集系统, 但它们只限于小信噪比而不限于可分离核条件, 而图 10.7.2 的分集接收只限于可分离核条件不限于小信噪比。当两个条件都满足时, 两个系统是一样的, 这时, 在图 10.6.2 中平方器前的滤波器 $H_p(\tau_k, f)$ 可用积分器代替, 平方器后的积累器用以 $\langle|S_{kl}|^2\rangle$ 为权的权重和代替, 而在图 10.7.2 中第 k 路各延迟抽头输出权为 $\lambda'_{kl}/(1+\lambda'_{kl})(\lambda'_{kl} = \langle|s_{kl}|^2\rangle/N_0)$。

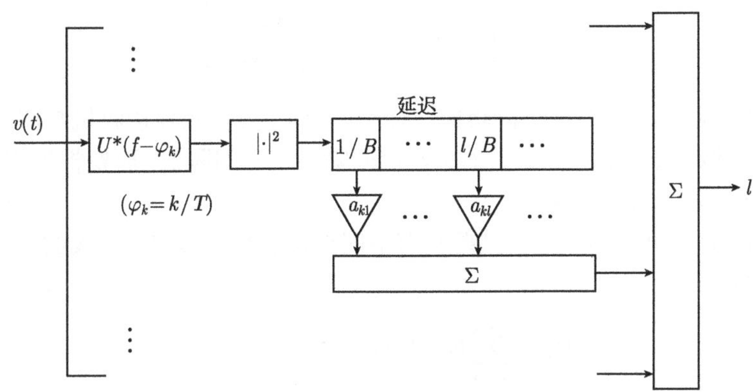

图 10.7.2 可分离核信号的分集接收

如果回波是矩形扩展, 则全部 λ_k 和 λ_{kl} 都可取同一值, 各分集支路也只要用一个非相干匹配滤波器来实现。

两种特殊回波, 可使分集接收机简化[188]。

(1) $WT<1, BL>1$ 的瑞利衰落可分辨多途目标回波。

$$s(t)=\sum_{k=1}^{N} b_k u(t-\tau_k) \tag{10.7.17}$$

其中

$$b_k = A_k \mathrm{e}^{\mathrm{j}\theta_k} \tag{10.7.18}$$

是零均值复高斯随机变量, A_k 服从瑞利分布, θ_k 在 $[0,2\pi]$ 内均匀分布。散射函数为

$$P_{S_s}(\tau,\varphi)=\sum_{k=0}^{N} e_k \delta(\tau-\tau_k)\delta(\varphi) \tag{10.7.19}$$

$e_k = \langle|b_k|^2\rangle$, 由于

$$K_s(t,t')=\sum_{k=1}^{N} e_k u(t-\tau_k)u^*(t'-\tau_k)$$

因此

$$f_k(t)=u(t-\tau_k)$$

$$\{\boldsymbol{R}_f\}_{kl}=\int_0^T u(t-\tau_k)u^*(t-\tau_l)\mathrm{d}t \tag{10.7.20}$$

如果 $|\tau_k-\tau_l|>1/B$, 则 $\boldsymbol{R}_f=\boldsymbol{I}$, 而有

$$\boldsymbol{h}_1=\begin{bmatrix}\dfrac{\lambda_1}{1+\lambda_1} & & 0\\ & \ddots & \\ 0 & & \dfrac{\lambda_N}{1+\lambda_N}\end{bmatrix} \tag{10.7.21}$$

$\lambda_k=e_k/N_0$ 是第 k 路的输出信噪比。对于式 (10.7.21), 最佳接收机与图 10.7.2 的单个支路相似, 只是平方器后的抽头延迟间隔不是等间隔的, 而要根据实际 τ_k 来取值, 且 $\lambda_{kl}=\lambda_k\delta_{kl}(k\in N)$。

(2) $BL<1$, $WT>1$ 的由某些具有不同频移瑞利衰落回波合成的不可分辨多途回波情况。

$$s(t)=\sum_{k=1}^M b_k u(t)\exp(\mathrm{j}2\pi\varphi_k t) \tag{10.7.22}$$

同样, 近似有

$$P_{Ss}(\tau,\varphi)=\sum_{k=1}^M e_k\delta(\tau)\delta(\varphi-\varphi_k) \tag{10.7.23}$$

$$f_k(t)=u(t)\exp(\mathrm{j}2\pi\varphi_k t) \tag{10.7.24}$$

和

$$\{\boldsymbol{R}_f\}_{kl}=\chi_u(0,\varphi_k-\varphi_l) \tag{10.7.25}$$

只要各途径频移满足 $|\varphi_k-\varphi_l|_{\min}>1/T$, 同样有 $\boldsymbol{R}_f=I$ 以及和式 (10.7.21) 形式相同的矩阵 $\boldsymbol{h}_1$。最佳接收机是图 10.7.2 的频率分集接收形式, 只是 φ_k 应根据实际值决定, 且 $\lambda_{kl}=\lambda_k\delta_{kl}(k\in N)$。

如果是频率扩展宽度为 $W>1/T$ 的快起伏点目标回波, 则该回波也相当于由 $\varphi_k=k/T(k=0,\pm1,\cdots,\pm TW/2)$ 为频移量的 $N_F=TW+1$ 个不可分辨多途回波的复合情况, 最佳接收机结构就是无时间分集的 (图 10.7.2) 频率分集形式。同样, 如果是 $L>1/B$ 的时不变延伸目标散射回波, 最佳接收机是无频率分集 (图 10.7.2) 的单路时间分集形式, 而 $N_T=BL+1$。

可分离核情况下的最佳接收机性能分析函数是式 (10.3.43) 的有限和形式

$$\mu_R(s)=\sum_{k=1}^N \ln\frac{(1+\lambda_k)^{1-s}}{1+(1-s)\lambda_k} \tag{10.7.26}$$

当 $\lambda_k = \lambda_0$ 时

$$\mu_R(s) = N\ln\frac{(1+\lambda_0)^{1-s}}{1+(1-s)\lambda_0} \tag{10.7.27}$$

λ_0 也就是一个分集单元的输出信噪比, 等效于一个信号分辨单元内回波能量与噪声功率谱密度比。

10.8 起伏点目标回波的匹配滤波器检测

以上只是从理论上探讨了声呐最佳接收机的基本结构, 但对于实际声呐设计, 最佳接收机的实现是困难的, 这不只是数学上确定积分方程解和技术上实现的困难, 更主要的是要准确获得回波和混响统计特性 (相关函数或散射函数) 往往是不可能的甚至不必要的。实际声呐系统基本上还是基于匹配滤波器检测的通用接收机结构。本节和下一节讨论采用相干或非相干匹配滤波器检测起伏目标回波的性能。本节主要讨论慢起伏目标情况。

10.8.1 目标回波扩展损失

我们知道, 理想条件下, 如果回波总能量是 E_s, 根据式 (3.2.17), 白噪声背景中完全匹配的匹配滤波器能获得最大输出信噪比是 $\lambda_0 = E_s/N_0$(N_0 是噪声功率谱密度)。但对于非均匀干扰或非完全相干目标回波, 匹配滤波检测并非最佳检测器。例如, 在白噪声和 WSSUS 混响信道背景条件下, 检测 WSSUS 目标回波, 匹配滤波器输出信干比是式 (10.4.7) 中 $z(t) = u(t)$ 时的值 [180]

$$\lambda_m = \frac{\displaystyle\iint P_{Ss}(\tau,\varphi)\,\varPsi_u(\tau,\varphi)\mathrm{d}\tau\mathrm{d}\varphi}{\displaystyle\iint P_{Sr}(\tau,\varphi)\,\varPsi_u(\tau,\varphi)\mathrm{d}\tau\mathrm{d}\varphi + N_0E_u} \tag{10.8.1}$$

或写成式 (10.4.12) 的归一化矩阵形式

$$\lambda_m = \lambda_0\frac{\boldsymbol{u}^\dagger\boldsymbol{C}_s\boldsymbol{u}}{\boldsymbol{u}^\dagger\boldsymbol{C}_I\boldsymbol{u}}$$

这里 $\lambda_0 = \sigma_s^2E_u/N_0, \rho = \sigma_r^2/\sigma_s^2$, 当 $\rho = 0$ 时, $\lambda_m = \lambda_0$ 达到最大。对于无畸变的理想点目标回波, $P_{S_s}(\tau,\varphi) = \sigma_s^2\delta(\tau)\delta(\varphi)$, 式 (10.8.1) 变成

$$\lambda_m = \lambda_{0r} = \frac{\lambda_0}{\boldsymbol{u}^\dagger\boldsymbol{C_I}\boldsymbol{u}} \tag{10.8.2}$$

一般情况下, $\lambda_m \leqslant \lambda_{0r} \leqslant \lambda_0$。

与理想目标回波匹配滤波输出式 (10.8.2) 相比, 式 (10.8.1) 的匹配滤波输出信干比损失 (分贝数) 写成归一化散射函数形式为

$$\begin{aligned} L_s &= 10\log\left(\frac{\lambda_{0r}}{\lambda_m}\right) \\ &= -10\log\iint \hat{P}_{Ss}(\tau,\varphi)\hat{\varPsi}_u(\tau,\varphi)\mathrm{d}\tau\mathrm{d}\varphi = -10\log[\boldsymbol{u}^\dagger\boldsymbol{C}_s\boldsymbol{u}] \end{aligned} \tag{10.8.3}$$

式 (10.8.3) 所定义的匹配滤波损失 L_s 实际上完全是由于目标回波畸变或扩展引起的, 因此也称为回波扩展损失, 它是只与回波扩展特性和信号形式有关而与干扰 (噪声或混响) 无关的参数, 并可理解为回波能量散落在声呐信号分辨单元 (即 $|\tau| < 1/B, |\varphi| < 1/T$) 以外的程度。

由于目标回波扩展损失是统计平均参量, 也直接会影响匹配滤波器输出 P_d 和 P_f 的性能。下面我们讨论白噪声背景中点目标回波起伏 (频率扩展) 对匹配滤波检测性能的影响。

10.8.2 稳定无畸变点目标回波

无畸变回波是指 $WT = 0$ 以至 $L_s = 0$ 的理想目标回波

$$s(t) = A_{0t}^{\mathrm{j}\theta}u(t) \tag{10.8.4}$$

所谓稳定是指其回波振幅 A_0 是恒定不变的常数, 因此 $\sigma_s^2 = A_0^2$ 恒定。

讨论两种情况:

(1) 稳定相干目标回波, 即相位确定, 已知 $\theta = \theta_0$, 这时有

$$\lambda_m = \lambda_0 = \frac{E_s}{N_0} = \frac{A_0^2}{N_0} \tag{10.8.5}$$

而

$$\left.\begin{aligned} p_d &= \mathrm{erfc}_*\left(\frac{\eta-\lambda_0}{\sqrt{\lambda_0}}\right) \\ p_f &= \mathrm{erfc}_*(\eta/\sqrt{\lambda_0}) \end{aligned}\right\} \tag{10.8.6}$$

其中, $\mathrm{erfc}_*(x)$ 见式 (10.6.34)。

由式 (10.8.5) ~ 式(10.8.6) 可获得

$$\lambda_0 = \phi^{-1}(p_f) - \phi^{-1}(p_d) \tag{10.8.7}$$

$\phi^{-1}(y)$ 是零均值高斯分布函数式 (5.2.24) 中 $\phi(x)$ 的反函数。

(2) 稳定非相干单途点目标回波

$$s(t) = A_0\mathrm{e}^{\mathrm{j}\theta}u(t)$$

A_0 是确定量, θ 是在 $[0,2\pi]$ 内均匀分布的随机相位变量。最佳接收机的充分统计量是

$$l(v|\theta)=\mathrm{e}^{-\lambda/2}\mathrm{J}_0(\sqrt{\lambda_0}y(T)) \tag{10.8.8}$$

$\mathrm{J}_0(x)$ 是零阶修正贝塞尔函数 (式 (9.6.11)), 对应的接收机是非相干匹配滤波检测量, 输出为

$$y(t)=\left|\int_0^T v(t)u^*(t)\mathrm{d}t\right| \tag{10.8.9}$$

结构如图 10.8.1(a) (也见图 3.5.4) 所示, 窄带条件下如图 10.8.1(b) (也见图 3.5.5) 所示。

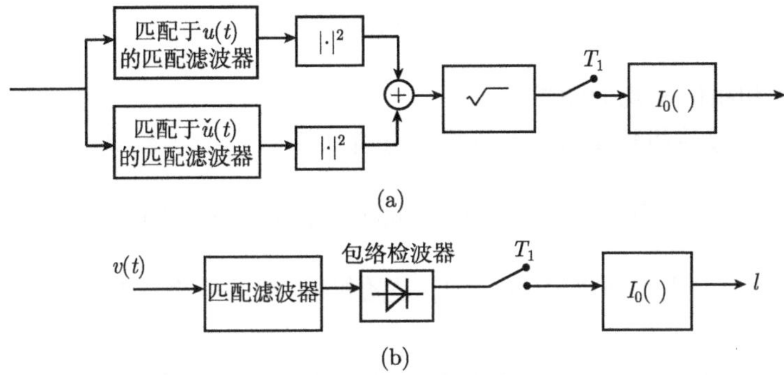

图 10.8.1　起伏目标回波匹配滤波非相干检测

(a) 正交形式; (b) 包络检波形式

经过计算, 若门限取 y_b, 则

$$\left.\begin{aligned}p_f&=\int_{y_b}^{\infty}y\mathrm{e}^{-y^2/2}\mathrm{d}y=\mathrm{e}^{-y_b^2/2}\\ p_d&=\int_{y_b}^{\infty}y\mathrm{e}^{-(y^2-\lambda_0)/2}\mathrm{J}_0(\sqrt{\lambda_0 y})\mathrm{d}y=Q(\sqrt{\lambda_0},y_b)\end{aligned}\right\} \tag{10.8.10}$$

式中

$$Q(\alpha,\beta)=\int_{\beta}^{\infty}x\mathrm{e}^{-(x^2-a^2)/2}\mathrm{J}_0(\alpha x)\mathrm{d}x \tag{10.8.11}$$

是马克姆 (Marcum)Q 函数 [20]。由式 (10.8.10) 可得

$$\lambda_0=\frac{A_0^2}{N_0}=\left[\sqrt{2\ln\frac{1}{p_f}}-\phi^{-1}(p_d)\right]^2 \tag{10.8.12}$$

式 (10.8.12) 与式 (10.8.7) 比较可知, 由于检波对信号相位不灵敏, 对于完全相干匹配滤波如式 (10.8.4) 的检测有近 3dB 的非相干检测损失。此外, 由于检波器都存在

小信号时的非线性, 因此还有附加的检波损失。若检波器输入和输出信噪比分别是 λ_{Di} 和 λ_{D0}, 那么检波损失的经验公式是 [190]

$$L_d = 10\log\frac{\lambda_{Di}}{\lambda_{D0}} \approx 10\log\frac{\lambda_{D0}+2.3}{\lambda_{D0}} \tag{10.8.13}$$

由于 λ_D 与 p_f 和 P_d 有关, 因此检波损失与 p_f 和 p_d 也有关。对于 $p_d = 0.5$, p_f 在较大范围内取值时, 都有 $L_d < 1\text{dB}$[20]。

10.8.3 随机起伏点目标回波

泛指 $WT < 1$ 的起伏目标回波

$$s(t) = Au(t)\mathrm{e}^{\mathrm{j}\theta} \tag{10.8.14}$$

回收振幅 A 和相位 θ 均为随机量。

这时, 最佳接收机输出应具有平均充分统计量

$$\langle l(v|\theta, A)\rangle = \int \mathrm{e}^{-\lambda/2}\mathrm{J}_0(\sqrt{\lambda}y(T))W_A(A)\mathrm{d}A \tag{10.8.15}$$

这里, $\lambda = A^2/N_0$ 也是随机量; $W_A(A)$ 是随机量 A 的概率密度, 而 $\lambda_m = \langle\lambda\rangle = \langle A^2\rangle/N_0$。

式 (10.8.15) 意味着最佳接收机结构同式 (10.8.1), 只是需要对输出按振幅 A 的分布进行加权平均。由于 A 的起伏和非起伏的稳定非相干回波检测相比, 起伏也造成附加的检测损失 —— 起伏损失 (频率扩展损失)

$$L_F = 10\log\frac{\lambda_0}{\langle\lambda\rangle} \tag{10.8.16}$$

讨论两种 $W(A)$ 情况 [157]:

(1) 斯威林 I 回波情况 (见式 (8.7.2) 的慢起伏瑞利衰落回波情况):

$$W_A(A) = \frac{A}{\mu_A^2}\exp-\frac{A^2}{2\mu_A^2}, \quad A \geqslant 0 \tag{10.8.17}$$

μ_A 是 A 的最或然值。相应的 p_f 和 p_d 分别是

$$\left.\begin{aligned} p_f &= \exp(-y_b^2/2) \\ p_d &= p_f^{1/(1+\lambda/2)} \end{aligned}\right\} \tag{10.8.18}$$

y_b 是门限取值 —— 常数, 而由式 (10.8.18), 可得

$$\lambda = \langle\lambda\rangle = 2\left(\frac{\ln p_f}{\ln p_d} - 1\right) = 2\mu_A^2/N_0 \tag{10.8.19}$$

(2) 斯威林III回波情况 (一维加瑞利慢衰落回波情况):

$$W_A(A) = \frac{9A^2}{2\mu_A^4}\exp\left[-\frac{3A^3}{2\mu_A^4}\right], \quad A \geqslant 0 \tag{10.8.20}$$

而有

$$\left.\begin{aligned} p_f &= \exp(-y_b^2/2) \\ p_d &= \frac{1}{1+4/\langle\lambda\rangle}\left(1+\frac{\lambda}{\langle\lambda\rangle}\frac{\ln p_f}{1+\langle\lambda\rangle/4}\right)\exp\left(\frac{\ln p_f}{1+\langle\lambda\rangle/4}\right) \end{aligned}\right\} \tag{10.8.21}$$

其中

$$\langle\lambda\rangle = \frac{4}{3}\mu_A^2 \Big/ N_0 \tag{10.8.22}$$

由式 (10.8.2)、式 (10.8.18) 和式 (10.8.21) 可以求得斯威林 I 和III目标的起伏损失与 p_f 和 p_d 的关系。图 10.8.2 给出 $p_f = 10^{-6}$ 时起伏和非起伏回波的检测性能曲线, 斯威林III要比 I 损失要小些, 但图中指出, 当 $p_d < 0.3$ 时, $L_F < 0$, 说明起伏带来检测性能的改善, 且这种改善随 p_f 增大而增大。

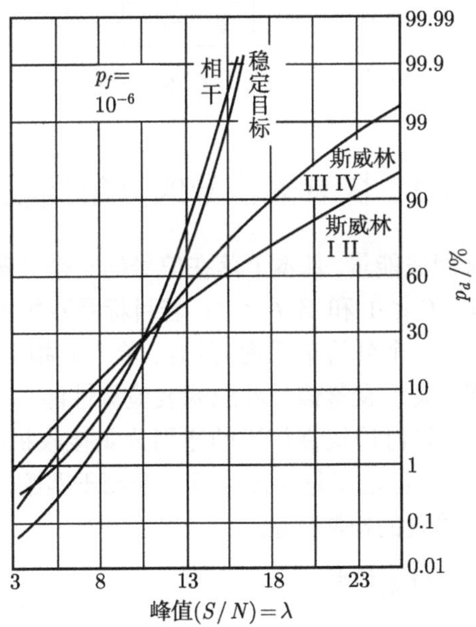

图 10.8.2　起伏目标回波检测的性能曲线

10.8.4　慢起伏运动点目标回波

也属于 $W < 1$ 的、具有频率漂移模糊的起伏目标回波

$$s(t) = Au(t)e^{j(2\pi\varphi t+\theta)} \tag{10.8.23}$$

A、θ、φ 均为随机变量 ($\langle\varphi\rangle = 0$)。这是属于具有频率漂移模糊的慢起伏目标散射模型, 也是式 (8.1.14) 回波的一种推广, 所要求的接收机充分统计量还必须对 φ 求系综平均 (取式 (10.8.15) 并对 φ 以 $W_\varphi(\varphi)$ 为权取积分平均), 由于 φ 的起伏, 必须采用如图 3.5.3 所示的能覆盖全部可能频移范围的开关选通式多路移频非相干匹配滤波结构, 才能达到和 10.8.3 节情况相同的检测性能。最方便的是用如图 10.8.3 所示的交流时间压缩相关器后接平方检波和最大值开关选通的结构。由于这里没有考虑 $W_\varphi(\varphi)$ 的分布形式, 因此只是一种次最佳接收机。频移滤波器数是 $2TW + 1$, 但与非频率扩展回波检测的单个非相干匹配滤波器的情况相比, 采用峰选结构会使虚警概率增大。

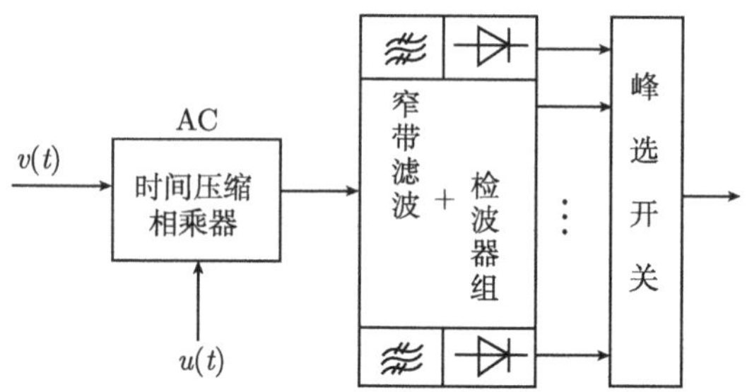

图 10.8.3　峰选开关式交流时间压缩多通道频移匹配相关检测

10.9　快衰落信号的分集接收

时频慢衰落的目标回波能量, 基本上落在信号的一个分辨单元内 (对应的目标产生的是漂移模糊, 即 $LB \leqslant 1$ 和 $WT \leqslant 1$), 若目标是双扩展目标, 或时频快衰落回波, 其能量将不只落在一个分辨单元内, 这样, 单个非相干匹配滤波检测就不可能获得较好的检测效果。关于衰落信号匹配滤波检测性能与信号形式的关系, 在第十一章中还要讨论, 这里只讨论快衰信道的通用分集接收机问题。类似在 10.7 节中所讨论的分集接收一样, 但这里是不经加权的非相干匹配滤波积累检测, 而这一节我们只讨论这种分集接收的检测性能。

10.9.1　扩展回波信号的分集接收

(1) 多普勒扩展目标回波: 目标的 $b(t)$ 是 $WT > 1$ 的快变随机过程。回波

$$s(t) = b(t)u(t) = A(t)u(t)\mathrm{e}^{\mathrm{j}\theta(t)} \tag{10.9.1}$$

次最佳接收机是如图 10.9.1(a) 所示的一个用于检测快起伏回波的频率分集接收机, 分集支路共有 $N_F \approx (TW + 1)$ 个, 分集间隔是 $1/T$, 每个支路都对应一个频移非相干匹配滤波器, 分集累加前的检波器是平方检波器 (包络检波器加平方器)。

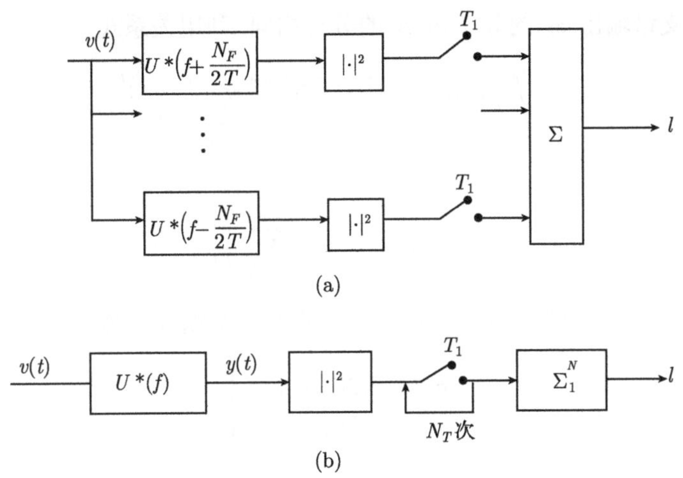

图 10.9.1 快衰落回波的分集接收

(a) 起伏点目标; (b) 静态延伸目标

各支路被处理的输入部分都可认为是非相干的随机振幅信号, 每个支路都对应一个回波的起伏 (频率扩展) 损失 $L_F(1)$, WT 越大, $L_F(1)$ 也越大。全部 N_F 个分集支路输出总的频率扩展损失是 $L_F(N_F)$。如果各支路是互相统计独立的, 则

$$L_F(N_F) = L_F(1)/N_F \tag{10.9.2}$$

因此 $L_F(N_F)$ 和式 (10.8.16) 的慢起伏的点目标回波情况相同, 若各支路不互相独立, 则 $L_F(N_F) > L_F(1)/N_e$, $N_e < N_F$ 是分集数。

若 $b(t)$ 是高斯随机振幅, 单个支路输出 $z_1 = |y_1|^2$ 的概率分布是

$$\left.\begin{aligned} W_1(z_1|H_0) &= \mathrm{e}^{-z_1} \\ W_1(z_1|H_1) &= c\mathrm{e}^{-cz_1} \end{aligned}\right\} \tag{10.9.3}$$

式中

$$c = 1/(1+\lambda_1), \quad \lambda_1 = \frac{\langle E_s \rangle}{N_0 N_F} \tag{10.9.4}$$

N 个独立支路输出和的概率分布是

$$\left.\begin{aligned} W_N(z_N|H_0) &= z_1^{N-1}\mathrm{e}^{-z_1}/(N-1)! \\ W_N(z_N|H_1) &= c^N z_1^{(N-1)}\mathrm{e}^{-cz_1}/(N-1)! \end{aligned}\right\} \tag{10.9.5}$$

式中

$$z_N = \sum_{k=0}^{N-1} |y_k|^2 = \sum_{k=0}^{N-1} z_k$$

这里所有各支路输出 z_k 的分布和 z_1 的分布相同, 利用关系式

$$\int x^n \mathrm{e}^{ax}\mathrm{d}x = \frac{(-1)^n n!\mathrm{e}^{ax}}{a^{n+1}}\sum_{k=0}^{n}\frac{(-ax)^k}{k!} \tag{10.9.6}$$

并引入

$$P(N,x) = \mathrm{e}^{-x}\sum_{k=0}^{N-1}\frac{x^k}{k!} \tag{10.9.7}$$

那么, 全部由 N_F 个独立支路构成的频率分集系统检测性能是

$$\left.\begin{aligned} p_d &= P(N_F, c\eta_N) \\ p_f &= P(N_F, \eta_N) \end{aligned}\right\} \tag{10.9.8}$$

η_N 是判决门限。

这种快起伏点目标回波和雷达中的斯威林Ⅱ型回波相似, 若回波中附加一个相干成分, 则类似斯威林Ⅳ型回波。采用分集接收, 其起伏损失也分别与图 10.8.2 中的斯威林Ⅰ和Ⅲ相同。

(2) 随机纵向非相关延伸目标回波: 回波散射函数可近似为 $P_{Ss}(\tau,\varphi) = P_{\tau s}(\tau)\delta(\varphi)$ 的衰落形式。实际上, 这是上述快起伏回波的时频对偶形式 (频率维起伏回波形式): $LB \gg 1$。接收机结构也是图 10.9.1(a) 的对偶形式, 如图 10.9.1(b) 所示的时间分集接收结构 (类似图 10.7.2 的一个频率分集支路), 检测性能也同样可用式 (10.9.8) 来表示, 只是分集支路数 N_F 改为 $N_T = LB + 1$。所谓回波分集实际上是指检波后的延迟抽头累加, 每个抽头输出所引起的扩展损失是回波时间 (距离) 扩展损失 (或称衰落损失)$L_T(1)$, N_T 个独立抽头累加的分集扩展损失也类似式 (10.9.2), 有

$$L_T(N_T) = L_T(1)/N_T \tag{10.9.9}$$

因此, 从检测性能上看, 纵向随机延伸目标回波也可类属于斯威林Ⅱ型回波, 若存在一个强相干成分则为斯威林Ⅳ型, 衰落损失仍可用图 10.8.2 说明。

(3) 随机双扩展目标回波: $LB \gg 1, TW \gg 1$, 也是上述两类回波的复合情况。接收机由 $N_F = TW + 1$ 个独立频率分集支路组成, 每个支路是由一个不同频移的非相干匹配滤波器构成的 $N_T = BL + 1$ 级时间分集电路, 总的时频分集数是 $N_s = N_F N_T$, 因此扩展损失是

$$L_s(N_s) = L_s(1)/N_s \tag{10.9.10}$$

实际上这里的分集接收和图 10.7.2 类似, 但是由目标回波的愈扩展特性决定的分集, 所有分集支路是同样的权函数, 并可用如图 10.9.2 所示的交流时间压缩相

关器来实现匹配滤波, 频率分集支路用 N_F 个频移滤波器来代替, 各路平方求和后再统一用一组 N_T 级独立抽头延迟输出进行累加, 累加输出就是所要的时频分集输出。

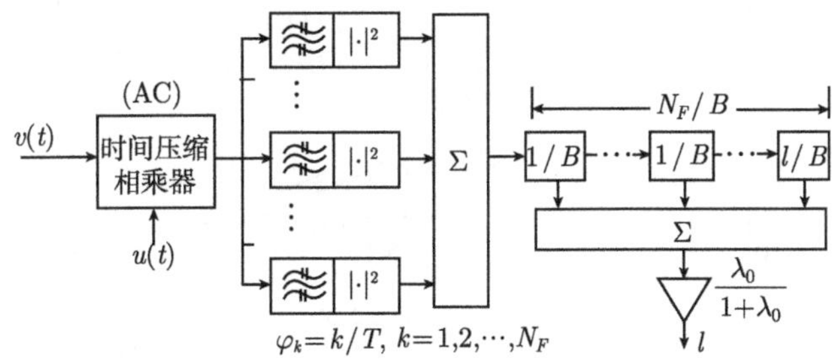

图 10.9.2 双扩展目标回波的时间压缩相关时频分集接收机原理

图 10.9.1(a) 和 (b) 只是图 10.9.2 中 $N_F=1$ 和 $N_T=1$ 的特例。

10.9.2 分集增益和积分损失

由式 (10.9.2)、式 (10.9.9) 和式 (10.9.10) 可见, 分集可以改善扩展目标的非相干匹配滤波检测性能, 与单个非相干匹配滤波相比, 分集所引起的检测输出增益改善是

$$G_d(N)=10\log\frac{\langle\lambda(1)\rangle}{\langle\lambda(N)\rangle}\approx\left(1-\frac{1}{N}\right)L_s(1) \tag{10.9.11}$$

式中, $\langle\lambda(N)\rangle$ 是 N 路分集输出平均信噪比 ($N\leqslant N_s$); $G_d(N)$ 也称分集增益[190],N 越大 (但决定于回波扩展量和分辨单元大小), G_d 越大。

但无论式 (10.9.2)、式 (10.9.9) 和式 (10.9.10), 都只考虑了分集接收的起伏和衰落抑制效应, 没有考虑检波器的非线性所引起的检波后积累 (视频积累) 损失, 也叫积分损失。

完全相干的回波, 采用相干匹配滤波检测, 检波器可采用线性检波器, 并可与积分器交换位置, 以达到相干积累效果。但由于回波的相位是随机未知的, 采用非相干积累, 检波器只能置于积分器前。对于线性非相干积累, 与相干积累相比损失 $10\log\sqrt{N}$, 实际上所采用的任何幂次的包络检波器, 输出信噪比也只在大输入信噪比时才接近于输入的线性关系; 小信噪比时, 输出和输入接近平方关系 (这就是小信号抑制效应), 因此, $10\lg\sqrt{N}$ 只是积分损失的渐近表示。

单次检波、平方检波和线性检波对性能影响极小, 但随着 N 增大, 损失也增大。这种积分损失与所要求的 p_d 和 p_f 有关。$N=1$ 时与积分损失的关系如图 10.8.2 所示。随着 N 增大, 积分损失如图 10.9.3 所示, 图中对应 $p_d=0.5, p_f=0.69\times10^{-6}$[202], 纵坐标是达到所给定的 p_d 和 p_f, 通过 N 次积累, 对不同类型的起伏或非起伏目标

检测所要求的单位分辨元内的平均信噪比。

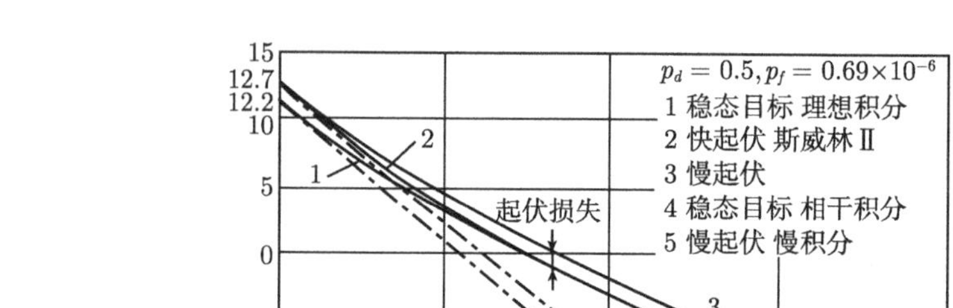

图 10.9.3　不同类型目标回波分集的积分损失与 N 的关系

10.9.3　混响中衰落回波的检测情况

在噪声中检测衰落回波, 采用分集接收的检测质量主要取决于分辨单元内的平均信噪比和分集路数 $N(N \leqslant N_s)$, 单元信噪比和最大分集数 N_s 都与信号分辨单元的大小有关。信号分辨力越高, 单位分辨元内信噪比越小, 但所要求达到指定检测性能的分集支路数也越大。

在混响中检测衰落回波的情况下, 虽然有无混响存在并不影响非相干匹配滤波检测的衰落损失 L_s(式 (10.8.3)), 但单位分辨元内的平均信混比也可能与信号分辨元大小无关。例如, 在固定海底混响中检测距离延伸目标的情况, 随着信号带宽 B 增加, 距离分辨力增加, 而单位分辨尺寸内的平均信混比与 B 无关。采用 n 路分集接收时, 要获得同样的检测用质量, 所要求单位分辨元内的平均信混比要比平均信噪比小 n 倍。当然, 无论是噪声背景, 还是混响背景, 分集都会碰到同样的起伏抑制和积分损失。

图 10.9.4 表示了在白噪声背景和混响背景中采用分集接收法检测距离延伸目标的性能 [191], 该性能是在给定 p_d 和 p_f(图中 $p_f = 10^{-6}$) 的条件下, n 级分集与完全匹配 $(n = 1)$ 时所要求的相对噪声功率谱密度 $N_0(n)/N_0(1)$ 和单位延迟内相对混响散射截面, 而 $\sigma_{r_0}^2(n)/\sigma_{r_0}^2(1)$ (以分贝为单位), 实际上有

$$\sigma_{r_0}^2(n)/\sigma_{r_0}^2(1) = n[N_0(n)/N_0(1)]$$

图中也表示了 $BL < 1(n = 1)$ 时的性能, 指出 $BL < 1$ 时检测性能与 p_d 和 p_f 无关, 噪声情况下也不受带宽 B 的影响, 但混响情况下与带宽成正比 (见第十一章)。

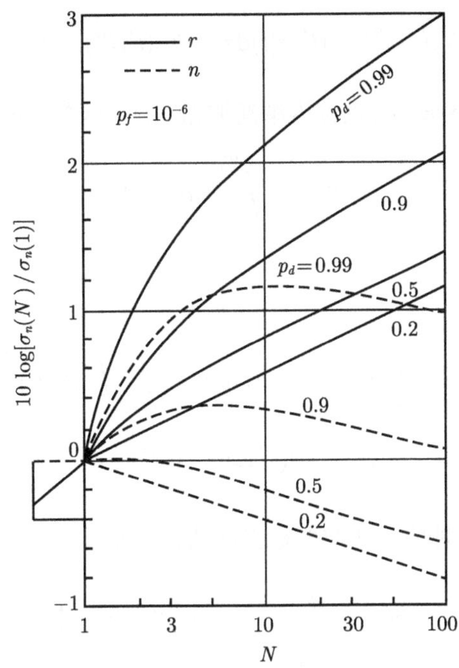

图 10.9.4 混响和噪声背景中距离延伸目标回波分集接收特性

10.10 实时最佳接收及卡尔曼滤波

对于一般目标, 回波信道都可能是一个任意时变的动态系统, 因此, 为了获得回波的最佳检测效果, 接收机也应该是一个动态系统, 它既能随时对回波信道进行实时估计, 又能随时对接收信号进行实时似然比运算。本节主要根据文献[42] 的方法来讨论这一实时实现的最佳接收机的原理, 并用状态变量模型来描述这一系统的结构。

10.10.1 实时估计滤波的最佳接收机

实时接收机的输出应能对任意时刻的输入接收信号的似然比进行计算。前面指出, 无论是 l_R 还是 l_D 的计算, 都需要有足够的时间 T_1, 这就限制了实时计算似然比的可能。因此, 人们设想将式 (10.3.41) 和式 (10.3.42) 的积分上限 T_1 改成 t, 接收机的实时充分统计量是 t 的函数, 而且 $t=0$ 和 $t=T_1$ 时分别为 0 和 $l_R(v)$, 故定义为

$$l_R(v|t)=\frac{1}{N_0}\iint\limits_0^t v^*(t')h(t',t''|t)v(t'')\mathrm{d}t''\mathrm{d}t' \tag{10.10.1}$$

式中, $h_1(t',t''|t)$ 满足维纳–霍夫方程 (式 (10.3.39))

$$\int_0^t [N_0\delta(z-t') + K_s(z,t'')]h_1(t',z|t)\mathrm{d}z = K_s(t',t''),\quad 0\leqslant t',t''\leqslant t \qquad (10.10.2)$$

的可实现的实时估计滤波器 (也称维纳滤波器) 响应函数, 系统实际似然比是

$$l_R(v) = \int_0^{T_1} \dot{l}_R(v|t)\mathrm{d}t \qquad (10.10.3)$$

式中

$$\begin{aligned}\dot{l}_k(v|t) =& \frac{\mathrm{d}}{\mathrm{d}t} l_R(v|t)\\ =& \frac{1}{N_0} v^*(t)\int_0^t h_1(t,t'|t)v(t')\mathrm{d}t' + \frac{1}{N_0}\int_0^t v^*(t')\Big[h_1(t',t|t)v(t)\\ &+ \int_0^t \frac{\partial h_1(t',t''|t)}{\partial t} v(t'')\mathrm{d}t\mathrm{d}t''\Big]\mathrm{d}t'\end{aligned} \qquad (10.10.4)$$

根据估计理论 [104], 实时估计滤波器输出即估计波形是

$$\left.\begin{aligned}\breve{s}(t) &= \int_0^t h_1(t,t'|t)v(t')\mathrm{d}t'\\ \breve{s}^*(t) &= \int_0^t h_1(t',t|t)v^*(t')\mathrm{d}t'\end{aligned}\right\} \qquad (10.10.5)$$

利用 $h_1(t',t''|t)$ 的性质

$$\frac{\partial h_1(t',t''|t)}{\partial t} = -h_1(t',t|t)h_1(t',t''|t),\quad 0\leqslant t',t''\leqslant t \qquad (10.10.6)$$

以及式 (10.10.1) ~ 式(10.10.4), 可以证明 [42]

$$\dot{l}_R(v|t) = \frac{1}{N_0}[v^*(t)\breve{s}(t) + v(t)\breve{s}^*(t) - |\breve{s}(t)|^2] \qquad (10.10.7)$$

$$l_R(v) = \frac{1}{N_0}\int_0^T \{2\mathrm{Re}[v^*(t)\breve{s}(t)] - |\breve{s}(t)|^2\}\mathrm{d}t \qquad (10.10.8)$$

图 10.10.1 就是根据式 (10.10.8) 由实时估计滤波器构成的最佳可实现接收机。

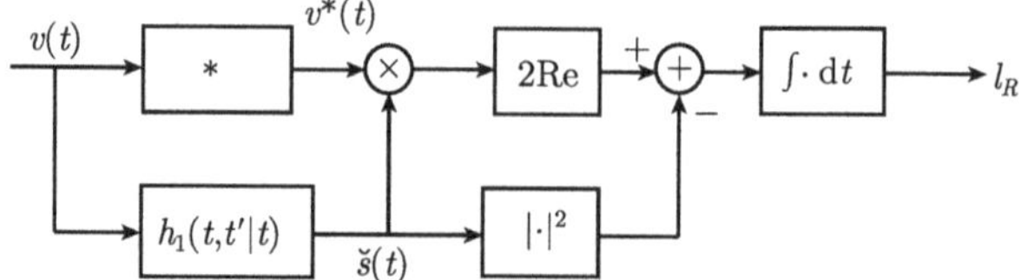

图 10.10.1　随机部分实时估计最佳可实现接收机

同样, 定义

$$l_D(v|t) = 2\mathrm{Re}\left\{\iint_0^t m^*(t')h_D(t',t''|t)v(t'')\mathrm{d}t''\mathrm{d}t'\right\}, \quad 0 < t, t'' < t \tag{10.10.9}$$

估计滤波器响应 $h_D(t',t''|t)$ 满足

$$h_D(t',t''|t) = \frac{1}{N_0}[\delta(t''-t) - h_1(t',t''|t)] \tag{10.10.10}$$

因此

$$\begin{aligned} l_D(v) &= \int_0^{T_1} \dot{l}_0(v|t)\mathrm{d}t \\ &= \frac{2}{N_0}\mathrm{Re}\left\{\int_0^{T_1} v(t)[m^*(t) - \breve{m}^*(t)]\mathrm{d}t + \int_0^{T_1} \breve{s}^*(t)[m(t) - \breve{m}(t)]\mathrm{d}t\right\} \end{aligned} \tag{10.10.11}$$

$\breve{s}(t)$ 是式 (10.10.2) 所给定的估计滤波器输出, 而 $\breve{m}(t)$ 是估计滤波器 $h_D(t,t'|t)$ 的输出

$$\breve{m}(t) = N_0\int_0^t h_D(t,t'|t)m(t')\mathrm{d}t \tag{10.10.12}$$

它是估计的确定性波形, 记估计偏差为

$$\varepsilon_m(t) = m(t) - \breve{m}(t) \tag{10.10.13}$$

则式 (10.10.11) 可写成

$$l_D(v) = \frac{2}{N_0}\mathrm{Re}\left\{\int_0^{T_1}[v(t)\varepsilon_m^*(t) - \breve{s}^*(t)\varepsilon_m(t)]\mathrm{d}t\right\} \tag{10.10.14}$$

对应的可实现的实时最佳接收机如图 10.10.2(a) 所示。

由此可见, 检测时变回波的最佳接收机实时实现主要是估计滤波器 $h_1(t,t''|t)$ 和 $h_D(t,t'|t)$ 的实时实现问题。例如, 对 $K_s(t,t') = 0$ 的回波在非平稳混响中的检测所涉及的白化滤波器 (与 10.5 节中平稳条件下的白化滤波器对应), 也应是时变的复白化滤波器, 其响应函数 $h_w(t,t'|t)$ 满足

$$\int_0^t h_w(t,t'|t)[r(t') + n(t')]\mathrm{d}t' = n_w(t) \tag{10.10.15}$$

且

$$\langle n_w(t)n_w^*(t')\rangle = \delta(t'-t) \tag{10.10.16}$$

故有

$$h_w(t,t'|t) = \sqrt{\frac{1}{N_0}}\left[\delta(t'-t) - h_0(t,t'|t)\right] \tag{10.10.17}$$

式中, $h_0(t,t'|t)$ 也有式 (10.10.6) 的性质, 但它是满足维纳–霍夫方程

$$\int_0^{T_1}[N_0\delta(z-t'')+K_r(z,t'')]h_0(t',z|t)\mathrm{d}z=K_r(t',t'') \tag{10.10.18}$$

的可实现估计白化滤波器。因此

$$l_D(v)=\left|\frac{1}{N_0}\int_0^T v_w(t)\varepsilon_m^*(t)\mathrm{d}t\right|^2 \tag{10.10.19}$$

式中

$$v_w(t)=v(t)-\breve{n}_0(t) \tag{10.10.20}$$

$$\varepsilon_m(t)=m(t)-\breve{m}_0(t) \tag{10.10.21}$$

式中, $\breve{n}_0(t)$ 和 $\breve{m}_0(t)$ 分别是 $v(t)$ 和 $m(t)$ 通过估计白化滤波器 $h_0(t,t'|t)$ 的输出。相应于式 (10.10.19) 的最佳可实现接收机如图 10.10.2(b) 所示。

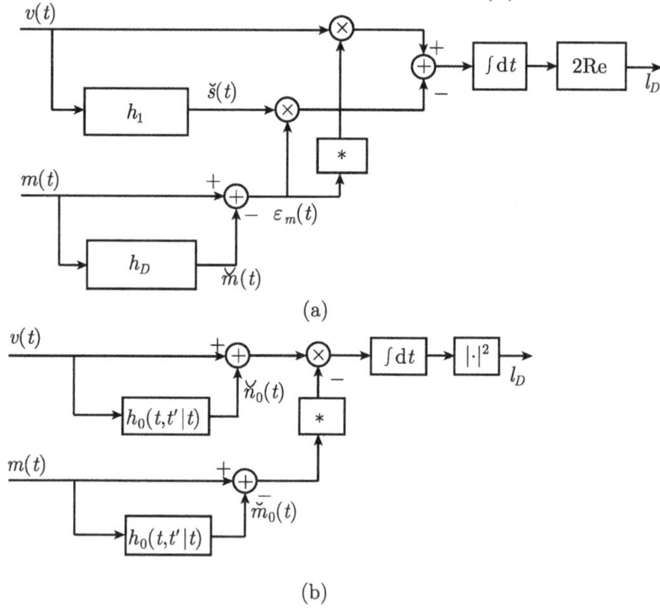

图 10.10.2 相干部分实时估计最佳可实现接收机

10.10.2 卡尔曼–布西滤波器接收机

无论是 $h_1(t,t'|t)$ 还是 $h_0(t,t'|t)$ 的实现, 都是为了估计 $\breve{s}(t)$ 或 $\breve{n}(t)$ 和确定 $\breve{m}(t)$ 或 $\breve{m}_0(t)$ 等, 为了在时变非平稳干扰背景获得这些估计波形, 一个有效的办法是状态变量模型法。这时, 估计滤波器 $h_1(t,t'|t)$ 等可用卡尔曼–布西 (Kalman-Bucy) 滤波器来代替。

假定回波或混响信道的传递函数 $H(f,t)$ 是有理函数, 因此信道可以用其等效复低通偏微分方程模型来模拟 (见 6.3 节), 其响应函数是

$$h(\tau,t)=\boldsymbol{C}(\tau)\boldsymbol{x}(\tau,t) \tag{10.10.22}$$

因此, 所要估计的波形是 $s(t)$, 可写成

$$s(t)=\int u(t-\tau)\boldsymbol{C}(\tau)\boldsymbol{x}(\tau,t)\mathrm{d}\tau \tag{10.10.23}$$

估计波形是 $\breve{s}(t)$ 等。这里, 我们将 τ 作为分布参量, $\boldsymbol{x}(\tau,t)$ 是以 τ 为分布参量的信道状态变量, $\boldsymbol{C}(\tau)$ 是以 τ 为参量的观察矩阵 (行矢量)。

利用卡尔曼–布西滤波理论可以获得波形的最小均方误差估计。这里仅给出结论 [42,188]。

估计方程为

$$\frac{\partial\breve{\boldsymbol{x}}(\tau,t)}{\partial t}=\boldsymbol{A}(\tau)\breve{\boldsymbol{x}}(\tau,t)+\boldsymbol{G}(\tau,t)[v(t)-\breve{s}(t)],\quad \tau\in L_T,t\geqslant 0 \tag{10.10.24}$$

式中, $\breve{\boldsymbol{x}}(\tau,t)$ 满足初始条件

$$\langle\breve{\boldsymbol{x}}(\tau,0)\rangle=0,\quad \tau\in L_T \tag{10.10.25}$$

而

$$\breve{s}(t)=\int u(t-\tau)\boldsymbol{C}_x(\tau)\breve{\boldsymbol{x}}(\tau,t)\mathrm{d}\tau \tag{10.10.26}$$

是估计状态变量 $\breve{\boldsymbol{x}}(\tau,t)$ 决定的估计波形, 而 $\boldsymbol{G}(\tau,t)$ 是卡尔曼增益矩阵或增益方程

$$\boldsymbol{G}(\tau,t)=\frac{1}{N_0}\int_{L_T}\boldsymbol{P}_x(\tau,t,\tau')\boldsymbol{C}^{\dagger}(\tau')\boldsymbol{u}^*(t-\tau')\mathrm{d}\tau' \tag{10.10.27}$$

其中

$$\boldsymbol{P}_x(\tau,t,\tau')=\langle[\boldsymbol{x}(\tau,t)-\breve{\boldsymbol{x}}(\tau,t)][\boldsymbol{x}(\tau',t)-\breve{\boldsymbol{x}}(\tau',t)]^{\dagger}\rangle \tag{10.10.28}$$

是 $\boldsymbol{x}(\tau,t')$ 的误差协方差矩阵, 它满足方程

$$\begin{aligned}\frac{\partial \boldsymbol{P}_x(\tau,t,\tau')}{\partial t}=&\boldsymbol{A}(\tau)\boldsymbol{P}_x(\tau,t,\tau')+\boldsymbol{P}_x^{\dagger}(\tau',\tau,\tau)\boldsymbol{A}^{\dagger}(\tau)+\boldsymbol{B}(\tau)Q(\tau)\boldsymbol{B}^{\dagger}(\tau)\\&-\frac{1}{N_0}\left[\int_{L_T}\boldsymbol{P}_x(\tau,t,\sigma)\boldsymbol{C}^{\dagger}(\sigma)\boldsymbol{u}^*(t-\sigma)\mathrm{d}\sigma\right]\\&\cdot\left[\int_{L_T}\boldsymbol{u}(t-\sigma)\boldsymbol{C}(\sigma)\boldsymbol{P}_x(\sigma,t,\tau')\mathrm{d}\sigma\right],\quad \tau,\tau'\in L_T,t\geqslant 0\end{aligned} \tag{10.10.29}$$

在给定初始条件

$$\boldsymbol{P}_x(\tau,0,\tau')=\boldsymbol{P}(\tau)\delta(\tau'-\tau) \tag{10.10.30}$$

下的解, $\boldsymbol{A}(\tau)$、$\boldsymbol{B}(\tau)$ 和 $\boldsymbol{C}(\tau)$ 均是以 τ 为参量的系数矩阵 (见 6.3 节), $\boldsymbol{P}(\tau)$ 是状态矢量 $\boldsymbol{x}(t)$ 的起始协方差矩阵, 并满足

$$\langle \boldsymbol{x}(\tau,0)\boldsymbol{x}^{\dagger}(\tau',0)\rangle = \boldsymbol{P}(\tau)\delta(\tau'-\tau)$$

$$\boldsymbol{A}(\tau)\boldsymbol{P}_0^{\dagger}(\tau)+\boldsymbol{P}_0^{\dagger}(\tau)\boldsymbol{A}(\tau)+\boldsymbol{B}(\tau)Q(\tau)\boldsymbol{B}^{\dagger}(\tau)=0$$

$Q(\tau)$ 是系统触发输入白噪声 $u(\tau,t)$ 的方差 (均值为零) 函数, 满足

$$\langle u(\tau,t)u^*(\tau',t')\rangle = Q(\tau)\delta(\tau'-\tau)\delta(\tau-\tau')$$

根据式 (10.10.24) 和式 (10.10.27) 可以估计 $\breve{x}(\tau,t)$, 从而由式 (10.10.32) 估计 $h(\tau,t)$。例如, 对回波和混响信道的估计滤波器是

$$\left.\begin{aligned} h_1(\tau,t'|t)=\breve{h}_s(t'-t,t|t)=\boldsymbol{C}_s(t'-t)\breve{\boldsymbol{x}}_s(t'-\tau,t)\\ h_0(\tau,t'|t)=\breve{h}_r(t'-t,t|t)=\boldsymbol{C}_r(t'-t)\breve{\boldsymbol{x}}_r(t'-\tau,t)\end{aligned}\right\}\tag{10.10.31}$$

式中, $\boldsymbol{C}_s(\tau)$ 和 $\boldsymbol{C}_r(\tau)$ 分别是回波和混响的观察矩阵 (注意, 不是回波矩阵 $\boldsymbol{C}_s$ 和混响矩阵 $\boldsymbol{C}_r$)。

图 10.10.3 所示的状态矢量型估计滤波器 (卡尔曼–布西估计滤波器) 可对应于估计方程 (10.10.24) 和式 (10.10.26) 的估计滤波器, 并用来代替图 10.10.1 ~ 图10.10.3 中的 $h_1(t,t'|t)$ 和 $h_0(t,t'|t)$ 等估计滤波器, 而使它们变成由状态矢量表示的可实现最佳接收机。

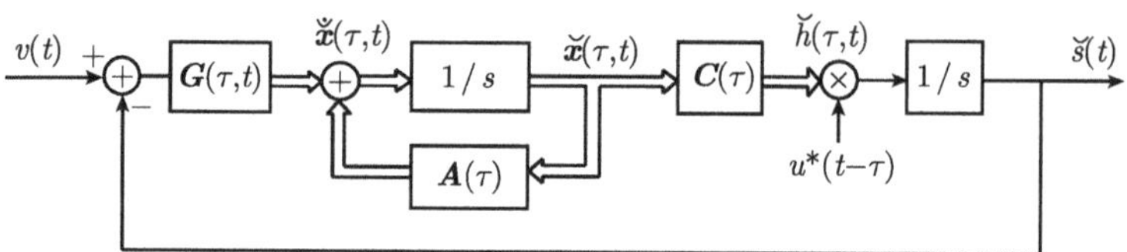

图 10.10.3　回波状态矢量型估计滤波器

图 10.10.3 中, 对 τ 离散化, 就成为类似图 10.6.1 所示的抽头延迟线模型。其中, N 个抽头增益函数可用 N 个独立的状态矢量过程表示, 即

$$h_k(t)=\boldsymbol{C}_k\boldsymbol{x}_k(t),\quad k=1,\cdots,N \tag{10.10.32}$$

$$\dot{\boldsymbol{x}}_k(t)=\boldsymbol{A}_k\boldsymbol{x}_k(t)+\boldsymbol{C}_k u_k(t) \tag{10.10.33}$$

$\boldsymbol{x}_k$ 是 N_k 维矢量。起始条件是

$$\langle \boldsymbol{x}_k(0)\boldsymbol{x}_k^{\dagger}(0)\rangle = \boldsymbol{P}_k \tag{10.10.34}$$

$$\langle u_k(t)u_k^*(t')\rangle = Q_k\delta(t'-t) \tag{10.10.35}$$

估计抽头增益函数是

$$\breve{h}_k(t) = \boldsymbol{C}_k \breve{\boldsymbol{x}}_k(t), \quad k = 1, \cdots, N \tag{10.10.36}$$

$\breve{\boldsymbol{x}}_k(t)$ 是第 k 个抽头的估计状态矢量, 估计波形是

$$\breve{s}_N(t) = \sum_{k=1}^{N} \breve{h}_k(t) u^*(t - kT_s) \tag{10.10.37}$$

若引入状态矢量

$$\boldsymbol{x}(t) = [\boldsymbol{x}_1(t), \boldsymbol{x}_2(t), \cdots, \boldsymbol{x}_N(t)]^{\mathrm{T}} \tag{10.10.38}$$

它是 $(N_1 + N_2 + \cdots + N_N)$ 维矢量, 取矢量函数

$$\breve{h}(t) = \begin{bmatrix} \breve{h}_1(t) \\ \breve{h}_2(t) \\ \vdots \\ \breve{h}_N(t) \end{bmatrix} = \begin{bmatrix} \boldsymbol{C}_1 & 0 & \cdots & 0 \\ 0 & \boldsymbol{C}_2 & & \\ \vdots & \vdots & \ddots & \vdots \\ 0 & 0 & \cdots & \boldsymbol{C}_N \end{bmatrix} \breve{\boldsymbol{x}}(t) \tag{10.10.39}$$

则

$$\breve{s}_N(t) = [u(t), u(t - T_s), \cdots, u(t - NT_s)] \breve{h}(t) = \boldsymbol{C}_D(t) \breve{\boldsymbol{x}}(t) \tag{10.10.40}$$

$$\boldsymbol{C}_D(t) = [u(t), \cdots, u(t - NT_s)] \begin{bmatrix} \boldsymbol{C}_1 & 0 & \cdots & 0 \\ 0 & \boldsymbol{C}_2 & & \\ \vdots & \vdots & \ddots & \vdots \\ 0 & 0 & \cdots & \boldsymbol{C}_N \end{bmatrix} \tag{10.10.41}$$

对应的估计方程和波形估计均方误差函数分别是

$$\dot{\breve{\boldsymbol{x}}}(t) = \boldsymbol{A}\boldsymbol{x}(t) + \boldsymbol{P}_x(t) \boldsymbol{C}_D^{\dagger}(t) \frac{1}{N_0} [v(t) - \boldsymbol{C}_D(t) \breve{\boldsymbol{x}}(t)], \quad t \geqslant 0 \tag{10.10.42}$$

和

$$\varepsilon_s(t, N_0) = \langle |s(t) - \breve{s}(t)|^2 \rangle = \boldsymbol{C}_D(t) \boldsymbol{P}_x(t) \boldsymbol{C}_D^{\dagger}(t) \tag{10.10.43}$$

其中

$$\boldsymbol{P}_x(t) = \langle [\boldsymbol{x}(t) - \breve{\boldsymbol{x}}(t)][\boldsymbol{x}(t) - \breve{\boldsymbol{x}}(t)]^{\dagger} \rangle \tag{10.10.44}$$

注意, 式 (10.10.43) 中 $\varepsilon_s(t, N_0)$ 是 N_0 的函数。由于 $P_x(t)$ 的埃尔米特性, $\boldsymbol{x}(t)$ 的估计协方差方程可写成

$$\dot{\boldsymbol{P}}_x(t) = \boldsymbol{A}\boldsymbol{P}_x(t) + \boldsymbol{P}_x(t)\boldsymbol{A}^{\dagger} - \boldsymbol{P}_x(t)\boldsymbol{C}^{\dagger} \left[\frac{|u(t)|^2}{N_0} \right] \boldsymbol{C}\boldsymbol{P}_x(t) + \boldsymbol{B}\boldsymbol{Q}\boldsymbol{B}^{\dagger}, \quad t \geqslant 0 \tag{10.10.45}$$

由此可见, 均方误差只依赖于信号包络。

图 10.10.4 是对应的抽头延迟线模型的状态矢量式最佳实现估计滤波器结构。

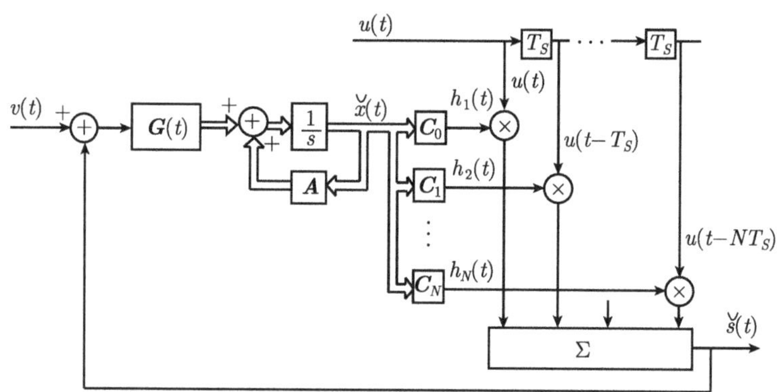

图 10.10.4 抽头延迟线模型状态矢量式估计滤波器

这种模型要求信道的抽头增益 $h_k(t)$ 互相独立, 因此抽头间隔要选择使 $P_{Ss}(\tau,\varphi)$ 在该间隔内接近 $P_{Sk}(\varphi)=P_{Ss}(kT_s,\varphi)$, 否则计算过程就较复杂。这一模型对于可分离多途信道, 更能显示其优越性, 这时, 每一途径都可认为是一个延迟线抽头, 其状态变量模型属于点起伏目标的状态变量模型 (典型散射函数如图 7.10.6 所示), 如果每个途径相应的频移散射函数都表示为勃脱沃兹散射型 (式 (6.7.17))

$$P_{\varphi k}(\varphi)=P_{Ss}(\tau_k,\varphi)=\frac{\sigma_k^2}{\pi(W_k^2+\varphi^2)},\qquad k=1,2,\cdots,N \tag{10.10.46}$$

(式中 $\sigma_k^2=e_k$ 是途径回波能量 ($\Sigma e_k=E_s$), W_k 是途径多普勒扩展带宽 (通常设 $W_k=W$), 那么对应的可实现估计滤波器 (图 10.10.4) 中相应矩阵分别是[188,141]

$$\boldsymbol{C}=\boldsymbol{I},\quad (即\boldsymbol{C}_k=1)$$

$$\boldsymbol{A}=2\pi W,\quad \boldsymbol{B}=\boldsymbol{I}$$

而

$$\boldsymbol{G}(t)=\boldsymbol{P}(t)\boldsymbol{C}_D^{\dagger}(t)$$

$$\boldsymbol{C}_D(t)=[u(t-\tau_1),u(t-\tau_2),\cdots,u(t-\tau_N)]$$

$\boldsymbol{P}(t)$ 满足

$$\dot{\boldsymbol{P}}(t)=4\pi W\boldsymbol{P}(t)+\boldsymbol{Q}_0-\boldsymbol{P}(t)\boldsymbol{C}_D^{\dagger}(t)\frac{1}{N_0}\boldsymbol{C}_D(t)\boldsymbol{P}(t)$$

$$\boldsymbol{P}(0)=\boldsymbol{Q}_0/4\pi W$$

$$\boldsymbol{Q}_0=\begin{bmatrix}\sigma_1^2 & 0 & & 0\\ 0 & \sigma_2^2 & & 0\\ & & \ddots & \\ 0 & 0 & & \sigma_N^2\end{bmatrix}$$

而图中抽头间隔与多途延迟间隔相对应 (由于这样, 要求多途延迟间隔有较高的确知精度)。具体的估计滤波器如图 10.10.5 所示。

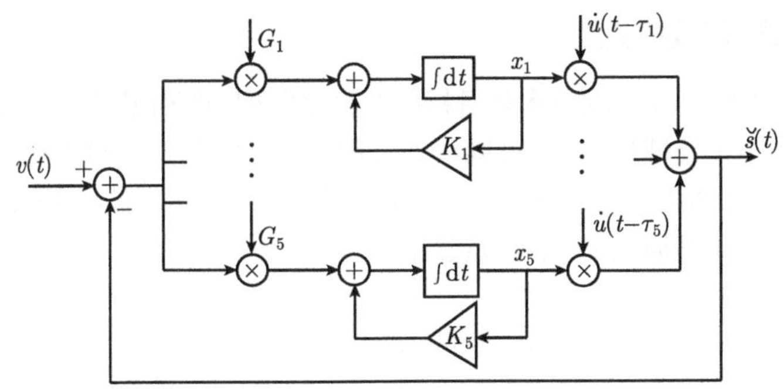

图 10.10.5 适用于多途回波的状态变量型估计滤波器

当采用正交函数展开形式时, 信号的状态变量模型 (见 6.9 节) 可能更有利于协方差函数 $\xi(\tau,t)$ 的计算而获得近似解, 但一般情况下, 这种卡尔曼滤波模型的应用有一定困难。

卡尔曼滤波模型的接收机性能分析函数是

$$\mu(s)=\frac{1-s}{N_0}\int_0^{T_1}\left[\varepsilon_s(t,N_0)-\varepsilon_s(t,\frac{N_0}{1-s})\right]\mathrm{d}t \tag{10.10.47}$$

其中

$$\varepsilon_s(t,N_0)=\int\limits_L\int\limits_T u(t-\tau)\boldsymbol{C}(\tau)\boldsymbol{P}_x(\tau',t,\tau)\boldsymbol{C}^{\dagger}(\tau')u^*(t-\tau')\mathrm{d}\tau\mathrm{d}\tau' \tag{10.10.48}$$

与 N_0 有关的是 $\boldsymbol{P}_x(\tau',t,\tau)$(式 (10.10.28))。

10.11 信道匹配和自适应接收机

由于声呐最佳接收机的主要结构是由声呐波形和信道特性决定的, 而由于声呐环境的不确定性, 因此声呐信道是随机时变不确定的, 人们希望在给定波形条件下的声呐系统接收机对各种可能的环境 (目标和干扰背景) 都有最佳检测效果。但正如前面所指出的, 声呐环境不但是未知的, 而且是时变空变的, 而声呐要实现与环境适配, 要求系统在检测过程中有对环境特征参量进行实时测量或估计并根据估计结果随时调整系统匹配参量使之与环境最佳匹配的能力。20 世纪 80 年代以来, 声呐对环境匹配的研究主要在两个方面, 一是基于信道模型参量的匹配, 并称为“信道匹配”; 二是基于声场物理模型参量的匹配, 故称“声场匹配”或“模基匹配”。这一节主要从线性时变信道观点出发讨论与信道匹配有关的一些基本原理, 其中包括对目标回波和背景干扰环境的匹配。由于“声场匹配”涉及环境时空物理场特性,故将在下一节作简单介绍。

10.11.1 回波-回波相关法

很直观的现场最佳接收技术是目标回波直接匹配, 即利用目标的前一个回波作参考波形的互相关处理技术, 它可以达到对后一个回波的最佳检测效果。原理和在 6.9 节中讨论的脉间相关法一样, 由于用于回波检测, 故称回波–回波相关法。所采用的声呐信号同样是周期为 T_p 的重复信号。

$$u(t) = \text{rep}_{T_p}\{u_0(t)\}, \quad T_1 \leqslant T_p \leqslant 1/W \tag{10.11.1}$$

$u_0(t)$ 是元信号, 时间宽度和带宽分别是 T 和 B, $T_1 = T + L$, W 是回波信道的起伏带宽 (多普勒展宽量)。对于 WSSUS 回波信道, 回波是

$$s(t) = \sum_{k=1}^{N} s_k(t) \tag{10.11.2}$$

而

$$s_k(t) = \int h_s(\tau, kT_p) u_0(t - kT_p - \tau)\mathrm{d}\tau \tag{10.11.3}$$

回波–回波相关是运算

$$y_k(T_p) = \int_{kT_p}^{kT_p+T_1} s_k(t) s_{k-1}^*(t)\mathrm{d}t \tag{10.11.4}$$

可以证明

$$\langle y_k(T_p)\rangle \approx \langle E_{s0}\rangle \varGamma_s(T_p) \tag{10.11.5}$$

$\langle E_{s0}\rangle$ 是单个子回波的平均能量, $\varGamma_s(\Delta t)$ 是回波信道的时间相干函数。由于 $T_p \leqslant 1/W$, 因此 $\varGamma_s(T_p) \approx 1$, $\langle y_k(T_p)\rangle \approx \langle E_{s0}\rangle$, 故对全部 N 个脉冲信号的脉间相关值的平均就是 $\langle E_{s0}\rangle$。

图 10.11.1 是一个近距离的回波–回波相关检测图例。由于是近距离目标回波检测, 不但信噪比大, 而且相邻回波间隔也小, 因此回波间有很强相干性, 但实际远距离信道相干性和回波强度都会减小, 而作为参考波形的回波是 $v_k(t) = s_k(t) + n(t - kT_p)$ 不是 $s_k(t)$, 因此随着信噪比的降低, 回波–回波相关检测效果很快消失。实际检测系统也很少采用这种脉间相关方法, 但有时在大信噪比时可用这种方法有效地减小目标或信道模糊, 提高目标分辨性能。

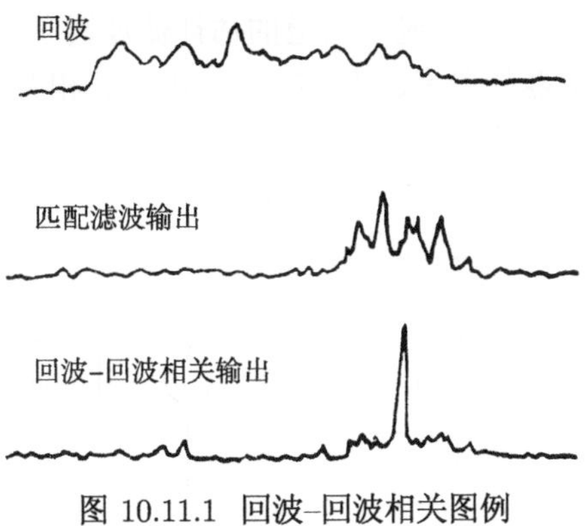

图 10.11.1 回波–回波相关图例

10.11.2 信道匹配接收机

对于慢变相干回波的最理想的检测方法, 如上一节所指出的, 要能够尽可能实时估计实际回波信道的响应函数 $h_s(\tau,t)$ 或传递函数 $H_s(f,t)$, 并设计响应函数与所估计的 $\breve{h}_s(\tau,t)$ 相同的时变滤波器, 通过发射波形 $u(t)$ 的激发生成估计的回波波形 $\breve{s}(t)$, 以该估计波形作为互相关器的参考波形对实际回波进行互相关检测, 相应的接收机称信道匹配互相关接收机。

现场实时预估信道响应函数也是根据所测得的回波 $s(t)$ 和发射波形 $u(t)$(在估计或测量信道响应函数时, $u(t)$ 可以用一个宽带窄脉冲) 获得, 主要方法是通过信道的抽头延迟线模型[197], 利用 6.10 节中式 (6.10.10) 的维纳–霍夫方程矩阵形式 (6.10.12)

$$\boldsymbol{R}_{us} = \boldsymbol{R}_u \boldsymbol{h}_s \tag{10.11.6}$$

对已知 $u(t)$ 的相关矩阵 $\boldsymbol{R}_u = \langle \boldsymbol{u}\boldsymbol{u}^{\mathrm{T}} \rangle$ 和测得的 $s(t)$ 和 $u(t)$ 的互相关矢量 $\boldsymbol{R}_{us} = \langle \boldsymbol{s}\boldsymbol{u} \rangle$ 来确定回波信道的稳态抽头权矢量 $\boldsymbol{h}_s$

$$\boldsymbol{h}_s = \boldsymbol{R}_u^{-1} \boldsymbol{R}_{us} \tag{10.11.7}$$

相应的信道传递函数是

$$H_s(f) = \frac{G_{us}(f)}{G_u(f)} \tag{10.11.8}$$

稳态矢量 $\boldsymbol{h}_s$ 意味着 $H_s(f)$ 是慢时变相干信道的传递函数 (时变参量被省略)。

实际声呐接收到的回波 $s(t)$ 都混有背景干扰, 因此, 所获得的 $H_s(f)$ 也只是估计量 $\breve{H}_s(f)$

$$\breve{H}_s(f) = \frac{G_{us}(f) + G_{un}(f)}{G_u(f)} = H_s(f) + \frac{G_{un}(f)}{G_u(f)} \tag{10.11.9}$$

而用 $\breve{H}_s(f)$ 作为信道匹配滤波器是有误差的, 因此该匹配滤波器在文献 [197] 中称为信道修正匹配滤波器, 所构成的匹配滤波互相关原理如图 10.11.2 所示。首先从

接收信号 $v(t)$ 中估计信道参数, 确定信道的估计滤波器 $\breve{h}_s(\tau,t)$, 并与信号 $u(t)$ 卷积获得 $\breve{s}(t)$, 作为互相关器的参考波形, 对 $v(t)$ 进行互相关处理。慢时变估计滤波器 $\breve{h}_s(\tau,t)$ 可用抽头延迟线来实现。

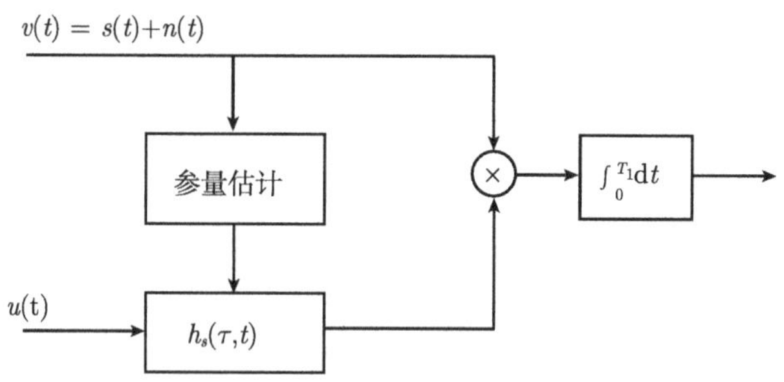

图 10.11.2　信道修正匹配原理图

如果信噪比较大, 可用高分辨脉冲压缩信号直接测量或估计回波信道的响应函数 (抽头权函数)。图 10.11.3(a) 是实际海洋信道用 CWS(短脉冲 10ms) 测得的信道输出经矩阵求逆 (解卷) 决定的估计滤波器响应函数, 图 10.11.3(b) 是对随后的 CMP($M=63$, $T=630$ms) 信号的修正匹配滤波 (互相关) 输出 $R_{v\breve{s}}$ 波形, 与拷贝相关输出 R_{vu}(图中虚线) 比较, 修正匹配相关输出信噪比有明显增加[197,286], 其增加的大小也与信噪比有关, 因此同样原因, 这种信道匹配方法对于声呐远距离检测也并不有效。

但在水声通信中, 由于是单程传递, 一般有较大的信噪比, 可以通过 CMP 或 PSK 脉冲压缩方法首先 (作为领头信号) 确定传输环境中的多途分布结构和运动多普勒频移参量, 继而对随后的通信信息编码信号进行多普勒匹配和多途非相干积累来提高通信效率。

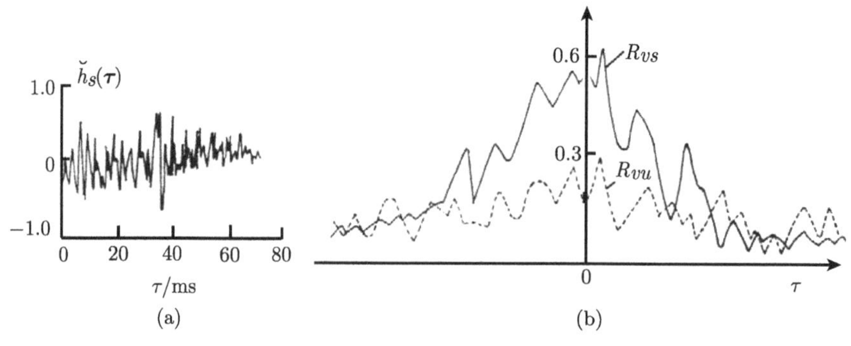

图 10.11.3　修正匹配图例

(a) 估计脉冲响应; (b) 修正匹配输出

10.11.3 自适应信道匹配

对于一般未知的时变信道环境,无法直接估计信道模型,因此在 20 世纪 80 年代后提出用新兴的自适应技术来实现声呐接收机的自适应信道匹配。该接收机可以通过对变化环境的学习和估计,不断地修改接收机参数来达到信道的自适应匹配。

自适应匹配滤波器也是自适应滤波器 [192] 的一种,其响应函数 $\breve{h}_s(\tau,t)$ 随输入信号 $s(t)$ 的变化自动调整,使其输出波形 $\breve{s}(t)$ 以最小均方误差 (即 LMS) 的精度逼近实际回波波形 $s(t)$。

图 10.11.4 是自适应滤波器原理图。图中 v_n 和 u_n 分别是声接收波形和发射波形的第 n 个时间抽样序列,且

$$v_n = s_n + n_n$$

而估计波形序列是

$$\breve{s}_n = \sum_{k=0}^{N} \breve{h}_k(n) u_{n-k} \tag{10.11.10}$$

根据 LMS 估计理论,估计滤波器的抽头增益 $h_k(n)$ 应使估计均方误差

$$\langle \varepsilon_n^2 \rangle = \langle (v_n - \breve{s}_n)^2 \rangle \tag{10.11.11}$$

最小。显然,这也是维纳滤波问题,在这里不作详细讨论。但可以指出,一般 LMS 自适应估计滤波器的设计大都采用最快梯度下降法,使 $\breve{h}_n(k)$ 沿着误差估计的梯度方向调节以致每一个权都能满足基本算式

$$h_k(n+1) = h_k(n) + 2\mu\varepsilon_n u_{n-k} \tag{10.11.12}$$

因而每个权都可以用迭代法从以前的权数据中获得。式中,μ(称为自适应学习步长)必须选择适当,以保证在“学习”结束时 $\breve{s}_n$ 在 LMS 意义上和 s_n 一致,即权矢量 $\breve{\boldsymbol{h}}$ 最终满足式 (10.11.6) 的维纳–霍夫方程的解。

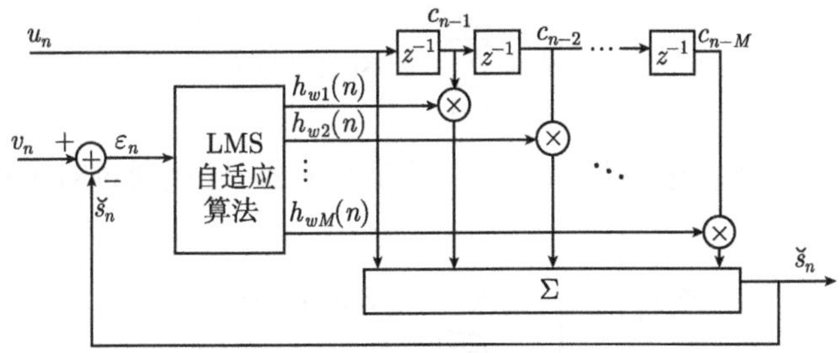

图 10.11.4 自适应匹配滤波原理图

自适应算法原理如图 10.11.5 所示,实际上是一个相关抵消回路。

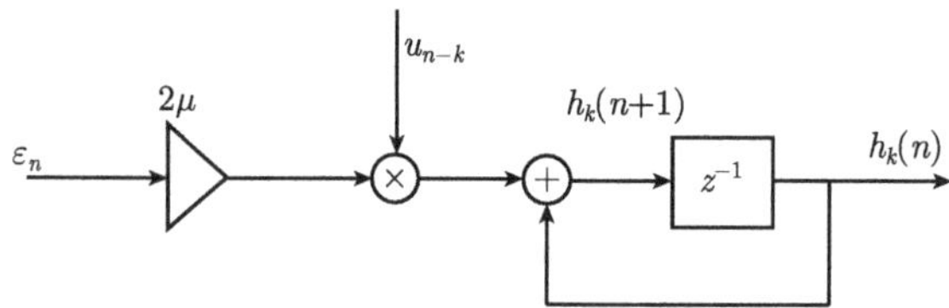

图 10.11.5 自适应算法原理图

图 10.11.2 中的信道匹配滤波器若采用图 10.11.3 的自适应滤波器形式, 那么图 10.11.2 就是自适应修正信道匹配相关接收机[217]。而自适应技术关键问题是如何使迭代最快而次数最少[218]。

比较图 10.10.4 和图 10.11.4, 不难看出, 用卡尔曼滤波实现的维纳滤波本质上也是一种自适应信道匹配接收机。

10.11.4 自适应白化滤波

当混响或干扰也是非平稳的非白噪声时, 在 10.4 节中所讨论的白化滤波器参量也必须能随时修正以适应干扰的变化, 这就是自适应白化滤波器。接收机原理结构如图 10.11.6 所示, 白化滤波器和修正匹配滤波器参量均由被测干扰谱参量估计值自动调整, 该结构实际上和图 10.10.3 相似 [195]。白化滤波器响应函数 $h_w(\tau,t_0)$ 也满足式 (10.10.5) 和式 (10.10.6), 但这里 $h_w(\tau,t)$ 用其权矢量 $\boldsymbol{h}_w$ 表示, 而对局部平稳的干扰 $c(t)=r(t)+n(t)$ 的第 k 个时间样本 $c_k=r_k+n_k$, 可用一个 M 参数的自回归过程来描述 (见式 (5.9.48)), 即

$$c_k=-\sum_{l=1}^{M}h_{rl}c_{k-1}+n_k \tag{10.11.13}$$

式中, h_{rl} 是自回归系数; $n(t)$ 假定是方差为 1 的白色高斯噪声。由式 (10.11.13), $c(t)$ 的功率谱可表示为

$$G_c(f)=\left[1+\sum_{l=1}^{M}h_{rl}\exp(\mathrm{j}2\pi lfT_s)\right]^{-2} \tag{10.11.14}$$

T_s 是抽样间隔。白化滤波器是干扰过程的反滤波器, 因此通过对干扰过程 $c(t)$ 功率谱的估计

$$\breve{G}_c(f)=\left[1+\sum_{l=1}^{M}\breve{h}_{rl}\exp(\mathrm{j}2\pi lfT_s)\right]^{-2} \tag{10.11.15}$$

来确定白化滤波器, 其功率谱响应为

$$|\breve{H}_w(f)|^2=1/\breve{G}_c(f) \tag{10.11.16}$$

即

$$\breve{H}_w(f)=\sum_{l=0}^{M}\breve{h}_{wl}\exp(\mathrm{j}2\pi lfT_s) \tag{10.11.17}$$

式中

$$\breve{h}_{wl}=\begin{cases}1, & l=0\\ h_{rl}, & l\neq 0\end{cases} \tag{10.11.18}$$

写成 Z 变换形式是

$$\breve{H}_w(z)=\sum_{l=0}^{M}\breve{h}_{wl}z^{-l} \tag{10.11.19}$$

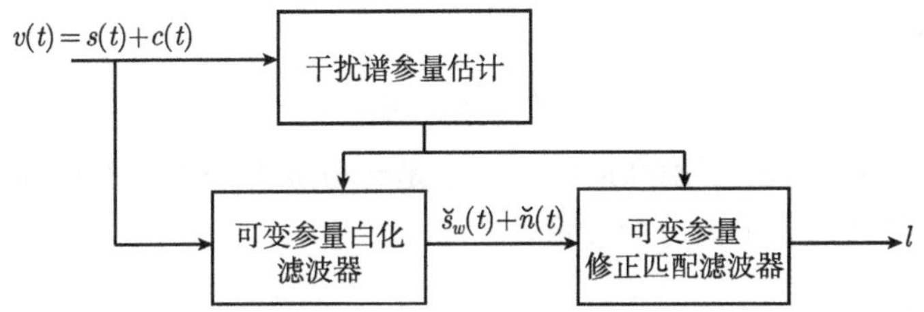

图 10.11.6 自适应白化匹配滤波

式 (10.11.19) 是对应于估计谱式 (10.11.15) 极点的全零点模型, 因此同样可以采用横向滤波器模型来实现自适应白化滤波, 如图 10.11.7 所示。图中输入是 $c(t)$ 的时间序列。整个结构属自适应预测器模型, 主要结构是自适应滤波器, 其 LMS 的基本算式和式 (10.11.12) 基本相同

$$h_{wk}(n+1)=h_{wk}(n)+2\mu_c\varepsilon_{ck}c_{n-k} \tag{10.11.20}$$

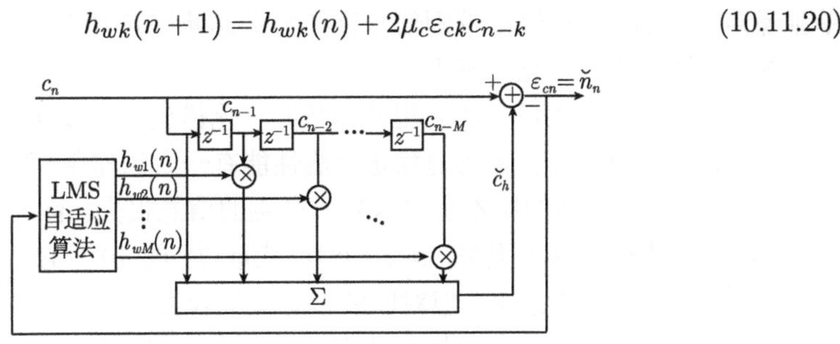

图 10.11.7 自适应白化算法

式中, $\varepsilon_{ck}=c_k-c_k$, μ_c 是学习步长, 要求选择 μ_c 远小于 $c(t)$ 的局部平稳时间。由于 c_k 是自回归序列, 因此, ε_{ck} 就是被白化的干扰序列。

自适应白化滤波或自适应杂波过滤实际上和普通自适应滤波一样, 都是以谱估计为基础的。谱估计方法已经提出很多种, 最常见的是自回归谱估计法[215], 这种方法与抽头延迟线反馈环路的自适应滤波方法相比, 其瞬态响应可降到最小, 因此

能达到快速收敛。图 10.10.5 所示的卡尔曼滤波模型就可用来实现这种自回归谱估计[195]。采用最小均方格式滤波来实现白化滤波也能达到快速收敛的效果, 并经证明用来白化混响是有效的[196]。

10.11.5 自适应检测

由于干扰背景在幅度上或功率上的时变性或非平稳性, 要使接收机达到检测性能不变, 常采用自适应阈值以达到系统的恒虚警处理的目的, 这时接收机本身可以是一个时不变系统, 只是终端判决阈值采用了自适应调节, 因此也称为自适应检测器。

例如, 考虑功率谱形式保持不变的慢起伏噪声即球不变噪声中确定性信号的检测问题, 这时噪声常可表示为

$$n(t) = \sigma_n n_0(t)$$

$n_0(t)$ 是具有单位功率的平稳高斯噪声, σ_n 是一与 $n_0(t)$ 独立的慢变随机量。在这种条件下, 最佳接收机的充分统计量是

$$l_v = l_{v0}/\sigma_n$$

式中, l_{v0} 就是一般匹配滤波器的充分统计量, 因此对球不变噪声中检测已知有规信号就是一个匹配滤波器和一个完全的自动增益控制组成的恒虚警处理器 [193]。这种完全的自动增益控制 (完全 AGC) 实际上就是对变化的噪声功率进行估计而后用其均方根值 σ_n 对噪声进行归一, 从而使判决阈值自动保持为 l_{v0}, 其关键是对噪声功率的自适应估计, 而且这种估计必须是无偏的, 与有无信号存在无关 (即具有单独噪声 ——NAR 特性), 否则信号存在势必影响噪声功率 σ_n^2 的估计值, 从而影响检测。详细讨论可参见文献 [193]。

实际系统中为压缩动态所采用的背景归一化措施[194], 如普通 AGC 放大, 时变电压增益控制和对数放大器等对稳定检测性能有一定的作用, 但一般不能保证恒虚警率, 而且必须考虑到控制本身对信号所产生的信息损失。有一定自适应功能的普通 AGC 放大为避免这种损失, 其平均时间应取 T_1 的 $10 \sim 100$ 倍。非参量性的限幅放大也是一种归一化措施, 但对回波信息损失较大。

并不是所有背景模型都可用自适应检测方法, 有些模型包括信号和噪声都未必准确已知, 但一般有一定的不确定性范围。为保证在这种范围内检测性能稳定, 可采用一种所谓宽容性匹配滤波方法, 这一点我们将在第十一章中讨论。

10.12 时空信号的最佳检测

前面所讨论的声呐信号最佳接收机没有考虑声呐信号和信道的空间效应, 实际

上主动声呐有限空间的多途引起的信号空间衰落和来自分布在整个声呐空间的背景干扰–非均匀环境噪声和随机散射体散射 (混响), 均直接影响主动声呐目标的检测性能, 因此主动声呐特别是浅海主动声呐, 为了有效抑制混响, 必须考虑声呐信号的时间和空间的最佳接收问题[171]。

本书不详细讨论水声时空联合最佳检测问题, 其中很多属于最佳布阵棘手问题, 读者可参考文献 [19],[42],[204] 等, 这里主要考虑时空因子可分离的情况, 并根据时空对应关系将时间波形的处理方法类推到空间布阵设计中来。简单介绍有关时空信道匹配的最新进展。

10.12.1 谱矢量过程的最佳似然比检测

假定被检测的回波场是空间局部 (在基阵空间尺寸内) 平稳的, 并用 M 个独立布设的无指向性水听器的接收信号来表示接收阵空间 $\boldsymbol{\varLambda}_{\mathrm{R}}$ 内的水声时空场, 即 $v_i(t)=v(t,r_i)(r_i\in\boldsymbol{\varLambda}_{\mathrm{R}})$, 并假定所有接收信号 $v_i(t)$ 都具有高斯统计特性的随机时空场, 采用 5.10 节关于随机时空信号的矢量表示法, 全部 M 个水听器接收到的水声信号构成一个矢量水声过程 (见式 (5.10.19))

$$\boldsymbol{v}(t)=[v_1(t),v_2(t),\cdots,v_M(t)]^{\mathrm{T}} \tag{10.12.1}$$

由于近代信号处理均是基于谱过程计算 (互谱相关技术), 因此直接用式 (5.9.23) 的 $M\times N$ 谱矢量过程

$$\boldsymbol{V}=[\boldsymbol{V}_1^{\mathrm{T}},\boldsymbol{V}_2^{\mathrm{T}},\cdots,\boldsymbol{V}_N^{\mathrm{T}}]^{\mathrm{T}} \tag{10.12.2}$$

式中

$$\boldsymbol{V}_k=[V_{1k},V_{2k},\cdots,V_{Mk}]^{\mathrm{T}},\quad k\in N$$

$$V_{mk}=V_m(k/T_1),\quad m\in M,k\in N$$

是 $v_m(t)$ 的谱分量。相应的协方差矩阵是其功率谱 (互谱) 分块矩阵

$$\boldsymbol{K}_V=\boldsymbol{G}_V=\langle\boldsymbol{V}\boldsymbol{V}^{\dagger}\rangle \tag{10.12.3}$$

$$\{\boldsymbol{G}_v\}_{kl}=\langle\boldsymbol{V}_k\boldsymbol{V}_l^{\dagger}\rangle \tag{10.12.4}$$

其他如 $s(t,\boldsymbol{r})$、$r(t,\boldsymbol{r})$ 以及 $n(t,\boldsymbol{r})$ 均可表示对应的谱矢量过程形式。

用谱矢量过程表示的时空似然比检测器的充分统计量与式 (10.5.1) 和式 (10.5.2) 相似

$$l_R(\boldsymbol{V})=\boldsymbol{V}^{\dagger}(\boldsymbol{G}_0^{-1}-\boldsymbol{G}_1^{-1})\boldsymbol{V}=\sum_{k=1}^{N}\boldsymbol{V}_k^{\dagger}(\boldsymbol{G}_{0k}^{-1}-\boldsymbol{G}_{lk}^{-1})\boldsymbol{V}_k \tag{10.12.5}$$

$$l_D(\boldsymbol{V})=2\mathrm{Re}\{\boldsymbol{M}^{\dagger}\boldsymbol{G}_1^{-1}\boldsymbol{V}\}=2\mathrm{Re}\left\{\sum_{k=1}^{N}\boldsymbol{M}_k^{\dagger}\boldsymbol{G}_{1k}^{-1}\boldsymbol{V}_k\right\} \tag{10.12.6}$$

$\boldsymbol{M}$ 是回波 $s(t,\boldsymbol{r})$ 相干分量 $m(t,\boldsymbol{r})$ 构成的谱矢量过程, $\boldsymbol{G}_0=\boldsymbol{G}_r+\boldsymbol{G}_n=\boldsymbol{G}_I$, $\boldsymbol{G}_1=\boldsymbol{G}_{\tilde{s}}+\boldsymbol{G}_0$ 也都是非负定埃尔米特矩阵。同样, 也只有在几种特殊情况下矩阵求逆才能简化。

由于构成矢量水声时空过程是按时空抽样定理写成的, 因此所有矢量元 $\boldsymbol{V}_k$ 都可以认为是互相独立的。而所有功率谱矩阵也都可表示成分块对角矩阵[198]

$$\left.\begin{aligned}\boldsymbol{G}_{0k}&=N_k\boldsymbol{Q}_k\\ \boldsymbol{G}_{1k}&=\sigma_{sk}^2\boldsymbol{P}_k+N_k\boldsymbol{Q}_k\end{aligned}\right\}\tag{10.12.7}$$

其中, $N_k=G_0(k/T_s)$, 是干扰功率谱分量; σ_{sk}^2 是回波功率谱分量 $G_{\tilde{s}}(k/T_s)$; $\boldsymbol{Q}_k$ 和 $\boldsymbol{P}_k$ 分别是干扰和回波在 $f=k/T_s$ 时的傅里叶系数归一化协方差矩阵。因而式 (10.12.5) 为[198]

$$l_R(\boldsymbol{V})=\sum_{k=1}^{N}\boldsymbol{V}_k^{\dagger}\left[(N_k\boldsymbol{Q}_k)^{-1}-(\sigma_{sk}^2\boldsymbol{P}_k+N_k\boldsymbol{Q}_k)^{-1}\right]\boldsymbol{V}_k\tag{10.12.8}$$

10.12.2　小信噪比下的最佳时空接收

进一步考虑小信干比情况, 类似式 (10.6.1)，有

$$\boldsymbol{G}_1^{-1}=(\sigma_{sk}^2\boldsymbol{P}_k+N_k\boldsymbol{Q}_k)^{-1}\approx(N\boldsymbol{Q}_k)^{-1}[1-\sigma_{sk}^2\boldsymbol{P}_k(N_k\boldsymbol{Q}_k)^{-1}]^{-1}$$

因此

$$\begin{aligned}l_R(\boldsymbol{V})&\approx\sum_{k=1}^{N}\frac{\sigma_{sk}^2}{N_k^2}\boldsymbol{V}_k^{\dagger}\boldsymbol{Q}_k^{-1}\boldsymbol{P}_k\boldsymbol{Q}_k\boldsymbol{V}_k\\&=\sum_{k=1}^{N}\frac{\sigma_{sk}^2}{N_k^2}\left\|\boldsymbol{B}_k^{\dagger}\boldsymbol{Q}_k^{-1}\boldsymbol{V}_k\right\|^2\end{aligned}\tag{10.12.9}$$

式中, $\boldsymbol{B}_k$ 是满足

$$\boldsymbol{P}_k=\boldsymbol{B}_k\boldsymbol{B}_k^{\dagger}\tag{10.12.10}$$

的非负定的 $M\times M$ 阶矩阵。式 (10.12.10) 对应一个由 M^2 个滤波平方器构成的矢量滤波平方器, 因此当 M 很大时, 实现是困难的。

如果目标回波产生在远场, 那么回波可认为是空间相干的平面波回波 (式 (5.10.28))。回波谱协方差矩阵 $\boldsymbol{P}_k$ 的秩为 1, 水听器收到的回波的谱矢量形式可表示为

$$\left.\begin{aligned}&\boldsymbol{S}_k=\sigma_{sk},\quad \boldsymbol{P}_k=\boldsymbol{n}_{0k}\boldsymbol{n}_{0k}^{\dagger}\\&\boldsymbol{n}_{0k}=[1,\mathrm{e}^{\mathrm{j}2\pi k\tau_2/T_s},\cdots,\mathrm{e}^{\mathrm{j}2\pi k\tau_M/T_s}]^{\mathrm{T}}\end{aligned}\right\}\tag{10.12.11}$$

各个分量只有相位上的差别, τ_l 是延迟, 这里取第一个分量的 $\tau_1=0$。通过

式 (10.12.9) 的矩阵求逆可以获得

$$l_R(\boldsymbol{V}) = \sum_{k=1}^{N} H_0(f_k)\left|\boldsymbol{n}_{0k}^{\dagger}\boldsymbol{Q}_k^{-1}\boldsymbol{V}_k\right|^2 \tag{10.12.12}$$

式中

$$H_0(f_k) = \left[\frac{\sigma_{sk}^2/N_k^2}{1+(\sigma_{sk}^2/N_k)\boldsymbol{n}_{0k}^{\dagger}\boldsymbol{Q}_k^{-1}\boldsymbol{n}_{0k}}\right]^{\frac{1}{2}} \tag{10.12.13}$$

而平方算符中 $\boldsymbol{n}_{0k}^{\dagger}\boldsymbol{Q}_k^{-1}\boldsymbol{V}_k$ 是一标量, 不是矢量, 因此计算式 (10.12.12) 只要 M 个平方器滤波器。图 10.12.1 所示是式 (10.12.12) 连续时间形式的接收机结构 [198]。图中

$$H_1(f_k) = \{\boldsymbol{n}_{0k}\boldsymbol{Q}_k^{-1}\}_l \tag{10.12.14}$$

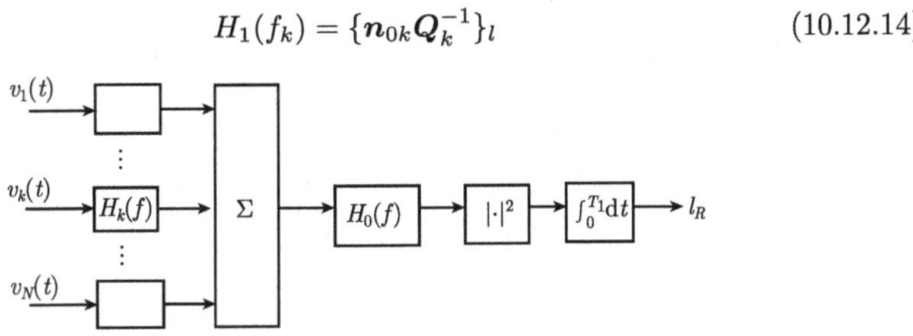

图 10.12.1 远场平面波矢量的时空最佳接收机

而公用滤波器 $H_k(f)$ 的作用相当于一个空间预白化滤滤器, $H_0(f)$ 中的 $\boldsymbol{n}_{0k}^{\dagger}\boldsymbol{Q}_k^{-1}\boldsymbol{n}_{0k}$ 的对数就是布阵空间处理增益

$$G_{空} = 10\log[\boldsymbol{n}_{0k}^{\dagger}\boldsymbol{Q}_k^{-1}\boldsymbol{n}_{0k}] \tag{10.12.15}$$

$G_{空}$ 直接与 $\boldsymbol{Q}_k$ 有关, 在小信噪比条件下,

$$H_0(f_k) = \sigma_k/N_k \tag{10.12.16}$$

就是熟知的厄卡 (Eckart) 滤波器。它利用信号和干扰在波形谱上的差异来提高信噪比。

如果 $\boldsymbol{Q}_k = I$, 则可认为干扰是各向同性的。这时

$$G_{空} = 10\log M$$

$$H_l(f_k) = \exp(-\mathrm{j}2\pi f_k\tau_l), \quad f_k = k/T_s$$

图 10.12.1 就成为普通波束形成的布阵处理器。

10.12.3　估计谱矢量相关器和广义矢量匹配滤波器

相对于式 (10.12.5) 的接收机还可用估计谱矢量相关器来表示, 写为

$$\boldsymbol{G}_{0k}^{-1}-\boldsymbol{G}_{1k}^{-1}=\boldsymbol{G}_{Ik}^{-1}\boldsymbol{G}_{\tilde{s}_k}(\boldsymbol{G}_{Ik}+\boldsymbol{G}_{\tilde{s}_k})^{-1}=\boldsymbol{G}_{Ik}^{-1}\boldsymbol{G}_{\tilde{s}k}\boldsymbol{G}_{\tilde{v}_k}^{-1} \tag{10.12.17}$$

式 (10.12.5) 可写成

$$l_R(\boldsymbol{V})=\sum_{k=1}^{N}\boldsymbol{W}_{rk}\breve{\boldsymbol{S}} \tag{10.12.18}$$

式中

$$\boldsymbol{W}_{rk}=\boldsymbol{G}_{Ik}^{-1}\boldsymbol{V}_k \tag{10.12.19}$$

是 V 经过白化滤波器的谱矢量过程, 而

$$\breve{\breve{\boldsymbol{S}}}=\boldsymbol{G}_{\tilde{s}_k}\boldsymbol{Q}_{\tilde{v}k}^{-1}\boldsymbol{V}_k \tag{10.12.20}$$

是 $\breve{\breve{s}}(t,r)$ 的估计谱矢量过程, 可用空间维纳滤波器达到最小均方误差的估计矢量 $\breve{\boldsymbol{s}}$。估计矢量相关器如图 10.12.2(图中 $\boldsymbol{G}_c^{-1}$ 即 $\boldsymbol{G}_I^{-1}$) 所示。

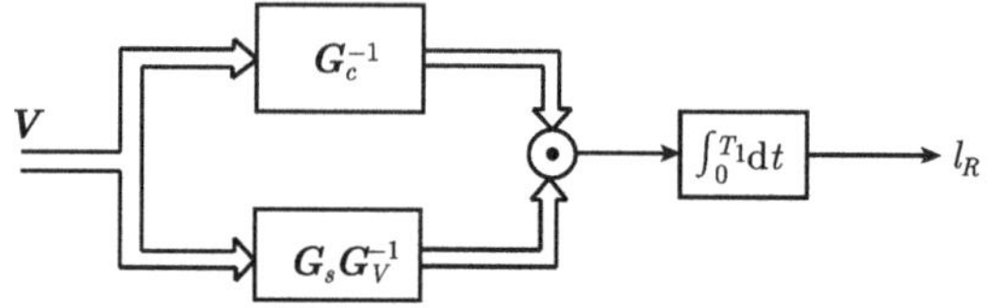

图 10.12.2　估计矢量相关检测器

对于时空相干回波 $m(t,\boldsymbol{r})$ 的检测, 根据式 (10.12.10), 可表示为

$$l_D(V)=2\mathrm{Re}\left\{\sum_{k=1}^{M}\boldsymbol{M}_{wk}^{*}\boldsymbol{V}_{wk}\right\} \tag{10.12.21}$$

式中

$$\boldsymbol{M}_{wk}=\boldsymbol{M}_k\boldsymbol{B}_{\tilde{v}k}$$

$$\boldsymbol{V}_{wk}=\boldsymbol{V}_k\boldsymbol{B}_{\tilde{v}k}$$

$\boldsymbol{B}_{\tilde{v}k}$ 满足

$$\boldsymbol{G}_{\tilde{v}k}^{-1}=\boldsymbol{B}_{\tilde{v}k}^{\dagger}\boldsymbol{B}_{\tilde{v}k}$$

可见 $\boldsymbol{V}_{wk}$ 和 $\boldsymbol{M}_{wk}$ 分别是信号谱矢量 $\boldsymbol{V}_k$ 和 $\boldsymbol{M}_k$ 经过白化矢量滤波器后的谱矢量。相应于式 (10.12.21) 的接收机见图 10.12.3 所示的广义矢量匹配滤波器。

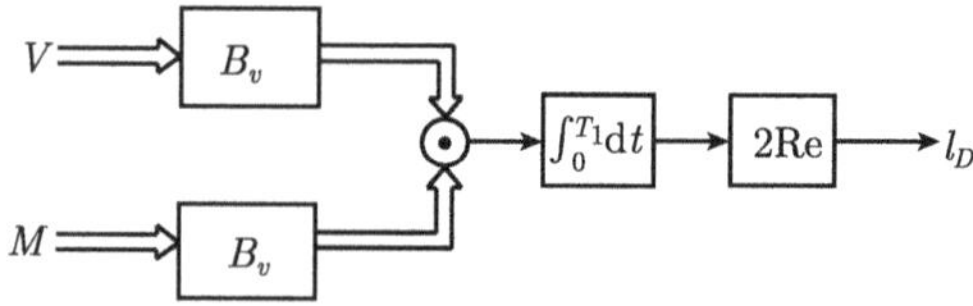

图 10.12.3　广义矢量匹配滤波器

10.12.4 通用矢量匹配滤波器的输出信干比损失

如果在各向同性噪声场中检测点源信号, 图 10.12.3 的广义矢量匹配滤波器蜕化为通用矢量匹配滤波器 (图 5.9.1), 即普通波束形成后接一个与信号 $u(t)$ 匹配的匹配滤波器, 它是在各向同性高斯白噪声背景中检测无畸变的理想点目标回波的最佳时空接收机, 这时的阵处理增益就是式 (1.3.13)

$$G_{\text{空}} = G_R = -10\log\left[\frac{1}{4\pi}\int D_v(\boldsymbol{\alpha})\mathrm{d}\boldsymbol{\alpha}\right] \tag{10.12.22}$$

$D_v(\boldsymbol{\alpha})$ 是布阵空间功率指向性函数。

但是, 实际目标都不是点目标。目标对声呐基阵而言有一个角度扩展。但当布阵的指向性图的主瓣宽度 (即时空声呐波形 $u(t,\boldsymbol{r})$ 的空间分辨角) 大于目标的扩展角度 (视向角) 时, 该目标可认为是点目标。

对于空间非均匀的干扰 (混响) 和具有随机角度扩展的目标回波, 都可用时空回波和干扰信道的相干函数 $\Gamma(\Delta f,\Delta t,\Delta \boldsymbol{r})$ 和散射函数 $P_s(\tau,\varphi,\boldsymbol{K})$ 来描述其统计特性, 而相对于最佳时空接收机和通用接收机的输出信混比, 也可分别表示为

$$\lambda_{\text{opt}} = \frac{P_{Ss}(\tau,\varphi,\boldsymbol{K}) \underset{D}{\otimes} \Psi_{uz}(\tau,\varphi,\boldsymbol{K})}{P_{Sr}(\tau,\varphi,\boldsymbol{K}) \underset{D}{\otimes} \Psi_{uz}(\tau,\varphi,\boldsymbol{K})} \tag{10.12.23}$$

和

$$\lambda_m = \frac{P_{Ss}(\tau,\varphi,\boldsymbol{K}) \underset{D}{\otimes} \Psi_{u}(\tau,\varphi,\boldsymbol{K})}{P_{Sr}(\tau,\varphi,\boldsymbol{K}) \underset{D}{\otimes} \Psi_{u}(\tau,\varphi,\boldsymbol{K})} \tag{10.12.24}$$

这里, $\underset{D}{\otimes}$ 表示多维卷积 (式中没有考虑噪声项)。

在均匀各向同性白色高斯噪声中检测时空扩展目标回波并与能量相同的理想无畸变回波相比较, 采用通用的时空匹配滤波器同样会有时空衰落或扩展损失

$$L_D = 10\lg\frac{\lambda_F}{\lambda_m} = -10\log[\hat{P}_{S_s}(\tau,\varphi,\boldsymbol{K}) \underset{D}{\otimes} \Psi_u(\tau,\varphi,\boldsymbol{K})] \tag{10.12.25}$$

上式指出, 用普通波束形成技术来检测空间扩展 (角度和距离扩展) 的目标回波总会有损失 [132], 因此对于空变目标回波, 也存在一个空间信道匹配问题 [231]。

当然, 可以用改变接收阵形结构来实现被检测目标空间方向的匹配, 但大多数空间布阵最佳化主要指波束形成的指向性最佳化, 均在不考虑基阵结构变化的条件下, 调整阵元权系数或束控函数以获得必要的波束性能。例如, 采用零点控制检测技术的空间预白化及用来抑制强干扰方向噪声的噪声抵消法 (空间反滤波), 都能在一定程度上改进检测性能。

在被动声呐中, 自适应布阵处理 [196] 已经得到成功应用。在主动声呐中, 采用自适应波束成形技术也主要用来抑制强海面或海底混响 [205], 近年来提出的空域优

化与约束的时空自适应处理 (STAP) 技术 [287], 进一步提高了浅海混响的抑制和动目标检测性能。

10.12.5 声场匹配–模基匹配滤波

由于空间信道问题主要是声场分布问题, 因此空间信道匹配也就是声场匹配, 其关键首先是要根据现场条件建立声场模型, 而后设计相应的与模型匹配的处理系统。这种基于模型的匹配处理方法称为模基匹配处理或 MBP(model-based matched processing), 在 20 世纪 80 年代后已经引起水声界的特别关注, 尤其是浅海被动定位处理算法中加入声传播模型的匹配场处理或称 MFP(matched field processing), 其原理如图 10.12.4 所示。首先根据海洋环境声学参数 (如声速分布、海底特性等) 建立声场的物理模型, 通过物理模型预估出声呐所需要的定向矢量模型作为参考场, 与由声阵直接测量的数据经由互谱矩阵估算的声压场进行互相关运算处理 (即匹配场处理), 最终由处理器输出的距离方位模糊度图最大峰位置给出目标距离和深度信息 —— 在该方位和距离上的测量场和预测场有最大相关性 (最好的匹配)。

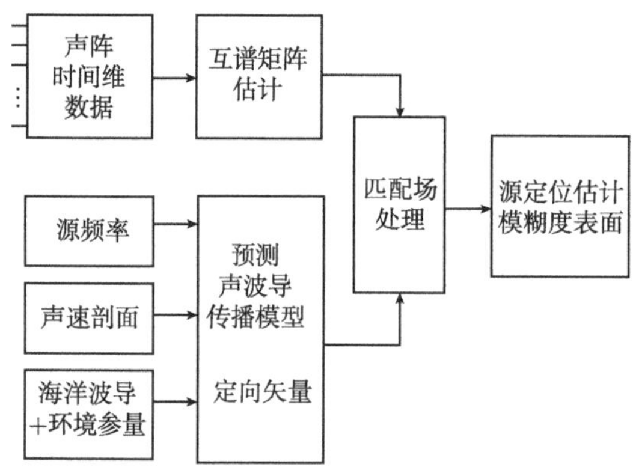

图 10.12.4 MFP 流程图

实际上, MFP 只是 MBP 的一种处理形式, MFP 通常是基于确定性的简正波声场模型 (如 7.1 节中的几种简正波近似模型), 因此对环境的时变空变性, 甚至对所设置的系统 (声阵) 稳定性均特别敏感 (失配)。而 MBP 可以根据现场环境参数随时修正模型。

这里只简单地介绍嵌入声呐接收机的 MBP 作用原理, MBP 就是将海洋声物理 (传播、海底特性、海面特性、声速等包括噪声) 过程和测量过程以参量可变的数学模型形式按声呐要求的处理准则相结合, 并通过特定的处理算法估计模型误差和修正模型参数, 从而提取有用信息, 实现对实际海洋环境中目标的检测、定位和跟踪等, 基本示意结构如图 10.12.5 所示。图中原始环境数据作为先验信息用于预估海洋环境物理模型, 而虚线表示输入到处理器的用于不断处理和修正模型的实际测量信息, 处理器输出的是用于估计处理器处理性能的信息 (估计) 参量。

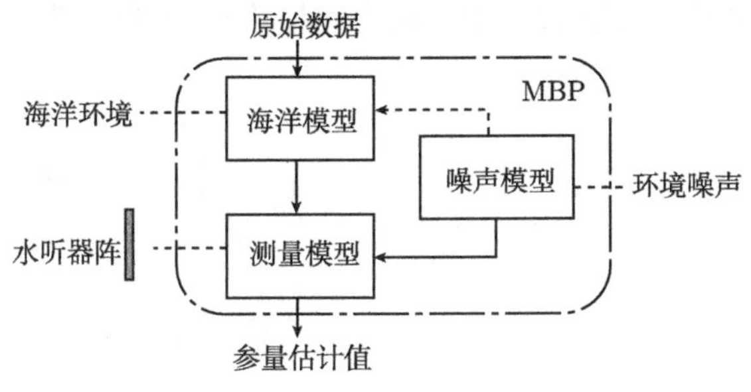

图 10.12.5 MBP 流程图

MBP 的模型的复杂程度取决于对声呐性能的要求和环境的复杂性, 就数学模型本身可以简单到非参量性的线性变换模型 (傅里叶变换和小波变换等), 也可以复杂到能充分表征模型信息特征的状态空间模型 (微分方程) 或统计序列模型等, 但参量化处理器至少是递归的, 有利于对环境特征在线实时 (如用卡尔曼滤波) 测量和提取, 使其能在复杂时空多变的环境中提供更多有用信息来调整模型参数, 最终使测量模型和海洋模型良好适配, 处理性能达到最佳。

实际上, 无论是 MBP 还是 MFP 均需要对环境模型预估, 一般也都需要有垂直方向的接收阵, 因此目前还主要用于浅海被动声源定位检测。对于主动检测的 MBP 除需要考虑缩短垂直尺寸外[290], 还需要在图中增加目标声散射模型, 这方面的应用还在摸索。文献 [291] 讨论过采用宽带 LFM 信号在浅海双扩展波导环境下主动探测的 MBP 的应用, 但其实质类似前面所讨论的广义信道匹配或广义矢量匹配等, 是属于最简单的模基匹配处理方法。

10.12.6 时间反转处理器

一种海洋声场信息不需要预知或预估的空间信道匹配方法是 20 世纪 90 年代兴起的水声信号时间反转处理方法 —— 时间反转镜 (time-reversal mirrors, TRM), 其原理如图 10.12.6 所示。图 10.12.6(a) 是安放在深为 H 的浅海波导内的 TRM 几何示意图, 左边是带有一个发射换能装置 (PS) 的声呐垂直接收阵 (VRA), 右边在距离为 r 的目标处事先布设 N 元可收发的垂直阵 (SRA)。图 10.12.6(b) 是 TRM 的信号过程示意图, 图中 SRA 类似一个时间反转声镜, 每个阵元均可将来自 PS 发射并经由随机波导传递的声信号 (上图) 在时间上反序后再发射回去 (下图), 由于通过同一波导途径, 它们将在 PS 源附近的空间内形成聚焦波束峰。

如果将源 (PS) 到 SRA 第 k 阵元间的传输过程的传递函数记为 $H_i(f)$, 那么再由第 k 阵元发回到 PS 的过程就是 $H_i^*(f)$, TRM 过程在时域上类似图 3.4.2 所示的脉冲压缩过程, 实际上 TRM 过程本身就是相位共轭过程, 因此 TRM 在时域上可以理解为一组匹配滤波器，而在空域上也可理解为对空间信道（波导）的相干部分达到空间积累作用（多途积累）的一组空间相关器（空间分集）。

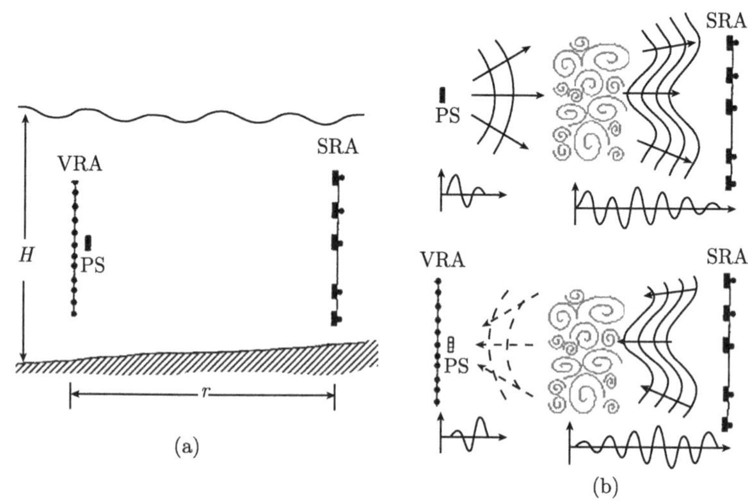

图 10.12.6　时间反转镜原理图

(a) 布设几何; (b) 聚焦原理

TRM 比较适用于低频浅海信道的混响背景条件，更多采用波动物理模型的频域相关法。而当发射不同频率的脉冲时，根据第七章的关于浅海波导不变性原理，即式 (7.9.8) 的波导相干条纹的频率–距离关系，通过频移的方法还可以获得远距离外变距聚焦的 TRM 方法。

由于浅海混响主要是海底混响，一般是非相干的，因此 TRM 有较强的抑制能力。

TRM 方法是对环境没有要求的一种宽容（无论多途、频散和距变声场）方法，对于定距离检测、水声通信和医疗超声等方面，TRM 有较大的应用前景，但由于要求垂直阵，故不适用于船载主动声呐。

第十一章　声呐最佳波形

上一章讨论了给定声呐发射波形条件下获得在各种信道中检测畸变目标回波的最佳接收机的原理，并指出该最佳接收机不但与声呐信道有关，还与声呐波形有关，因此所谓"最佳"也是相对的，即使是同一声呐信道条件，不同形式的声呐信号也有不同的检测最佳接收机形式，并且有不同的最佳检测效果。有些波形即使采用了最佳接收机，其检测效果也可能很差。主动声呐设计中，声呐波形的选择也同样是一个重要环节。本章主要讨论如何选择和设计声呐波形和参数，使之在给定声呐信道 (目标和混响背景) 环境下能达到最有效检测效果的声呐最佳波形设计问题，进一步还要讨论给定声呐信道条件，采用什么波形和什么样的接收机形式，同时达到最佳检测效果的声呐"波形–滤波器"联合最佳设计问题。

与波形设计有关的除检测问题以外，还有目标分辨问题，有些问题在前面几章中也已经接触过。例如，动目标检测中的多普勒不变波形，是第四章讨论的曲调频信号，在第八章讨论的回波能量最大和目标分辨最佳波形等。本章所讨论的是一般信道条件下的最佳化问题。

11.1　波形参数选择

根据式 (1.2.12) 的香农信息定理，有效地提高主动声呐系统目标检测信息增益的途径主要是三种，第一是增加系统输入信噪比，第二是增加信号检测时间，第三是扩展信息带宽。第一种方法除增大信号功率以外，更主要的是选择最佳频率，以使声波传输衰减最小，且目标反射强度最大。第二种和第三种方法实际上也就是增加声呐波形长度 T 和带宽 B 的问题。这些参数也由于实际条件 (声呐信道和系统本身) 限制，只能根据需要和可能进行折中选择，这也是这一节讨论的主要内容。

11.1.1　声呐最佳频率

所谓声呐最佳频率是指在给定声呐使用环境 (传输介质和目标条件) 和战术要求 (检测距离和设备容许范围) 下能获得最佳工作性能的声呐工作频率。由于不同的条件所要求的频率趋势不同，有的因素要求频率越高越好，有的则反之，要在所有条件下都能达到最佳的使用频率显然是不可能的，只能考虑各种因素下频率的折中选择。

讨论水声信道和声呐检测的最简单的情况，即远场、窄带时不变情况。假定基阵等效一指向性波束的点源阵, 且波束方向对准被检测的目标, 信道是均匀介质空间信道, 接收机是匹配滤波器, 其输入噪声的带宽为 W_i。根据 1.6 节和 1.3 节中所讨论的声呐信息关系, 可将接收机输出信号、噪声和混响功率分别写成

$$E_s(f) = \frac{1}{4\pi r^4} E_u(f)\sigma_T(f)\mathrm{e}^{-2\alpha(f)r} \tag{11.1.1}$$

$$N_o(f) = N_0(f)\left[\frac{\Theta(f)\Phi(f)}{4\pi}\right]W_o(f) \tag{11.1.2}$$

$$E_r(f) = \begin{cases} \dfrac{S(f)}{4\pi r^4}\sigma_{\mathrm{s}}(f)\left(\dfrac{c\Theta(f)}{2W_0(f)}r\right)\mathrm{e}^{-2\alpha(f)r}, & \text{表面混响} \\ \dfrac{S(f)}{4\pi r^4}\sigma_{\mathrm{v}}(f)\left(\dfrac{c\Theta(f)\Phi(f)}{2W_o(f)}r^2\right)\mathrm{e}^{-2\alpha(f)r}, & \text{体积混响} \end{cases} \tag{11.1.3}$$

式中, $E_u(f)$ 是发射阵等效到 1m 远处的轴向强度; $\sigma_T(f)$、$\sigma_{\mathrm{s}}(f)$、$\sigma_{\mathrm{v}}(f)$ 分别是目标、表面混响和体积混响的平均散射截面; $\alpha(f)$ 是传输衰减 (吸收) 因子; $N_0(f)$ 是各向同性噪声在单位立体角内的功率谱密度; $\Phi(f)$ 和 $\Theta(f)$ 分别是接收阵水平和垂直等效波束宽度; $W_i(f)$ 和 $W_0(f)$ 分别为接收机 (匹配滤波器) 输入和输出带宽。这些物理量在窄带条件下都直接或间接与声呐使用频率 (载频) 有关。

通常, 可以近似认为这些量与频率的关系是幂次关系[199,200], 例如,

$E_u(f) = E_0 f^u$: 对于平板发射阵, 只要其直径大于波长, 取 $u \approx -2$。

$\alpha(f) = \alpha_0 f^\alpha$: α 取 $-1 \sim -2/3$。

$\sigma_T(f) = \sigma_{T0} f^t$: 由目标形状和表面曲率大小决定参数 t, 对图 8.1.1 的瑞利散射球 $t \approx 1$, 潜艇目标可取 $t \approx 0$。

$\sigma_{\mathrm{s}}(f) = \sigma_{\mathrm{s}0} f^1 s$: 远程小掠射角可取 $s \approx 0 \sim 1$。

$\sigma_{\mathrm{v}}(f) = \sigma_{\mathrm{v}0} f^v$: 远程条件取 $v \approx 1 \sim 2 (f > 10\mathrm{kHz})$。

$N_0(f) = N_0 f^n$: 环境噪声通常以 6 分贝/倍频程的频率递增, 因此 $n \approx 2$。

$\Theta(f) = \Theta_0 f^\theta$: 通常取 $\theta = 1$ (基阵尺寸一定)。

$\Phi(f) = \Phi_0 f^\phi$: 同样取 $\phi = 1$ (基阵尺寸一定)。

$W_i(f) = W_{i0} f^i$: 和频率关系表现为所要检测的目标多普勒频移 $\varphi = -\beta f$ 范围, 因此常取 $i \approx 1$。

$W_o(f) = W_{o0} f^o$: 考虑多普勒分辨要求 $\varphi_e \approx 1/T$, 而 $W_{o0} \approx \varphi_e$, 因此一般取 $o \approx 1$。

最佳频率 f_{opt} 应满足输出信干比

$$\lambda(f) = \frac{E_s(f)}{N_o(f) + E_r(f)} \tag{11.1.4}$$

最大, 即使

$$\frac{\mathrm{d}}{\mathrm{d}f}\left[\frac{N_0(f)+E_r(f)}{E_s(f)}\right]=\left(\frac{c_2}{c_1}\right)f^{n_1-n_2}\mathrm{e}^{2af^a r}+\left(\frac{c_3}{c_1}\right)f^{n_3-n_1}=0 \tag{11.1.5}$$

其中

$$\begin{aligned}
&c_1=E_0\sigma_{T0}/4\pi r^4, && n_1=u+t\\
&c_2=N_0W_0\Theta_0\Phi_0/4\pi, && n_2=n+o+\psi+\theta\\
&c_3=\begin{cases} E_0\sigma_{s0}\Theta_0 c/8\pi W_{i0}r^3, & n_3=u+s+\theta-i\quad(\text{表面混响})\\ E_0\sigma_{v0}\Theta_0\Phi_0 c/4\pi W_{i0}r^2, & n_3=u+v+\phi+\theta-i\quad(\text{体积混响})\end{cases}
\end{aligned}$$

解式 (11.1.5) 可求得最佳频率与 r、E_{0r}/N_0 和各指数幂的关系

$$f^a=\left[(n_1-n_3)\left(\frac{E_r(f)}{N_o(f)}\right)-(n_1-n_2)\right]\Big/2\alpha_0 ra \tag{11.1.6}$$

根据式 (11.1.1), 可得

$$\frac{\mathrm{d}}{\mathrm{d}f}\left[\log E_s(f)\right]=-2\alpha_0 af^{a-1}r \tag{11.1.7}$$

因此由式 (11.1.6) 和式 (11.1.7), 可得

$$\frac{\mathrm{d}}{\mathrm{d}f}\left[\log E_s(f)\right]\Big|_{f=f_{\mathrm{opt}}}=\left[(n_1-n_3)\frac{E_r(f_{\mathrm{opt}})}{N_o(f_{\mathrm{opt}})}-(n_1-n_2)\right]\Big/f_{\mathrm{opt}} \tag{11.1.8}$$

式 (11.1.8) 意味着主动声呐最佳频率是使回波能量的对数衰减率和包括混响因素在内所有其他衰减因素所引起的信干比 $E_{os}/(E_{or}+N_o)$ 的对数变化率大小相等而符号相反。若用对数坐标来描绘这种 f_{opt} 和 r 的关系 (图 11.1.1), 则是斜率为 $(-1/a)$ 的直线[200]。如果能确定 E_{os}, E_{or}, N_o 以及各有关物理量的幂次, 由式 (11.1.8) 可以获得最大作用距离为 r 时的声呐最佳频率 f_{opt}, 同时也可获得声呐信道容量最大时的工作频率。

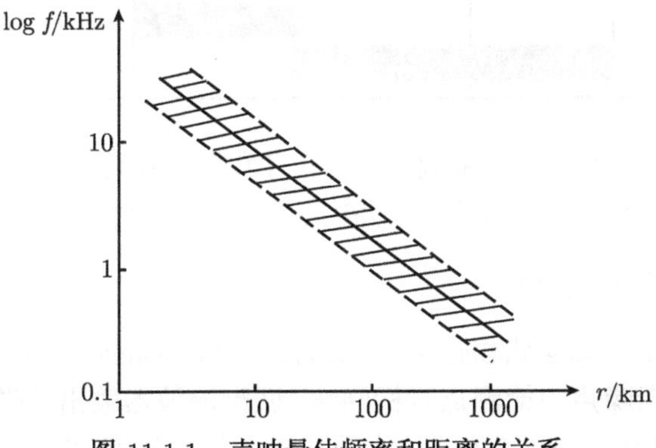

图 11.1.1 声呐最佳频率和距离的关系

然而, 式 (11.1.7) 或图 11.1.1 中直线关系只提供声呐工作频率一个选择原则, 实际系统和声呐条件往往不存在严格的频率幂次关系。例如, 海洋传输信道, 特别是浅海信道, 由于存在复杂的波导效应, 声传输最佳频率不是越低越好, 要根据使用海区水深、海底类型以及季节条件来选择最佳频率。对于一般声呐系统的最佳频率选择, 在参考上述选择原则后, 再凭经验对各种可能影响因素折中选择, 其范围是较宽的 (如图 11.1.1 中斜线影区)。

决定频率的主要因素是所要检测的目标距离、所要求的目标分辨尺寸以及目标本身的反射强度 (目标强度)。对近程小尺寸分辨要求的声呐系统, 工作频率可取得高一些, 这样, 信号信息带也可以宽些, 能保证信号是窄带高分辨率; 但对于远程, 由于衰减和传输条件的复杂性, 工作频率一般要选择低频。近代远程反潜所面对的是新型隐身潜艇 (外表敷设吸声材料), 采用频率甚至在几百赫兹以下。而对于一般近程小目标 (如探雷、探鱼等声呐), 频率可取到几十千赫到几百千赫。

表 11.1.1 给出了当前几种主动声呐所使用的大致频率范围。

表 11.1.1　主动声呐工作频率范围

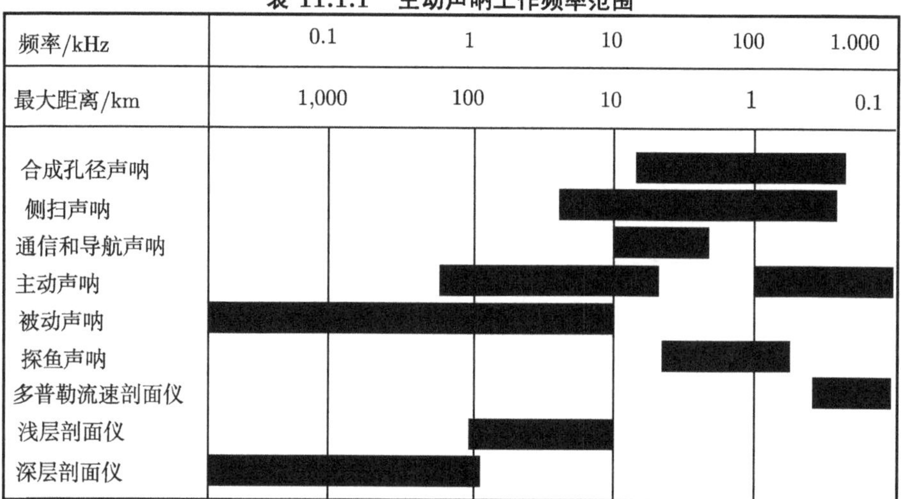

低频主动声呐频率主要的限制是基阵尺寸和发射器功率, 太低频率的基阵尺寸不但有可能使实际系统所不容许, 其功率还受到海洋生物保护的国际法规约束。

11.1.2　波形长度 T 的选择

就经典检测理论或匹配滤波器理论而言, 声呐波形的长度 T 要求越大越好。这是因为在白色高斯噪声中检测点目标回波, 匹配滤波器输出信噪比主要与信号能量有关, 在发射功率限制的条件下, 主要决定于信号长度 T; 另外, 为了提高目标速度分辨力, 也要求 T 越大越好。信噪比与 T 是 3dB 倍增关系, 而速度分辨率

$\delta_\nu = c/(2f_0T)$ 与 T 成反比, 但对于实际声呐系统和环境, T 的增大受到以下几个方面的限制。

(1) 盲区。声呐在发射信号期间 (即 T 秒内) 接收机不能正常工作, 因此, 在 $(cT/2)$ 距离内的目标将不能被检测到。对于主动声呐, 这一不可检的距离称盲区。若最小检测距离是 r_0, 则信号 T 应不大于 $2r_0/c$, 如采用相控波束发射, 则相应盲区还会增加。例如, N 个波束扫描发射, 盲区是 $NcT/2$, 对同一 r_0, T 还得减小 N 倍。

(2) 混响限制。对于功率受限制的发射信号, 作为声呐干扰的混响通常与信号长度也有接近 3dB 的倍增关系。因此, 在混响干扰条件下, 增加信号长度并不增加输出信混比, 特别在回波衰减比混响快的情况 (图 1.5.3) 下, 增加 T 并不利于混响中目标的检测。

(3) 信道起伏影响。正如第六章中指出的, 信道的起伏必将产生回波的时间衰落 (频率扩展), 匹配滤波检测必然产生检测损失 (见 10.8 节)。又如, 目标急拐弯或加速运动时, T 太大会使回波不满足小时间带宽条件, 匹配滤波器输出产生加速失配损失 (见 2.9 节)。一般情况下, T 应小于信道 (包括目标散射) 的相干时间, 并使目标的径向速度在 T 时期内的变化为 $\Delta\nu_T \leqslant c/(2f_0T)$。

(4) 设备限制。如果要求过高的速度分辨, 匹配滤波的频移匹配数就会很多 (其数为 $(2Tf_0v_m/c)$ 个), 增加了设备的复杂性。

一般 T 的选择主要考虑目标的远近和回波起伏的大小, 以保证满足相干检测条件。

11.1.3 波形带宽的选择

同样, 声呐波形带宽也有两个要求和三个限制。两个要求是混响中检测低速目标的能力和目标距离分辨率。理论上, 在均匀混响中检测点目标回波 (不动目标回波) 的匹配滤波检测增益与信号带宽成 3dB 倍增关系 (而且带宽 B 越大, 混响越均匀), 而距离分辨率与信号带宽成反比 ($\delta_r = c/2B$)。三个限制是:

(1) 多途或目标距离延伸限制。正如 6.6 节和 10.8 节中指出的, 目标回波的时间扩展必将引起回波的 (频率) 衰落, 而使匹配滤波检测带来损失 —— 落在信号距离分辨单元内的回波能量减小。因此, 一般使波形距离分辨率 $\tau_e = 1/B$ 不小于目标回波的时间扩展 L(或 $B \leqslant 1/L$)。

(2) 频散效应。由于 B 太宽, 信道不满足窄带条件, 必须考虑由于传输信道的频率不均匀性所产生的波形畸变; 对于运动目标, 由于 B 太大, 回波也不能看成只有频移效应的回波, 应考虑宽带多普勒效应 (见 2.9 节), 因此选定 f_0 后, B 不大于 f_0 的 25%, 如果被检目标可能最大速度是 v_m, 那么, 为了保证窄带匹配, 应有 $B \leqslant c/2vT_m$ 或 $BT \leqslant c/2v_m$ 的限制。

(3) 设备限制。除了要求增加必要的宽带匹配和基阵的均匀频响以外, 还要考虑处理机的运算速度要求, B 增大, 相应的数字处理中抽样频率要增加, 计算容量和速度也相应增加, 不可避免地造成系统实时处理设备的复杂性。

实际声呐设备中, 波形带宽选择主要决定于被检测目标的容许分辨尺寸和介质传输信道所容许的信息带宽 (满足窄带条件), 近距离检测小目标, 频率可高些, 带宽可取大于数千赫以上; 但对于远程检测, 带宽只能取数百赫 (甚至小于 100Hz)。

以上关于 f_0、T 和 B 的选择只是原则性的, 在以后各节中还将进一步结合声呐最佳波形来讨论 T 和 B 对检测性能的影响。

此外, 还有一些参数, 如声呐基阵孔径、波束宽度、搜索率等空间波形参数, 也要根据声呐使用环境和要求选取适当值, 这里不再讨论。

11.2 波形对匹配滤波检测的影响

第十章曾经指出, 由于信道的扩展和干扰的非白性, 匹配滤波器检测并不是最佳的接收机检测。但实际系统设计都采用与发射信号相匹配的匹配滤波器, 而以选择最佳的发射信号形式来提高匹配滤波器的检测性能。在第八章里, 也已经从目标信息观点上讨论了匹配滤波的几种最佳波形, 这里我们从回波检测观点上讨论匹配滤波最佳波形设计的基本原理。

11.2.1 匹配滤波检测中波形优化原理

根据一般接收机的输出信噪比表示式 (10.4.6), 对于匹配滤波器接收机, 其权重波形 $z(t)$ 就是发射波形 $u(t)$, 因此匹配滤波输出信噪比是

$$\lambda_m = \frac{\displaystyle\int_0^{T_1}\int_0^{T_1} u^*(t)R_s(t,t')u(t')\mathrm{d}t\mathrm{d}t'}{\displaystyle\int_0^{T_1}\int_0^{T_1} u^*(t)R_I(t,t')u(t')\mathrm{d}t\mathrm{d}t'} \tag{11.2.1}$$

$R_s(t,t')$ 和 $R_I(t,t') = R_r(t,t') + R_n(t,t')$ 分别是回波和干扰相关函数 (式 (6.8.1)), 其中 $R_s(t,t')$ 和 $R_r(t,t')$ 是与 $u(t)$ 有关的。对于 WSSUS 的目标回波和混响信道, 上式可表示为式 (10.8.1) 的形式

$$\lambda_m = \frac{\displaystyle\iint P_{Ss}(\tau,\varphi)\Psi_u(\tau,\varphi)\mathrm{d}\tau\mathrm{d}\varphi}{\displaystyle\iint P_{Sr}(\tau,\varphi)\Psi_u(\tau,\varphi)\mathrm{d}\tau\mathrm{d}\varphi + N_0E_u} \tag{11.2.2}$$

所谓最佳波形就是式 (11.2.2) 在给定目标回波和混响信道散射函数的条件下使匹配滤波检测获得最大输出信噪比的信号形式。

类似 10.4 节, 引入归一化散射函数和归一化信号模糊度函数, 将上式表示为类似式 (10.4.9) 的形式

$$\lambda_m = \frac{\lambda_0 \hat{E}_s}{\rho\lambda_0 \hat{E}_r + 1} \tag{11.2.3}$$

式中, $\lambda_0 = E_s/N_0$ 和 $\rho = \sigma_r^2/\sigma_s^2$ 分别是式 (10.4.10) 定义的匹配滤波器的最大输出信噪比和混响对信号强度比, 而

$$\hat{E}_s = \iint \hat{P}_{Ss}(\tau,\varphi)\hat{\Psi}_u(\tau,\varphi)\mathrm{d}\tau\mathrm{d}\varphi \tag{11.2.4}$$

和

$$\hat{E}_r = \iint \hat{P}_{Sr}(\tau,\varphi)\hat{\Psi}_u(\tau,\varphi)\mathrm{d}\tau\mathrm{d}\varphi \tag{11.2.5}$$

分别称为匹配滤波输出目标回波和输出混响的归一化平均功率, 物理上分别表示目标散射和混响散射分布区内信号模糊度占有空间的体积。

数学上, 类似式 (10.4.14), 将满足积分方程

$$\int_0^{T_1} R_I(t,t')u(t')\mathrm{d}t' = \mu_m \int_0^{T_1} R_s(t,t')u(t')\mathrm{d}t' \tag{11.2.6}$$

最小 $\mu_m = 1/\lambda_m$ 的解 $u(t)$ 称为匹配滤波器检测的最佳波形。同样 (见式 (10.4.17)) 可取

$$F'(t,t') = \int_v^{T_1} R_s(t,t'')[R_I(t'',t')]^{-1}\mathrm{d}t'' \tag{11.2.7}$$

而将式 (11.2.5) 写成类似式 (10.4.16) 的形式

$$\int F_u'(t,t')u(t')\mathrm{d}t' = \lambda u(t) \tag{11.2.8}$$

但和解式 (10.4.16) 不同的是, 积分方程式 (11.2.6) 或式 (11.2.8) 中, $R_r(t,t')$ 和 $R_I(t,t')$ 或 $F_u(t,t')$ 本身都与所求的 $u(t)$ 有直接关系, 因此求解过程本身是求泛函极值问题。

如果将波形 $u(t)$ 用矢量形式 $\boldsymbol{u}$ 表示, 类似式 (10.4.12), 可写式 (11.2.3) 为矩阵形式

$$\lambda_m = \frac{\lambda_0 \boldsymbol{u}^\dagger \boldsymbol{C}_s \boldsymbol{u}}{\boldsymbol{u}^\dagger[\lambda_0\rho\boldsymbol{C}_r + I]\boldsymbol{u}} = \lambda_0 \frac{\boldsymbol{u}^\dagger \boldsymbol{C}_s \boldsymbol{u}}{\boldsymbol{u}^\dagger \boldsymbol{C}_I \boldsymbol{u}} \tag{11.2.9}$$

使 λ_m 最大的 $\boldsymbol{u}$ 就是最佳波形矢量。由于 $\boldsymbol{C}_r$ 或 $\boldsymbol{C}_s$ 与 $\boldsymbol{u}$ 有关, 因此, 由式 (11.2.9) 确定最佳矢量 $\boldsymbol{u}$ 的问题也是在以 $|\boldsymbol{u}|^2 = 1$ 的能量约束条件下的矩阵泛函极值求解问题。虽然可以用文献 [181] 提出抽头延迟线模型方法通过计算机非线性规划的标准程序获得最佳 μ 的解, 但一般泛函极值求解没有一个直接而简单的方法。

简单的迭代程序可获得方程 (11.2.8) 的近似解, 方法如下: 首先根据经验选择一个起始 $u_0(t)$, 根据 $u_0(t)$ 和估计环境参数即 P_{Ss} 和 P_{Sr}, 确定对应于 $u_0(t)$ 的 $R_{s0}(t,t')$ 和 $R_{r0}(t,t')$, 再由方程 (11.2.8) 确定最大 λ_1 的解 $u_1(t)$, 相对于 $u_1(t)$, 同样由 P_{Ss} 和 P_{Sr} 来确定 $R_{r0}(t,t')$ 和 $R_{r1}(t,t')$, 从而同样由式 (11.2.3) 获得最大 λ_2 的最佳波形 $u_2(t),\cdots$, 如此反复直到 $\lambda_{n+1}\approx\lambda_n$, 而 $u_{n+1}(t)\approx u_n(t)$ 就是近似最佳波形, 这里要求 $\lambda_1<\lambda_2<\lambda_n$, 显然, $u_0(t)$ 的选择对迭代过程的快慢是重要的。

回过头来再看式 (11.2.2) 的物理意义。图 11.2.1 形象地给出了回波和混响信道实际上可能出现的四种散射分布情况。图中浅灰区表示混响散射区, 深灰区表示目标散射区, 黑圈线表示最佳波形的模糊度分布区。根据式 (11.2.2), 对于给定目标和混响的散射分布, 所谓匹配滤波器检测的最佳波形是指其模糊度函数在 τ-φ 空间的主要部分能覆盖目标回波的散射区, 同时又最少地和混响散射区有重叠, 或者说使目标回波的主要能量最大地集中在该波形的分辨单元内, 同时使这个分辨单元内包含的混响能量最少。因此, 对于图中四种目标和混响分布配置情况, 检测均匀分布混响中的目标 (图 (a)) 和检测与混响散射区完全可分离的目标 (图 (b)), 波形设计和选择主要是其模糊度函数对目标散射函数的完全匹配, 但对于目标回波和混响散射函数有交叉的 (图 (c)) 和半可分离 (图 (d)) 情况, 最佳波形的设计或选择要折中考虑其分辨单元内的回波能量相对最大而混响能量相对最小。

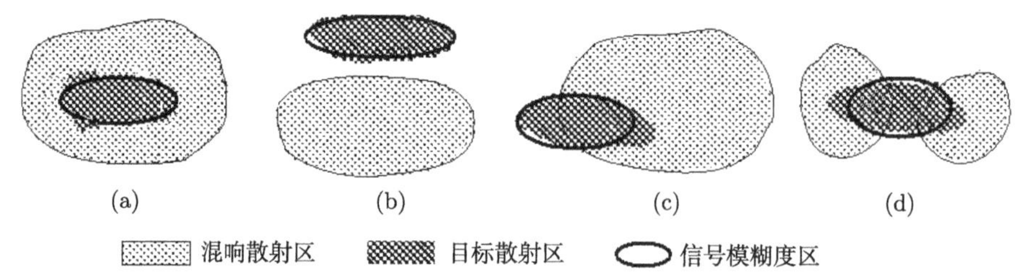

图 11.2.1　分布不同的混响和目标散射情况下波形选择示意图

(a) 不可分离混响; (b) 可分离混响; (c) 和 (d) 半可分离混响

如果相应于最佳波形的匹配滤波输出信干比是 λ_{opt}, 和最佳接收机式 (10.4.31) 一样, 一般也有

$$\lambda_m<\lambda_{\text{opt}}<\lambda_0$$

对于如图 11.2.1(a) 所示的均匀混响背景中回波检测的情况, 即 $E_r=\sigma_{r0}^2$ 或 $\hat{E}_r=1$, 式 (11.2.3) 可写成

$$\lambda_m=\frac{\lambda_0}{\rho\lambda_0+1}\hat{E}_s \tag{11.2.10}$$

而对于图 11.2.2(b) 所示的完全可分离的回波检测情况, 可认为是 E_r=0 的噪声背

景中的回波检测, 这时, 式 (11.2.3) 变成

$$\lambda_m = \lambda_0 \hat{E}_s = \lambda_0 \iint \hat{P}_{Ss}(\tau,\varphi)\hat{\Psi}_u(\tau,\varphi)\mathrm{d}\tau\mathrm{d}\varphi \tag{11.2.11}$$

式 (11.2.10) 和式 (11.2.11) 均表示最佳波形的设计是比较宽容的, 都意味着任何波形只要其模糊度函数主峰能够覆盖目标的扩展范围, 那么都是最佳波形。在后面的 11.8 节, 还要讨论如何根据信道散射函数综合模糊度函数和根据模糊度函数综合波形问题。

如果目标回波是无扩展理想的点目标回波 $P_{Ss}(\tau,\varphi) = \sigma_{s0}^2\,\delta(\tau,\varphi)$, 则对噪声背景中匹配滤波检测可达到式 (3.2.18) 所表示的理想最大输出信噪比: $\lambda_m = \lambda_{\rm opt} = \lambda_0$。只要存在混响背景, 则匹配滤波输出信干比 $\lambda_m = \lambda_{\rm opt} < \lambda_0$。, 但两种情况的 $\lambda_{\rm opt}$ 均只与信号能量有关而与信号形式无关。

11.2.2 混响中目标检测特例

作为特例, 我们讨论浅海声呐中常见的情况, 即均匀分布混响中动目标回波检测的最佳波形选择问题, 这时目标回波和混响散射函数可表示为

$$\left.\begin{aligned} P_{Ss}(\tau,\varphi) &= \sigma_s^2\hat{P}_{Ss}(\tau,\varphi-\varphi_s) \\ P_{Sr}(\tau,\varphi) &= \sigma_r^2 W_r(\varphi) \end{aligned}\right\} \tag{11.2.12}$$

其中, φ_s 是目标运动多普勒频移中心; $W_r(\varphi)$ 是混响对称频移分布。波形选择问题和式 (10.5.30) 类似, 但这里讨论的是匹配滤波器最佳波形问题。因此, 匹配滤波输出信干比是

$$\lambda_m = \frac{\lambda_0 \hat{E}_s}{\rho\lambda_0 \displaystyle\int W_r(\varphi)Q_u(\varphi)\mathrm{d}\varphi + 1} \tag{11.2.13}$$

式中, $Q_u(\varphi)$ 是式 (2.5.37) 引入的 $u(t)$ 模糊度 Q 函数 [5], 即波形 $u(t)$ 的模糊度函数 $\psi_u(\tau,\varphi)$ 在频移为 φ 时的轴剖面投影面积

$$Q_u(\varphi) = \int \hat{\Psi}(\tau,\varphi)\mathrm{d}\tau \tag{11.2.14}$$

对应的匹配滤波输出混响是

$$E_r = \sigma_r^2 \int W_r(\varphi-\varphi_s)Q_u(\varphi)\mathrm{d}\varphi \tag{11.2.15}$$

因此, 在能量限制条件下的最佳波形, 其模糊度 Q 函数在混响所对应频移分布区的全部范围内最小。

对于静态混响中的动目标回波检测, 由于 $W_r(\varphi) = \delta(\varphi)$, 式 (11.2.15) 变成

$$E_r = \sigma_r^2 Q(\varphi_s) \tag{11.2.16}$$

要求最佳信号的模糊度函数在 $\varphi = \varphi_s$ 的剖面面积最小。图 11.2.2(a) 中所示的单频长脉冲 CWL 信号显然是静态混响中检测动目标最佳的信号形式。考虑到目标运动起伏, 脉冲长度 T 的选择决定于目标回波可能的多普勒变化范围 (多普勒扩展量 W), 即要求 $T < 1/W$。

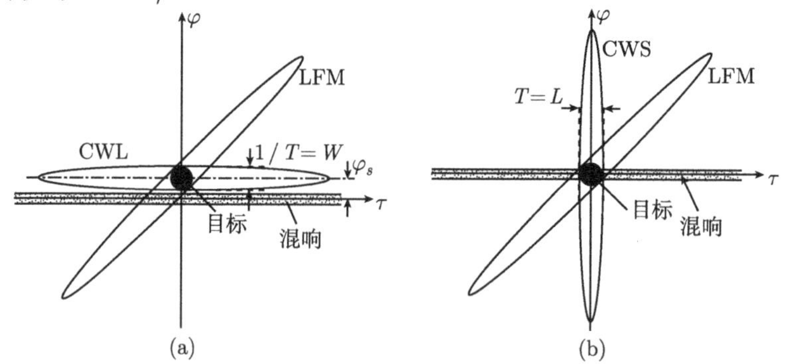

图 11.2.2　静态混响中检测扩展目标回波的最佳波形示意图

(a) 运动目标; (b) 静态目标

但如果静态混响中检测不动的延伸目标回波, 即 $\varphi_s = 0$, 且 $W_r(\varphi) = \delta(\varphi)$, 而

$$\left.\begin{aligned} P_{Ss}(\tau,\varphi) &= \sigma_s^2 \hat{P}_{Ss}(\tau)\delta(\varphi) \\ P_{Sr}(\tau,\varphi) &= \sigma_r^2 \delta(\varphi) \end{aligned}\right\} \tag{11.2.17}$$

根据式 (2.5.36), $\psi_u(\tau,0) = |R_u(\tau)|^2$, 因此

$$Q(0) = \int \left|\hat{R}_u(\tau)\right|^2 \mathrm{d}\tau \tag{11.2.18}$$

而根据式 (2.7.1), 输出混响式 (11.2.18) 可写为

$$E_r = \sigma_r^2 Q(0) = \sigma_r^2 \tau_e \approx \frac{\sigma_r^2}{B_e} \tag{11.2.19}$$

其中, τ_e 是信号 $u(t)$ 的时间分辨常数; B_e 是式 (2.7.6) 引入的信号 $u(t)$ 的有效带宽。可见输出混响是随信号有效带宽 B_e 成反比 (3dB 倍减), 而匹配滤波输出信干比式 (11.2.13) 可表示为

$$\lambda_m = \frac{\lambda_0 \displaystyle\int \hat{P}_{Ss}(\tau)|\hat{R}_u(\tau)|^2 \mathrm{d}\tau}{\rho\lambda_0 \displaystyle\int |\hat{R}_u(\tau)|^2 \mathrm{d}\tau + 1} \tag{11.2.20}$$

这意味着最佳波形的设计是波形自相关函数 $R_u(\tau)$ 的设计：一方面使 $R_u(\tau)$ 曲线下的面积最小或者说要求信号带宽最大; 但另一方面又要求 $|R_u(\tau)|^2$ 主峰和目标回

波的延迟分布 $P_{Ss}(\tau)$ 有最佳的吻合。如果是理想点目标, 最佳信号显然是 $\delta(t)$, 一般取脉冲宽度 T 越短越好的单频短脉冲 CWS, 但对距离延伸目标, 最佳波形要求其时间分辨率 τ_e 不得小于回波的时间扩展宽度 L, 因此 CWS 的最佳脉宽 $T = L$, 如图 11.2.2(b) 所示。

然而, 正如在第四章所指出的, 单频脉冲 CWL 或 CWS 不可能同时具有时频高分辨特性, 因此在图 11.2.2 所示的两种情况下 $B = 1/L$ 和 $T = 1/W$ 的 LFM 信号也是最佳波形形式, 甚至带宽近似为 $1/L$ 的所有脉冲压缩信号也可能是最佳的。

但由于波形模糊度主峰 (分辨单元) 可能不能完全覆盖目标的散射区, 而且还可能保留一定的混响 (包括不可避免的旁峰内), 因此主峰宽度的选取也应以波形分辨单元内的信混比最大为依据。在 10.5 节中曾对 LFM 信号进行类似性能的分析 (见式 (10.5.31) 和图 10.5.4), 在后两节还会继续讨论。

11.2.3 最佳波形设计的实际限制

如前所述, 最佳波形的设计虽然要求其模糊度函数的中心区尽量远离混响散射区, 但最主要的还是要设计使其和目标散射区尽量重合 (匹配), 然而由于散射函数和模糊度函数的性质, 大多数场合设计完全匹配的波形是不可能的, 主要原因如下:

(1) 模糊度函数有对原点 $\tau = \varphi = 0$ 的中心对称性, 因此除非目标散射函数本身具有中心对称性, 否则不可能有一个波形的模糊度函数能与之完全匹配。然而, 就目标散射函数而言, 一般不具有中心对称性。

(2) 模糊度函数的可实现性。即使 $P_{Ss}(\tau, \varphi)$ 对称且已知, 能否有一种信号的模糊度函数和它匹配, 即 $\Psi_u(\tau, \varphi) = P_{Ss}(\tau, \varphi)$。即使有, 是否是某一可实现信号的模糊度函数, 要根据模糊度函数的唯一性定理 (式 (2.5.39)) 来判断, 但迄今未找到 $P_{Ss}(\tau, \varphi)$ 能满足使其成为某一信号的模糊度函数的充要条件。

(3) 模糊度体积空白区面积限制。文献 [44] 指出, 对于单峰模糊度, 邻近主峰原点四围完全空白区的面积不超过 1, 而一般实际连续的有限时间信号, 其模糊度体积没有完全空白区, 因此难以实现具有完全空白模糊度特定区的波形设计。

(4) 如果是检测时频均匀分布混响中的目标, 由于有限时间信号的模糊度体积不变性, 相同能量的信号不可能通过选择信号形式来降低匹配滤波输出混响, 这也是为什么均匀混响条件下无最佳波形的主要原因。

此外, 声呐波形设计还要注意以下几个问题:

第一, 上面有关波形最佳问题主要考虑窄带条件下的混响中信号检测, 但一个声呐系统通常还要顾及目标的分辨性能, 单纯为了检测, 不一定要求波形和信道匹配。若考虑分辨问题, 正如 8.10 节中指出的, 回波目标的占有空间 (或散射空间) 也必须和波形的分辨空间相匹配, 而在混响中目标分辨问题实际上也是多目标分辨问题, 也必须考虑到在波形分辨单元内的混响散射元数。这就是前面提到的最佳波形条件之一: 为了增加波形分辨单元内的信混比必须折中考虑波形体积大小, 例如有时为了抑制混响必须缩小波形模糊度主峰体积而损失目标回波部分能量。

第二, 注意到 W 和 f_0 的关系, 由于 $\varphi=-\beta f_0$, 因此窄带条件下的多普勒扩展带宽 W_r 可以靠降低载频来减小, 以使 $W_rT>1$ 的信道变成 $W_rT<1$ 的信道。

第三, 式 (11.2.2) 不适用宽带信号情况, 对于宽带情况, 要引入多普勒压缩系数 κ 来代替多普勒频移 φ (见式 (2.10.2))。因此, 无论是模糊度函数, 还是散射函数, 都需采用宽带形式, 即 $\Psi_u^{[\mathrm{K}]}(\tau,\varphi)$ 和 $P_{Ss}^{[\mathrm{K}]}(\tau,\varphi)$ (第 2.10 和 6.7 节)。而基于窄带模糊度函数定义的信号 Q 函数也应该是用宽带形式, 即

$$Q_u(\kappa)=\int\psi_u^k(\tau,\kappa)\mathrm{d}\tau \tag{11.2.21}$$

只是在考虑低速目标多普勒时可用窄带近似。

11.2.4　常用波形对声呐检测的适应性

如前所述, 实际系统要实现所要求的模糊度函数形式的信号是困难的, 只能通过试探和灵活修正, 以有利于 $P_{Ss}(\tau,\varphi)$ 的特征来选择和设计信号。为此, 第四章中提出的最基本的几种常用波形的信息特征及其对信道的适应性分别列于表 11.2.1 和表 11.2.2, 以提供选择常用声呐波形的基本原则, 实际采用的波形包括第四章中所讨论的其他常用波形也差不多是这几种基本波形的变形和组合。

表 11.2.1　常用波形的信息特征

信号形式	CWS	CWL	CMP	LFM	PRN
波形 $u(t)$	τ	T			
谱 $U(f)$	$1/\tau$		B	B	B
模糊度轮廓 $\lvert\chi(\tau,\varphi)\rvert$					
自相关波形 $R_u(\tau)$					

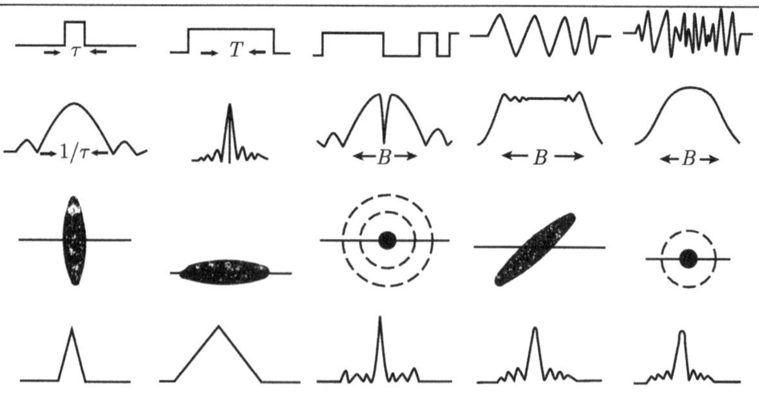

续表

信号形式	CWS	CWL	CMP	LFM	PRN
距离分辨率 $(\cdot c/2)$	0.6τ	$0.6T$	0.6τ	$0.88/B$	$1/B$
测距精度 $(\cdot c/2)$	$\pm 0.3\tau$	$\pm 0.3T$	$\pm 0.3\tau$	$\pm 0.3T$	$\pm 0.5/B$
速度分辨率 $(\cdot c/2f_0)$	$0.88/\tau$	$0.88/T$	$0.88/T$	$0.88/T$	$0.88/T$
测速精度 $(\cdot c/2f_0)$	$\pm 0.44/\tau$	$\pm 0.44/T$	$\pm 0.44/T$	$\pm 0.3B$	$\pm 0.44/T$
宽带多普勒容限	± 0.3	± 0.3	$\pm 1.2/N$	$\pm 1.74/TB$	$\pm 1.6/TB$
窄带多普勒容限	$\pm 0.44/\tau f_0$	$\pm 0.44/Tf_0$	$\pm 0.44/Tf_0$	$\pm 0.3B/f_0$	$\pm 0.44/Tf_0$
加速度容限	$\pm 1.74/\tau^2 f_0$	$\pm 1.74/T^2 f_0$	$\pm 1.74/T^2 f_0$	$\pm 1.74/T^2 f_0$	$\pm 1.74/T^2 f_0$

表 11.2.2 常用波形的信息特征及其对信道的适应性

	CWS	CWL	CMP	LFM/HFM	PRN/HOP
噪声中点目标检测	差 (分辨力高)	好	好	好	好
混响中点目标检测	好	差 (低速目标)	较好	较好	较好
运动目标检测	差	好	较好	较好	较好
距离延伸目标检测	差	最好	不好	不好	不好
快起伏点目标检测	好	差	较差	较好	较差
起伏延伸目标检测	较差	差	较差	好	较差
听测性能	一般	较好	差	好	差
隐蔽性	一般	差	好	差	好
相位定向性能	好	好	较差	较好	较差
搜索性能	方便 (盲区小)	差	差	较好	差
设备	简单 (积累)	简单 (谱分析)	复杂	较简单	复杂

关于目标回波匹配滤波检测的常用波形及其参量的最佳选择和设计问题, 后面还会进行进一步补充和讨论。

11.3 常用波形检测双扩展目标的性能分析

虽然理论上总可以有一个与环境匹配的最佳波形, 但实际上由于环境的随机时变空变性, 最佳波形也是不确定的, 因此精确设计是不必要的。近代大部分实际声呐均采用对使用环境比较宽容的常用声呐信号或其组合形式, 而根据前面的讨论, 声呐波形直接影响匹配滤波的检测性能在于两个方面, 一个是目标回波本身的时频扩展引起的回波失配程度, 另一个是匹配滤波输出在目标回波分辨单元内的平均混响功率大小。因此有必要就这两个问题进行讨论并比较第四章中的几种典型信号匹配滤波检测的适应能力[201]。

这一节主要讨论均匀分布混响或白色高斯噪声背景下, 不同信号匹配滤波对时频双扩展目标回波的检测性能影响, 特别是信号长度和频带宽度对目标扩展的适应能力。假定目标回波信道也是 WSSUS 的, 即目标可用散射函数 $P_S(\tau-\tau_s,\varphi-\varphi_s)$ 来描述, τ_s 和 φ_s 分别是目标回波延迟–多普勒扩展中心。

11.3.1　目标回波匹配滤波检测的扩展损失

11.2 节已经指出, 反映目标扩展对匹配滤波检测性能的影响的是其输出归一化功率 (式 (11.2.4))

$$\hat{E}_s=\iint \hat{P}_{Ss}(\tau,\varphi)\hat{\Psi}_u(\tau,\varphi)\mathrm{d}\tau\mathrm{d}\varphi \tag{11.3.1}$$

对于理想 (无扩展) 目标的回波, 归一输出功率 $\hat{E}_s=1$, 因此 $L_s=0$, 对于一般双扩展 (距离延伸和多普勒扩展) 目标回波, $\hat{E}_s<1$, 因此取 $\hat{E}_s$ 的对数

$$L_s=-10\log\hat{E}_s \tag{11.3.2}$$

就是式 (10.8.3) 所定义的以分贝为单位的目标回波扩展损失。可见它完全是由于目标扩展引起回波畸变而产生的损失, 与均匀背景干扰强度无关。如果干扰仅是均匀噪声背景, 根据式 (11.2.3), 匹配滤波输出信噪比损失就是回波的扩展损失

$$L_{S/N}=L_s \tag{11.3.3}$$

因此, 计算不同信号形式的目标回波扩展损失主要是根据目标回波信道的散射函数, 通过对匹配滤波输出回波的平均功率 $\hat{E}_s$ 的计算获得。同一扩展目标, 不同信号形式有不同的回波扩展损失, 损失大小决定于信号本身的模糊度特性。下面讨论几种常用信号形式对回波扩展损失的影响。

假定目标是距离上均匀扩展, 速度为高斯分布的散射体目标, 即相应的回波散射信道的归一化散射函数是

$$\hat{P}_S(\tau,\phi)=\frac{1}{2\pi LW}\mathrm{rect}\left(\frac{\tau}{L}\right)\exp\left(-\frac{\varphi^2}{2W^2}\right) \tag{11.3.4}$$

为简单起见, 采用扩展宽度分别为 L 和 W 的矩形时频双扩展的假设, 即回波和混响过程相应的信道归一化散射函数形式是

$$\hat{P}_S(\tau,\varphi)=\frac{1}{LW}\mathrm{rect}\left(\frac{\tau}{L}\right)\mathrm{rect}\left(\frac{\varphi}{W}\right) \tag{11.3.5}$$

代入式 (11.2.3), 获得以回波扩展量为参量的匹配滤波器归一化输出回波平均功率

$$\hat{E}_s(L,W)=\frac{1}{LW}\int_{-L/2}^{L/2}\int_{-W/2}^{W/2}\hat{\Psi}_u(\tau,\varphi)\mathrm{d}\varphi\mathrm{d}\tau \tag{11.3.6}$$

令 $\alpha=\tau/L,\beta=\varphi/W$, 则上式变成以回波扩展量为参量的匹配滤波器归一化输出回波表达式

$$\hat{E}_s(L,W)=\int_{-1/2}^{1/2}\int_{-1/2}^{1/2}\hat{\Psi}_u(L\alpha,W\beta)\mathrm{d}\alpha\mathrm{d}\beta \tag{11.3.7}$$

将归一化信号模糊度函数代入式 (11.3.7) 就可以计算出该信号匹配滤波输出回波的归一化功率。如果引入相对于信号时间分辨率 (带宽 B 倒数) 的归一化时间扩展量 $G=LB$ 和相对于信号频率分辨率 (长度 T 倒数) 的归一化频率扩展量 $F=WT$, 那么可以将归一化输出平均功率 $\hat{E}_s(l,w)$ 对 (L,W) 的关系式 (11.3.7) 换算为 $E_s(G,F)$ 对 (G,F) 的关系式。例如, 对于 CWL 单频长脉冲信号和 PRN 及 LFM 两种不同类型的脉冲压缩信号, 将它们的模糊度函数式 (4.1.10)、式 (4.2.15) 和式 (4.4.8) 代入式 (11.3. 7) 并分别转换为

$$\left.\begin{aligned}
E_{SL}(G,F)&=4\int_0^{1/2}\int_0^{1/2}\left\{\frac{\sin[\pi F\beta(1-G|\alpha|)]}{\pi F\beta}\right\}^2\mathrm{d}\alpha\mathrm{d}\beta\\
E_{SF}(G,F)&=2\int_0^{1/2}\int_{-1/2}^{1/2}\left\{\frac{\sin[\pi F\beta(1-G|\alpha|)(1-G|\alpha|)/N]}{\pi F\beta-G\alpha}\right\}^2\mathrm{d}\alpha\mathrm{d}\beta\\
E_{SP}(G,F)&=4\int_0^{1/2}\int_0^{1/2}\left\{\frac{\sin(\pi G\alpha)\sin[\pi F\beta(1-G|\alpha|)/N]}{\pi^2 FG\alpha\beta}\right\}^2\mathrm{d}\alpha\mathrm{d}\beta
\end{aligned}\right\}\quad(11.3.8)$$

通过数值积分方法可计算出该三种信号形式相应的输出回波的归一化平均功率。但对于大部分没有简单的模糊度函数解析表达式的常用信号, 可以用计算机模拟计算的方法, 直接计算信号归一化模糊度表面扩展参量 L 和 W 决定的矩形面积下的体积。该体积就是匹配滤波输出的平均峰值功率。

为了比较不同信号形式的持续时间 T 和带宽 B 对匹配滤波输出的影响, 以图 11.3.1(a)~(f) 所示持续时间 T 相同的六种常用信号为例: 图中 (a) 是具有馒头形模糊度函数的单频长脉冲 CWL; (b) 和 (c) 分别是两种刀刃形模糊度函数的线性调频信号 LFM 和双曲调频信号 (调制深度 $Q=0.9$) HFM; (d)、(e) 和 (f) 分别是三种具有图钉形模糊度函数特性的编码调相信号 CMP($M=31$)、伪随机信号 PRN 和 Costas 跳频信号 HOP($M=16$)。图上方给出了它们对应的波形和谱, 下方是其模糊度函数 $\psi(\tau,\varphi)$ 图。图中所有信号均为归一能量信号, 其中 PRN 信号虽不具有等幅度特性, 但其信号能量和其他信号是相同的。此外, 图示除 CWP 信号外的五种脉冲压缩信号的压缩系数 $N=TB$ 均近似取 32, 即所有脉冲压缩信号设计带宽均近似为 $32/T$, 但实际很难满足, 因此有效带宽不尽相同。如 31 位 M 序列码 CMP 调相信号要宽些而且有旁瓣, 其他如 HFM、PRN 和 HOP 信号的带宽也只指大致有效带宽, 因此 N 也只是大致值。

用模糊度体积数值计算方法对图 11.3.1 所示的六种信号进行模拟, 计算获得的相应的输出回波的归一化平均功率曲线分别如图 11.3.2(a)~(f) 所示, 曲线是以回波归一化扩展量 $G=LB$(或 L/T) 为参量, $F=WT$ 为变量绘制的。

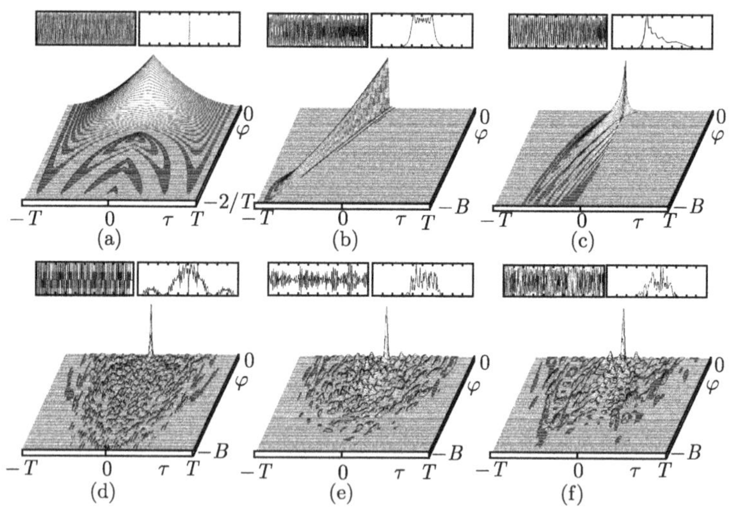

图 11.3.1　六种常用信号波形 $u(t)$ 和谱 $U(f)$(上) 以及其模糊度函数 (下)

(a) CWL; (b) LFM; (c) HFM($Q = 0.8$); (d) CMP($M = 31$); (e) PRN;(f) HOP($M = 16$)

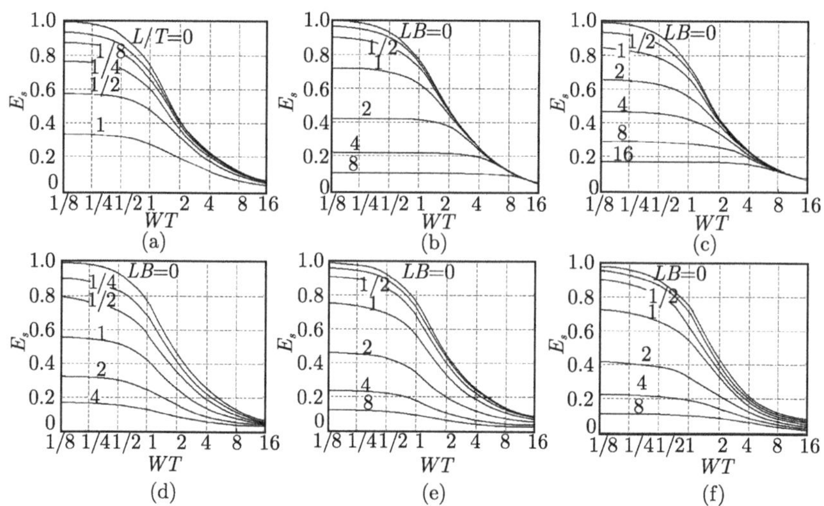

图 11.3.2　六种信号的回波匹配滤波输出功率与目标归一化扩展的关系

(a) CWL; (b) LFM; (c) HFM($Q = 0.8$); (d) CMP; (e) PRN; (f) HOP

仔细观察和比较图 11.3.1 的六种信号的输出平均功率曲线, 至少可以看到:

(1) 所有信号对 $L = 0$ 的起伏“点”目标回波的扩展损失 (即起伏损失) 随起伏带宽 W 或 $F = WT$ 的变化基本上一样, 在 $F < 1/2$ 时损失较小, 随着 $F = WT$ 接近和大于 1, 输出功率迅速减小。

(2) 对于 $W = 0$ 的距离延伸目标, 目标回波时间扩展 $L < 0.5/B$ 时, 两种脉冲

压缩信号损失也较小, 随着 L 增大和大于 1, 输出功率也接近相同, 同样迅速减小。

(3) 对于 $F > 1/2$ 和 $G > 1/2$ 的双扩展目标, 六种信号输出功率均随着 G 和 F 的增加有近似 3dB 递减的关系, 但变化趋势和敏感程度不一样。例如, 两种斜脊模糊度函数型的 LFM 和 HFM 信号, 回波输出平均功率只要 $F < G$ 都能保持不随 F 变化的特性。

(4) 图中对 $G = L/T$ 的 CWL 信号, 平均功率对 G 的变化更为敏感, 但实际上, 对 T 相同的信号, CWL 信号对应同样 L 的 G 是其他脉冲压缩信号的 $N = TB$ 倍。

以上这些特性可用波形模糊度函数和分辨理论来解释[202]。

11.3.2 常用波形匹配滤波检测的输出信噪比增益

前面我们考虑的目标回波的扩展损失是对能量归一化信号以理想目标回波为标准 (0dB) 定义的。更直接的是考虑对匹配滤波器本身的信噪比增益的影响, 根据式 (3.2.24), 理想情况匹配滤波器在噪声干扰背景下检测无畸变目标回波的输出信噪比增益是 $G_A = 10\log(2TB)$, 但由于匹配滤波输入噪声只与滤波器输入带宽 W_i 有关 (与 T 呈 3dB 倍增关系), 而与信号带宽 B 无关, 对于给定时间带宽乘积 TB 的信号, 匹配滤波检测扩展目标回波以分贝为单位的输出信噪比增益是

$$G_{\mathrm{S/N}}(\mathrm{dB}) = 10\log TW_i - L_s \tag{11.3.9}$$

前面指出, L_s 是与信号 T 和 B 有关的, 因此输出信噪比增益不但与 B 有关, 而且对 T 的 3dB 倍增的关系也不能保持。

图 11.3.3 是将图 3.3.2 中 L_s 的图示结果转换为以分贝为单位的输出信噪比 S/N 与 $F = WT$(或 T) 和 $G = LB$ (或 B) 的关系图, 这里, 只给出 CWL、CMP 和 LFM 三种信号的结果。由于我们关心的主要是能量归一信号的时宽 T 和带宽 B 对扩展目标回波匹配滤波输出 S/N 的影响, 比较各种信号随 WT 变化趋势的差异, 图 11.3.3 所示曲线是以 WT 或 T 为变量的函数, LB 或 $1/T$ 只作参量。图中一条为比较显示的斜直线是理想的 3dB 倍增关系线, 而图中 S/N 的 0dB 相对于 $LB = 0$ 和 $WT = 1/8$ 时的 L_s 值 (实际上具体取值位置无关紧要)。

分析图 11.3.3 可以看到:

(1) 所有信号 (包括没有画出的 PRN、HOP 和 HFM 信号) 当 $G < 1(B < 1/L$ 或 $T < 1/L)$ 时, 信噪比增益均基本上保持与 B 无关 (损失不到 1dB), 但随 $G > 1$ 后所有信号均随 G (L 或 B) 呈 3dB 倍减的关系。

(2) 所有信号当 $F < 1(T < 1/W)$ 时, 信噪比增益均随 F 的变化有近 3dB 倍增的关系, 但随着 F 的继续增大, 增益逐渐接近常数。

(3) CWL 信号虽然在 $G>1$ 后变化始终保持随 G 呈 3dB 倍减的关系, 但由于 CWL 信号的 $G=L/T$, 因此相对于同样 T 的信号, CWL 对 L 的适应能力比其他脉冲压缩 N 倍的信号要大 N 倍 (图中 N=32)。

(4) LFM 和 HFM 两种调频信号在对 G 的 3dB 倍减和对 F 的 3dB 倍增关系一直可以维持到 $F=G$ 或更大。其实这两种信号本来就具有多普勒不变性, 因此对频率的扩展不敏感, 而且对运动目标回波匹配滤波输出一般是以宽带模糊度函数形式出现的, 因此 HFM 信号对目标回波的扩展的适应性实际比图示 (按窄带形式计算的) 的更强。

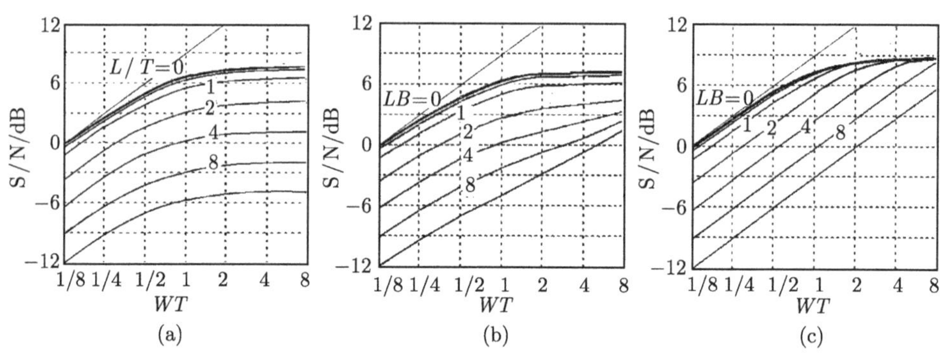

图 11.3.3　三种常用声呐信号的回波输出信噪比损失 $L_{S/N}(F,G)$

(a) CWL; (b) CMP; (c) LFM

11.3.3　匹配滤波检测输出信混比损失与波形的关系

根据式 (11.2.3), 回波扩展引起的输出信干比损失可表示为

$$L_{S/I}=10\log(\lambda_0/\lambda_m)=10\log(\rho\lambda_0\hat{E}_r+1)+L_s \tag{11.3.10}$$

而在 $\rho\gg 1$ 的纯混响背景条件下, 根据式 (11.2.4), 匹配滤波器检测双扩展目标回波的输出信混比近似为

$$\lambda_m=\lambda_{r0}(\hat{E}_s/\hat{E}_r) \tag{11.3.11}$$

式中, $\lambda_{r0}=1/\rho=(\sigma_s/\sigma_r)^2$, 因此输出信混比损失为

$$L_{S/R}=-10\log(\lambda_m/\lambda_{r0})=L_s+10\log E_r \tag{11.3.12}$$

可见即使目标没有扩展, 输出信混比也会有损失, 该损失不但与混响背景分布有关, 而且与信号形式有关。

对于相对静止均匀分布的混响 $\delta(\varphi)$ 根据式 (11.2.13) 和式 (11.2.19), 输出混响可近似认为与信号有效带宽成反比, 以分贝为单位的输出信混比增益可近似表示为

$$S/R(\mathrm{dB})=-L_{S/R}=10\log Q_u(0)-L_s\approx 10\log B_e+L_s \tag{11.3.13}$$

上式表明, 对于 $L_s = 0$ 的理想点目标回波, 输出信混比大致与信号带宽 B 呈 3dB 倍增关系, 而与信号时间宽度 T 无关。但对于扩展目标回波, 这种关系也不再保持。

图 11.3.4 是以 $G = LB$(或 B) 为变量, $F = WT$ 为参量的 S/R 的数值模拟计算的曲线, 并以 $WT = 0$ 和 $LB = 1/8$ 时的 L_s 值为 S/N 的 0dB(具体取值位置也无关紧要), 图 11.3.4 也只取和图 11.3.3 一样的三种典型信号形式。

根据图 11.3.4, 比较不同信号检测扩展目标回波的输出信混比可知:

(1) 除 CWL 外, 所有脉冲压缩信号当 $F = WT < 1(T < 1/W$ 或 $T < 1/L)$ 时, T 的变化引起的信混比增益损失不到 1dB, 因此基本上可近似认为与 T 无关, 但随 $F > 1$ 后, 所有信号至少在 $G < 1$ 范围内均随 F 有 3dB 倍减的关系。

(2) 所有信号当 $G = LB < 1$ $(B < 1/L)$ 时, 双扩展回波匹配滤波增益与 G (或 B) 基本上保持理想的 3dB 倍增关系。

(3) 随着 $G > 1$ (或 $B > 1/L$), S/R 对 $F < 1(T < 1/W)$ 逐渐趋向于一个与 G 或 B 无关的恒定值, 该恒定值对 CWL 信号出现在 $B > 1/L$, 对三种图钉型特性的 CMP、PRN 和 HOP 信号出现在 $B > 2/L$, 而对 LFM 和 HFM 信号出现在 $G \geqslant F(B \geqslant WT/L)$, 这也说明, 这两种信号对目标的时频扩展有较好的宽容性。

(4) 对于 CWL 信号, 由于其带宽 $B = 1/T$ 比同样 T 的脉冲压缩信号小 N 倍, 因此 CWL 信号对同样的 L 要达到和等效于带宽为 B 的脉冲压缩信号的适应效果, 信号 T 可减小 N 倍, 即变成 $T = 1/B$ 的 CWS 信号。

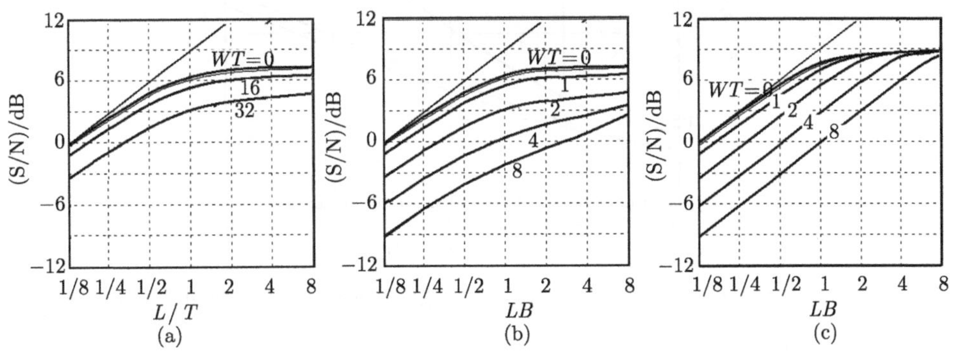

图 11.3.4 三种常用声呐信号的回波输出信混比损失 $L_{S/N}(F, G)$

(a) CWL; (b) CMP; (c) LFM

要说明的是同一类型的信号形式, 即使 TB 相同, 不同的生成方式 (如 CMP 和 PRN 的不同编码方式或滤波特性, HOP 不同的跳频规律以及 HFM 的不同调制曲率等), 图 11.3.2 相应的曲线特性也会稍有不同。

11.3.4　LFM 回波的 RADON 变换检测方法

由图 11.3.3 和图 11.3.4 可以看到, 由于 LFM 和 HFM 信号模糊度的直线刀刃峰特性, 因此比其他信号在检测 (距离和多普勒) 扩展目标更具有优越性。实际上正如在 8.9 节指出的, 由于 LFM 信号的时频分布 (WVD) 和模糊度函数 (AMF) 直线斜峰特性, 利用 RADON 变换方法可对相干目标回波 WVD 图或匹配滤波输出互模糊度图进行直线峰值积累 (图 8.9.5), 以进一步抑制回波衰落所引起的峰值起伏、平滑旁瓣和非平稳的背景干扰, 其实际效果既达到甚至优于 LFM 信号的高分辨性能, 又能达到 CWL 信号抑制背景干扰的能力[275]。

仿真比较了 TB=100 的 LFM 信号对理想目标回波的 WVD 后置积累前后信干比关系曲线[277], 如图 11.3.5 所示。可以看到, 即使小信干比条件, RADON-WVD 也能提高 3~5dB(与信号 TB 乘积、目标回波的相干性和混响的均匀性有关) 以上的增益。这里要说明的是, 虽然图 8.9.5 对应的是噪声背景, 但对随机分布混响干扰, LFM 混响 WVD(图 9.7.2) 也具有随机无斜峰脊特性, 因此对目标回波 RADON-WVD 的检测同样有效。图 11.3.5 中也给出了同样目标回波的匹配滤波输出互 AMF 后置积累的结果, 但其效果不明显, 这是由于无论是噪声还是混响干扰, LFM 匹配滤波输出互 AMF 均存在着与目标回波类似的峰脊特性。

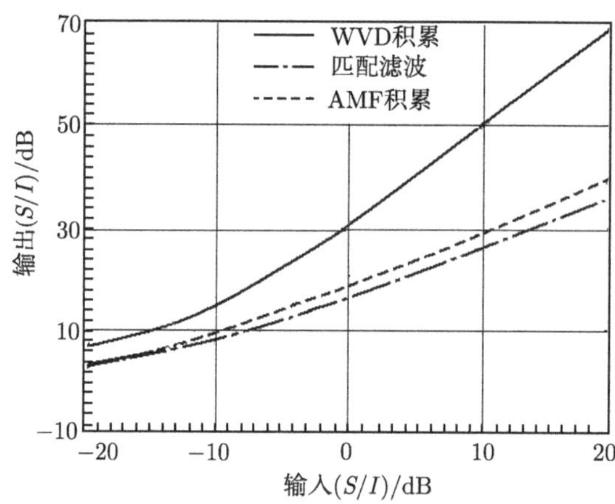

图 11.3.5　LFM 回波 WVD、AMF 后置积累以及匹配滤波输入输出信干比关系

11.4　混响中动目标检测的波形选择

上一节讨论了均匀背景干扰中匹配滤波输出因目标回波时频扩展引起的信干比损失, 比较了几种常用波形及其持续时间和带宽参量对目标回波扩展损失的影响。实际上正如第十章指出的, 即使是理想点目标回波, 如果背景干扰是非均匀的,

不同信号形式的匹配滤波输出性能也不相同。这一节进一步讨论几种常用声呐信号在混响中检测动目标回波的最佳选择问题。

11.4.1 波形模糊度 Q 函数和动目标检测

考虑无扩展损失 ($L_s = 0$) 的运动点目标回波情况, 散射函数为

$$P_{Ss}(\tau, \varphi) = \sigma_s^2 \delta(\tau - \tau_s, \varphi - \varphi_s) \tag{11.4.1}$$

τ_s 是回波的到达时间 (延时), φ_s 是相对于目标径向速度的回波多普勒频移, 并假定形成混响的散射体在距离上的分布是均匀的, 其多普勒频移分布是 $W_r(\varphi)$。

完全匹配时 $E_s = \sigma_s^2$, 可获得最大的输出信干比, 即 $\hat{E}_s = 1$ 的式 (11.2.13)。而在与目标多普勒完全匹配的输出通道, 根据式 (11.2.15), 对应的输出混响是

$$E_r = \sigma_r^2 \int W_r(\varphi) Q_u(\varphi + \varphi_s) \mathrm{d}\varphi \tag{11.4.2}$$

因此对于给定的混响散射区, 匹配滤波输出混响的大小只决定于信号模糊度函数的多普勒剖面分布 (Q 函数) 特性, 即 $Q_u(\varphi)$ 落在混响多普勒分布范围内的多少。如果 φ_s 偏离混响多普勒分布区较远 (较高速度的运动目标), 正如图 11.2.2(a) 指出的, 长脉冲信号 CWL 当然是最佳的选择, 但如果检测的是与混响散射区邻近的低速目标, 就必须考虑邻近信号模糊度函数主峰附近频移向的体积分布。

为简单起见, 只考虑均匀分布静态混响中低速动目标检测问题, 即混响的频移分布是 $W_r(\varphi) = \delta(\varphi)$, 因此根据式 (11.2.13) 和式 (11.4.2), 匹配滤波输出混响直接由信号模糊度 Q 函数决定。也就是说, 距离均匀分布混响中检测多普勒频移为 φ_s 的移动点目标回波, 其输出信混比损失是

$$L_{\mathrm{S/R}}(\varphi_s) = -10 \log Q_u(\varphi_s) \tag{11.4.3}$$

如果目标也是不动的, 即 $\varphi_s = 0$, 就是 $L_s = 0$ 的式 (11.3.13)。

11.4.2 常用脉冲压缩波形在动目标检测中的适用性

为了比较不同形式信号的混响抑制性能, 我们继续就图 11.3.1 中的六种相同 T 的常用波形讨论其抑制混响的能力, 为了比较清晰地观察这几种波形的 Q 函数分布, 将它们的主峰附近的模糊度函数图频移向放大图示于图 11.4.1。由图可见, 峰脊型脉冲压缩信号 (LFM 和 HFM) 的旁瓣集中在峰脊附近, 其他区域是干净近空白区, 而图钉型脉冲压缩信号 (CMP、PRN 和 HOP) 的模糊度主瓣形状和大小接近完全相同, 频移向主峰宽为其分辨率 $\varphi_\varepsilon = 1/T$, 但其模糊度旁峰分布均是随机不平坦的。

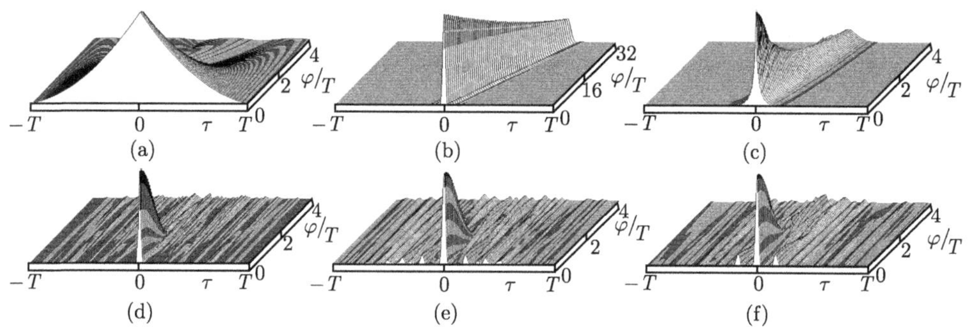

图 11.4.1　六种信号模糊度函数主峰特性图

(a) CWL; (b) LFM; (c) HFM($Q = 0.8$); (d) CMP($M = 31$); (e) PRN; (f) HOP($M = 16$)

图 11.4.2 给出根据图 11.4.1 六种信号模糊度图体积计算的归一化 Q 函数曲线 $\log Q(\varphi)$[203], 0dB 是取 CWL 信号的 $\log Q_{CW}(0)$。

根据式 (1.12.18), 信号的 $Q(0)$ 决定于信号自相关函数, 因此尽管图中对应的五种脉冲压缩信号的压缩系数 $N = BT$ 接近相同 (图中近似为 32), 但由所对应的图 11.3.1 的模糊度图可见, 它们的自相关函数形状并不相同, 因此各自的 $Q(0)$ 值也有差异。此外, 由于模糊度旁峰 (模糊度平台) 分布不同, 它们的 $Q(\varphi)$(图 11.4.2) 走向也不同, 特别是几种图钉型模糊度函数的信号, 随机不平坦的模糊度平台特性致使 $Q(\varphi)$ 曲线也起伏不平, 但平均走向趋势基本一致。

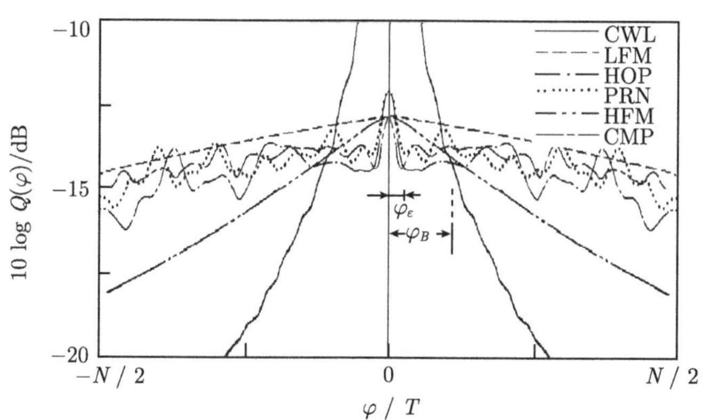

图 11.4.2　不同脉冲压缩波形的 Q 函数

我们关心的是低速目标在混响中的检测问题, 为了比较不同信号对混响中检测低速目标回波的效果, 取 CWL 信号的 Q 函数 $Q_{\mathrm{CW}}(\varphi)$ 对应于 LFM 信号 $Q_{\mathrm{LF}}(0)$ 的 φ 值, 即满足

$$Q_{\mathrm{CW}}(\varphi_B) = Q_{\mathrm{LF}}(0) \tag{11.4.4}$$

的 φ 作为比较类。仔细比较图 11.4.2 所示的 CWL 和不同脉冲压缩信号的 Q 函数

曲线, 不难观察到混响中检测移动点目标回波有如下几个特点:

(1) 对于 $|\varphi_s| < \varphi_\varepsilon$ 的低速目标 (包括 $\varphi_s = 0$ 的静止目标), 所有脉冲压缩信号均有比 CWL 好的混响抑制性能, 而以 LFM(HFM) 和 CMP 为最佳。

(2) 在于 $\varphi_\varepsilon < |\varphi_s| < \varphi_B$ 的旁瓣区, 图钉型模糊度函数的信号抑制混响比刀刃型信号有 1~2dB 的增益优势, 尤以 HOP 和 PRN 为最佳。

(3) 对于 $|\varphi_s| > \varphi_B$ 的运动目标, CWL 信号的 $Q(\varphi)$ 比所有脉冲压缩信号小, 说明和脉冲压缩信号比较, 在静态混响中检测较大多普勒频移的动目标回波, 和图 11.2.2 的结论一样, CWL 信号是最佳的。

但要指出, 图 11.4.2 中 $\varphi_B \approx 3\varphi_\varepsilon$ 是相对于 $N \approx 32$ 的脉冲压缩信号, 而我们知道脉冲压缩信号抑制混响的能力随带宽 B 有 3dB 倍增关系, 即随着 B (或 $N = BT$) 增加一倍, 曲线下移 3dB, 而相应的 φ_B 也会增加。因此, 可以根据式 (11.2.4) 来估计或设计检测低速目标所需要的脉冲压缩系数 N 或信号带宽 B。

11.4.3 梳状谱重复信号在低速目标检测中的应用

如果声呐信号的模糊度在混响相应的频移范围内是干净的空白区, 其 Q 函数还会进一步减小, 抑制混响的能力也就进一步增大, 自然会想到一些具有梳状谱结构的信号形式。

下面讨论在第四章中介绍的三种具有同样的持续时间 T 和接近相同频率覆盖宽度 B 的梳状谱结构的信号, 为和前面的图钉型信号比较, 三种信号取和图 11.4.1 的脉冲压缩同样时间分辨率的调制带宽 $B = 32/T$, 其中两种是 $N_T = 8$ 周期时域重复信号: 周期线性调频 (PLFM) 和正弦调频 (PSFM)(图 4.6.3); 另一种是 $N_F = 5$ 重频率域 CWL 同发信号: 梳状 (Comb) 信号 (图 4.8.6)。图 11.4.3(a)、(b) 和 (c) 分别表征这三种梳状谱信号的信息特征, 图上方是波形 $u(t)$ 和谱 $U(f)$, 下方是模糊度函数 $\psi(\tau,\varphi) = |\chi(\tau,\varphi)|^2$ 图, 图中同样原因只给出其主峰附近一个频移 F_r 范围内的图形。

为使图 11.4.3 中三种信号具有同样的分辨性能, 图中前两种信号的重复周期取 $N_r = 8$, 即 $T = 8T_r$, 因而频率梳齿间隔均为 $F_r = 1/T_r = 8/T$, 使 Comb 信号的频率间隔也为 F_r, 由于 $B/F_r = BT/8 = 4$, 故取 $N_f = 5$ 齿谱梳状信号。三种信号均具有如下的信息特征: 谱都呈梳状结构, 但梳齿分布不同; 其模糊度也呈现周期性的梳齿状的钉板型, 主模糊度梳齿形状几近相同; 在延迟和频移向的峰间距均分别是 $T_r = T/N = 1/F_r$ 和 $F_r = 1/T_r$, 而且均出现周期性的频移空白区 (确切地说是低旁瓣区), 三种信号尤以 Comb 信号最为干净。

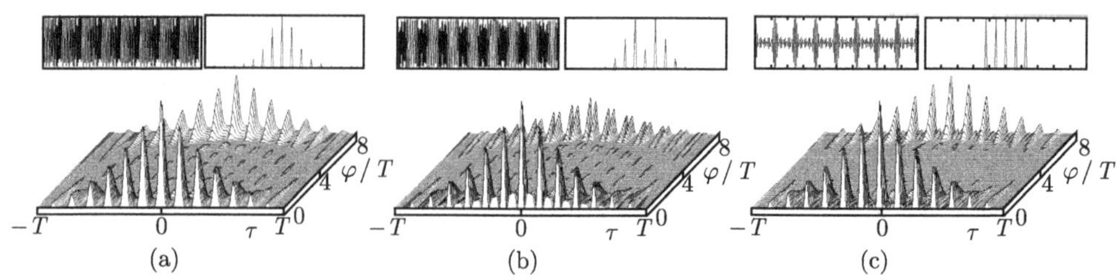

图 11.4.3　不同形式重复信号的波形、谱 (上) 和模糊度函数图 (下)

(a) PLFM; (b) PSFM; (c) Comb

图 11.4.4 给出了这三种梳状谱信号的 $Q(\varphi)$, 它实际上反映了这三种梳状谱信号的频移向的模糊度分布的干净程度。为了和图 11.4.2 所示的几种常用信号比较, 图 11.4.4 中还给出了的 CWL 和 LFM 的两种 $Q(\varphi)$ 曲线和 φ_B 与 φ_ε 的标记大小。

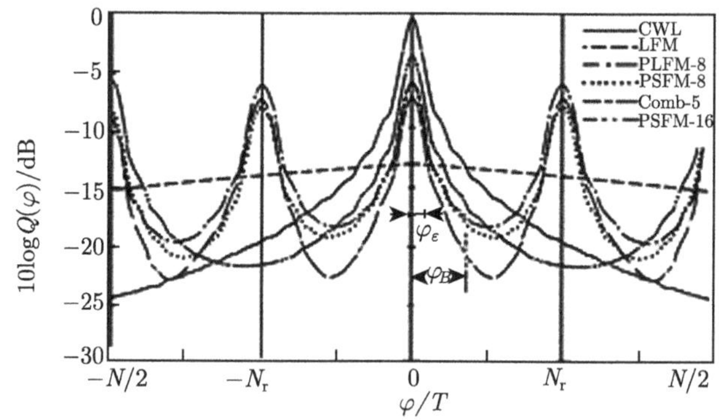

图 11.4.4　重复信号的 Q 函数图

与图 11.4.2 比较, 图 11.4.4 中的三种梳状谱结构的信号 $Q(0)$ 值由于其多峰相关特性而均要比图钉型信号的大 5dB 以上, 但它们在 $\varphi_\varepsilon < |\varphi_s| < \varphi_B$ 的主峰旁瓣区, 目标回波检测有比图钉型大 $3 \sim 5$dB 以上的混响抑制能力, 而且这类信号在近 $|\varphi_s| < 2\varphi_B$ 的整个低速范围内, 抑制混响的能力均优于 CWL 信号 5dB 甚至 10dB 以上, 其中尤以 Comb 信号为最佳。

如果增加时域周期数 N_r, 抑制混响的多普勒范围还会按比例扩大, 如图 11.4.4 中的另一 $N_r = 16$ 的 PSFM 信号的 $Q(\varphi)$ 曲线, 当然 N_r 不能超过 N(图中 $N_r = N/2$), 否则信号失去梳状谱特性而变成连续谱或单谱信号。

注意到, 三种波形虽然可以具有同样的能量, 但前两种信号是恒幅的, 而抑制混响能力较强的 Comb 信号波形也是梳状的, 因此其峰值功率较大, 会受到发射设备功率的限制。

周期重复信号在检测低速运动目标时有优越的抑制混响能力, 这也是近十余年来这类信号备受青睐的缘故。但这类信号的优越性是以多峰模糊为代价的, 为了降低多峰模糊, 可以打乱周期间隔 (例如用 4.8 节提到的 Cox Comb 信号)。

为了检测低速目标而更有效地抑制混响, 必须选择信号长度使满足 $T = NT_r \geqslant 1/\varphi_{s\min}$ 和 $TB \gg 1$, 只有这样, 才能忽略单个子周期内由于多普勒引起回波的相位变化。不过回波子周期间的相位变化却能反映低速运动目标的多普勒频移量, 而这相位变化量可以用如图 3.5.3 所示的完全相干的正交相关检相方法确定[294]。

11.5 最佳“波形–滤波器对”

前面讨论的最佳波形是相对于匹配滤波器接收器的最佳波形, 对于其他接收机形式, 也有对应的最佳波形形式。不同接收机形式有不同的最佳波形, 就像第十章所讨论的不同波形有不同的最佳接收机一样。很自然, 人们会去寻求这样的接收机和波形, 它们相对于对方而言都是最佳的, 即所选择的波形相对于所选择的接收机而言是最佳的, 而所选择的接收机相对于所选择的波形而言也是最佳的。这样的波形和接收机构成最佳“波形–滤波器对”。这就是这一节要讨论的内容。

11.5.1 给定接收机设计最佳波形

首先讨论一般接收机条件下的最佳波形问题, 假定接收机权函数是 $z(t)$, 所求最佳波形是能量限制条件下的最佳波形。

据 10.2 节的假设条件, 将式 (10.2.5) 和式 (10.2.6) 代入 (10.4.6), 可以得

$$\lambda_m = \frac{\iint u^*(t)T_s(t,t')u(t')\mathrm{d}t\mathrm{d}t'}{\iint u^*(t)T_r(t,t')u(t')\mathrm{d}t\mathrm{d}t' + N_0E_z} \tag{11.5.1}$$

其中

$$T_s(t,t') = \int_0^{T_1}\int_0^{T_1} z^*(t_1)R_{hs}(t_1-t,t_1;t_2-t',t_2)z(t_2)\mathrm{d}t_1\mathrm{d}t_2 \tag{11.5.2}$$

$$T_r(t,t') = \int_0^{T_1}\int_0^{T_1} z^*(t_1)R_{hr}(t_1-t,t_1;t_2-t',t_2)z(t_2)\mathrm{d}t_1\mathrm{d}t_2 \tag{11.5.3}$$

式中, $R_h(\tau,t;\tau',t')$ 是信道权响应相关函数 (式 (6.5.1))。

类似式 (10.4.14), 能量限制下使 λ 最大的 $u(t)$ 是线性积分方程

$$\int_0^{T_1} T_I(t,t')u(t')\mathrm{d}t' = \mu_z\int_0^{T_1} T_s(t,t')u(t')\mathrm{d}t'$$

的最小本征值 $\mu_z = 1/\lambda$ 的本征解, 式中

$$T_I(t,t') = T_r(t,t') + N_0\delta(t-t')$$

同样, 由于 $T_I(t,t')$ 是正定的, 因此存在其反核 $[T_I(t,t')]^{-1}$。引入

$$F_z(t,t') = \int_0^{T_1} T_s(t,t'')[T_I(t'',t')]^{-1}\mathrm{d}t'' \tag{11.5.4}$$

而有

$$\int_0^{T_1} F_z(t,t')u(t)\mathrm{d}t = \lambda u(t') \tag{11.5.5}$$

在 WSSUS 条件下, 输出信干比是式 (10.4.7)

$$\lambda = \frac{\iint P_{Ss}(\tau,\varphi)\,\varPsi_{uz}(\tau,\varphi)\mathrm{d}\tau\mathrm{d}\varphi}{\iint P_{Sr}(\tau,\varphi)\,\varPsi_{uz}(\tau,\varphi)\mathrm{d}\tau\mathrm{d}\varphi + N_0E_z} \tag{11.5.6}$$

最大 λ 就是对应的最佳 $\varPsi_{uz}(\tau,\varphi)$ 所决定的 λ 值, 由最佳 $\varPsi_{uz}(\tau,\varphi)$ 确定最佳 $u(t)$。类似式 (10.4.12), 展开 $\varPsi_{uz}(\tau,\varphi)$

$$\begin{aligned}\varPsi_{uz}(\tau,\varphi) &= \sum_{m,n} u_m z_n^*\{\boldsymbol{\chi}_f(\tau,\varphi)\}_{mn} \sum_{k,l} u_h^* z_l\{\boldsymbol{\chi}_f^*(\tau,\varphi)\}_{kl} \\ &= \sum_{m,k} u_m u_k^* \left[\sum_{n,l} z_l z_n^*\{\boldsymbol{\chi}_f(\tau,\varphi)\}_{mn}\{\boldsymbol{\chi}_f^*(\tau,\varphi\}_{kl}\right]\end{aligned}$$

$\boldsymbol{\chi}_f(\tau,\varphi)$ 见式 (10.2.29), 类似式 (10.2.30) 和式 (10.2.31) 引入

$$\{\boldsymbol{C}'_s\}_{mk} = \iint \hat{P}_{Ss}(\tau,\varphi)\sum_{n,l} z_l z_n^*\{\boldsymbol{\chi}_f(\tau,\varphi)\}_{mn}\{\boldsymbol{\chi}_f^*(\tau,\varphi)\}_{kl}\mathrm{d}\tau\mathrm{d}\varphi \tag{11.5.7}$$

和

$$\{\boldsymbol{C}'_r\}_{mk} = \iint \hat{P}_{Sr}(\tau,\varphi)\sum_{n,l} z_l z_n^*\{\boldsymbol{\chi}_f(\tau,\varphi)\}_{mn}\{\boldsymbol{\chi}_f(\tau,\varphi)\}_{kl}\mathrm{d}\tau\mathrm{d}\varphi \tag{11.5.8}$$

分别构成与 $z(t)$ 有关的目标散射矩阵 $\boldsymbol{C}'_s$ 和混响散射矩阵 $\boldsymbol{C}'_r$, 而使式 (11.5.6) 变成类似式 (10.4.12) 的矩阵形式

$$\lambda = \frac{\lambda_0\boldsymbol{u}^\dagger\boldsymbol{C}'_s\boldsymbol{u}}{\boldsymbol{u}^\dagger\boldsymbol{C}'_{\boldsymbol{I}}\boldsymbol{u}} \tag{11.5.9}$$

式中

$$\boldsymbol{C}'_{\boldsymbol{I}} = \rho\lambda_0\boldsymbol{C}'_r + \boldsymbol{I}$$

ρ 和 λ_0 见式 (10.4.10), 因此, 积分方程 (11.5.5) 可写成矩阵形式

$$(\boldsymbol{F}_z - \lambda\boldsymbol{I})\boldsymbol{u} = 0 \tag{11.5.10}$$

式中

$$\boldsymbol{F}_z=\lambda_0\boldsymbol{C}'_s\boldsymbol{C}'^{-1}_I=\lambda_0\boldsymbol{C}'_s(\rho\lambda_0\boldsymbol{C}'_r+\boldsymbol{I})^{-1} \tag{11.5.11}$$

同样, 积分方程求解或矩阵方程求逆过程也并不那么方便, 在 10.4 节中遇到的困难这里也都存在。

11.5.2 最佳“波形–滤波器对”的设计

由上述讨论知道, 单从最佳接收机 (波形已知) 或最佳波形 (接收机不变) 来考虑最佳检测问题, 均不能获得信噪比改进的潜在最佳性能。理想的系统应从波形和接收机均为最佳的方面去考虑。这就是使输出信干比达到最大的最佳“波形–滤波器对”设计问题。

显然, 对能量归一限制条件下的波形和接收机的联合最佳问题, 就是使波形 $u(t)$ 和接收机权函数 $z(t)$ 同时满足下面线性积分方程组

$$\left.\begin{aligned}\int R_I(t,t')z(t')\mathrm{d}t'=\mu_u\int R_s(t,t')z(t')\mathrm{d}t'\\ \int T_I(t,t')u(t)\mathrm{d}t=\mu_z\int T_s(t,t')u(t)\mathrm{d}t\end{aligned}\right\} \tag{11.5.12}$$

其中

$$R_s(t,t')=\iint u(t_1)u^*(t_2)R_{hs}(t-t_1,t;t'-t_2,t)\mathrm{d}t_1\mathrm{d}t_2 \tag{11.5.13}$$

和

$$R_I(t,t')=\iint u(t_1)u^*(t_2)R_{hr}(t-t_1,t;t'-t_2,t)\mathrm{d}t_1\mathrm{d}t_2+R_n(t,t') \tag{11.5.14}$$

分别对方程组 (11.5.12) 中两个方程两边乘以 $z^*(t)$ 和 $u^*(t)$, 并分别对 t' 和 t 积分, 不难确定

$$\mu_z=\mu_u=\lambda=\mathrm{S/I}\leqslant\mathrm{S/N_0}=\lambda_0 \tag{11.5.15}$$

而方程组 (11.5.12) 可表示为

$$\left.\begin{aligned}\int F_u(t,t')z(t')\mathrm{d}t'=\lambda z(t)\\ \int F_z(t,t')u(t)\mathrm{d}t\ =\lambda u(t')\end{aligned}\right\} \tag{11.5.16}$$

式中

$$F_u(t,t')=\int R_s(t,t'')[R_I(t'',t')]^{-1}\mathrm{d}t'' \tag{11.5.17}$$

$$F_z(t,t')=\int T_s(t,t'')[T_I(t'',t')]^{-1}\mathrm{d}t'' \tag{11.5.18}$$

其矢量矩阵形式为

$$\left.\begin{aligned}(\boldsymbol{F}_u-\lambda\boldsymbol{I})\boldsymbol{z}=0\\(\boldsymbol{F}_z-\lambda\boldsymbol{I})\boldsymbol{u}=0\end{aligned}\right\}\tag{11.5.19}$$

联合积分方程 (11.5.16) 或联合矩阵方程 (11.5.19) 的最大本征值 $\lambda_{\rm opt}$ 所对应的本征函数 $z(t)$ 和 $u(t)$ 或本征矢量 $\boldsymbol{z}$、$\boldsymbol{u}$ 就是最佳“波形–滤波器对”的解。

求解联合方程 (11.5.16) 和方程 (11.5.17) 本身是一个联合非线性规划问题[181]，但也可以通过抽头延迟线模型迭代程序获得矩阵方程组的近似最佳解：设定 $\boldsymbol{u}_0$ 由式 (11.5.20) 确定最大 λ_{01} 时的 $\boldsymbol{z}_1$，再由 $\boldsymbol{z}_1$ 和式 (11.5.21) 确定 λ_{11} 和 $\boldsymbol{u}_1$，而后由 $\boldsymbol{u}_1$ 确定 λ_{12} 和 $\boldsymbol{z}_2$，由 $\boldsymbol{z}_2$ 确定 λ_{22} 和 $\boldsymbol{u}_2,\cdots\cdots$ 如此反复迭代 n 次直到 $\lambda_{n+1,n}\to\lambda_{n,n}$ 或 $\lambda_{n,n+1}\to\lambda_{n,n}$，最后对应的 $\boldsymbol{u}_n$ 和 $\boldsymbol{z}_n$ 就是近似最佳“波形–滤波器对”的权矢量解。图 11.5.1 是在无限均匀距离扩展混响中用方波包络信号作为起始信号 (11 个抽头) 检测距离延伸 (5 个抽头) 的多普勒目标的模拟结果。图中给出了原始匹配滤波，最佳滤波和最佳“波形–滤波器对”(经 11 次迭代) 的输出信干比比较。由图可见，随着迭代次数和混响–回波多普勒偏离的增加，最佳“波形–滤波器对”接近于性能上限。但要指出，起始信号的选择也是重要的，它可保证迭代的收敛性能。

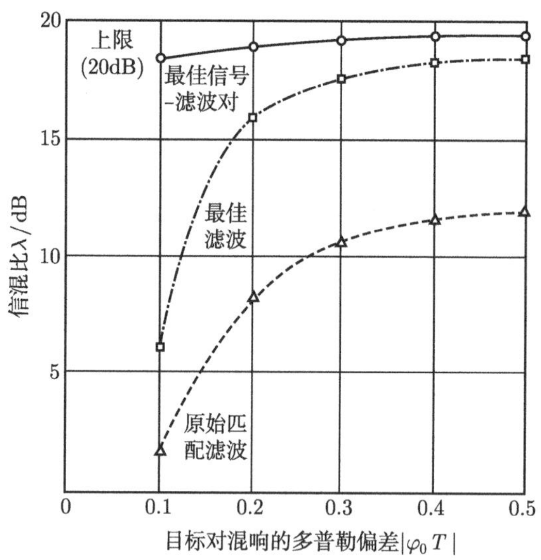

图 11.5.1　最佳“波形–滤波器对”的性能比较特例

原则上从式 (11.5.2) 知，最佳“波形–滤波器对”的问题是寻求最佳 $\Psi_{uz}(\tau,\varphi)$ 的问题，而 Ψ_{uz} 可以和 $P_{Ss}(\tau,\varphi)$ 一样不具有中心对称性，因此一般都有解，并使信干比达到最大 (上限)；但只有 $P_{Ss}(\tau,\varphi)$ 和 $P_{Sr}(\tau,\varphi)$ 可分离时，该上限才是 λ_0。此外，最佳“波形–滤波器对”不一定是唯一的，有时甚至只要设计最佳波形 (如混响在距离上的扩展小于回波的距离扩展情况), 有时只要设计最佳滤波器 (如在均匀的、不可分辨的混响中检测点目标回波)。

11.5.3 中心对称散射函数条件下的“波形–滤波器对”

如果回波和混响散射函数具有中心对称特性:

$$P_{Ss}(\tau,\varphi)=P_{Ss}(-\tau,-\varphi) \tag{11.5.20}$$

$$P_{Sr}(\tau,\varphi)=P_{Sr}(-\tau,-\varphi) \tag{11.5.21}$$

那么式 (11.5.6) 也可以表示为

$$\lambda=\frac{\iint P_{Ss}(-\tau,-\varphi)\Psi_{uz}(\tau,\varphi)\mathrm{d}\tau\mathrm{d}\varphi}{\iint P_{Sr}(-\tau,-\varphi)\Psi_{uz}(\tau,\varphi)\mathrm{d}\tau\mathrm{d}z+N_0E_z} \tag{11.5.22}$$

在 $E_z=E_u=1$ 的约束条件下, 交换 $u(t)$ 和 $z(t)$, 即把 $u(t)$ 作为接收机权函数, $z(t)$ 作为发射波形, 所获得的输出信干比是

$$\lambda'=\frac{\iint P_{Ss}(\tau,\varphi)\Psi_{zu}(\tau,\varphi)\mathrm{d}\tau\mathrm{d}\varphi}{\iint P_{Sr}(\tau,\varphi)\Psi_{zu}(\tau,\varphi)\mathrm{d}\tau\mathrm{d}\varphi+N_0} \tag{11.5.23}$$

保持 $\lambda=\lambda'$ 的条件是

$$\Psi_{uz}(\tau,\varphi)=\Psi_{zu}(\tau,\varphi) \tag{11.5.24}$$

即 $\Psi_{uz}(\tau,\varphi)$ 也应具有中心对称特性

$$\Psi_{uz}(\tau,\varphi)=\Psi_{uz}(-\tau,-\varphi) \tag{11.5.25}$$

这就是对 λ 和对 λ' 都最大的必要条件, 唯一可能的波形和滤波器是其权函数满足

$$z(t)=u^*(t) \tag{11.5.26}$$

这就是说, 在信道散射函数对称的情况下, 最佳“波形–滤波器对”的问题就是在 11.2 节中讨论的匹配滤波器检测的最佳波形问题。

11.6 宽容匹配滤波及其最佳波形

在第十章中已经指出, 在已知干扰模型的背景噪声中检测确知信号, 一般可采用 (广义) 匹配滤波器作为最佳接收机, 然而实际声呐信道的时变空变性, 无论是声

呐接收信号还是背景干扰的统计特性都是随机时变和不确定的, 这种信号的微小结构变化和干扰的微弱非平稳性都会使匹配滤波检测性能急剧下降。采用自适应匹配滤波 [见第十章] 固然可以保持最佳接收机的检测性能, 但因需要对信号和干扰进行实时参量估计而在系统结构上增加了复杂性, 而且还必须有足够的数据采集和学习时间; 对于信道相干性较弱、信噪比较低的情况, 很难满足实时要求。为此提出一种能在信号和背景有一定不确定性范围情况下, 保持检测性能接近最佳的宽容 (robust) 匹配滤波器[214], 并可依靠选择信号形式来进一步提高性能。若和自适应接收方法结合使用, 可使学习时间缩短并简化自适应结构。这一节我们着重介绍宽容匹配滤波器的概念及某些结构形式和波形选择的方法。

11.6.1　宽容匹配滤波器原理

我们不知道声呐回波 $s(t)$ 的具体结构, 也不知道背景干扰的准确模型, 但有时可以知道回波信号 $s(t)$ 是发射信号 $u(t)$ 在一定范围内畸变的形式, 背景统计特性或谱模型也有一定的变化范围。假定回波的各种可能形式构成一个集合 $\{s(t)\} = S(u)$(与 $u(t)$ 有关), 背景 (混响和噪声) 是零均值的高斯过程, 其相关函数为 $R_I(t,t')$ 及其各种可能形式也构成一个集合 $\{R_I(t,t')\} = \boldsymbol{N}(\boldsymbol{u})$ (在混响背景下, $\boldsymbol{N}$ 也与 $\boldsymbol{u}(t)$ 有关)。对任何一对可能回波形式 $s(t)$ 和背景干扰 $c(t)$, 都存在一个最佳接收机 (或匹配滤波器), 其权重波形 $z(t)$ 也构成一个集合 $\{z(t)\} = \boldsymbol{Z}$, 若用矢量形式来表示, 则输出信噪比是

$$\lambda(\boldsymbol{z},\boldsymbol{s},\boldsymbol{R}_I) = \frac{|\boldsymbol{z}^\dagger \boldsymbol{s}|^2}{\boldsymbol{z}^\dagger \boldsymbol{R}_I \boldsymbol{z}} \tag{11.6.1}$$

这里背景协方差矩阵即相关矩阵 $\boldsymbol{R}_I$ 是非负定的, 因此 $\boldsymbol{z}(\in \boldsymbol{Z}) = \boldsymbol{R}_I^{-1}\boldsymbol{s}(\boldsymbol{R}_I \in \boldsymbol{N}, \boldsymbol{s} \in \boldsymbol{S})$, 但一般情况下, 没有一个 $\boldsymbol{z}$ 能对所有各种可能的 $\boldsymbol{s}$ 和 $\boldsymbol{R}_I$ 都达到最大的输出信噪比 λ_0。问题是, 能否找到一个 $\boldsymbol{z} \in \boldsymbol{Z}$, 对所有可能 $\boldsymbol{s} \in \boldsymbol{S}$ 和 $\boldsymbol{R}_I \in \boldsymbol{N}$ 都能达到接近最佳的检测效果。如有, 则对应权矢量的接收机称为宽容匹配滤波器。

大多数声呐情况下, 回答是肯定的。其办法是, 首先在 $\boldsymbol{S}$ 和 $\boldsymbol{N}$ 中寻找一对性能最差的 $\boldsymbol{s}_L$ 和 $\boldsymbol{R}_{IL}$, 即满足

$$\min_{\boldsymbol{s},\boldsymbol{R}_I} \lambda(\boldsymbol{z},\boldsymbol{s},\boldsymbol{R}_I) = \lambda(\boldsymbol{z},\boldsymbol{s}_L,\boldsymbol{R}_{IL}) \leqslant \lambda(\boldsymbol{z},\boldsymbol{s},\boldsymbol{R}_I) \tag{11.6.2}$$

而后对这一对 $\boldsymbol{s}_L$ 和 $\boldsymbol{R}_{IL}$ 设计其最佳的接收机, 使其权矢量 $\boldsymbol{z}_R$ 满足性能最佳的条件, 即

$$\max_{\boldsymbol{z}} \lambda(\boldsymbol{z},\boldsymbol{s}_L,\boldsymbol{R}_{IL}) = \max_{\boldsymbol{z}}\{\min_{\boldsymbol{s},\boldsymbol{R}_I} \lambda(\boldsymbol{z},\boldsymbol{s},\boldsymbol{R}_I)\} = \lambda(\boldsymbol{z}_R,\boldsymbol{s}_L,\boldsymbol{R}_{IL}) \tag{11.6.3}$$

显然

$$\boldsymbol{z}_R = \boldsymbol{R}_{IL}{}^{-1}\boldsymbol{s}_L \tag{11.6.4}$$

如果 z_R 满足

$$\lambda(\boldsymbol{z}, \boldsymbol{s}_L, \boldsymbol{R}_{IL}) \leqslant \lambda(\boldsymbol{z}_R, \boldsymbol{s}_L, \boldsymbol{R}_{IL}) \leqslant \lambda(\boldsymbol{z}_R, \boldsymbol{s}, \boldsymbol{R}_I) \tag{11.6.5}$$

则对应于 $\boldsymbol{z}_R$ 的接收机就是相对于 $\boldsymbol{S}$ 和 $\boldsymbol{N}$ 的宽容匹配滤波器。因此, 求解宽容匹配滤波器的问题本身就是数学上求解

$$\max_{\boldsymbol{z}} \min_{\boldsymbol{s}, \boldsymbol{R}_I} \lambda(\boldsymbol{z}, \boldsymbol{s}, \boldsymbol{R}_I) \tag{11.6.6}$$

的最小最大博弈问题, 而 $(\boldsymbol{z}_R, \boldsymbol{s}_L, \boldsymbol{R}_{IL})$ 就是该博弈问题的鞍点解。$\boldsymbol{z}_R = \boldsymbol{R}_{IL}^{-1}\boldsymbol{s}_L$ 就是所求对应 $\boldsymbol{S}$ 和 $\boldsymbol{N}$ 集合的宽容匹配滤波器权矢量, 而 $\boldsymbol{s}_L$ 和 $\boldsymbol{R}_{IL}$ 是对应博弈问题中的最不利信号和噪声干扰, 且有

$$\max_{\boldsymbol{z}} \min_{\boldsymbol{s}, \boldsymbol{R}_I} \lambda(\boldsymbol{z}, \boldsymbol{s}, \boldsymbol{R}_I) = \min_{\boldsymbol{s}, \boldsymbol{R}_I} \max_{\boldsymbol{z}} \lambda(\boldsymbol{z}, \boldsymbol{s}, \boldsymbol{R}_I) \tag{11.6.7}$$

由于 $\boldsymbol{S}$ 在 $\boldsymbol{u}$ 附近, 并与 $u(t)$ 有关, 因此, 可以选择 $u(t)$ 来进一步提高宽容匹配滤波器的性能, 即整个主动声呐最佳宽容接收问题是相应于

$$\max_{\boldsymbol{u}} \max_{\boldsymbol{z}} \min_{\boldsymbol{s}, \boldsymbol{R}_I(u)} \lambda(\boldsymbol{z}, \boldsymbol{s}, \boldsymbol{R}_I) \tag{11.6.8}$$

问题是, 博弈问题 (11.6.6) 的鞍点解是否存在? 若存在, 其充分而必要的条件是什么?

文献 [213] 指出, 如集合 $\boldsymbol{S}$ 和 $\boldsymbol{N}$ 构成的希尔伯特空间是凸的, 那么博弈问题 (11.6.6) 的鞍点 $(\boldsymbol{z}_R, \boldsymbol{s}_L, \boldsymbol{R}_{IL})$ 存在的充要条件是

$$2\mathrm{Re}\{\boldsymbol{z}_R{}^{\dagger}\boldsymbol{s}\} - \boldsymbol{z}_R{}^{\dagger}\boldsymbol{R}_I\boldsymbol{z}_R \geqslant \boldsymbol{z}_R{}^{\dagger}\boldsymbol{s}_L \tag{11.6.9}$$

实际上, 由上面的讨论知, 宽容匹配滤波器博弈问题的鞍点 $(\boldsymbol{z}_R, \boldsymbol{s}_L, \boldsymbol{R}_{IL})$, 必满足

$$\begin{cases} \boldsymbol{R}_{IL}\boldsymbol{z}_R = \boldsymbol{s}_L \\ |\boldsymbol{z}_R{}^{\dagger}\boldsymbol{s}_L| \leqslant |\boldsymbol{z}_R{}^{\dagger}\boldsymbol{s}|, & \boldsymbol{s} \in \boldsymbol{S} \\ 0 \leqslant \boldsymbol{z}_R{}^{\dagger}(\boldsymbol{R}_{IL} - \boldsymbol{R}_I)\boldsymbol{z}_R, & \boldsymbol{R}_I \in \boldsymbol{N} \end{cases} \tag{11.6.10}$$

一般可用来寻求最佳宽容匹配滤波器的解。

注意到, 匹配滤波器的输出信噪比可表示为

$$\lambda(\boldsymbol{z}, \boldsymbol{s}, \boldsymbol{R}_I) = \lambda(\boldsymbol{R}_I^{-1}\boldsymbol{s}, \boldsymbol{s}, \boldsymbol{R}_I) = \lambda_m(\boldsymbol{s}, \boldsymbol{R}_I) = \boldsymbol{s}^{\dagger}\boldsymbol{R}_I\boldsymbol{s} \tag{11.6.11}$$

因此, 博弈问题式 (11.6.6) 和式 (11.6.8) 可写成

$$\min_{\boldsymbol{s}, \boldsymbol{R}_I} \lambda_m(\boldsymbol{s}, \boldsymbol{R}_I) \tag{11.6.12}$$

和

$$\max_{u} \min_{\substack{\boldsymbol{s}\in\boldsymbol{s}(u)\\ \boldsymbol{R}_I\in\boldsymbol{N}(u)}} \lambda_m(\boldsymbol{s},\boldsymbol{R}_I) \tag{11.6.13}$$

11.6.2　宽容匹配滤波器设计

讨论下面三个宽容滤波的设计例子。

(1) 信号不确定, 噪声确定的情况。假定噪声 $\boldsymbol{R}_I$ 已知为 $\boldsymbol{R}_{I0}$, 而信号是发射波形 $u(t)$ 的畸变形式 (如波形或谱结构畸变), 如图 11.6.1 所示, $s(t)$ 是矩形发射波 $u(t)$ 的畸变形式, 这里我们讨论均方畸变特例, 即

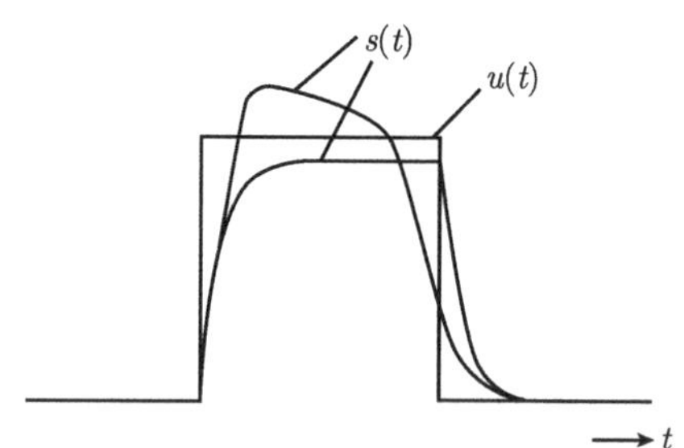

图 11.6.1　矩形波 $u(t)$ 及其可能畸变回波 $s(t)$ 例

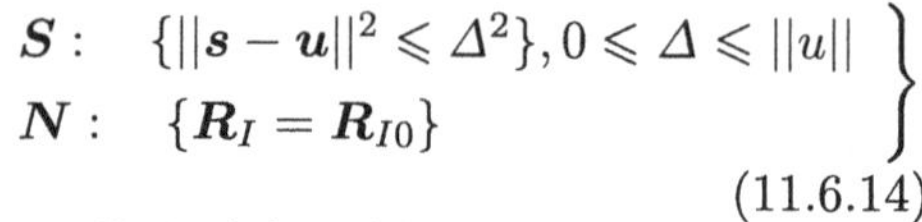

$$\left.\begin{array}{ll}\boldsymbol{S}: & \{||\boldsymbol{s}-\boldsymbol{u}||^2 \leqslant \Delta^2\}, 0 \leqslant \Delta \leqslant ||u|| \\ \boldsymbol{N}: & \{\boldsymbol{R}_I = \boldsymbol{R}_{I0}\}\end{array}\right\} \tag{11.6.14}$$

Δ 是均方畸变限制范围。

显然, $\boldsymbol{R}_{IL} = \boldsymbol{R}_{I0}$, 若 $\boldsymbol{z}_R$ 和 $\boldsymbol{s}_L$ 分别是这种情况下的宽容匹配滤波器权矢量和最不利信号, 则应满足

$$\boldsymbol{z}_R{}^\dagger \boldsymbol{s} \geqslant \boldsymbol{z}_R{}^\dagger \boldsymbol{s}_L$$

或

$$\boldsymbol{z}_R{}^\dagger(\boldsymbol{s}-\boldsymbol{s}_L) = \boldsymbol{z}_R{}^\dagger(\boldsymbol{s}-\boldsymbol{u}) + \boldsymbol{z}_R{}^\dagger(\boldsymbol{u}-\boldsymbol{s}_L) \geqslant 0 \tag{11.6.15}$$

引入 σ_0^2 使

$$\boldsymbol{u}-\boldsymbol{s}_L = \sigma_0{}^2 \boldsymbol{z}_R \tag{11.6.16}$$

则

$$\begin{aligned}\boldsymbol{z}_R{}^\dagger(\boldsymbol{s}-\boldsymbol{s}_L) &= \boldsymbol{z}_R{}^\dagger(\boldsymbol{s}-\boldsymbol{u}) + \sigma_0{}^2||\boldsymbol{z}_R||^2 \\ &\geqslant -|\boldsymbol{z}_R{}^\dagger(\boldsymbol{s}-\boldsymbol{u})| + \sigma_0^2||\boldsymbol{z}_R||^2\end{aligned}$$

根据施瓦尔兹不等式 $|\boldsymbol{A}+\boldsymbol{B}| \leqslant ||\boldsymbol{A}||\cdot||\boldsymbol{B}||$, 上式可表示为不等式

$$\begin{aligned}\boldsymbol{z}_R{}^\dagger(\boldsymbol{s}-\boldsymbol{s}_L) &\geqslant \sigma_0^2||\boldsymbol{z}_R||^2 - ||\boldsymbol{s}-\boldsymbol{u}||\ ||\boldsymbol{z}_R|| \\ &= (\sigma_0^2||\boldsymbol{z}_R|| - ||\boldsymbol{s}-\boldsymbol{u}||)||\boldsymbol{z}_R||\end{aligned}$$

由于 $||\boldsymbol{s}-\boldsymbol{u}|| \leqslant \Delta$, 因此, 只要

$$\sigma_0^2||\boldsymbol{z}_R|| = \Delta \tag{11.6.17}$$

式 (11.6.15) 成立, 而从式 (11.6.14) 和式 (11.6.17) 得

$$\boldsymbol{s}_L = \boldsymbol{u} - (\Delta/||\boldsymbol{z}_R||)\boldsymbol{z}_R \tag{11.6.18}$$

此外, 由于

$$\boldsymbol{z}_R = \boldsymbol{R}_{IL}^{-1}\boldsymbol{s}_L = \boldsymbol{R}_{I0}^{-1}\left[\boldsymbol{u} - \left(\frac{\Delta}{||\boldsymbol{z}_R||}\right)\boldsymbol{z}_R\right]$$

因此 $\boldsymbol{z}_R$ 是矩阵方程

$$\boldsymbol{z}_R = \left[\boldsymbol{R}_{I0} + \left(\frac{\Delta}{||\boldsymbol{z}_R||}\boldsymbol{I}\right)\right]^{-1}\boldsymbol{u} \tag{11.6.19}$$

的解; 而 $\boldsymbol{z}_R{}^{\dagger}(\boldsymbol{R}_{IL} - \boldsymbol{R}_{I0})\boldsymbol{z} = 0$, 故条件 (11.6.10) 全部满足, 而式 (11.6.19) 的解 $\boldsymbol{z}_R$ 就是所求宽容匹配滤波器的权矢量, 其中 $||\boldsymbol{z}_R||$ 可作为限制常数。

值得指出的是, 当 $\Delta = 0$ 时, $\boldsymbol{z}_R = \boldsymbol{R}_{I0}^{-1}\boldsymbol{u}$ 实际上就是式 (10.4.23) 所给出的广义匹配滤波器权矢量; 而 $\Delta \neq 0$ 时, 宽容匹配滤波器只是相当于干扰增加了一个谱密度为 $\Delta/||\boldsymbol{z}_R||$ 的白噪声情况下的广义匹配滤波器; 而当干扰本身是高斯白噪声时, 宽容匹配滤波器形式就是普通匹配滤波器 (匹配于 $\boldsymbol{u}$)。

还可以证明 [214], 这类畸变情况下的宽容匹配滤波器的最佳信号 $u_R(t)$ 也就是无畸变情况下 $(\Delta = 0)$ 的匹配滤波器的最佳信号形式, 即能量限制为 E_I, 使 $\boldsymbol{R}_{I0}$ 最小本征值 e_0 的本征矢量所对应的信号达到最大的最坏信噪比, 则

$$\lambda_{L,\max} = (\sqrt{E_0} - \Delta)^2/e_0 \tag{11.6.20}$$

(2) 信号确定, 噪声不确定的情况。设信号 $s(t)$ 是无畸变信号形式 $s(t) = u(t)$, 而噪声表现为几种类型的不确定性, 如概率统计模型、功率谱模型和通带限制模型。作为例子, 我们这里讨论通带模型, 即给定噪声功率谱形状限制

$$G_1(f) \leqslant G_I(f) \leqslant G_2(f) \tag{11.6.21}$$

且

$$\int G_I(f)\mathrm{d}f = {\sigma_I}^2 \tag{11.6.22}$$

式中, σ_I 是常数, 如图 11.6.2(a) 所示。

如果 $u(f)$ 的谱是 $U(f)$, 而取最不利的干扰功率谱为 $G_{IL}(f)$, 则宽容匹配滤波器权矢量对应的传递函数是

$$Z_R(f) = \frac{U^*(f)}{G_{IL}(f)}\exp(\mathrm{j}2\pi fT) \tag{11.6.23}$$

根据 $(Z_R(f), S_L(f), G_{IL}(f))$[即对应的 $(\boldsymbol{z}, \boldsymbol{s}_L, \boldsymbol{R}_I)$] 是这一博弈问题的鞍点解, 那么已知 $S_L(f) = U(f)$, 而 $G_{IL}(f)$ 必须满足式 (11.6.10), 即

$$\int |Z_R(f)|^2(G_{IL}(f) - G_I(f))\mathrm{d}f \geqslant 0 \tag{11.6.24}$$

若将频域分为三段

$$\left.\begin{array}{ll}\Omega_1: & |U(f)|/K < G_1(f) \\ \Omega_2: & G_1(f) \leqslant |U(f)|/K \leqslant G_2(f) \\ \Omega_3: & G_2(f) < U(f)/K\end{array}\right\} \tag{11.6.25}$$

使在 Ω_2 内的 $|Z_R(f)|^2 = K^2$, 而且在全部 f 范围内 $G_{IL}(f)$ 满足式 (11.6.12) 的限制, 取如图 11.6.2(b) 所示实线

$$G_{IL}(f) = \begin{cases} G_1(f), & f \in \Omega_1 \\ |U(f)|/K, & f \in \Omega_2 \\ G_2(f), & f \in \Omega_3 \end{cases} \tag{11.6.26}$$

不难从式 (11.6.25) 和式 (11.6.26) 可知, 在 Ω_1 内, $|z_R(f)| < K(G_{IL}(f) < G_I(f))$; 在 Ω_2 内, $|Z_R(f)| = K$; 而在 Ω_3 内, $|Z_R(f)| > K(G_{IL}(f) > G_I(f))$, 因此式 (11.6.24) 左端, 即由式 (11.6.26)

$$\int |Z_R(f)|^2[G_{IL}(f) - G_Z(f)]\mathrm{d}f \geqslant K^2 \int [G_{IL}(f) - G_I(f)]\mathrm{d}f = K^2(\sigma_I^2 - \sigma_I^2) = 0 \tag{11.6.27}$$

决定的 $G_{IL}(f)$ 就是最不利的干扰功率谱, 如图 11.6.2(c) 实线所示, 它实际上是最接近 $|U(f)|$ 的干扰功率谱 $G_I(f)$, 而宽容匹配滤波器响应由式 (11.6.25) 决定。同样可以证明, 最佳宽容匹配滤波器的信号 $u_R(t)$ 也应对应于 $G_{IL}(f)$ 的噪声相关函数 R_{IL} 矩阵形式的最小本征值的本征矢量形式。

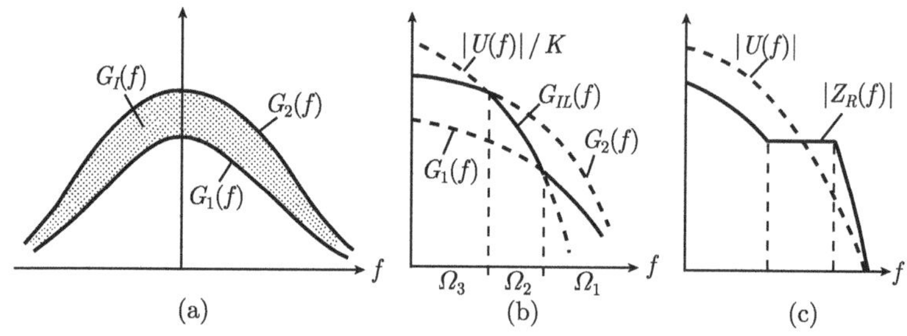

图 11.6.2　不确定通带噪声限制条件下确定信号的宽容检测例

(a) 噪声不确定范围 $G_I(f)$; (b) 因信号分三段的最不利噪声谱 $G_{IL}(f)$; (c) 宽容匹配响应 $Z_R(f)$

(3) 信号和噪声均不确定的情况。如果信号和噪声不确定性是由各自独立的因素引起, 则可结合上面讨论的两个结论, 如对信号均方不确定和噪声带通模型不确定的情况, 其宽容匹配滤波器权矢量类似式 (11.6.19)

$$z_R = (R_{IL} + \sigma_0^2 z)^{-1} u \tag{11.6.28}$$

式中, R_{IL} 的功率谱满足类似式 (11.6.26) 的形式

$$G_{IL}(f) = \max\{G_1(f), \min[|U_L(f)|/K, G_2(f)]\} \tag{11.6.29}$$

而 $\sigma_0 > 0$ 满足式 (11.6.17)

$${\sigma_0}^2||z_R|| = \Delta$$

常数 K 使式 (11.6.29) 满足

$$\int G_{IL}(f)\mathrm{d}f = \sigma_I^2 \tag{11.6.30}$$

和

$$s_L = u - {\sigma_0}^2 z_R \tag{11.6.31}$$

联合这些方程即可解得相应宽容博弈问题的鞍点 (z_R, s_L, R_{IL})。当然, 实际上都要求数值计算求解。

对于混响不确定的情况, 如果遇上信号也是不确定的, 情况较复杂。这是由于最不利的信号和最不利的混响都与所采用的发射信号形式有关的缘故, 因此, 在讨论这一问题时, 必须将最不利的条件考虑为最不利的散射函数形式。

11.7 最小均方模糊度函数综合

在第 11.2 节中, 我们已经从信息观点上讨论了波形的最佳设计问题, 也指出最佳波形的设计必须经过三个过程, 首先通过测量或模型估计给出信道 (回波和混响过程) 的散射函数, 其次是根据式 (11.2.3) 确定与所估计的散射函数相匹配的最佳波形模糊度函数, 最后是通过模糊度函数综合最佳波形。

这一节主要讨论如何综合模糊度函数逼近给定的散射函数和根据模糊度函数综合波形 [39,206]。

11.7.1 萨斯曼综合法

假定模糊度函数所要逼近的回波散射函数是

$$P_{Ss}(\tau, \varphi) = |S_s(\tau, \varphi)|^2 \tag{11.7.1}$$

$S_s(\tau, \varphi)$ 是回波信道的扩展函数, 其复数形式是

$$S_s(\tau, \varphi) = |S_s(\tau, \varphi)|\mathrm{e}^{\mathrm{j}\theta s(\tau, \varphi)} \tag{11.7.2}$$

要求设计一个信号 $u(t)$, 其模糊度函数均方逼近 $P_{Ss}(\tau, \varphi)$, 即使

$$\varepsilon_\psi = \iint |P_{Ss}(\tau,\varphi) - \Psi_u(\tau,\varphi)|^2 \mathrm{d}\tau\mathrm{d}\varphi \tag{11.7.3}$$

最小。

萨斯曼的方法是使信号的二维相关函数均方逼近 $S(\tau,\varphi)$, 即使

$$\varepsilon_\psi = \iint |S_s(\tau,\varphi) - \chi_u(\tau,\varphi)|^2 \mathrm{d}\tau\mathrm{d}\varphi \tag{11.7.4}$$

最小。为此, 取 $u(t)$ 的式 (2.3.31) 复矢量形式 $\boldsymbol{u} = [u_1, u_2, \cdots, u_N]^{\mathrm{T}}$, 而

$$u_k = \int u(t) f_k^*(t)\mathrm{d}t \tag{11.7.5}$$

见式 (2.3.24), $f_k(t)(k=1,2,\cdots,N)$ 是正交函数基元信号。显然, $u(t)$ 的二维相关函数可写成

$$\chi_u(\tau,\varphi) = \sum_{k,l=1}^{N} u_k u_l^* \chi_{fkl}(\tau,\varphi) \tag{11.7.6}$$

式中

$$\chi_{fhl}(\tau,\varphi) = \int f_k(t) f_l^*(t+\tau)\exp(\mathrm{j}2\pi\varphi t)\mathrm{d}t \tag{11.7.7}$$

写式 (11.7.6) 的矩阵表达形式是

$$\boldsymbol{\chi}_u(\tau,\varphi) = \boldsymbol{u}^\dagger \boldsymbol{\chi}_f(\tau,\varphi)\boldsymbol{u} \tag{11.7.8}$$

$\boldsymbol{\chi}_f(\tau,\varphi)$ 是正交函数族 $\{f_k(t)\}$ 的二维相关矩阵, 其元 $\{\boldsymbol{\chi}_f(\tau,\varphi)\}_{kl} = \chi_{fkl}(\tau,\varphi)$ 满足

$$\int \chi_{fkl}(\tau',\varphi')\chi_{fmn}^*(\tau',\varphi')\exp[-\mathrm{j}2\pi(\varphi\tau'-\varphi'\tau)]\mathrm{d}\tau'\mathrm{d}\varphi' = \chi_{fkm}^*(\tau,\varphi)\chi_{fln}(\tau,\varphi) \tag{11.7.9}$$

当 $\tau=0,\varphi=0$ 时, 上式变成

$$\int \chi_{fkl}(\tau,\varphi)\chi_{fmn}^*(\tau,\varphi)\mathrm{d}\tau\mathrm{d}\varphi = \delta_{km}\delta_{ln} \tag{11.7.10}$$

式 (11.7.10) 指出, 由 $f_k(t)$ 的二维互相关函数 $\chi_{fkl}(\tau,\varphi)$ 构成的矩阵 $\boldsymbol{\chi}_f(\tau,\varphi)$ 是正交的, 这个正交的 $\boldsymbol{\chi}_f(\tau,\varphi)$ 也称为“导出基”矩阵 [206], 而信道扩展函数可表示为

$$S(\tau,\varphi) = \sum_{k}\sum_{l=1}^{N} S_{kl}\chi_{fkl}(\tau,\varphi) \tag{11.7.11}$$

式中

$$S_{kl}=\iint S(\tau,\varphi)\chi_{fkl}^{*}(\tau,\varphi)\mathrm{d}\tau\mathrm{d}\varphi \tag{11.7.12}$$

或用扩展矩阵表示

$$\boldsymbol{S}=\{S_{kl}\}=\iint S(\tau,\varphi)\boldsymbol{\chi}_{f}^{*}(\tau,\varphi)\mathrm{d}\tau\mathrm{d}\varphi \tag{11.7.13}$$

将式 (11.7.8) 和式 (11.7.13) 代入式 (11.7.4) 有

$$\varepsilon_{\psi}=\iint\left|\sum_{k,l=1}^{N}(S_{kl}-u_{k}u_{l}^{*})\chi_{fkl}(\tau,\varphi)\right|^{2}\mathrm{d}\tau\mathrm{d}\varphi \tag{11.7.14}$$

显然, 只有 $S_{kl}\equiv u_{k}u_{l}^{*}$, 才能保证 $\varepsilon_{x}=0$, 这也意味着矩阵 $\boldsymbol{S}$ 必须是埃尔米特矩阵, 实质上也就意味着 $S(\tau,\varphi)$ 本身具有波形二维相关函数的特征。一般情况下, 这是不可能的, 因此只能使 ε_{x} 尽量小。

重写式 (11.7.14) 为

$$\varepsilon_{\psi}=\iint\left[S(\tau,\varphi)-\sum_{k,l-1}^{N}u_{k}u_{l}^{*}\chi_{fkl}(\tau,\varphi)\right]\left[S^{*}(\tau,\varphi)-\sum_{m,n=1}^{N}u_{m}^{*}u_{n}\chi_{fmn}^{*}(\tau,\varphi)\right]\mathrm{d}\tau\mathrm{d}\varphi$$

假定 u_{p} 和 $u_{p}^{*}(p=1,2,\cdots,N)$ 互相独立, ε_{x} 其最小条件是

$$\begin{aligned}\frac{\partial\varepsilon_{\psi}}{\partial u_{p}^{*}}=&\iint\left\{-\left[S^{*}(\tau,\varphi)-\sum_{m,n}u_{m}^{*}u_{n}\chi_{fmn}^{*}(\tau,\varphi)\right]\sum_{k}u_{k}\chi_{fkp}(\tau,\varphi)\right.\\&\left.-\left[S(\tau,\varphi)-\sum_{k,l}u_{k}u_{l}^{*}\chi_{fkl}(\tau,\varphi)\right]\sum_{n}u_{n}\chi_{fpn}(\tau,\varphi)\right\}\mathrm{d}\tau\mathrm{d}\varphi\\=&-\sum_{k}u_{k}(S_{pk}+S_{kp}^{*})+2u_{p}\sum_{k}|u_{k}|^{2}=0,\quad p\in N\end{aligned}$$

写成矩阵形式是

$$(\boldsymbol{S}+\boldsymbol{S}^{\dagger})\boldsymbol{u}=2E_{u}\boldsymbol{u} \tag{11.7.15}$$

当 $\boldsymbol{S}$ 是埃尔米特矩阵时, 有

$$(\boldsymbol{S}-E_{u}\boldsymbol{I})\boldsymbol{u}=0 \tag{11.7.16}$$

这就是所要确定的最佳波形 $u(t)$ 应满足的特征方程, 并对应于其最大本征值 E_{u0} 的本征解。一般情况下, $\boldsymbol{S}$ 不是埃尔米特矩阵, 但可取 $\boldsymbol{S}'=\boldsymbol{S}+\boldsymbol{S}^{\dagger}$, 则最佳波形可认为是矩阵 $\boldsymbol{S}'$ 的最大本征值 E_{u0}' 的本征矩阵波形, 其均方误差是

$$\varepsilon_{\psi}=\iint|S(\tau,\varphi)|^2\mathrm{d}\tau\mathrm{d}\varphi-\sum_{k,l}u_k^*u_l(S_{kl}+S_{kl}^*)$$
$$+\sum_{k,l,}\sum_{m,n}(u_ku_l^*u_m^*u_n)\iint\chi_{fkl}(\tau,\varphi)\chi_{fmn}^*(\tau,\varphi)\mathrm{d}\tau\mathrm{d}\varphi$$
$$=\iint P_S(\tau,\varphi)\mathrm{d}\tau\mathrm{d}\varphi-E_u^2=\sigma_s^2-E_u^2>0 \tag{11.7.17}$$

因此, 最佳波形可取能量最大的本征波形。

11.7.2 相位迭代法

上面所讨论最佳波形模糊度函数综合法, 可归结为由已知扩展函数矩阵解矩阵方程 (11.7.16) 的问题, 因此存在一个可解性、解的复杂性和可实现性问题。对于阶数不大的方阵, 有时可用相位迭代法来逐次逼近最佳波形, 原理步骤如下。

给已知 $|S(\tau,\varphi)|$ 任设一个相位函数 $\theta_0(\tau,\varphi)$, 由上述方法确定相应于

$$S^{[0]}(\tau,\varphi)=|S(\tau,\varphi)|\mathrm{e}^{\mathrm{j}\theta_0(\tau,\varphi)} \tag{11.7.18}$$

的正交函数 $f_k^{[0]}(t)$, 由其"导出基" $\boldsymbol{\chi}_f^{[0]}(\tau,\varphi)$ 引出

$$\boldsymbol{S}^{[0]}=\iint S(\tau,\varphi)\boldsymbol{\chi}_f^{[0]*}(\tau,\varphi)\mathrm{d}\tau\mathrm{d}\varphi \tag{11.7.19}$$

引入 N 阶对角变换矩阵 (U 矩阵)$\boldsymbol{Q}^{[0]}$,

$$\boldsymbol{Q}^{[0]\dagger}\boldsymbol{Q}^{[0]}=\boldsymbol{I} \tag{11.7.20}$$

使 $\boldsymbol{S}^{[0]}$ 转换成对角形式

$$\boldsymbol{S}^{[1]}=\boldsymbol{Q}^{[0]\dagger}\boldsymbol{S}^{[0]}\boldsymbol{Q}^{[0]}=\begin{bmatrix}E_1^{[0]} & 0 & \cdots & 0\\ 0 & E_2^{[0]} & \cdots & 0\\ \vdots & \vdots & \ddots & \vdots\\ 0 & 0 & \cdots & E_N^{[0]}\end{bmatrix} \tag{11.7.21}$$

决定新的正交函数

$$f_k^{[1]}(t)=\sum_{l=1}^{N}Q_{lk}^{[0]}f_l^{[0]}(t),\quad k=1,2,\cdots,N$$

或

$$\boldsymbol{f}^{[1]}(t)=\boldsymbol{Q}^{[0]\mathrm{T}}\boldsymbol{f}^{[0]}(t)$$

相应的新“导出基”是

$$\boldsymbol{\chi}_f^{[1]}(\tau,\varphi)=\boldsymbol{Q}^{[0]\mathrm{T}}\boldsymbol{\chi}_f^{[0]}(\tau,\varphi)\boldsymbol{Q}^{[0]*} \tag{11.7.22}$$

因此

$$\begin{aligned}\boldsymbol{S}^{[1]}&=\iint S(\tau,\varphi)\boldsymbol{\chi}_f^{[1]*}(\tau,\varphi)\mathrm{d}\tau\mathrm{d}\varphi\\&=\iint S(\tau,\varphi)\boldsymbol{Q}^{[0]\dagger}\boldsymbol{\chi}_f^{[0]*}(\tau,\varphi)\boldsymbol{Q}^{[0]}\mathrm{d}\tau\mathrm{d}\varphi\end{aligned} \tag{11.7.23}$$

$\boldsymbol{Q}^{[0]}$ 与 τ,φ 无关, 故式 (11.7.23) 就是式 (11.7.21)。

由式 (11.7.19) 和式 (11.7.21), 可取

$$S^{[0]}(\tau,\varphi)=\sum_{k,l}S_{kl}\chi_{fkl}^{[1]}(\tau,\varphi)=\sum_{k=1}^{N}E_k^{[0]}\chi_{fk}^{[1]}(\tau,\varphi) \tag{11.7.24}$$

对应的最佳导出基 $\boldsymbol{\chi}_f^{[1]}(\tau,\varphi)$ 是其最大本征值 $E_{u0}^{[0]}$ 的本征解 $\boldsymbol{\chi}_{f0}^{[1]}(\tau,\varphi)$, 因而相应于 $S^{[0]}(\tau,\varphi)$ 的最佳导出基是

$$\chi_u^{[0]}(\tau,\varphi)=E_{u0}^{[0]}\chi_{f0}^{[1]}(\tau,\varphi)$$

对应的最佳波形是

$$u^{[0]}(t)=f_0^{[1]}(t)=\sum_l Q_{l0}^{[0]}f_l^{[0]}(t) \tag{11.7.25}$$

而

$$E_{u0}^{[0]}=\iint S^{[0]}(\tau,\varphi)\chi_{f0}^{[1]*}(\tau,\varphi)\mathrm{d}\tau\mathrm{d}\varphi \tag{11.7.26}$$

脚标“0”表示最大本征值时的 k, $E_{u0}^{[0]}$ 是相对于 $S^{[0]}(\tau,\varphi)=|S(\tau,\varphi)|\exp[\mathrm{j}\theta_0(\tau,\varphi)]$ 的最佳波形 $u_0(t)$ 的最大能量。

若改变 $S(\tau,\varphi)$ 的相位函数, 即取

$$S^{[1]}(\tau,\varphi)=|S(\tau,\varphi)|\mathrm{e}^{\mathrm{j}\theta_1(\tau,\varphi)}$$

使 $\theta_1(\tau,\varphi)$ 也是 $\chi_{f0}^{[1]}(\tau,\varphi)$ 的相位函数

$$\theta_1(\tau,\varphi)=\arg\left[\chi_{f0}^{[1]}(\tau,\varphi)\right]$$

同样方法经 $\boldsymbol{Q}^{[1]}$ 变换取得 $S^{[2]}(\tau,\varphi)$, 相应于 $S^{[1]}(\tau,\varphi)$ 的最大本征值为 $E_{u0}^{[1]}$, 本征函数是 $f_0^{[1]}(t)$, 从而确定最佳新的基函数 $\chi_{f0}^{[2]}(\tau,\varphi)$, 然后再取

$$S^{[2]}(\tau,\varphi)=|S(\tau,\varphi)|\mathrm{e}^{\mathrm{j}\theta_2(\tau,\varphi)}$$

$\theta_1(\tau,\varphi)$ 是 $\chi_{f0}^{[2]}(\tau,\varphi)$ 的相位函数, 如此反复迭代几次后, 可以获得最佳波形 $u(t)=f_0^{[m]}(t)$

$$\boldsymbol{f}_0^{[m]}=\boldsymbol{Q}^{[m]\mathrm{T}}\boldsymbol{Q}^{[m-1]\mathrm{T}}\cdots\boldsymbol{Q}^{[0]\mathrm{T}}\boldsymbol{f}^{[0]} \tag{11.7.27}$$

迭代次数以保证

$$\varepsilon_\psi=\sigma_s-\left[E_{u0}^{[m]}\right]^2 \tag{11.7.28}$$

达到要求为止。当然, 迭代本身必须收敛, 即使得每次获得的 $E_{u0}^{[k]}$ 都应大于或等于上一次的 $E_{u0}^{[k-1]}$, 如果不收敛, 有必要改变起始设定的相位函数 $\theta_0(\tau,\varphi)$。收敛的快慢决定于所要综合的 $|S(\tau,\varphi)|$ 和所设定的起始相位 $\theta_0(\tau,\varphi)$。

11.7.3　给定模糊度结构的波形综合

萨斯曼综合法主要是针对波形的二维相关函数 $\boldsymbol{\chi}_u(\tau,\varphi)$, 根据式 (2.5.39) 的唯一性定理, 只要给定的 $\boldsymbol{\chi}(\tau,\varphi)$ 满足唯一性条件, 总能通过二维反变换获得相应的波形 $u(t)$。遗憾的是, 大多数场合, 对要综合的 $|\boldsymbol{\chi}_u(\tau,\varphi)|$ 或 $\Psi_u(\tau,\varphi)$, 均未找到相应的唯一性或充要条件, 也不存在一般的综合方法, 实际系统设计均根据 $\Psi_u(\tau,\varphi)$ 峰的分布结构要求, 选择波形的射频相位函数来综合波形。

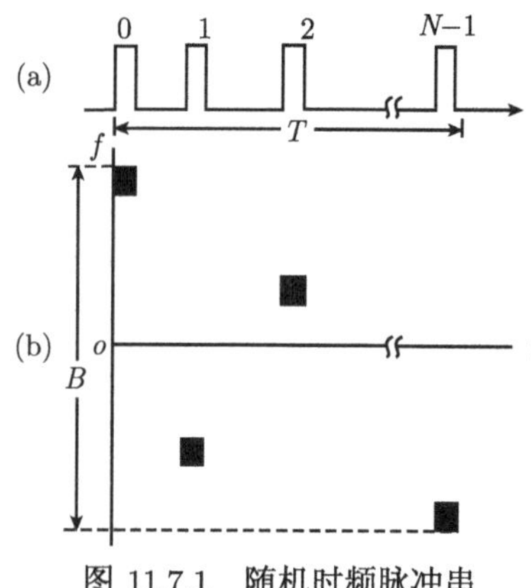

图 11.7.1　随机时频脉冲串

文献 [207] 讨论了给定模糊度函数中心峰响应, 通过参差相干频移脉冲信号形式来实现模糊度函数的综合, 设定的波形是随机时间 (T_k) 和频率 (f_k) 的系列脉冲

$$u(t)=\sum_{k=0}^{N-1}\mathrm{rect}\left[\frac{t-T_k}{\varDelta}\right]\mathrm{e}^{\mathrm{j}2\pi fkt} \tag{11.7.29}$$

(图 11.7.1(a) 和 (b) 是其包络和时频图), $\varDelta$ 是脉宽, 只要频间间隔

$$|f_m-f_n|\geqslant k_1/\varDelta,\quad k_1>0$$

和脉冲间隔

$$|T_m-T_n|\geqslant k_2\varDelta,\quad k_2\geqslant 0$$

选择适当, 可在其模糊度函数非中心峰的旁瓣最小的条件下, 使其中心峰 (类似式 (4.7.3))

$$\Psi_u(\tau,\varphi)\bigg|_{p=0}=\frac{1}{N^2}\Psi_0(\tau,\varphi)\left|\sum_{k=0}^{N-1}\mathrm{e}^{-\mathrm{j}2\pi(f_k\tau-\varphi T_k)}\right|^2$$

均方逼近所要求形状 $P_S(\tau,\varphi)$(使式 (11.7.3) 最小)。文中采用蒙特卡罗统计方法选择随机参量 $\{f_n,T_n\}$, 综合了旁峰最小而主峰逼近给定形状的模糊度函数的波形。

虽然上述方法可以对中心峰响应达到无偏的综合, 但不能对包括非中心峰在内的模糊函数的综合, 文献 [208] 提出直接用方波包络的相位调制形式的波形来综合模糊度函数, 这时取

$$u(t)=\mathrm{rect}\left(\frac{t}{T}\right)\mathrm{e}^{\mathrm{j}\theta(t)} \tag{11.7.30}$$

式中

$$\theta(t)=\sum_{k=0}^{N-1}a_k\mathrm{rect}\left(\frac{t-k\varDelta}{\varDelta}\right) \tag{11.7.31}$$

如图 11.7.2 所示, 整个波形以 $a=[a_k]$ 为参量, 而

$$\begin{aligned}\varPsi_u(\tau,\varphi)&=\varPsi_u(\tau,\varphi;a)\\&=\int\exp\{\mathrm{j}[\theta(t)-\theta(t+\tau)+2\pi\varphi t]\}\mathrm{d}t\end{aligned} \tag{11.7.32}$$

式中, 略去了矩形包络的三角调制相关项。

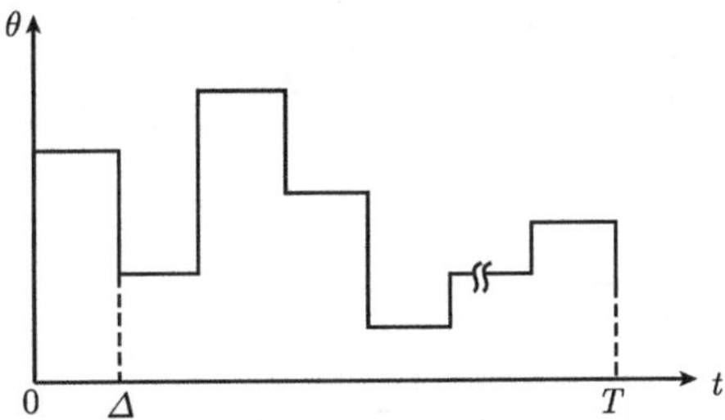

图 11.7.2 用方波包络的相位调制形式

将式 (11.7.31) 代入式 (11.7.3), 并取

$$\begin{aligned}\frac{\partial\varepsilon}{\partial a_k}&=\iint P_S(\tau,\varphi)\frac{\partial}{\partial a_k}\left|\varPsi_u(\tau,\varphi;a)\right|^2\mathrm{d}\tau\mathrm{d}\varphi\\&=\iint\left|\varPsi_u(\tau,\varphi;a)\right|^2\frac{\partial}{\partial a_k}\left|\varPsi_u(\tau,\varphi;a)\right|^2\mathrm{d}\tau\mathrm{d}\varphi=0\end{aligned} \tag{11.7.33}$$

只要根据式 (11.7.32) 求出 $\varPsi_u(\tau,\varphi;a)$ 和 $(\partial/\partial a_k)\{\varPsi_u(\tau,\varphi;a)\}$ 的表达式, 可以通过迭代技术确定相应波形的参数 a_k。虽然由 $\varPsi_u(\tau,\varphi;a)$ 确定 $(\partial/\partial a_k)\{\varPsi_u(\tau,\varphi;a)\}$ 的表达式是较繁冗的, 但并不困难。

相位调制法可以使被综合的模糊度函数在给定 τ- φ 区域 D 内体积为零, 即用

$$\frac{\partial}{\partial a_k}\iint_D\varPsi_u(\tau,\varphi;a)\mathrm{d}\tau\mathrm{d}\varphi=0 \tag{11.7.34}$$

来确定 a_k, 从而选择波形 (文中给出一个 $N=5$ 的例子)。不过, 对于一个脉冲中心峰响应的模糊度函数, 非中心的清白面积 D 的大小是受限制的。

11.7.4 时频 HOP 信号的自适应信道匹配选择

由于完全满足匹配滤波器输出信混比达到最大要求的最佳信号设计或实现是困难的，而浅海混响散射函数经常呈现起伏不平的“坑洼”，基于时频跳变 (HOP) 信号有改变调频规律控制模糊度旁峰分布的特性 (图 4.7.5)，因此可以直接根据声呐实际测量到的混响散射函数用图形跟踪和对比方法自动调整 HOP 信号的时频跳变规律，以达到信号模糊度和混响散射函数的最少重叠，图 11.7.3 就是这种信道自适应匹配波形选择的原理框图[298]。这里只作简单说明：整个声呐在两个模型下工作，在测量模型阶段先用 $T > 1/W$ 的 CWL 和 $T < L$ 的 CWS 信号通过发射–接收处理测量和估计现场混响的散射函数 (匹配滤波和重构)，而后将其与存储在库的一系列不同跳变频率规律的 HOP 信号模糊度函数进行图形搜索对比，确定并选择模糊度函数和混响散射函数重叠最少的时频 HOP 信号，作为声呐 (检测) 模型的最佳信号形式。

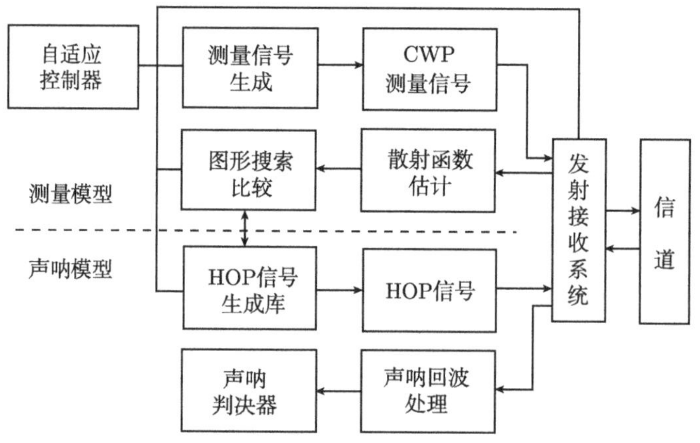

图 11.7.3 HOP 声呐信号自适应选择原理框图

11.8 由自相关函数综合波形

11.7 节讨论了给定散射函数或模糊度函数的波形综合问题，但在大多数场合，主要混响背景中检测的目标一般是距离延伸目标，而根据式 (11.2.13)，在静态混响中检测不动延伸目标回波，声呐波形的最佳形式应是其自相关函数和信道匹配。因此，其最佳波形设计问题主要有两个内容，首先根据已知混响和目标散射体的距离分布确定最佳波形的自相关函数，其后是由自相关函数综合波形。这就是我们下面要讨论的内容。

11.8.1 波形自相关函数的综合[39]

由于波形自相关函数具有中心最大性和中心对称性, 被匹配的信道散射函数也只有具备同样的特性才能用一个波形的自相关函数来达到最理想的逼近, 而一个波形总是受时间和频带宽度的限制, 因此我们首先讨论对称单峰距离散射函数在信号频带限制条件下的波形自相关函数综合问题。

假定混响在距离上的散射分布是均匀的, 目标回波扩展时间为 L, 显然，高斯型相关函数是这一情况下的通用最佳相关函数, 其旁峰可以抑制至零, 而单峰宽度 L 可靠改变波形均方带宽来实现匹配。然而, 在实际波形设计中, 往往只要求波形自相关函数主要能量集中在给定的 L 范围内, 而波形信息带宽要求不大于 B, 数学上就是设计一个带限信号, 使其相关函数的能量在 $|\tau| \leqslant L/2$ 内达到最大。

为此, 设

$$\int |R_u(\tau)|^2 \mathrm{d}\tau = \int |E_u(f)|^2 \mathrm{d}f = 1 \tag{11.8.1}$$

其中

$$E_u(f) = |U(f)|^2 = \begin{cases} E(f), & |f| \leqslant B/2 \\ 0, & |f| > B/2 \end{cases} \tag{11.8.2}$$

是带限波形 $u(t)$ 的能谱 (见式 (2.5.13)), 而

$$R_u(\tau) = \int E_u(f) \mathrm{e}^{\mathrm{j}2\pi f\tau} \mathrm{d}f \tag{11.8.3}$$

就是 $u(t)$ 的相关函数, 最佳波形 $u(t)$ 的条件是其相关函数在给定延迟宽度 $|\tau| \leqslant L/2$ 内的总能量

$$E_L = \int_{-L/2}^{L/2} |R_u(\tau)|^2 \mathrm{d}\tau \tag{11.8.4}$$

最大, 而由式 (11.8.3) 可知

$$|R_u(\tau)|^2 = \iint_{-B/2}^{B/2} E_u(f) E_u(f') \mathrm{e}^{\mathrm{j}2\pi(f-f')\tau} \mathrm{d}f \mathrm{d}f' \tag{11.8.5}$$

将式 (11.8.5) 代入式 (11.8.4)

$$\begin{aligned} E_L &= \int_{-L/2}^{L/2} \iint_{-B/2}^{B/2} E_u(f) E_u(f') \mathrm{e}^{\mathrm{j}2\pi(f-f')\tau} \mathrm{d}f \mathrm{d}f' \mathrm{d}\tau \\ &= L \iint_{-B/2}^{B/2} E_u(f) E_u(f') \mathrm{sinc}[\pi(f-f')L] \mathrm{d}f \mathrm{d}f' \end{aligned} \tag{11.8.6}$$

式 (11.8.6) 指出了一个在给定时间扩展范围内能获得最大相关能量的最佳带限信号, 它使

$$\begin{aligned}J&=E_L-\mu\int_{-B/2}^{B/2}[E_u(f)]^2\mathrm{d}f\\&=\int_{-B/2}^{B/2}E_u(f)\left\{\int_{-B/2}^{B/2}LE_u(f')\mathrm{sinc}[\pi(f-f')L]\mathrm{d}f'-\mu E_u(f)\right\}\mathrm{d}f\end{aligned}\tag{11.8.7}$$

达到最小的波形 (其中 μ 是拉格朗日乘子), 或者是积分方程 (以 $L\mathrm{sinc}[\pi(f-f')L]$ 为核)

$$\int_{-B/2}^{B/2}E_u(f')\mathrm{sinc}[\pi(f-f')L]\mathrm{d}f'=\frac{\mu_m}{L}E_u(f)\tag{11.8.8}$$

相应于最大本征值 $\mu=\mu_m$ 的本征解 $E_{um}(f)$ 所对应的波形, 且有 $\mu_m=E_T/L$。

对应于式 (11.8.8) 最大的本征解 $E_{um}(f)$ 的波形相关函数是

$$R_u(\tau)=\int_{-B/2}^{B/2}E_{um}(f)\mathrm{e}^{\mathrm{j}2\pi f\tau}\mathrm{d}f\tag{11.8.9}$$

可以证明 $R_u(\tau)$ 也满足和式 (11.8.8) 类型相同的积分方程

$$B\int_{-L/2}^{L/2}R_u(\tau')\mathrm{sinc}[\pi(\tau-\tau')B]\mathrm{d}\tau'=\mu R_u(\tau)\tag{11.8.10}$$

所不同的是, 方程 (11.8.10) 的解 $R_u(\tau)$ 可对所有 τ 取值, 而方程 (11.8.8) 中 $E_u(f)$ 只在 $|f|\leqslant B/2$ 内取值。

积分方程 (11.8.8) 和方程 (11.8.10) 可写成如下形式

$$\int_{-T}^{T}\varphi(z)\frac{\sin\sigma(t-\tau)}{\pi(t-\tau)}\mathrm{d}\tau=\mu\varphi(t)\tag{11.8.11}$$

所对应的本征解 $\varphi_k(t)(k=0,1,2,\cdots)$, 数学上称扁球函数 [33], 它不但在 $(-\infty,+\infty)$ 内而且在 $[-T,T]$ 内都是正交的, 即有

$$\left.\begin{aligned}&\int\varphi_k(t)\varphi_l(t)\mathrm{d}t=\delta_{kl}\\&\int_{-T}^{T}\varphi_k(t)\varphi_l(t)\mathrm{d}t=\mu_k\delta_{kl}\end{aligned}\right\}\tag{11.8.12}$$

扁球函数有许多特性, 在信号分析理论中常用来解决许多复杂的问题。在式 (11.8.8) 或式 (11.8.10) 中, 对应的参数 σ 是 $(BL/2)$。根据扁球函数的性质, 最大本征值 $\mu_0=E_L$ 与参数 $2\sigma=BL$ 的关系如图 11.8.1(a) 所示, 随着 BL 的增大

$(BL \geqslant 5), E_L$ 趋近于 1(最大)。图 11.8.1(b) 是对应不同 $2\sigma = BL$ 的最大本征值时的相关函数图。由图可见, 当 $\sigma = BL/2 \gg 1$ 时, 近似有高斯型相关函数

$$R_u(\tau) \approx \exp\left(-2\pi\frac{B}{L}\tau^2\right) \tag{11.8.13}$$

因而能谱

$$E_u(f) \approx \exp\left(-2\pi\frac{L}{B}f^2\right) \tag{11.8.14}$$

亦为高斯形状。对于一般 $\sigma = BL/2$, 可以根据图 11.8.2(b) 确定 $E_u(f) = |U(f)|^2$ 或取 $|U(f)| = \sqrt{E_u(f)}$。

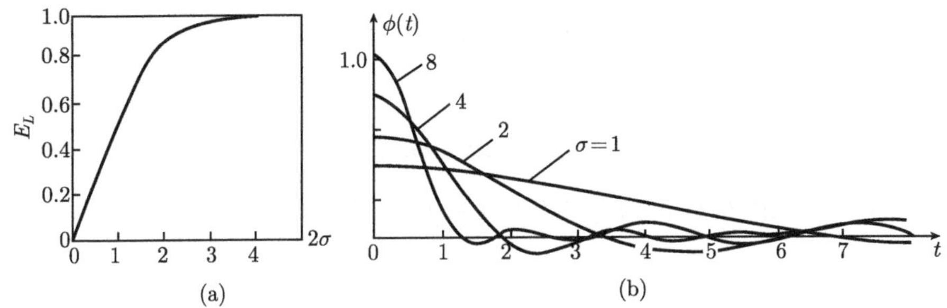

图 11.8.1 扁球函数特性

(a) 对应本征值与参数 σ 的关系; (b) 不同参数 σ 的扁球函数形状

利用扁球函数也可以综合一个波形的自相关函数均方逼近给定的形式, 使在某一延迟范围 $(|\tau| \leqslant L/2)$ 内的均方误差最小, 而在该区域之外的相关函数能量等于给定值。

经常要求分辨距离上紧邻一强目标的弱目标, 即要求给定相关函数邻近主瓣一定范围有接近零旁瓣的信号, 例如选择图 4.8.5 所示 $N = T/\Delta$ 阶的互补码信号[295], 码宽 Δ 取为所要求目标回波信道的时间扩展宽度, 而码长 T 为所要求的零旁瓣时间尺寸。

11.8.2 由已知能谱综合波形

下面讨论已知最佳波形的能谱 $E_u(f)$ 或 $|U(f)|$ 进一步综合对应的波形 $u(t)$ 的问题。

根据式 (2.1.2), 有

$$u(t) = \int U(f)\mathrm{e}^{\mathrm{j}2\pi ft}\mathrm{d}f \tag{11.8.15}$$

记

$$U(f) = |U(f)| \exp\{j\theta_U(f)\} \tag{11.8.16}$$

$$u(t) = |u(t)| \exp\{j\theta(t)\} \tag{11.8.17}$$

显然, 单由 $|U(f)|$ 是不能唯一确定 $u(t)$ 的, 还必须知道其相位成分即 $\theta_U(f)$。

但若 $|U(f)|$ 和 $|u(t)|$ 的宽度 (即 B 和 T) 都足够大, 可以用稳相原理近似由 $|U(f)|$ 估计对应的 $u(t)$。

将式 (11.8.16) 代入式 (11.8.15), 可得

$$u(t) = \int |U(f)| \mathrm{e}^{j\beta(f)} \mathrm{d}f \tag{11.8.18}$$

式中

$$\beta(f) = \theta_U(f) + 2\pi f t \tag{11.8.19}$$

由

$$\dot{\beta}(f) = 2\pi t + \dot{\theta}_U(f) \tag{11.8.20}$$

$(\dot{\beta} = \mathrm{d}\beta/\mathrm{d}f, \dot{U} = \mathrm{d}U/\mathrm{d}f)$ 可确定稳相点 $f = f_s$, 它满足 $\dot{\beta}(f_s) = 0$, 即

$$\dot{\theta}_U(f_s) = -2\pi t \tag{11.8.21}$$

或

$$t = -\dot{\theta}_U(f_s)/2\pi \tag{11.8.22}$$

在稳相点 f_s 附近展开 $\beta(f)$, 取前两项

$$\beta(f) \approx \beta(f_s) + \frac{1}{2}\ddot{\beta}(f_s)(f - f_s)^2 \tag{11.8.23}$$

其中, $\ddot{\beta} = \mathrm{d}^2\beta/\mathrm{d}f^2$, 再根据稳相原理, 可得

$$u(t) \approx \sqrt{2\pi} \frac{|U(f_s)|}{\sqrt{|\ddot{\theta}_U(f_s)|}} \exp\left\{j2\pi f_s t + j\left[\theta_U(f_s) \pm \frac{\pi}{4}\right]\right\} \tag{11.8.24}$$

相位项中正负取值决定于 $\ddot{\theta}_U(f_s)$ 的正负。

比较式 (11.8.24) 和式 (11.8.17), 波形包络是

$$|u(t)| \approx \sqrt{2\pi} \frac{|U(f_s)|}{\sqrt{|\ddot{\theta}_U(f_s)|}} \tag{11.8.25}$$

而相位是

$$\theta(t) \approx 2\pi f_s t + \theta_U(f_s) \pm \pi/4 \tag{11.8.26}$$

波形的瞬时频率是

$$f_i(t) = \frac{1}{2\pi}\dot{\theta}(t) \approx f_s + \left[t + \frac{1}{2\pi}\dot{\theta}_U(f_s)\right]\frac{\mathrm{d}f_s}{\mathrm{d}t} \tag{11.8.27}$$

式右边由于式 (11.8.22), 第二项为零, 因此有

$$f_i(t) \approx f_s \tag{11.8.28}$$

式 (11.8.28) 指出 t 时刻的波形瞬时频率近似等于频率维相位的稳相频率 f_s。而根据波形群延迟的定义 (见式 (2.2.32))

$$\tau_g(f) = -\dot{\theta}_U(f)/2\pi \tag{11.8.29}$$

以及式 (11.8.28)、式 (11.8.29) 可知

$$\tau_g(f_s) \approx t \tag{11.8.30}$$

即频率维稳相点 f_s 的群延迟就是时间变量 t。而式 (11.8.28) 和式 (11.8.30) 指出, $\tau_g(f_s)$ 和 $f_i(t)$ 是互成反函数关系, 即 $\tau_g(f_s) = f_i^{-1}(f_s)$ 或 $f_i(t) = \tau_g^{-1}(t)$。

如果从时间维来讨论波形的稳相点, 也能获得类似式 (11.8.25) 和式 (11.8.26) 的谱包络和谱相位形式, 它们分别是

$$|U(f)| = \frac{|u(t_s)|}{\sqrt{2\pi|\ddot{\theta}(t_s)|}} \tag{11.8.31}$$

和

$$\theta_U(f) \approx -2\pi f t_s + \theta(t_s) \pm \pi/4 \tag{11.8.32}$$

t_s 是时间维稳相点, 满足

$$f = \dot{\theta}(t_s)/2\pi \tag{11.8.33}$$

同样有

$$\tau_g(f) \approx t_s \tag{11.8.34}$$

和

$$f_i(t_s) \approx f \tag{11.8.35}$$

即 $\tau_g(f_i)$ 和 $f_i(t_s)$ 也是互成反函数关系的。实际上, 由式 (11.8.25) 和式 (11.8.31) 可得

$$|\ddot{\theta}_U(f_s)| = 1/|\ddot{\theta}(t_s)| \tag{11.8.36}$$

或

$$2\pi\dot{\tau}_g(f_s) = 1/[2\pi\dot{f}_i(t_s)] \tag{11.8.37}$$

在综合问题中, $|U(f)|^2 = E_u(f)$ 是给定的, 因此如果限定波形 $u(t)$ 的包络形状 $|u(t)|$, 那么, 根据式 (11.8.25) 可以获得 $|\theta_U(f_s)|$, 而由式 (11.8.26) 确定所要综合的波形相位调制函数 $\theta(t)$。一般情况下, 为了充分利用发射功率, 波形包络都取矩形包络, 这时, 由

$$|u(t)| = \begin{cases} A, & |t| \leqslant T/2 \\ 0, & |t| > T/2 \end{cases} \tag{11.8.38}$$

和式 (11.8.26)

$$\theta_U(f_s) = A\int_{-\infty}^{f_s}\int_{-\infty}^{x}|U(f')|\mathrm{d}f'\mathrm{d}x \tag{11.8.39}$$

或由

$$\tau_g(f) = A_1\int_{-\infty}^{f}|U(f')|^2\mathrm{d}f' \tag{11.8.40}$$

确定其反函数 (式中 A_1 也是常数)

$$f(t) = {\tau_g}^{-1}(f) \tag{11.8.41}$$

即为所求矩形包络波形的频率调制函数形式 —— 通常是一非线性单向调频信号。

上述自相关函数及其相应波形的综合方法只对具有对称的单峰距离散射函数的信道才适用, 对于非对称或多峰散射函数结构的回波信道, 一般情况下, 单纯寻求最佳波形是达不到最佳检测效果的。

如果要求给定相关函数主瓣以外一定范围有完全零旁瓣的信号, 可选择如图 4.8.5 所示的互补码信号, 其码宽 $\varDelta$ 取为所要的信道时间扩展宽度, T 为所要的零旁瓣大小, 因此互补码长是 $N = T/\varDelta$。

11.9 动物声呐信号

我们知道, 自然界中像蝙蝠、海豚和鲸类等哺乳动物在漫长的黑暗中是采用发出各种声信号在同类中交换信息, 并根据回声特征来搜捕猎物 (目标) 的, 我们称这类信号为动物 (ANM) 声呐信号或生物 (BIO) 声呐信号 [151]。由于这类声信号是它们在几十亿年和自然环境生存斗争中形成的, 并能根据环境和目标特性 (刚性的或弹性) 随时变更信号形式和参数, 因此 ANM 信号也永远是声呐设计者梦寐以求的最佳信号 [153,296,303] 形式。

研究指出, 大多数 ANM 信号是具有多普勒宽容的特殊包络宽带 HFM 信号(式 (2.11.18))。这里我们根据目标特性, 探索 ANM 信号形式以及信号的特征和仿真原理。

11.9.1 广义亮点目标回波检测的最佳波形

在 8.8 节中曾经指出, 对密集分布散射体或散射与频率有关的广义亮点目标, 目标传递函数可以在某一频率 f_0 为中心的频带内展开为式 (8.6.18) 的幂级数形式[152] 即

$$H_T(f)=\sum_{m=-M}^{M}h_m(\mathrm{j}f/f_0)^m \tag{11.9.1}$$

所有 h_m 反映了目标散射的物理特性。如果声呐信号谱为 $U(f)$, 目标回波谱也等效于式 (8.8.22), 即以

$$S_m(f)=(jf/f_0)^mU(f) \tag{11.9.2}$$

为基函数的级数展开形式

$$S_T(f)=H_T(f)U(f)=\sum_{m=-M}^{M}h_mS_m(f) \tag{11.9.3}$$

这里基函数 $S_m(f)$ 线性独立但不是正交的。显然, 选择最佳的 $S_m(f)$ 并对其实现匹配滤波, 可以获得最佳的回波检测效果。

因此, 设计与信号形式有关的 $S_m(f)$ 是最佳检测的关键。如果 $s_m(t)$ 的时间带宽乘积 T_mB_m 对所有 m 均保持相同, 那么所设计的信号 $S_m(f)$ 将满足下面的正比例关系 [150,152]

$$S_m^*(f)\propto S_0^*(f/k^m),\quad k>1 \tag{11.9.4}$$

k 表示频域的展宽参数, 这一关系也保证了 $S_m(f)$ 满足

$$S_m^*(f)\propto S_{m-1}^*(f/k) \tag{11.9.5}$$

可见, 式 (11.9.4) 本身就意味着 $S_m(f)$ 的宽度 $B_m{=}kB_{m-1}$, 相应的 $s_m(t)$ 的宽度 $T_m=T_{m-1}/k$。不难由式 (11.9.2) 和式 (11.9.5) 可知, 所要求的信号谱 $U(f)$ 应满足

$$(f/f_0)^mU(f)=C_mU(f/k^m) \tag{11.9.6}$$

C_m 是与 m 有关的常数。

为分析方便, 将 m 表示为连续参数 ρ, 将式 (11.9.6) 写成连续形式

$$(f/f_0)^\rho U(f)=C(\rho)U(f/k^\rho) \tag{11.9.7}$$

并对式 (11.9.7) 两边求 ρ 的微商

$$\log(f/f_0)U(f) = C(\rho)U(f/k^\rho) - C(\rho)f\log k\mathrm{e}^{-\rho\log k}U(f\mathrm{e}^{\rho\lg k})$$

取 ρ=0(即 m=0), 并注意到 $C(0)$=1, 因此有

$$\log(f/f_0)U(f) = C(0)U(f) - f\log kU(f)$$

或写成

$$\frac{U(f)}{U(f)} = \frac{C(0) - \log(f/f_0)}{f\log k} \tag{11.9.8}$$

利用式 (11.9.7) 对式 (11.9.8) 两边求积分得 (假定 f >>0)

$$\log U(f) = \frac{C(0)\log(f/f_0)}{\log k} - \frac{(\log f/f_0)^2}{2\log k} + K$$

或

$$U(f) = K(f/f_0)^p \exp\left[-\frac{(\log f/f_0)^2}{2\log k} + \mathrm{j}\frac{\varepsilon\log(f/f_0)}{\log k}\right] \tag{11.9.9}$$

式中, K 是无关紧要的常数, 而

$$p = \mathrm{Re}\left\{\frac{C(0)}{\log k}\right\} \tag{11.9.10}$$

$$\varepsilon = \mathrm{Im}\{C(0)\} \tag{11.9.11}$$

式 (11.9.9) 就是所求信号 $u(t)$ 的谱, 谱的包络是

$$A_U(f) = K(f/f_0)^p \exp\left[-\frac{(\log f/f_0)^2}{2\log k}\right] \tag{11.9.12}$$

而谱相位是

$$\theta_U(f) = \frac{\varepsilon\log(f/f_0)}{\log k} \tag{11.9.13}$$

因此, 对应的信号是具有对数正态谱特性、调制在频率 f_0 的 HFM 或 LTM(线性周期调制) 信号, 基本形状特性由 p、k 和 ε 三个参量决定, 它们分别影响谱包络特性、信号带宽参量和频率调制深度 (见 4.6 节)。

如果目标高速运动, 回波波形将受到压缩或伸展 (压缩因子是 κ), 而回波谱将变成

$$S_m(f/k) = S_m(f)\exp\{-\mathrm{j}\varepsilon\log\kappa/\log k\} \tag{11.9.14}$$

只要 $k >> \kappa$, 压缩后的 $S_m(f/k)$ 和 $S_m(f)$ 仍然是高度相关的。可见, 对应于式 (11.9.9) 的波形, 具有宽带多普勒不变性且无多普勒和距离耦合。因此, 对 $S_m(f)$

匹配滤波器, 可以获得对运动目标回波检测的最佳效果。其实在 2.11 节中式 (2.11.12) 和 4.5 节中式 (4.5.4) 已经指出, 相位函数是对数形式的 HFM 或 LTM 信号本身就具有多普勒宽容特性, 而回波谱 $S_m(f)$ 对应的时域波形 $s_m(t)$ 相当于是该波形 $u\ (t)$ 的扩展模型 $(m<0)$ 或压缩模型 $(m>0)$。

对应于式 (11.9.9) 中信号的所有匹配 $S_m(f)$ 的匹配滤波器均具有相同的传递函数形式和相同的复杂程度, 该匹配滤波器由于 $S_m(f)$ 带宽具有与中心频率成正比的特性, 因此称正比例 (恒 Q) 匹配滤波器。实际上, 自然界包括人类在内的很多动物, 之所以能够倾听并分辨宽达几十甚至几百倍频程的宽带声频信号, 也在于人耳或动物听觉系统具有这种恒 Q 特性的滤波功能。也正因此, 这类信号称为动物声呐信号。而某些哺乳动物搜捕猎物采用的信号也可以用式 (11.9.9) 来模拟。

图 11.9.1(a) 上图是某种海豚用来猎取目标的信号, 下图是当式 (11.9.9) 中 $\rho=-0.55$、$k=-1.80$ 和 $\varepsilon=2.2$ 时所对应的波形, 两者十分相似 [152]。

图 11.9.1(b) 上图是某种蝙蝠飞行中搜索目标用的信号, 根据式 (11.9.9) 对其拟合, 取 $\rho=-0.7$, $k=-1.74$,$\varepsilon=67$ 进行包络仿真计算并进行对应 HFM 调制, 仿真波形如下图, 与上图的实际信号完全相同。可以看到, 由于 $\varepsilon=67$ 较大, 信号明显具有线性周期调制特性 (中图), 是 $100\sim40$kHz 的降频 HFM 信号。

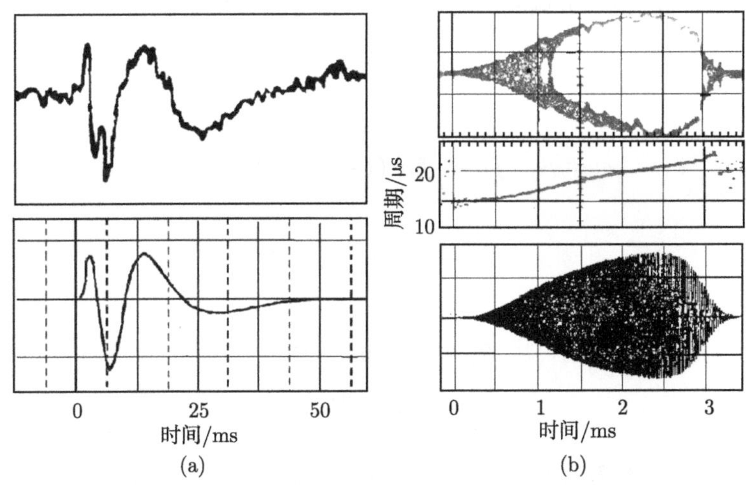

(a) (b)

图 11.9.1 两种动物声呐信号 (上) 及计算波形 (下)

(a) 海豚信号; (b) 蝙蝠信号

11.9.2 动物声呐信号的实际设计[297]

式 (2.11.18) 给出的多普勒不变信号

$$u(t)=At^{-1}J_p(\beta t)\mathrm{e}^{k_1\log t+k_2} \tag{11.9.15}$$

表明是典型的受包络调制的 HFM 信号形式, 如果取 $p=7$ 和 $\beta=2581$, 所生成的信号也和图 11.9.1(b) 相同。可见, 通过对矩形 HFM 信号进行包络调制也能获得动物声呐信号形式, 这里我们根据文献 [297] 讨论在给定参量的矩形 HFM 信号的基础上设计动物声呐信号的方法。

能量和均方时间限制条件下 Altes 给出的最佳多普勒宽容信号包络是式 (2.10.19), 如果只考虑能量限制条件 [46], 可以直接采用

$$A(t)=A_0\exp\{-\log[(t-T/2)/t_p]^2/q\} \tag{11.9.16}$$

其中, A_0 是能量归一系数;t_p 是信号出现峰值的时间; q 是决定信号有效持续时间 T_e 和带宽 B_e 的参量。给定 t_p 和 $q, A(t)$ 就确定了。由于 HFM 的瞬时频率与时间成单调反比关系, 在 $t=t_m$ 时的频率 f_p 也是谱包络的最大位置:

$$f_p=f_1(t_p)=f_0/(1-t_p/T_0),\quad -T/2<t_p<T/2 \tag{11.9.17}$$

而信号持续时间 T_0 取包络最大值的比值 r(一般取 $r=0.5$) 对应的时间 t_+ 和 t_- 的跨度来定义:

$$T_0=t_+-t_-$$

如果在 T_0 范围内, 被调制的矩形 HFM 信号的频率范围为

$$B_0=f_+-f_-$$

式中

$$f_\pm=f_0/(1-t_\pm/T_0)$$

经计算

$$t_\pm=T_p\exp(\pm\sqrt{R}q)$$

因此

$$T_e=2t_p\sinh(\sqrt{R}q) \tag{11.9.18}$$

$$B_e=\frac{f_0t_p}{T-t_p\cosh(\sqrt{R}q)} \tag{11.9.19}$$

式中, $R=-\log r$。有效时宽 T_e 决定于参量 T、q 和 t_p, 而有效带宽 B_e 还与 HFM 信号的 f_0、B 和双曲频率调制深度 Q (见式 (4.5.6)) 的取值有关。

根据这些关系设计仿真 $B_e=10\text{kHz}, T_e=10\text{ms}$ 的动物声呐信号, 取 $Q=0.9$ 和 $q=1.28$, 结果如图 11.9.2[297] 所示, 图中 (a) 是其波形、瞬时频率和谱特性, (b) 是其宽带模糊度函数轮廓。可以看到, 这种信号具有最佳的多普勒宽容特性, 同时时频耦合也很小。图 (c) 是某种鼠海豚发出的实际信号 (T=140s,f_0=140kHz)[27], 其包络形态和所设计的是十分相似的。

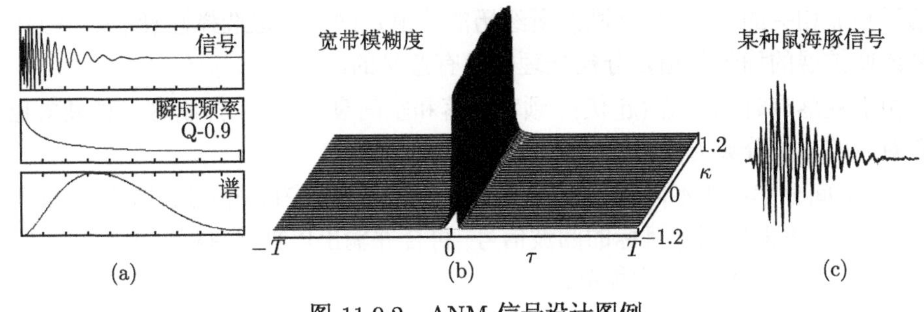

图 11.9.2 ANM 信号设计图例

(a) 波形、瞬时频率、谱; (b) 宽带模糊度轮廓; (c) 实际海豚信号

11.9.3 ANM 信号的广义横向匹配滤波

对于密集分布点目标, 可以看成是在距离上 N 个互相独立分布的广义亮点组合, 回波谱及其相应的信号分别是式 (8.8.21) 和式 (8.8.23), 并可用图 8.8.2 广义横向滤波器模型实现。如果知道了目标分布亮点的特征参量 h_{mn} 和 τ_n, 同样可通过对 $S_m(f)$ 的匹配滤波组合来实现最佳回波检测, 反之也可通过匹配滤波组合来估计目标特征参量。而 $S_m(f)$ 的匹配滤波组合实际上就是恒 Q 匹配滤波组。

由于对 $S_m(f)$ 的匹配滤波是一种恒 Q 匹配滤波, 因此根据 5.6.2 节关于小波变换的特性, 回波匹配滤波过程可采用多分辨小波相关来实现。

11.10 时空分集和混合处理

近代主动声呐为了提高浅海干扰背景中远程潜艇目标回波的探测性能, 长时间宽带大孔径声呐是其主要发展方向, 为了抑制回波信道衰落引起的接收机输出强度起伏, 常采用相干和非相干混合处理的分集检测系统。这一节我们有必要简单介绍关于主动声呐分集接收处理的基本信息原理和技术。

11.10.1 分集的基本概念

分集处理包括“分”和“集”两个方面:“分”是将同一信号或目标通过信道分散传递, 使接收机获得多个统计独立的、带有信号或目标信息的回波衰落信号样本;“集”是对这多个回波衰落信号进行集中合并处理以降低衰落的影响。根据信息论原理 (见 1.2.2 节), 要使分集处理有效地获得最大信息增益, 首先要求被分集的回波样本之间是统计独立的, 其次必须选择最佳抑制回波衰落的合并处理方法。由于回波样本的统计非相关性, 因此一般最佳合并处理方法是采用匹配滤波相干或非相干的后置加权积累形式。

为确保分集接收的回波样本统计不相关, 只有使目标回波分集样本所通过的衰落信道是非相关的, 如果目标回波所经历的信道是同一平坦选择性衰落信道 (指无扩展或低扩展的均匀信道), 分集处理是没有意义的。

由于衰落有时间衰落 (起伏)、频率衰落和空间衰落三种, 抑制这三种衰落也分别有对应的三种分集方法, 即

(1) 空间分集：在不同空间位置 (间隔大于信道的空间相干尺寸) 的水听器或阵, 独立地接收来自同一目标的回波信号, 再合并输出以抑制目标回波空间方向性差异引起的回波起伏和方位模糊。

(2) 频率分集：在不同频率间隔 (大于信道的相干带宽) 的频带内同时接收同一目标回波信息, 然后进行合成或选择处理, 以达到抑制由于距离扩展引起的目标回波频率选择性衰落的功能。

(3) 时间分集：在不同时间 (间隔大于信道相干时间) 接收同一目标的回波信号, 然后进行合并处理, 以达到抑制由于信道起伏引起的目标回波时间选择性衰落的功能。

近代低频主动声呐为了达到浅海远距离目标探测, 所用信号持续时间 T 可能长达 10s 以上, 频带宽度 B 也可能宽到 300Hz 或更大, 而像低频主被动拖曳声呐 (LFTAS), 基阵空间尺寸 Λ 也可能长达近 1km。根据 6.5.7 节中的讨论, 面对如此大的时间和带宽声呐信号以及如此大的空间声呐基阵, 对应的声呐信道或目标回波都可能具有 (时、频、空) 选择性衰落特性, 因此一般要采取对应的分集处理。

实际上, 在 10.6、10.7 和 10.9 节中的所有横向 (抽头延迟线) 或纵向 (并联) 滤波器形式的接收机都属于分集接收机, 但这种分集是以信号或回收过程近似展开模型为基础的离散化接收分集, 不是真正的分集, 有时称“隐分集”。

最初的分集 (显分集) 概念源于无线通信领域, 包括发射分集和接收分集两部分, 发射分集就是发射系统采用第四章中讨论的同发或串发 N 个互不相关或正交的信号, 而是接收分集样本发射分信号所对应的目标回波。为保证接收分集回波样本的统计独立性, 要求各发射分信号相互之间的时间、频率或发射占有空间 (阵) 间隔不小于回波信道对应的 (时间、频率和空间) 相干范围。发射分集的信号可以是 (时域或频域) 重复信号或脉间调制的时频分隔信号, 对应的接收分集是对回波进行按时频周期间隔分段处理合并。近代用于空间多点发射和接收的时–空分集接收系统, 其发射分集也常采用不同波形的复合形式, 并称为波形分集 [246]。

11.10.2　时频分隔信号

所谓时频分隔信号实际上就是式 (4.7.1) 的脉间频移重复信号

$$u(t)=\frac{1}{\sqrt{N}}\sum_{n=0}^{N-1}u_0(t-nT_r)\mathrm{e}^{\mathrm{j}2\pi(f_0+nF_r)t+\mathrm{j}\theta_n} \tag{11.10.1}$$

式中, $u_0(t)$ 是长为 $T_0 \leqslant T_r$、带宽为 $B_0 \leqslant F_r$ 的元信号, 信号的时频分隔格式如图 11.10.1 所示。

元信号 $u_0(t)$ 可以是单频脉冲信号, 也可以是任何一种脉冲压缩信号, 因此式 (11.10.1) 的重复信号可以是第四章中讨论的 PCW、STM、CMP、PLFM、HOP 和 Comb 等任何一种时频跳变形式的复合信号。

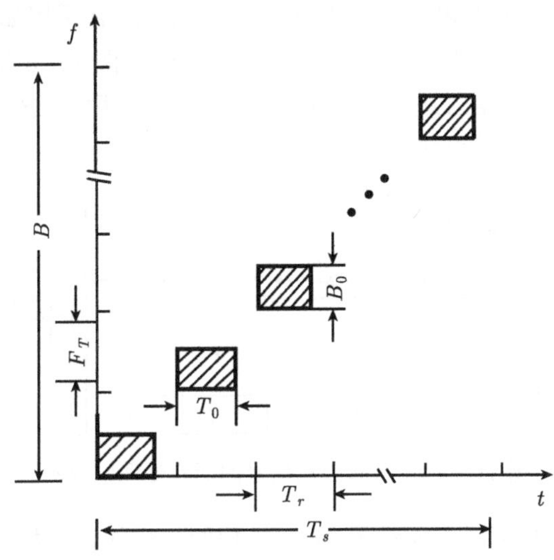

图 11.10.1 时频分隔信号的时频分布示意图

如果目标回波信道是扩展因子为 $D_s = WL$ 的双扩展信道, 其时频扩展量分别为 L 和 W, 只要元信号 $u_0(t)$ 取

$$\left.\begin{aligned} T_0 \leqslant T_r \leqslant 1/W \\ B_0 \leqslant B_r \leqslant 1/L \end{aligned}\right\} \tag{11.10.2}$$

或满足

$$B_0 T_0 \leqslant F_r T_r \leqslant 1/D_S \tag{11.10.3}$$

就可以保证回波信道在元信号时间 T_0 和带宽 B_0 局部范围内的衰落是两维平坦的。而复合信号总长度 $T \approx NT_r$ 和占有带宽 $B \approx NF_r$ 均是元信号的 N 倍以上, 在这个时频范围内不能保证回波信道是平坦衰落的, 因此对复合信号采用如图 4.7.6 所示的相干匹配滤波分集检测方法, 必然会造成回波匹配滤波输出信噪比损失 (扩展损失)。

前面第 11.1~11.3 节曾指出, 在均匀分布噪声或混响中, 采用匹配滤波检测理想点目标回波, 增加信号长度 T 可以增加输出 S/N, 但同时降低了 S/R, 同样, 增加信号带宽 B 可以增加输出 S/R, 但同时降低了 S/N。如果检测的是时频扩展分

别为 L 和 W 的双扩展 (衰落) 目标回波,$T=1/W$ 和 $B=1/L$ 分别是信号长度和带宽的最佳选择, 继续增加 T (或 B) 不但不能改进相干检测 S/R(或 S/N), 且对应的 S/N(或 S/R) 会继续降低。

然而, 对信号 T 长达 10s 以上、B 宽到 300Hz 以上的近代低频声呐, 为了解决时频分隔信号式 (11.10.1) 的 T 或 B 不能同时达到最佳选择的矛盾, 折中办法就是分集处理: 选择 $T_0=1/W$ 和 $B_0=1/L$ 的最佳元信号, 并采用如图 11.10.2 所示的非相干或混合相干的分集接收机 [202] 结构。该结构与图 4.7.6 所示的全相干分集结构不同, 这里每一个元信号进行相干处理 (匹配滤波) 后, 再按时间分隔大小进行延迟非相干 (检波) 等增益直接加权合并。

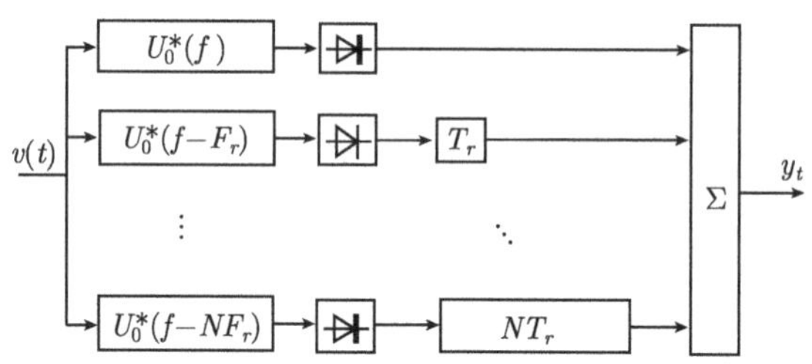

图 11.10.2 时频分割信号的混合处理原理图

理论分析表明, 小信干比条件下, 混合处理的分集接收机检测理想目标回波的信噪比只比完全相干处理系统有不到 2dB 的处理增益损失 [212], 但对畸变目标回波, 它却能够减少回波衰落带来的增益损失, 因此更具有对环境的宽容性。实际上, 根据 10.9 节中式 (10.9.8) 关于分集系统检测概率、虚警概率以及系统的性能分析, 当 N 足够大时, 系统同样有较明显的阈效应。图 11.10.3 给出在 $p_f=10^{-6}$ 条件下, 三种不同 $p_d=0.2$、0.5 和 0.8 的对元信号所要求的输出信干比与 N 的关系。图中指出, 当 N 增大时,$p_d=0.2$ 和 0.8 的两条曲线逐渐接近, $N=100$ 时, 两者仅差 1dB 左右。

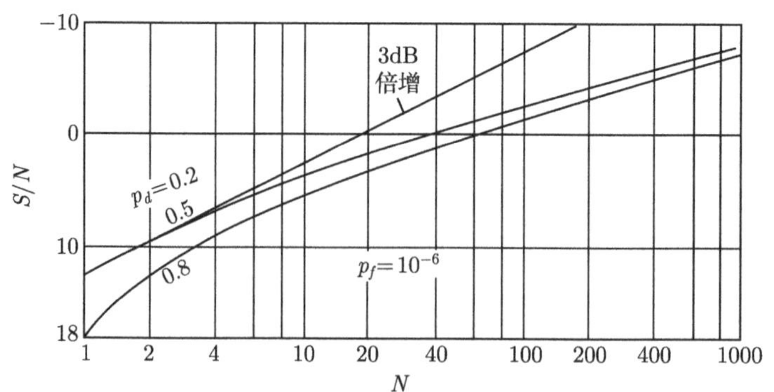

图 11.10.3 混合处理系统的阈效应

对图混合处理, 式 (11.10.1) 的发射分集信号 θ_n 可取任意常数。如果元信号是 $T_0B_0\approx1$ 的跳频 (TFM 或 HOP) 信号, 混合处理系统被称为检波后脉冲压缩 (PDPC) 系统。

元信号如果取不同信号形式, 即用 $u_n(t)$ 代替 $u_0(t)$, 就是波形分集。

11.10.3 时频分段或分片匹配处理

当式 (11.10.1) 的时频分隔信号的元信号 $u_0(t)$, 取 $T_0=T_r$ 和调制带宽为 B_0 的 LFM 信号, 则式 (11.10.1) 就是时频关系如图 11.10.4(a) 所示的 $T=NT_0,B=NB_0$ 的 LFM 信号, 此时上述的时频分隔混合处理就是对 LFM 信号的分段相关积累处理 (有些文献称分段拷贝相关器, segmented replica correlator, SRC)[219,223], 即对整个 LFM 信号进行等间隔 T_0 或 B_0 分段相干 (匹配滤波) 处理后再进行非相干积累, 各相干处理信号段具有同样带宽 B_0。这就是说, 发射分集信号可以采用大时间宽带 LFM 信号代替, 而接收分集可根据回波信道特性随时调整 LFM 信号的分段间隔。

对于高速运动目标, 可采用具有多普勒宽容特性的宽带 HFM 信号来代替 LFM 信号作为时频分隔信号, 但如果是等时间分段处理, 每段元信号不再是同样带宽, 而是恒 Q 带宽, 因此对各段元信号的相干处理是宽带恒 Q 匹配滤波或小波相关。如果声呐是在混响中检测时间扩展 (频率衰落) 目标回波, 也可以以相同的带宽 $B_r=B_0=1/L$ 对 HFM 信号进行频率分段 (分片) 匹配处理, 如图 11.10.4(b) 所示。但对 HFM 信号, 就意味着每段时间宽度 T_n 呈现为时间的线性关系, 若 N 足够大, 每段均可用 LFM 信号代替, 相干处理和 LFM 信号相同。

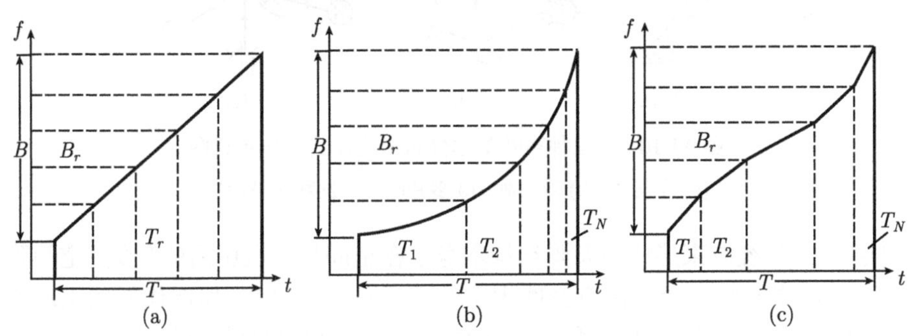

图 11.10.4 时频分段处理信号的时频关系

(a) LFM 时间分段; (b) HFM 频率分段; (c) 自适应时间分段

为了对大时间宽带信号频率分段处理的各段信干比均有最佳匹配, 文献 [220] 提出以 LFM 信号为基础信号, 根据模型估计和直接测量比较不断自适应调整元信号脉冲分隔宽度 T_i, 最终达到其混合处理对起伏延伸目标回波有最佳的检测效果,信号最终成为由不同调制斜率等带宽 LFM 为元的时频分割非线性调频信号形式，如图 11.10.4(c)。

如果背景干扰是时变非均匀的, 各段输入混噪比 (R/N) 可能不同, 因此混合处理中的非相干积累应进行可变增益加权。

实际上, 上述分段或分片处理的元信号, 可以在时间或频率上重新排列, 以解决相邻元信号之间的串扰。文献 [251] 提出, 采用大时间宽带具有多普勒宽容的 HFM 信号时间分块作为子脉冲, 重新排列为 HFM-HOP 波形, 可作为多基地或多址通信声呐的最佳信号形式。

11.10.4　空间分集和 MIMO 声呐

浅海声呐环境的一个最大特点是海面海底的空间起伏不平整性, 而目标本身具有很强的散射方向性, 因此目标回波特别是运动目标回波的空间衰落效应特别严重, 不同空间位置或不同目标姿态方向, 回波信号都可能会很大差异, 收发合置的单一声呐几乎很少获得最佳检测效果, 因此采用不同空间发射或接收的双 - 多基地声呐也就成为近代声呐的主要发展趋势 [299]。另外, 为了克服目标回波的空间方向的衰落或模糊, 对回波的空间分集处理也成为主动声呐的发展方向。图 11.10.5(a)、(b) 和 (c) 分别是单基地 (传统收发合置)、双基地和多基地三种空间相对分布示意图。图中虽然没有反映回波信道的衰落效应, 但反映了目标散射的指向性。

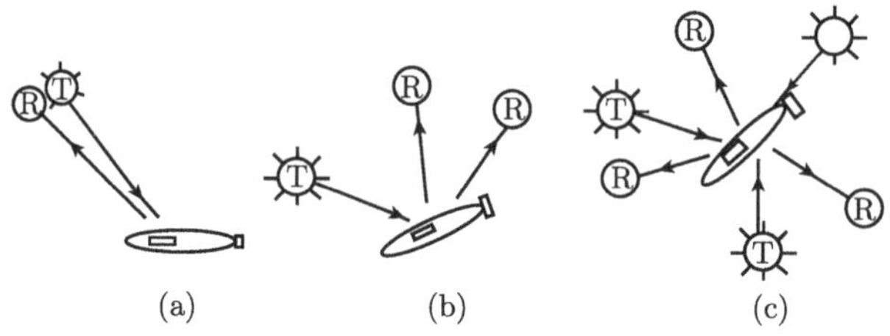

图 11.10.5　三种声呐基地分布形式及其工作示意图

(a) 单基地; (b) 双基地; (c) 多基地 (T- 发射,R- 接收)

实际上, 传统波束形成的布阵结构本身是在空间相干范围内的分集 (空间隐分集) 结构, 如果布阵元分布占有空间大于信道空间相干尺寸, 如近代低频主动拖曳声呐 (LFTAS) 阵长达近 1km, 和前面对大时间宽带回波的时频分集处理一样, 必须采用非相干空间分集 (分段) 接收方法。典型的分裂阵是最简单的空间分集例, 它在抑制回波信道空间衰落或起伏的同时也提高了目标的分辨性能。

如果将整个声呐空间信道看成是一个网路, 而将发射和接收点或阵分别看成是网路的输入和输出, 那么由分布布设在空间不同位置的多个发射和接收点或阵 (如分布浮标、编队舰艇声呐) 联合组成对目标进行检测和跟踪的声呐系统称为多输入

多输出 (multiple-input multiple-output,MIMO) 声呐系统。图 11.10.5 的三种布设声呐系统也可以分别认为就是单输入输出 (SISO)、单输入多输出 (SIMO) 和多输入多输出 (MIMO) 声呐, 目标是它们共同的侦察对象, 可以看到, MIMO 系统对目标散射的方位性有更强的适应能力。

MIMO 声呐源自 21 世纪初兴起的 MIMO 雷达新概念 [241], 目前也逐渐成为网络声呐热门研究课题 [242]。

MIMO 雷达或声呐的主要原理过程是:

(1) 发射系统由多部发射机组成, 并分散配置在不同位置, 各发射机发射不同频率、不同波形的低功率声频脉冲信号, 并在空间形成宽带长时间复杂可变的脉内调制波形。

(2) 接收系统与发射系统分离配置, 也由分散配置在不同地点的多部接收机组成。它们各自接收所有目标的回波信号 (多路输入), 分别输出并输送到中心信号处理器 (多路输出)。

(3) 信号处理器收集到各接收机输出所有目标回波信号后, 根据各个发射天线和接收天线的地理位置进行相应的相位补偿, 然后对这些回波信号进行时域、频域和空域的多维信号处理, 最终实现目标的位置和速度参数的跟踪和检测。

MIMO 检测系统的两个关键问题是接收分集空间位置的最佳布设和发射波形分集或编码设计 [301,302]。MIMO 检测系统除了具有抑制目标回波多途之类的空间衰落和提高跟踪辨别目标能力的特点外, 同时还具备高隐蔽性和低截获率的优点。

但声呐环境和雷达不同,MIMO 声呐在空间位置布设和回波信号合并处理方面远比雷达 MIMO 复杂, 因此其应用目前还在摸索中, 可能只适用于密集分布式或定点浮标式声呐系统, 如采用 TRM 技术 (见 10.12 节) 的 TRM-MIMO 水声通信系统[300]。而一般如舰队编队式的多基地声呐均可独立工作在移动状态, 其分集 (合并) 处理的关键是声呐网路中心对来自各基地的信息参数进行数据融合和综合分析。例如, 文献 [303] 采用 HFM-SFM 复合信号形式达到检测来自不同方位目标回波多普勒频移的宽容性, 既能检测低速目标又能检测高速目标。值得指出的是, 在小信噪比条件下, 多基地声呐对动目标一般采用跟踪先于检测 (track-before- detect) 的方法[304]。此外,MIMO 声呐主要对付的是空间衰落, 也只有对存在多途或非均匀信道空间的目标回波检测才有效, 而一般多基地声呐主要对付的是目标的方向性动态变化, 合并主要是信息选择性合并。

参 考 文 献

[1] Bergmman P G. Physics of Sound in the Sea. 邵维文, 等, 译, 北京: 科学出版社, 1960.

[2] Urick R J. Principles of Underwater Sound. New York: MacGraw-Hill, 1983.

[3] Brehovskikh L M, Lusanov Y P. Fundamentals of Ocean Acoustics. 3th Edition. New York: Springer-Velag , 2002.

[4] Turin G. An introduction to matched filter. IRE Trans., 1960, IT-6: 311–330.

[5] Cook C E, Bernfeld M. Radar Signal. New-York: Academic Press Ins., 1967.

[6] Woodward P M. Probability and Information Theory With Application to Radar. New York: MacGraw-Hill, 1957.

[7] Peterson W, Birdsall T G, Fox W. The Theory of Signal Delectability. IRE Trans., 1954, IT-4: 171–212.

[8] Siebert W M. A radar detection philosophy. IRE Trans., 1956, IT-2: 204–221.

[9] Middelton D. An Introduction to Statistical Communication Theory. New York: Mac Graw Hill, 1960.

[10] Helstrom C D. Statistical Theory of Signal Detection. London: Perhaman Press, 1960. 中译本: 信号检测统计理论. 上海: 上海科技出版社, 1965.

[11] Stewart J L, Westerfield E C. A theory of active sonar detection. Proc. IEEE, 1959, 47: 872–881.

[12] Westerfield E C, Prager R H, Stewart J L. Processing gain against reverberation using matched filter. IRE Trans, 1960, IT-6: 376–383.

[13] Allen W B, Westerfield E C. Digital compressed time correlators and matched filter for active sonar. JASA, 1964, 36: 121–130.

[14] Allen W B. Pseudorandom signal correlation method of underwater acoustics research II: instrument. JASA, 1966, 39: 62–73.

[15] Anderson V C. Digital array phasing. JASA, 1959, 32: 867–870.

[16] 汪德昭, 尚尔昌. 水声学. 2 版. 北京: 科学出版社, 2013.

[17] Horton C W. Signal Processing of Underwater Acoustic Wave. 汪元美, 译. 北京: 国防工业出版社, 1978.

[18] 鞠德航, 林可祥. 信号检测理论导论. 北京：科学出版社, 1975.

[19] 郑兆宁, 向大威. 水声信号被动检测与参数估计理论. 北京：科学出版社, 1982.

[20] Whalen A C. Detection of Signals in Noise. New York: Academic Press, 1995.

[21] 侯自强, 李贵斌. 声呐信号处理–原理和设备. 北京：海洋出版社, 1986.

[22] Shannon C E. The Mathematical Theory of Communication. B.S.T.J, 1948, 27：379–623.

[23] Rose A M. Information and Communication Theory. 钟义信, 译. 北京: 人民邮电出版社, 1979.

[24] Ольщевский В В. Статистические Методыв Гидролролокаций Судостроние, 1983.

[25] Middleton D. A statistical theory of reverberation and similar first-order scattered fields, Part I-III. IEEE Trans., 1967, IT-13:372-392 and 1972, IT-18: 35–67.

[26] Williams C K, Roger G P, Stevin J K. Digital signal processing for sonar. Proc. IEEE, 1981, 70: 1451–1506.

[27] Mjchael A Ainslie. Principles of Sonar Performance Modeling. Berlin: Springer，2010.

[28] 林茂庸, 柯有安. 雷达信号理论. 北京: 国防工业出版社, 1984.

[29] Rihaczek A W. Principles of High Resolution Radar. 董士嘉, 译. 北京: 科学出版社, 1973.

[30] Papoulis A. The Fourier Integral and Its Application. New York: MacGraw-Hill, 1962.

[31] Thorp W H. Analysis description of low-frequency attenuation coefficient. ASA, 1967, 42: 271.

[32] McClellan J M, Purdy R J. Application of digital signal processing to radar //Aplication of Digital Signal Processing. London: Prentice-Hall, 1978.

[33] Papoulis A. Signal Analysis. New York: MacGraw-Hill, 1977.

[34] Ahmeel N, Rao K R. Orthogonal Transforms for Digital Processing. 胡正名, 译. 北京: 国防工业出版社, 1984.

[35] Cooley J M, John W T. A algorithm for machine calculation of complex Fourier series. Math. Computer, 1965, 19: 297–301.

[36] Franks E. Signal Theory. New Jersey: Prentice-Hall, 1977.

[37] Gabor D. Theory of communication, Part III. J.IEE, 1946, 93: 429–457.

[38] 张直中. 雷达信号的选择和处理. 北京: 国防工业出版社, 1984.

[39] Вакман Д Е. Сложеные Сигналы Цринцип Неопрнделенностн В Радиоло каций, 1965.

[40] Reis F B. Linear transformations of the ambiguity function. IEEE Trans., 1966, IT-12: 297–301.

[41] Price R, Hofstetter E M. Bounds on the volume and height distribution of the ambiguity function. IRE Trans., 1965, IT-11: 207–214.

[42] VanTress H L. Detection, Estimation and Modulation Theory, Part.III. New York: John-Willy & Sons lns., 1971.

[43] Kelly E G. Matched filter theory for high velocity accelerating targets. IEEE Trans., 1975, ASSP-22: 83–86.

[44] Sibul J H. Volume properties for the wideband ambiguity function. IEEE Trans., 1981, AES-17: 83–86.

[45] 李启虎. 声呐信号处理引论. 北京: 科学出版社, 2012.

[46] Altes R A, Titlebaum E. Bat signals as optimally Doppler tolerant waveform. JASA, 1970, 48: 1014–1028.

[47] Gabel R A. Signal and Linear System. New York: John-Willy & Sons lns., 1973,

[48] Turin G L. A introduction to digital matched filters. Proc. IEEE, 1976, 64: 1012–1024.

[49] Glisson T H, Black C, Sage A P. On digital replica correlation algorithm with application. IEEE Trans., 1969, AU-17(3): 190–197.

[50] Plankenship P E, Hofstetter E M. Digital pulse compression via fast convolution. IEEE Trans, 1975, SP-23 : 189–221.

[51] 朱埜. 主动声呐信号和信道分析研究：多分层时间压缩分析仪的应用. 中国科学院声学研究所 203 组成果报告集, 1981.

[52] 孙增, 王质, 周桂琴, 等. SZY 声呐信号综合分析仪原理和功能. 水声通讯, 1982, 3: 23–32.

[53] 朱埜, 实验时间压缩器原理//主动声呐脉冲压缩相关处理机原理和应用. 中国科学院声学研究所 708 组成果报告集, 1978.

[54] 朱埜. 时间压缩相关器谱结构分析. 声学所科技报告, No77118, 1977.

[55] Stanley W D. Digital Signal Processing. VA: Reston Pub Co,1983.

[56] Brigham E O. The Fast Fourier Transform. New Jersey: Prentice-Hall, 1974.

[57] Nathauson F E. Radar Design Principles. New York: MacGraw-Hill,1969.

[58] 魏学环, 孙福安, 李敏哲, 等. 一种可变波形声呐信号发生器. 仪器仪表学报, 1982, 3: 243–248.

[59] Groginsky H L. A pipe-line fast Fourier transforms computers IEEE Trans., 1970, C-19: 1015–1019.

[60] Сиккрев А А, Дебеде О Н. Микрозлектроные Устроиства Фомировaний и Обработока Цлозных Оигналов Радио связь , 1983.

[61] Martinson L W. Digital matched filtering with pipeline flouting point. IEEE Trans., 1975, ASSP-23: 222–234

[62] Trider R C. A FFT based sonar signal processing. IEEE Trans., 1978, ASSP-26:15–20.

[63] 武以定. 声表面波原理及其在电子技术中的应用. 北京: 国防工业出版社, 1983.

[64] Hobson G S. Charge-Transfer Devices. 吴瑞华, 等, 译. 北京: 人民邮电出版社, 1983.

[65] Marror J, Jack M A, Saxton D. Design and performance of a programmable real-time charge-coupled-device reticulating delay-lines correlation. IEEE J, Elec. Con. and Sys., 1977, 137–143.

[66] Denyer P B, John W, et al. Miniature programmable transformed filter using CCD/MOS technology. Proc. IEEE, 1979, 67: 42–50.

[67] Nudd G R, Otto W. Chirp processing using acoustic surface wave filter. Proc. IEEE Ultrasonic Symp., CH0994-45U, 1975, 350–354.

[68] Rabiner L R, Schafer R W, Rader C M. The chirp Z-transform algorithm. IEEE Trans., 1969, AU-17: 80–92.

[69] Geradd H M, Yao P S, Otto O W. Performance of a programmable radar compression filters based on chirp transformation with R.A.C. filter. Proc. IEEE Ultrasonic Symp., CH1264-15U, 1977.

[70] 魏学环. 线性阶梯调频信号模糊度函数特性研究. 声学所内部报告, SH810037, 1980.

[71] Glisson T H. On sonar signal analysis. IEEE Trans., 1970, AES-6: 37–49.

[72] Kramar S A. Doppler and acceleration tolerance of high wideband linear FM correlation sonar. Proc. IEEE, 1967, 55: 627–636.

[73] Flank R L. Polyphase code with good nonperiodic correlation properties. IEEE Trans., 1963, IT-9: 43–46

[74] Тузов Г И. Статистическая Теорея Словажных Сигналов. Сувиет Радио, 1977

[75] Claasen J A C M, Mecklenbrauker W F G. The Wigner distribution - A tool for time-frequency signal Analysis. Philips F. Res., 1980, 35: 217-250, 276-300, 372–389.

[76] Martin M, Flandrin P. Detection of changes of signal structure by using the Wigner-Ville spectrum. Signal Processing, 1985, 8: 215–233.

[77] Mark M D. Spectral analysis of the convolution and filtering of nonstationary stochastic processes. J.Sound Vib., 1978, 11: 19–63.

[78] Stewart J L, Allen W B，Zamowize R M. Pseudorandom signal correlation method of underwater acoustic research: I. Principles. JASA, 1965, 37: 1039–1094.

[79] Kramer S A. Statistical analysis of the wideband pseudorandom matched filter sonar systems. IEEE Trans., 1967, ARS-5: 1260–1266.

[80] Harris B. Asymptotic evaluation of the Ambiguity function of high-gain FM matched filter sonar systems. Proc.IEEE, 1968, 56: 2149–2157.

[81] Kroszczynisky J J. Pulse compression by means of linear-period modulation. Proc. IEEE, 1969, 57: 17–38.

[82] Escuitice B, et al. Surcertaines proprietes spectrales des signax a grand produit BT. Rev. Cetheder, 1975, 45: 17–38.

[83] Zhen B L. Wideband ambiguity functions of broadband signals. JASA, 83(6): 2108–2116.

[84] Остроухов В. Иццедование функций неопреденности цигналов с чацтотно-фазовой манипудядий. Радио и Совет, 1974, 19: 2309–2314.

[85] Boashash B. Time-Frequency Signal Analysis: Methods and Applications. Longman Cheshire, 1992.

[86] Cohen L. Time Frequency Analysis. New Jersey: Prenttice Hall, 1995.

[87] Deeble P Z. Probability, Random Variables and Random Signal Principles. New York: MacGraw-Hill, 1980.

[88] Papoulis A. Probability, Random Variables and Random Signal. 谢国瑞, 等, 译. 北京: 高等教育出版社, 1983.

[89] Priestley M B. Special Analysis and Time Series. New York: Academic Presses, 1977.

[90] 朱维庆. 非平稳水声过程的演化谱. 声学学报, 1986, 11: 281–296.

[91] Tsao Y H. Spectral model and time-vary covariance functions of the nonstationary process. JASA, 1984, 76:1422–1425.

[92] Srinath M D, Rajasekaran P K, Viswanathan R. Introduction to Statistical Signal Processing with Applications. Pearson Education (US), 1995.

[93] 朱埜. 时变信号的 WIGNEL-VILLE 谱和线性随机时变信道. 第二届全国信号处理学术会议论文集. 南京, 1986, CCCP-86: 156–159.

[94] Rihaczek A W. Signal energy distribution in time and frequency. IEEE Trans., 1968，IT-14: 369–374.

[95] Ackroyd M A. Time dependent spectra: The unified approach//Signal Processing. New York: Academic Press, 1973, 1–10.

[96] 吴国清. 周期性局部平稳过程双重谱图分析和测量. 声学学报, 1980, 5: 104–109.

[97] 朱埜. 海洋时变声信道的二维 Wigner-Ville 谱. 声学学报, 1991, 16(4): 261–270.

[98] Meier L. Analysis of time-varying spatially-varying sound propagation system// Bottom Interaction Ocean Acoustics. Berlin: Springer Verlag, 1980, 659–676.

[99] Stocklin P L. Signal processing of underwater acoustic fields//Underwater Acoustics. Plenum Press,1961: 339–349.

[100] Bello P A. Characteristics of randomly time-variant linear channel. IEEE Trans., 1963, CS-13: 360–363.

[101] Laconme J L, Jourdain G. Review of The method for random transmission channel: Application to identification and optimization of detection and transmission processes// Communication Systems and Random Process Theory. Sijthoff & Noofhoff, 1978: pp.471–482.

[102] Laval R. Sound remarks on sound propagation in a variable ocean//An Aspect of Signal Processing. Copenhagen: Reidel Publishing Comp., 1976: 67–78.

[103] Bello P A et al. Measurement techniques for time variant dispersive channel. Flta. Freq., 1970, XXXIV: 980–986.

[104] Van Trees H L. Detection, Estimation and Modulation Theory: Part.I. 毛士艺, 译. 北京: 国防工业出版社, 1983.

[105] Baggeroer A B. State Variables and Communication Theory. MIT Press, 1970.

[106] Schwarz M, et al. Communication System and Techniques. New York: MacGraw-Hill, 1966.

[107] 朱埜, 陈庚. 有源声呐的信息检测原理. 声学学报, 1983, 8: 168–177.

[108] Mitchell R L. Radar Signal Simulation. 陈训达, 译. 北京: 科学出版社, 1982.

[109] 朱埜. 有噪信道的相干函数和散射函数的测量. 全国声学会议论文集, 1985.

[110] 徐俊华, 陈庚. 用脉间相关法测量海洋声信道的时变特性. 声学学报, 1981, 6: 152–161.

[111] Rice S D. Statistical properties of sine wave plus random noise. Bell.S.R.J., 1948, 27: 109–157.

[112] 陈庚, 朱埜. 主动声呐过程信息的实验研究. 应用声学, 1983，3: 17–23.

[113] Altes R A. Detection, estimation and classification with spectrogram. JASA, 1980, 67: 1232–1246.

[114] Portnocff H P H R. Time-frequency representation of digital signals and spectrum on short-time Fourier analysis. IEEE Trans., 1980, ASSP-28: 55–69.

[115] Guarder N T. Scattering function estimation. IEEE Trans., 1968, IT-14: 681–693.

[116] Desanto J A. Ocean Acoustics. Berlin: Springer-Verlag, 1979.

[117] Gao Tianfu, Shang Erchang. Effect of the branch-cut on the transformation between modes and rays. JASA, 1987, 82: 1349–1359.

[118] Чернов П А. Уравние для цтатистических момеитова поля ссреде. А. ж, 1969, 15:594–603.

[119] Dinapoli F R, et al. Theoretical and numerical green's function filed solution in a plane multilayered medium. JASA, 1980, 67: 92–105.

[120] Bjφrnφ J. Underwater Acoustics and Signal Processing. NATO ASI, Copenhagen: Reidel Publis. Comp., 1980.

[121] Гулии э Л. Честотио-простраиноственно-нременная корреляции волного поля рассеяного неверной посвекностыо. Труды Акин, 1967, 2: 49–70.

[122] Ziomek L Z. Underwater Acoustics. New York: Academic Press, 1985.

[123] Ishimara A. Wave Propagation and Scattering in Random Medium. 黄润恒, 等, 译, 北京: 科学出版社, 1986.

[124] Flutte S M. Sound Transmission Through a Fluctuation Ocean. 高天赋, 译. 北京: 海洋出版社,1985.

[125] Roderick W L, Cron B F. Frequency spectra of forward scattering sound from the ocean surface. JASA, 1970, 48(3B): 759–766.

[126] Carrett C, Munk W. Space-time scales of internal wave. Geophys. Fluid Dyn., 1972, 3:.225–264.

[127] 汪德昭，尚尔昌，高天赋，等. 浅海内波与声场起伏. 声学学报, 1981, 6: 209–219.

[128] Gariner Y. Time-dependent ARMA modeling of nonstationary signals. IEEE Trans., 1983, ASSP-31: 899–911.

[129] 恽宗扬. 在波导中换能器摇幌对声场起伏的影响. 声学学报, 1965, 3: 144–152.

[130] Middleton D. The Underwater Medium as A Generalized Communication Channel// Underwater Acoustics and Signal Processing. see[120], 589–612,

[131] Clark J G , Flanagan R P, Weinberg N L. Multipath acoustic propagation with a moving surface in a bounded deep ocean channel. JASA, 1976, 60: 1274–1284.

[132] Laval R, et al. Medium inhomogeneity and instabilities, effects on spatial and temporal processing // Underwater Acoustics and Signal Processing. See [120], 41–70.

[133] Venetsanopaulos A N. Modeling of the sea-face scattering channel and undersea communication //Communication Systems and Random Process Theory. See [101], 511–531.

[134] 张仁和, 张双荣, 肖金泉, 等. 浅海远程声场的空间相关性与时间相关性. 声学学报, 1981, 6: 9–19.

[135] Cley C L, Medurin H. Dependence of spatial and temporal correlation of foreword scattered underwater sound on the surface statistics. JASA, 1978, 47: 412–1439.

[136] Scholz R. Horizontal spatial coherence measurements with explosive and CW source in shallow water//An Aspects Of Signal Processing. Copenhagen: Reided Publis. Comp., 1978, 95–108.

[137] William R E, Batastin H F. Time coherence of acoustic signal propagated over long ocean paths, JASA, 1976, 59: 312–328.

[138] Urick R J, et al. Coherence of convergent zone sound. JASA, 1968, 43(4): 723–729.

[139] Zhu Y. Two dimensional Wigner-Ville spectrum of the random time-variant acoustic channel in ocean. Proc. Int. workshop on Marine Acoustics, 1990, Beijing. 269–272.

[140] 朱埜. 主动声呐脉冲压缩系统: 时间压缩相关处理机原理和应用. 中国科学院声学研究所 708 研究组科研成果报告集, 1978.

[141] Jourdain G, et al. Characterization of submarine acoustic transmission channel// Underwater Acoustics and Signal Processing. See [120], 609–620.

[142] Thiele E. Measurements of the weighting function of the time-variant shallow water channel//An Aspect of Signal Processing//Underwater Acoustics and Signal Processing. See [102], 109–122.

[143] Sevaldsen E. Effect of medium fluctuation on underwater acoustic transmitting in a shallow water area// Bottom Interacting Ocean Acoustics. See [98], 643–657.

[144] Jobst M J, et al. Coherence estimates for signal propagation through acoustic channel with multiple path. JASA, 1979, 65: 622–630.

[145] Freedman A. A mechanism of acoustic echo formation. Acustica, 1962, 12: 10–21.

[146] Щеидеров Е Л. Воновые задачи Гидлоакустики. 何祚镛, 等, 译, 北京: 国防工业出版社, 1983.

[147] Wilcox C H. Sonar signal analysis. Math. Appl. Sci., 1979, 1: 70–88.

[148] 朱埜, 等. 潜艇目标散射特性的实验研究//主动声呐信号和信道分析研究成果报告. 见 [51], pt. 3

[149] 籍顺心，朱埜. 近程声纳亮点回波的识别与跟踪. 声学学报，1999，24(4): 378–383.

[150] Hammer C E, et al. Porpoise echo recognition: An analysis of controlling target characteristics. JASA, 1980, 68(5): 1285–1293

[151] Altes R L. Models for echolocation//Animal Sonar System. New York: Plenum Press, 1980, 625–669.

[152] Altes R L. Sonar for generalized target description and its similarity to animal echo location systems. JASA, 1976, 59: 97–105.

[153] Skinner D P. Broadband target classification using a bionic sonar. JASA, 1977, 62: 1239–1246.

[154] Hueng K C W, et al. Nature resonances targets of via prony method and target discrimination. IEEE. Trans., 1976, AES-12: 583-593.

[155] Chestunt P C , Floyd R W. An aspect independence sonar target recognition method. JASA, 1981, 70(3): 721-734.

[156] 郑肇本, 黄曾旸, 汪德昭. 用极点方法识别水下目标. 物理学报, 1984, 33(4): 538- 546.

[157] Mierans H, et al. Time domain sonar target response modeling. AD A089651, 1979.

[158] DiFranco J V, et al. Radar Detection. New Jersey: Prentice-Hall, 1968.

[159] Marcum J L, Swerling P. Studies of target detection by pulse radar. IEEE Trans., 1960, IT-6: 269-308.

[160] Evanc J V, Hagfors T. Radar Astronomy. New York: MacGraw-Hill, 1973.

[161] Griffiths J M R. Signal Processing. New York: Academic Press, 1973.

[162] Олиш евскнн В В. Статистические Своиства Морскоя Неверберецим. 罗耀杰, 等, 译. 北京: 科学出版社, 1977.

[163] VanTress H L. Optimum signal design and processing for reverberation limited environments. IEEE,Trans., 1965, MIT-9:212–229.

[164] Beckman P, Spizzichino A. The Scattering of Electromagnetic Wave from Rough Surface. Berlin: Bergmon, 1963.

[165] Cron E, et al. Theoretical study and experimental study of underwater sound reverberation. JASA, 1961, 33: 881–888.

[166] 裘辛芳. 混响强度及其衰减规律与脉宽的关系. 物理学报, 1976, 25(01): 47–52.

[167] Williams S H. An oceanic reverberation model. IEEE J., 1984, OE-9: 63–76.

[168] Chamberlain S, Galli J. A model for numerical simulation of nonstationary sonar reverberation using linear spectral predication. IEEE J. 1984, OE-8: 21–36.

[169] Moose P H. Signal processing in reverberation environments// Signal Processing. See [161], 413–428.

[170] Johnson M J. Spectrum analysis of reverberations// Signal Processing. See [161], 97–116.

[171] 王磊, 朱埜, 孙长瑜. 空时处理及在混响抑制中的应用. 声学技术, CSCD 2003, z2:185–187.

[172] Jackson M J. Space-time correlation on spherical and circular noise field. JASA, 1962, 34: 971–976.

[173] Urick J, et al. Vertical coherence of shallow-water reverberation. JASA, 1970, 47: 342–349.

[174] Jackson D R, et al. Horizontal spatial coherence of ocean reverberation. JASA, 1984, 75: 428–436.

[175] Ziomek L J, et al. Broadband and narrow-band signal to interference ratio expression for a doubly spread target. JASA, 1982, 72: 604–619.

[176] Tuteur F B, et al. Second-order statistical moments of a surface scatter channel with wave direction and dispersion. IEEE Trans., 1976, COM-24: 820–831.

[177] Kullback S. Information Theory and Statistics. New York: John Willy & Sons, 1959.

[178] Daly R F. Signal design for efficient detection in dispersive channels. IEEE Trans., 1670, IT-16: 206–213.

[179] Delong D F Jr , Hofstetter E H. On the design of optimum radar waveforms for clutter rejection. IEEE Trans., 1967, IT-13: 454–463.

[180] Delong D F Jr , Hofstetter E H. The design of clutter resistant radar waveforms with limited dynamic range. IEEE Trans., 1969, IT-15: 376–383.

[181] Ziomek L J, Sibul L H. Maximization of the signal-to-interference ratio for a doubly spread target: problems in nonlinear programming. Signal Processing, 1983, 5(4): 355–368.

[182] Tzirilas G, Hakizimana G. Discrete realization for receivers detection signals over random dispersive channels. Signal Processing, 1985, 9(2): 77–88.

[183] Faure P. Theoretical model of reverberation noise. JASA, 1964, 36: 259–266.

[184] Statt C A. A "best" mismatched filter response for radar clutter discrimination. IEEE Trans., 1968, IT-14(2): 280–287.

[185] Kincaid T G. On optimum waveforms for correlation detection in sonar environment. JASA 1968, 43(2): 256–268.

[186] Lee S P. Optimum signal and filter design in underwater acoustic echo ranging system. IEEE Trans., 1973, AES-9: 701–713.

[187] Williams R E. Coherent recombination of acoustic multipath signal propagation in the deep ocean. JASA, 1971, 50(6A): 1933–1941.

[188] Jourdian G, et al. Communication over fading dispersive channels, optimum receivers and signal. Signal Processing, 1984, 6(1): 3–25.

[189] Sbarffort L J. Optimum radar signal processing in clutter. IEEE Trans., 1968, IT-14: 734–743.

[190] Barton D K. Simple procedures for radar detection calculations. IEEE Trans., 1969, AES-5: 837–846.

[191] Van Der Spek G A. Detection of extended targets against noise and reverberation//Signal Processing. See [161], 363–374.

[192] Windrow B. Adapter filters// Aspects of Network and System Theory. Holt,Rinehart & Wington,1977.

[193] Picinpono B. Adaptive Signal Processing for Detection and Communications// Communication Systems and Random Process Theory. Proc. Sijthoff and Noordhoff, 1978, 639–678.

[194] Hill W K, et al. Normalization and Optimal Procession// Signal Processing. See [161], 708–714.

[195] Bowye D E, Rajasekaran P K, Gebhart W W. Adaptive clutter filtering using autoregressive spectral estimation. IEEE Trans., 1978, AES-15: 538–546.

[196] Hodgkiss W S, et al. Applications of Adaptive Array Processing// Adaptive Method in Underwater Acoustics. Copenhagen: Reidel Publishing Comp.,1985, 447–460.

[197] 徐俊华, 陈庚. 时变信道相干部分的修正匹配. 声学学报, 1982, 7: 352–363.

[198] Schultheiss P M. A some lessons from array processing theory// An Aspect of Signal Processing. see [102], pp 309–332.

[199] Von H Thiede, et al. Betrachtungen zur frange der optimalifrequenz bei wasser schallertung sverfuhren. Acustica,1961, 22–25.

[200] Stewart J L, Westerfield E C, Brandon M K. Optimum frequencies for active sonar detection. JASA, 1961, 33: 613–619.

[201] 朱埜, 等. 双扩展目标回波扩展损失的计算机模拟计算//复杂信号目标回波特性研究. 国防科技报告, GF3.6.2.2. ②, 2000, pt.III-4.

[202] Costas J P. Medium constrains on sonar design and performance. EASCON, 1975, 68A-L.

[203] Brill M H, Zabal X, Harman M E . Doppler-based detection in reverberation-limited channels: effects of surface motion and signal spectrum. Proc. IEEE Conf. Oceans, 1993, vol.1: I220-I224.

[204] 朱埜. 复杂信号目标回波在混响中的检测//复杂信号目标回波特性研究. See[201], pt.III-5.

[205] Collins T, Atkins P. Doppler-sensitive active sonar pulse designs for reverberation processing. IEEE Proceedings on Radar, Sonar and Navigation, 1998,145(6): 347–353.

[206] Sassman S M. Least-square synthesis of radar ambiguity function. IEEE Trans., 1962, IT-6: 246–253.

[207] Blan W. Synthesis of ambiguity function for prescribed responses. IEEE Trans. 1967, AES-3: 456–466.

[208] Wolf D. Radar waveform synthesis by mean-square optimization techniques. IEEE Trans., 1969, AES-5: 611–619.

[209] Golay J E. Complementary series. IRE Trans., 1961, IT-7: 82–87.

[210] Altes A. Radar/sonar signal design of bounded Doppler shifts. IEEE Trans., 1982, AES-10: 369–380.

[211] Costas J P. A study of class of detection waveforms having nearly ideal range-Doppler ambiguity properties. Proc. IEEE 1984, 72: .996–1009.

[212] 张淑英. 脉内跳频研究. 声学学报, 1982, 7: 290–299.

[213] Poor H V. Uncertainly tolerance in underwater acoustic signal processing. IEEE J., 1987, OE-12: 48–65.

[214] Kassam S A, Poor H V. Robust matched filter. IEEE Trans., 1983, IT-29: 677–687.

[215] Princehouse D W. REVGEN, A real time reverberation generator. IEEE ICASSP, 1977, 2: 827–835.

[216] Steven M K, et al. Spectrum analysis - A modern perspective. Proc.IEEE, 1981, 69: 1380–1419.

[217] 惠俊英, 王连生. 自适应相关器. 哈尔滨船舶工程学院学报，1987, 3: 43–55.

[218] 陈庚. 海洋声信道自适应匹配实验研究. 声学学报, 1996, 22(2):139–148.

[219] Baggenstoss, P M. On detecting linear frequency-modulated waveforms in frequency and time-dispersive channels: alternatives to segmented replica correlation. IEEE J.OE 19, 1994, 591–598.

[220] Bagenstoss P M. Adaptive pulses-length correlation (APLECOOR), a strategy for waveform optimization in ultra-wideband active sonar. IEEE J., 1998, OE 23: 1–11.

[221] 李启虎. 数字式声纳设计原理. 合肥: 安徽教育出版社, 2002.

[222] Chen C T. The past, present and the future of underwater acoustic signal processing. IEEE Signal Processing, 1998, 5(4): 21–53.

[223] Stergiopoulos S. Advanced Signal Processing Handbook: Theory and Implementations for Radar, Sonar and Medical Imaging Real-Time Systems. USA, CRC press LLC, 2001.

[224] 李启虎. 进入 21 世纪的声纳技术. 信号处理, 2012, 28 (1): 1–11.

[225] Xavier L. An Introduction to Underwater Acoustics: Principles and Applications. Springer, 2002.

[226] Tolstoy A. Matched Field Processing For Underwater Acoustics. Singapore World Scientific, 1993.

[227] Candy J V, Sullivan E J. Model-based ocean acoustic signal processing//Advanced Signal Processing Handbook. See [223] cpt.5.

[228] Jensen F V, Kuperman W A, Porter M B, et al. Computational Ocean Acoustics. New York: AIP Press, 1994.

[229] Etter P C. Underwater Acoustic Modeling, Principles, Techniques and Applications, 3 th edition. Spon press, 2003.

[230] Katsnelson B, Petnikov V G, Lynch J. Fundamentals of Shallow Water Acoustics. New York: Springer-Verlag, 2012.

[231] Carey W M, Moseley W B. Space-time processing, environmental acoustic effects. IEEE J., 1991, OE-16 (3): 285–301.

[232] Kuperman W A, Spain G D. Ocean Acoustic Interference Phenomena and Signal Processing. California: San Francisco, 2001.

[233] Sha L, Nolte L W. Effects of environmental uncertainties on sonar detection performance. JASA, 2005, 107(4): 1942–1953.

[234] Pace N G, Jensen F B. Impact of Littoral Environmental Variability of Acoustic Predictions and Sonar Performance. Kluwer Academic Publishers. 2002.

[235] Sibul L H, et al. Underwater Acoustic Signal processing//Capturing Uncertainty. DTIC Document, Office of Naval Research (ONR) Departmental Research Initiative (DRI), 2007

[236] Benen S. Low frequency towed active sonar LFTAS in multistatic applications. GI Jahrestagung of LNI, 2009, 154: 2413–2421.

[237-1] 余华兵，孙长瑜, 等. 探潜先锋 - 拖曳线列阵声纳, 声纳技术及其应用专题，第四讲. 物理, 2006, 35(5): 420–423.

[237-2] 张春华，刘纪元. 合成孔径声纳成像及其研究进展，声纳技术及其应用专题，第二讲. 物理, 2006, 35(2): 408–413.

[237-3] 蔡惠智，刘云涛, 等. 水声通信及其研究，声纳技术及其应用专题，第六讲. 物理, 2006, 35(12): 1038–1043.

[237-4] 李淑秋，李启虎，张春华. 水下声传感器网路的发展和应用, 声纳技术及其应用专题，第八讲. 物理, 2006, 35(11): 945–952.

[238] Been R, Jespers S. Multistatic sonar: A road to a maritime network enabled capability. Conf Proc UDT Europe, 2007

[239] Roger W A, Lefrançois M E. Networked underwater warfare TDP - A concept demonstrator for multi-platform operations. www.dodccrp.org/events/7th_ICCRTS/Tracks .2010.

[240] Naval studies board national research council. Technology For the US Navy and Marine Corps,2000-2035: Becoming a 21st Centenary Force. Undersea Warforce (1997), Vol. 7, Washington D.C. Press, 1997.

[241] Jiang Z. Underwater acoustic networks - Issues and solutions. International Journal of ICAS, 2008, 13 (3): 152–161

[242] 孙超，刘雄厚. MIMO 声纳：概念与技术特点探讨. 声学技术，2012, 31(2): 117–124.

[243] Collins T, Atkins P. Nonlinear frequency modulation chirps for active sonar. IEE Proc.. 1999, RSN-146(6): 312–316.

[244] Ward S. The use of sinusoidal frequency modulated pulses for low-Doppler detection. Proc. Oceans. 2001 MTS/IEEE, 4: 2147–2151.

[245] Belligarda J R. Time-Frequency Properties of Six Classes of Congruent Frequency HOP Signals// Signal Processing V : Theories And Applications. Elsevier science Publishers, 1990, 2011.

[246] Pillai S, Li K Y. Waveform Diversity: Theory & Applications. New York: McGraw-Hill Professional, 2011.

[247] Chi Y, Pezeshki A, Calderbank A R. Complementary waveforms for suppression and radar polarimetry. Inter.WDD conf., 2009, C-XV-1.

[248] Cox H, Lai H. Geometric comb waveforms for reverberation suppression//Signals, Systems and Computers. 28th Asilomar Conference Record, 1994, 2: 1185–1189.

[249] Alsup J M. Comb waveforms for sonar//Signals, Systems, and Computers. 33th Asilomar Conference Record,1999, 2: 864- 869.

[250] 李宇, 黄海宁, 李淑秋, 等. 新型抗混响梳状波形设计. 声学技术, 2003, 23: 389–391.

[251] 王永丰，吴永清，蔡惠智. 一种多普勒宽容的多址波形. 声学技术, 2008，27(1): 14–17.

[252] 张贤达，保铮. 非平稳信号分析与处理. 北京: 国防工业出版社，1998.

[253] 王磊, 等. 运动平台低频混响的方位 - 多普勒谱特性研究. 声学学报, 2009, 34: 110–116.

[254] 朱埜等. Cohen 类 WVD 的核函数选择//复杂信号目标回波特性研究. 国防科技报告, 2000, GF3.6.2.2. ②, pt.I- 附 1.

[255] Young R K. Wavelet Theory and Its Applications. New York: Kluwer Academic Puplishers, 1993.

[256] 钱世锷. Introduction to Time-Frequency and Wavelet Transforms. 北京: 机械工业出版社，2005.

[257] Weiss L. Wide-band processing of acoustic signal using wavelet transform. JASA, 1994, 96(2): 850–856.

[258] Auslander L, Tolimieri R. On Finite Gabor Expention of Signals//Signal Proessing. Springer Velag ,1991.

[259] Jourdain G, Henrioux J P. Use of large bandwidth-duration binary phase shift keying signals in target delay Doppler measurements. JASA, 1991, 90(1): 299–309.

[260] Kay S M, Doyle S B. Rapid estimation of the range-Doppler scattering function. IEEE Trans., 2003, SP-51(1): 255-268.

[261] 杨士莪. 水声传输原理. 哈尔滨: 哈尔滨工程大学出版社，1994.

[262] Ziomek L Z. Fundamentals of Acoustic Field Theory and Space-Time Signal Processing. CRC Press, 1995.

[263] Zhou J X , Zhang X Z, Rogers P H. Resonant interaction of sound wave with internal solitons in the coastal zone. JASA. 1991, 90(4): 2042–2054.

[264] 李整林，张仁和, 等. 孤立子内波引起的高号简正波到达时间起伏. 声学学报, 2011, 36(1): 559–567.

[265] Ruuself D, Spindel R C. Modeling the waveguide invariant as a distribution, AIP Conf. Proc. , 2002, 631:137–150.

[266] 李风华, 张燕君, 张仁和, 等. 浅海混响时间–频率干涉特性研究. 中国科学, 2010, 40(7): 838-841.

[267] 朱埜, 倪伯林, 等. 潜艇近场目标特性研究. 国防科技报告, GF3.6.2.2.1，1996.

[268] 朱埜. 声呐目标散射的源场关系和亮点模型. 声学学报. 1998，23(5): 204–212.

[269] 汤渭霖. 声纳目标的亮点模型. 声学学报，1994, 17(2): 92–100.

[270] 朱埜, 王荣庆, 等. 复杂信号目标回波水池模拟实验//复杂信号目标回波特性研究. 国防科技报告, 2000, GF3.6.2.2.②, pt.II.

[271] 朱埜, 倪伯林. 不同信号设计及其信息特征//复杂信号目标回波特性研究. 国防科技报告, 2000, GF3.6.2.2.②, pt.III-1.

[272] Rondial A, Ruchuaud E. Highlights model for submarines. Conf Proc UDT Europe, 1994: 339–347.

[273] Zhu Y, et al. A zoom method for Wigner distribution of sonar signals. Conf Proc UDT Europe,. 2000.

[274] Wood J C, Barry D J. Radon transformation of to time-frequency distributions for analysis of multi-component signal. IEEE Trans., 1994, SP-42(11): 3166–3177.

[275] 朱埜, 龚素英. 时频分布后置积累法检测和识别分布目标. 声学学报，1998, 23 (5): 410–416.

[276] Wang M S, Chan A K, Chui C K. Linear frequency-modulated signal detection using radon-ambiquity transform. IEEE Trans., 1998, SP-46(3): 571–586.

[277] 朱埜, 陈庚. 相干检测和模糊度积累在声雷达中的应用. 大气科学，1988, 12(1): 69–74.

[278] Barbarossa S. Analysis multi-component LFM signals by Wigner-Hough transform. IEEE Trans., 1995, SP-43(6): 1511–1515.

[279] 朱埜, 等. 应用子波变换分析高速运动目标回波//复杂信号目标回波特性研究. 国防科技报告, 2000, GF3.6.2.2.②, pt.III-6.

[280] Ellis D D. A Shallow-water normal-mode reverberation model. JASA,1995, 97(5): 261–264.

[281] Shang E C, Gao T F, Wu J R. A shallow-water reverberation model based on perturbation theory. IEEE J., 2008, O.E-33(4): 451–446.

[282] Middleton D. New physical-statistical methods and models for clutter and reverberation: the KA-distribution and related probability structures. IEEE J., 1999, OE-24(1): 261–284.

[283] Abraham D. Reverberation envelop statistics and the dependence on sonar bandwidth and scattering patch size. IEEE J., 2004, OE -29(1): 125–137.

[284] 单荣华, 王质，孙福安. 混响谱实验分析. 中国科学院声学研究所科技报告, SH810039,1981.

[285] Minkoff J. Signal Processing Fundamentals and Applications for Communications and Sensing System. London: Arrech House Inc 1, 2002.

[286] 宫在晓, 张仁和, 李秀林, 等. 浅海脉冲声传播及信道匹配实验研究. 声学学报, 2005, 30(2): 32–34.

[287] Bethel R, Shapo B, Trees H V. Single snapshot spatial processing: optimized and constrained. Proc. IEEE Workshop SAM Signal Processing. 2002. 508–512.

[288] Kolev N, Georgiev. G. Sonar model based matched field signal processing// Sonar Systems, pt.6. edited by Kolev N Z. InTechOpen, 2011.

[289] 李整林，张仁和，鄢锦, 等. 大陆斜坡海域宽带声源的匹配场定位. 声学学报, 2003, 28(5).

[290] 高天赋, 陈耀明, 杨怡青. 短垂直阵简正波匹配的声源定位. 声学学报, 51 (S1), 1996.

[291] Hermand J P, Roderick W I. Acoustic model-based matched filter processing for fading time-dispersive ocean channels: theory and experiment. IEEE J., 1993, OE-18(4): 447–465.

[292] Song H C, Kuperman W A, Hodkiss W S. A Time-reversal mirror with variable range focusing. JASA, 1998, 103(6): 3234–3240.

[293] Kim S, Kuperman W A, Hodkiss W S, et al. Echo-to-reverberation enhancement using a time reversal mirrow. JASA, 2004, 115(4): 1525–1531.

[294] Pajachev V, Valeyev V. Sonar Signal Waveform Impact on Interference Resistance. EUSIPCO- 2008, Lausanne Switzerland.

[295] Pezeshki A, Calderbank R, Howard S D, et al. Doppler resilient Golay complementary waveform. IEEE Trans., 2008, IT-54(9): 4254–4266.

[296] Gee-In Goo. Bionic sonar for target, detection. Proc. SPIE 2485: Automatic Object Recognition V, 1995, 85–96.

[297] 朱埜，倪伯林. 动物声纳信号在鱼雷中的应用. 声学学报，1999，24(1): 29–44

[298] Paul L F, Francis A R. Channel adaptive active sonar. US4933914 A, 1987.

[299] Orlando D, Ehlers F. Advances in multistatic sonar// Sonar System, pt.2, edited by Kolev N. Z. InTechOpen, 2011.

[300] 朴大志，李启虎，孙长瑜. 时间反转技术对水声多输入多输出系统干扰抑制性能的研究. 通信学报, 2008. 29(7).

[301] Sun Y, Willett P, Lynch R. Waveform fusion in sonar signal processing. IEEE Trans., 2004, AES-40(2): 462–477.

[302] Coraluppi S, Carthel C, Hughes D, et al. Multi-waveform diversity active sonar tracting// Principle of Waveform Diversion and Design. SciTech publ. 2010, 437–454.

[303] Bekkerman I, Tabrikian J. Target detection and localization using MIMO radars and sonars. IEEE Trans., 2006, SP-54(10): 3873–3883.

[304] De Maio A, Farrina A. Waveform Diversity: Past, Present, and Future. ADA567762, 2009

[305] Pinto M. Interferometric synthetic aperture sonar design optimized for high area coverage shallow water bathymetric survey. Proc. 4th Int 'l Conference and Exhibition on, 2011

索引

缩写对照表

A/D　模数转换
AMF　模糊度函数
ANM　动物声呐
AR　自回归模型
ARMA　自回归滑动平均
AUV　水下无人潜航器
BIO　生物声呐
CCD　电荷耦合器件
CMP　编码调相脉冲
Comb　梳状信号
CWL　单频长脉冲
CWP　单频脉冲
CWS　单频短脉冲
CZT　Chirp-Z 变换
D/A　数模转换
DELTIC　延迟线时间压缩
DFT　离散傅里叶变换
DIMUS　数字多波束布阵
DSP　数字信号处理
FFP　快速声场程序
FFT　快速傅里叶变换
FSK　频移键控
FT　傅里叶变换
F-ZOOM　频带拓宽细化谱法
GCP　戈莱互补码调相
GCW　高斯包络单频脉冲
GFM　高斯包络调频
HFM　双曲调频
HOP　跳频脉冲
HT　希尔伯特变换
KAMF　宽带模糊度函数
LEC　低能相干
LFM　线性调频
LFTAS　低频主被动拖曳声呐
LMS　最小均方误差
LPM　线性周期调制
LT　拉普拉斯变换
MA　滑动平均型
MBP　模基匹配处理
MFP　匹配场处理
MIMO　多输入多输出
P-E　抛物线方程
PCW　单频脉冲串
PLFM　周期线性调频
PRN　伪随机噪声
PSFM　周期正弦调频
PSK　相移键控
QFM　平方调频
RID　二项式核的 WVD
ROC　接收机工作特性
RSR　折射 - 海面反射 - 折射
SAS　合成孔径声呐
SAW　声表面波器件
SFM　正弦调频
Sofar　声发声道
SRC　分段复制相关
SRE　移位寄存器
STAP　时空自适应处理
STFT　短时傅里叶变换
STM　阶梯跳频
TRM　时间反转镜
VFM　三角调频信号
WSS　广义平稳
WSSUS　广义平稳非相关散射

WT　小波变换

WVD　维格纳–魏尔分布

XFM　交叉调频信号

ZOOM-FFT　细化谱分析

ZT　Z 变换

中英译名词汇对照表

埃尔米特矩阵　Hermit matrix
爱奇沃思级数　Edgeworth series
巴克码　Bak Code
巴雷–维纳条件　Baley–Weiner criterion
贝塞尔函数　Bessel function
贝叶斯准则　Bayes decision rule
泊松分布　Poisson distribution
泊松混响　Poisson reverberation
勃脱沃兹过程　Butterworth process
程函方程　Eikon equation
狄拉克 δ 函数　Dirac function
多普勒宽容　Doppler tolorlence
厄卡滤波　Eckart filter
菲涅耳带　Fresnel zone
费希尔信息矩阵　Fisher information matrix
夫琅禾费近似　Fraunhofer approximant
弗雷德霍姆方程　Fredholm equation
傅里叶变换　Fourier transform
伽马分布　Γo distribution
高斯–马尔可夫过程　Gauss-Markov process
高斯分布　Gauss distribution
戈莱码　Golay Code
格林函数　Green function
哈密顿算子　Hamilton operator
霍夫变换　Hough transform
基尔霍夫积分　Kirchhoff integral
几何梳状信号　Cox Comb
加伯尔变换　Gabor transform
卡尔曼–布西滤波　Kalman–Bucy filter
卡亨南–洛维展开　Karhunen–Loeve expansion
卡平方分布　x^2 distribution
考斯特思阵列频　Costas array
科恩类 WVD　Cohen–WVD
克拉默–罗限　Cramer–Rao bound
库尔贝克–莱布勒信息数　Kullback–Leibler information number
宽容匹配滤波　robust matched filter
拉格朗日乘子　Lag range multiplier
拉普拉斯变换　Laplace transform
拉普拉斯算子　Laplace operator
赖斯分布　Rice distribution
朗伯定律　Lambert low
朗之万方程　Langevin's equation
洛埃镜　lioyd mirror
洛伦兹变换　Lorentz transform
马克姆 Q 函数　Marcum Q function
马克斯威尔分布　Maxwell distribution
玛雅定理　Moyal theorem
模糊度函数　ambiguity function
默塞尔定理　Mercer theorem
奈奎斯特频率　Nyquist frequency
诺伊曼–皮尔松准则　Neyman-Pearson rule
帕塞瓦尔定理　Parseval theorem
匹克利斯波导　Pekeris waveguide
瑞利参数　Rayleigh parameter
瑞利分布　Rayleigh Distribution
萨斯曼波形综合　Sussman wave-systhesis
施瓦茨不等式　Schwarz inequality
斯涅耳定律　Snell law
斯威林目标模型　Swerling target model
泰勒级数　Taylor series
托布里兹矩阵　Toiplitz matrix
瓦依沙拉频率　Väisälä frequency

韦因斯托克分布　Weinstock distribution
维格纳-魏尔分布　Wigner-Ville distribution
维纳-霍夫方程　Winner-Hopf equation
维纳滤波　Winner filter
维纳-辛钦定理　Wiener-Khintchine theorem
沃尔什变换　Walsh transform
西伯特定理　Siebert theorem
希尔伯特变换　Hilbert transform
希尔伯特空间　Hilbert space
陷波器　Notch filter
香农定理　Shannon theorem
小波变换　Wavelet transform
雅可比行列式　Jacobian determinant
尤拉方程　Euler equation
尤利-伏克方程　Yule-walker equation

后　记

本书在撰写过程中, 除参阅大量公开文献外, 很多资料取自中国科学院声学研究所的有关内部报告 (主动声呐信号和信道分析研究成果报告文册–原 708 研究组), 初稿曾与该研究组成员陈庚、徐俊华等共同讨论, 吸取了单荣华、魏学环、孙增、周桂琴和李敏哲等同志的宝贵意见。海军电子工程学院郑兆宁教授对书稿作了认真的审阅, 学部委员汪德昭教授为本书作了序, 在此深表谢意。

此外, 本书在出版过程中, 得到声学研究所关定华、侯朝焕、黄曾旸、向大威、高天赋等研究员以及海洋出版社专著编辑部陈泽卿及其他有关编辑的大力支持, 在此一并致谢。

由于作者水平有限, 书中不妥之处在所难免, 敬请批评指正。

《现代声学科学与技术丛书》已出版书目

(按出版时间排序)

1. 创新与和谐——中国声学进展	程建春、田静等 编	2008.08
2. 通信声学	J.布劳尔特等 编　李昌立等 译	2009.04
3. 非线性声学（第二版）	钱祖文 著	2009.08
4. 生物医学超声学	万明习等 编	2010.05
5. 城市声环境论	康健 著 戴根华 译	2011.01
6. 汉语语音合成——原理和技术	吕士楠、初敏、许洁萍、贺琳 著	2012.01
7. 声表面波材料与器件	潘峰等 编著	2012.05
8. 声学原理	程建春 著	2012.05
9. 声呐信号处理引论	李启虎 著	2012.06
10. 颗粒介质中的声传播及其应用	钱祖文 著	2013.06
11. 水声学(第二版)	汪德昭、尚尔昌 著	2013.06
12. 空间听觉 ——人类声定位的心理物理学	J. 布劳尔特 著 戴根华、项宁 译　李晓东 校	2013.06
13. 工程噪声控制 ——理论和实践（第 4 版）	D. A. 比斯、C. H. 汉森 著 邱小军、于淼、刘嘉俊 译校	2013.10
14. 水下矢量声场理论与应用	杨德森等 著	2013.10
15. 声学测量与方法	吴胜举、张明铎 编著	2014.01
16. 医学超声基础	章东、郭霞生、马青玉、屠娟 编著	2014.03
17. 铁路噪声与振动 ——机理、模型和控制方法	David Thompson 著 中国铁道科学研究院节能 环保劳卫研究所 译	2014.05
18. 环境声的听觉感知与自动识别	陈克安 著	2014.06
19. 磁声成像技术 上册：超声检测式磁声成像	刘国强 著	2014.06
20. 声空化物理	陈伟中 著	2014.08
21. 主动声呐检测信息原理 上册：主动声呐信号和系统分析基础	朱　埜 著	2014.12
22. 主动声呐检测信息原理 下册：主动声呐信道特性和系统优化原理	**朱　埜 著**	**2014.12**